"十二五"国家重点图书出版规划项目
航 空 航 天 精 品 系 列 图 书

理论力学

主 编 周新伟 马云飞 李福庆
主 审 曲贵民 张 莉

哈爾濱工業大學出版社

内 容 简 介

本书是按照教育部力学基础课程教学指导分委员会最新制定的“理论力学课程教学基本要求(B类)”编写的。本书分为静力学、运动学、动力学三部分。主要内容有:静力学基本知识和物体的受力分析、平面力系、摩擦、空间力系、点的运动学、刚体的基本运动、点的合成运动、刚体的平面运动、动力学基本定律、动量定理、动量矩定理、动能定理和达朗贝尔原理(动静法),全书共13章。

本书可作为高等院校工科机械、机电、能源、车辆等专业中少学时的理论力学课程教材,同时也可作为高职高专、成人教育、夜大、函授大学、职工大学相关专业的理论力学教材,还可供有关的工程技术人员参考。

图书在版编目(CIP)数据

理论力学/周新伟,马云飞,李福庆主编. —哈尔滨:哈尔滨工业大学出版社,2016.5(2022.8 重印)

ISBN 978-7-5603-5983-0

Ⅰ.①理… Ⅱ.①周…②马…③李… Ⅲ.①理论力学-高等学校-教材 Ⅳ.①O31

中国版本图书馆 CIP 数据核字(2016)第 090944 号

策划编辑 丁桂焱
责任编辑 杨秀华
封面设计 刘长友
出版发行 哈尔滨工业大学出版社
社　　址 哈尔滨市南岗区复华四道街 10 号　邮编 150006
传　　真 0451-86414749
网　　址 http://hitpress.hit.edu.cn
印　　刷 黑龙江艺德印刷有限责任公司
开　　本 787mm×1092mm　1/16　印张 14.25　字数 335 千字
版　　次 2016 年 6 月第 1 版　2022 年 8 月第 4 次印刷
书　　号 ISBN 978-7-5603-5983-0
定　　价 34.00 元

前　　言

理论力学是高等工科院校普遍开设的一门重要的专业核心基础课,是研究物体机械运动普遍规律的一门学科,在专业课与基础课之间起衔接作用,为学习后续相关专业课程奠定基础。

为适应“高等教育面向21世纪教学内容和课程体系改革”的需要,根据教育部力学基础课程教学指导分委员会最新制定的理工科非力学专业“理论力学课程教学基本要求(B类)”,并结合近年来编者讲授的“理论力学”教学内容、课程体系等方面的教学改革实践和体会,编写了本书。在编写过程中,编者注意坚持理论严谨、逻辑清晰、由浅入深、易教易学的原则,强调联系工程实际、注重基本概念、注重后续课程中概念的渗透。本书具有较强的教学实用性,是注重培养工程应用型人才、重视创新能力培养的新教材。

与大多数理论力学教材一样,本书仍分为静力学、运动学和动力学三部分,静力学主要内容有:静力学基本知识和物体的受力分析、平面力系、摩擦、空间力系;运动学主要内容有:点的运动学、刚体的基本运动、点的合成运动、刚体的平面运动;动力学主要内容有:动力学基本定律、动量定理、动量矩定理、动能定理、达朗贝尔原理(动静法)。

本书由哈尔滨理工大学、哈尔滨工业大学、北京理工大学等院校教师联合编写。周新伟、马云飞、李福庆担任主编,具体编写分工如下:哈尔滨理工大学周新伟编写绪论、第2章、第4章、第7章、第8章、第11章、第12章;哈尔滨工业大学马云飞编写第1章、第3章、第5章、第6章;北京理工大学李福庆编写第9章、第10章、第13章。全书由周新伟统稿,由哈尔滨理工大学曲贵民教授、哈尔滨工业大学张莉教授主审。曲贵民教授、张莉教授非常认真地审阅了全书,并提出了宝贵意见,在此表示衷心的感谢。

本书在编写过程中,参考了许多优秀的教材(见参考文献),吸取了这些教材的许多长处,在此向这些教材的编者们表示衷心的感谢。

由于编者水平有限,书中的疏漏和不足之处在所难免,敬请读者批评指正。

编　者

2016年4月

前言

目　录

第2编 运 动 学

第3编 动 力 学

绪　　论

1. 理论力学的研究对象和内容

理论力学是研究物体机械运动一般规律的一门科学。

所谓机械运动,是指物体在空间的位置随时间的变化。机械运动是人们在生活和生产实践中最常见的一种运动。例如:车辆的行驶、机器的运动、水的流动、建筑物的振动以及人造地球卫星的运行等,都是机械运动。物体的平衡是机械运动的特殊情况,在本书中,我们也将研究物体的平衡问题。

理论力学所研究的内容是以伽利略和牛顿所建立的基本定律为基础的,属于古典力学的范畴,研究速度远小于光速的宏观物体的机械运动。至于速度接近光速的物体和微观基本粒子的运动,则必须用相对论力学和量子力学的观点才能予以说明,这说明古典力学的应用范围是有局限的。但是,一般工程中所遇到的大量的力学问题,用古典力学来解决,不仅方便,而且能够保证足够的精确性。因此,我们学习本课程具有实际意义。

本课程的内容包括以下三部分:

静力学——研究物体在力系作用下的平衡规律,同时也研究力系的等效和简化。

运动学——研究物体机械运动的几何性质,而不考虑物体运动的物理原因。

动力学——研究物体机械运动变化与其所受的力之间的关系,是理论力学最主要的组成部分。

2. 理论力学的研究方法

任何一门科学由于研究对象的不同而有不同的研究方法,但是通过实践去发现真理,又通过实践去证实真理和发展真理,这是任何科学技术发展的正确途径。理论力学也必须遵循这个认识规律进行研究和发展。

(1)通过观察生活和生产实践中的各种现象,进行多次的科学实验,经过分析、综合和归纳,总结出力学的最基本的规律。

(2)在对事物观察和实验的基础上,经过抽象化建立力学模型。抽象化的方法,在理论力学的研究中具有重要作用。就是在研究工作中,常常抓住一些带本质性的主要因素,而撇开一些影响不大的次要因素,从而提炼出力学模型作为研究对象。如当物体的运动范围比它本身的尺寸大得多时,可把物体当作只有质量而没有大小的一个质点;把在外力作用下变形很小的物体当作不可变形的刚体。这些都是科学的抽象,它一方面简化了所研究的问题,另一方面也更深刻地反映了事物的本质。

(3)在建立力学模型的基础上,从基本规律出发,用数学演绎和逻辑推理的方法,得出正确的具有物理意义、实用价值的定理和结论,在更高的水平上指导实践,推动生产发展。

综上所述,理论力学的研究方法是从实践到理论,再由理论回到实践,通过实践进一步补充和发展理论,然后再回到实践,如此循环往复,每一循环都在原来的基础上提高一步。

3. 学习理论力学的任务

理论力学是一门理论性较强的专业核心基础课。通过本课程的学习,我们要掌握机械运动的客观规律,能动地改造客观世界,为以后走上工作岗位、从事科学研究服务。因此学习本课程的任务:一方面是运用力学基本知识结合其他有关的课程,解决工程技术中的简单力学问题;另一方面是为学习一系列的后续课程,如材料力学、机械原理、机械零件等有关的后续课程提供重要的理论基础;另外理论力学的研究方法,与其他学科的研究方法有不少相同之处,因此充分理解理论力学的研究方法,不仅可以深入地掌握这门学科,而且有助于学习其他技术理论,也有助于培养辩证唯物主义的世界观,培养学生正确地分析问题与解决问题的能力。

随着现代科学技术的发展,力学的研究内容已渗透到其他科学领域。例如:固体力学和流体力学的理论被用来研究人体骨骼的强度、血液流动的规律以及植物中营养的输送问题等,在生物力学中有重要用途。另外,还有新兴的爆炸力学、电磁流体力学等都是力学与其他学科结合而形成的边缘科学,这些学科的建立和发展,都必须有坚实的理论力学知识作为基础。

4. 如何学好理论力学

理论力学的特点是理论性强、逻辑严谨,可以用"理论易懂掌握难"或更直白一点,就是"理论易懂做题难"来概括。所以要想学好这门课程,首先应注意弄清基本概念,掌握推理方法,深刻理解并熟练掌握其结论。但决不要认为理论上懂了,就掌握了这门课程,实际上远不是如此。只有真正会做题了,这门课程才算是基本掌握了。因此通过大量演算习题,巩固所学理论,是学好这门课程必不可少的环节,必须会做一定量的习题,这门课程才可能掌握好,也才可以培养理论力学分析和解决工程实际问题的能力。

第1编　静　力　学

静力学是研究物体在力系作用下的平衡条件的科学。

所谓力系,是指作用在物体上的一群力。

平衡是指物体相对于惯性参考系(如地面)保持静止或匀速直线运动状态,即物体的运动状态保持不变。如果作用于物体上的力系使物体保持平衡,则该力系称为平衡力系,此时力系所满足的条件称为平衡条件。

静力学所研究的基本问题包括以下三方面的内容:

1. 受力分析

分析物体(包括物体系统)受哪些力,每个力的作用位置和方向,并画出物体的受力图。

2. 力系的等效替换

将作用于物体上的一个力系用与之等效的另一个力系来代替的过程,称为力系的等效替换;将一个复杂力系用一个简单力系等效替换的过程,称为力系的简化。如果一个力系可与一个力等效替换,则称该力为此力系的合力,力系中各力叫作该力的分力。相应来说,将一个力系等效替换为一个力叫作力的合成,将一个力等效替换为一个力系叫作力的分解。

3. 建立力系平衡条件

建立力系平衡条件即研究作用在物体上的各种力系所需满足的平衡条件。

第1章　静力学基本知识和物体的受力分析

1.1　静力学基本概念

1.1.1　刚体的概念

所谓刚体,是指在力的作用下,其内部任意两点间的距离始终保持不变的物体,即受力而不变形的物体。事实上,任何物体在力的作用下都会产生不同程度的变形,因此刚体并不是实际存在的实体,而是抽象简化的理想模型。注意,刚体是理想化的力学模型。

静力学研究的力学模型都是刚体和刚体系统,故又称为刚体静力学。

1.1.2　力的概念

力是物体间相互的机械作用。这种作用的效果是使物体的运动状态发生变化,同时使物体的形状发生改变。

物体形状的改变,我们称之为物体的变形。

力使物体运动状态发生变化的效果,称为力的外效应,或者称为力的运动效应;力使物体发生变形的效果,称为力的内效应,或者称为力的变形效应。

力有三要素,即大小、方向和作用点。因此力是矢量,且是定位矢量。

力的大小的单位,在国际单位制中是牛顿(Newton),以 N 来表示。工程中也常用千牛顿作单位,记作 kN。

通过力的作用点,沿力的方向的直线称为力的作用线。

工程中常见的力系,按其作用线的分布,可分为平面力系和空间力系,按其作用线的关系,又可分为汇交力系、平行力系和任意力系。

1.2　静力学公理

公理是人们在长期社会生产实践中总结出来的正确地反映自然界事物基本规律的定律。

公理1　二力平衡公理

作用在同一个刚体上的两个力,使刚体处于平衡状态的必要和充分条件是:这两个力大小相等,方向相反,且作用在同一直线上。

公理1只适用于刚体,而对变形体,上面的条件只是必要的,但不是充分的。

只受两个力的作用而处于平衡状态的构件称为二力构件,当构件为杆件时称为二力杆。

公理 2　加减平衡力系公理

在已知力系上加上或减去任意的平衡力系，并不改变原力系对刚体的作用。

公理 2 也只适用于刚体。

根据上述公理有如下推论：

推论 1　力的可传性原理

作用于刚体上的力，可沿其作用线移动到刚体上的任一点，而不改变该力对刚体的作用效果。

证明　设力 $\boldsymbol{F}$ 作用在刚体上的 A 点，如图 1.1(a) 所示。根据加减平衡力系公理，可在力的作用线上任取一点 B，并加上两个相互平衡的力 $\boldsymbol{F}_1$ 和 $\boldsymbol{F}_2$，使 $\boldsymbol{F}=\boldsymbol{F}_2=-\boldsymbol{F}_1$，如图 1.1(b) 所示，由于力 $\boldsymbol{F}$ 和 $\boldsymbol{F}_1$ 也是一个平衡力系，故可除去，这样只剩一个力 $\boldsymbol{F}_2$，如图 1.1(c) 所示，即原来的力 $\boldsymbol{F}$ 沿其作用线移到了 B 点。

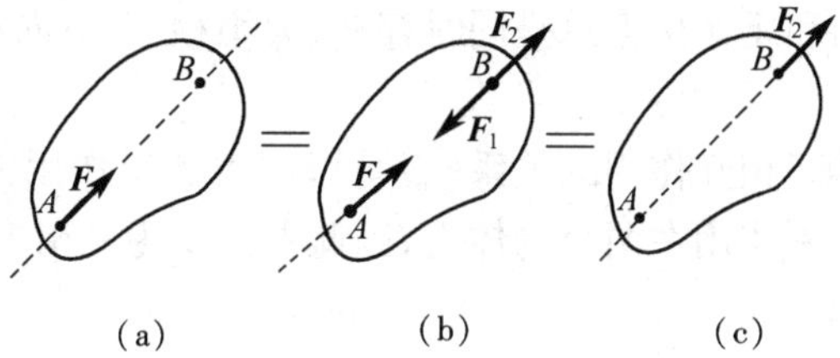

图 1.1

可见，对于刚体来说，力的作用点已不是决定力的作用效果的要素，而是被作用线所代替。因此，作用于刚体上的力的三要素是：力的大小、方向和作用线。

作用于刚体上的力矢可以沿着作用线移动，这种矢量称为滑动矢量。

公理 3　力的平行四边形法则

作用在物体上同一点的两个力可以合成为一个合力，合力的作用点仍然在该点，合力的大小和方向由以这两个力为邻边所构成的平行四边形的对角线来确定。

公理 3 本质上是说明力的合成符合矢量运算法则，合力矢量等于这两个力矢量的几何和，即

$$\boldsymbol{F}_R=\boldsymbol{F}_1+\boldsymbol{F}_2 \tag{1.1}$$

亦可用三角形法则来求合力矢，如图 1.2(b) 和图 1.2(c) 所示。但要注意的是，三角形法则并未如实地反映出每个力的三要素，只是一种求解合力矢的方法。

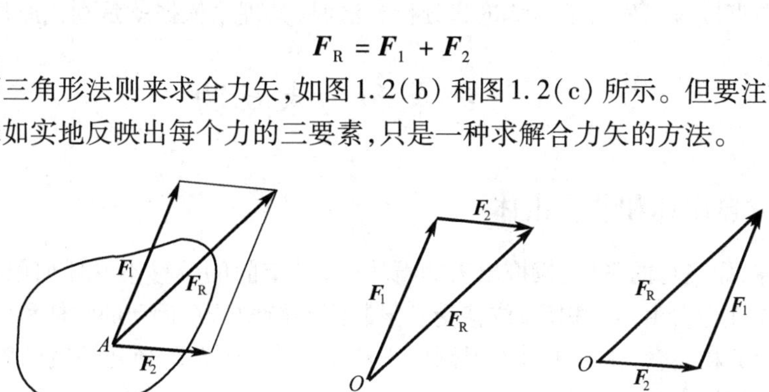

图 1.2

推论 2 三力平衡汇交定理

作用于刚体上的三个相互平衡的力,若其中两个力的作用线汇交于一点,则此三力必在同一平面内,且第三个力的作用线通过汇交点。

证明 如图 1.3 所示,在刚体的 A,B,C 三点分别作用三个相互平衡的力 $\boldsymbol{F}_1,\boldsymbol{F}_2,\boldsymbol{F}_3$。先根据力的可传性原理,将 $\boldsymbol{F}_1,\boldsymbol{F}_2$ 移到汇交点 O,然后根据力的平行四边形法则得到合力 $\boldsymbol{F}_{12}$,则力 $\boldsymbol{F}_3$ 与合力 $\boldsymbol{F}_{12}$ 应平衡。由二力平衡公理,$\boldsymbol{F}_3$ 与 $\boldsymbol{F}_{12}$ 共线,故 $\boldsymbol{F}_3$ 必与 $\boldsymbol{F}_1$ 和 $\boldsymbol{F}_2$ 共面,且通过 $\boldsymbol{F}_1$ 与 $\boldsymbol{F}_2$ 的汇交点。定理得证。

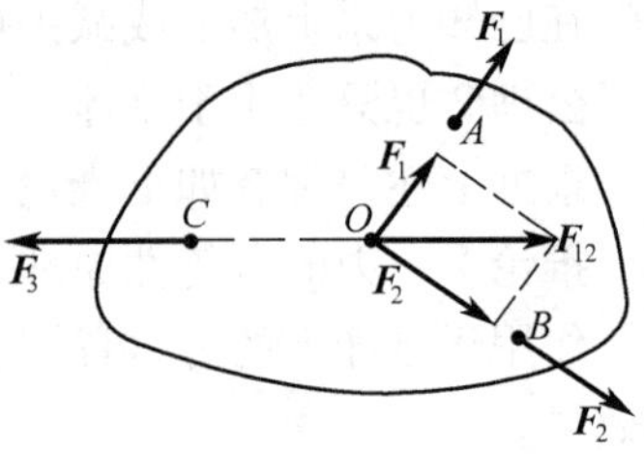

图 1.3

公理 4 作用与反作用定律

两物体间的作用力和反作用力总是同时存在、大小相等、方向相反、作用线相同,且分别作用在这两个物体上。

公理 4 概括了物体间相互作用的关系,表明作用力和反作用力总是成对出现的。由于作用力与反作用力分别作用在两个物体上,因此不能视为平衡力系。

公理 5 刚化原理

变形体在某一力系作用下处于平衡,若将此变形体刚化为刚体,其平衡状态保持不变。

这个公理提供了把变形体抽象成刚体模型的条件。如图 1.4 所示,绳索在等值、反向、共线的两个拉力作用下处于平衡,如将绳索刚化为刚体,则平衡状态保持不变。而绳索在两个等值、反向、共线的压力作用下则不能平衡,这时绳索就不能刚化为刚体。

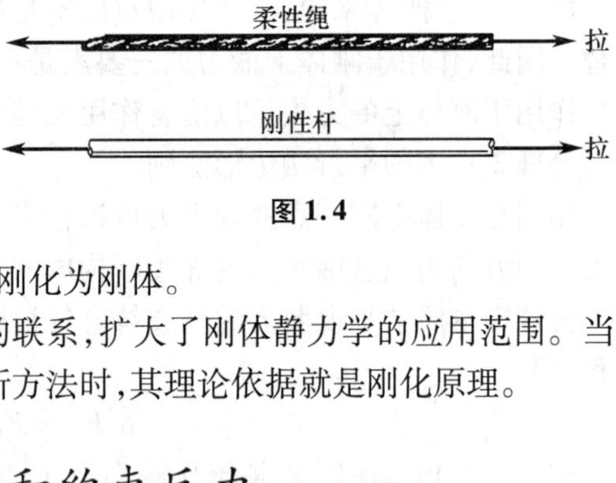

图 1.4

公理 5 建立了刚体力学与变形体力学的联系,扩大了刚体静力学的应用范围。当在变形体力学中直接应用静力学的结论和分析方法时,其理论依据就是刚化原理。

1.3 约束和约束反力

1.3.1 自由体和非自由体

有些物体,如飞行的飞机、投掷出去的石块等,在空间的位移不受任何限制。位移不受限制的物体称为自由体。相反,位移受到限制而不能做任意运动的物体称为非自由体,如放置于讲台的粉笔盒,受到讲台的限制而不能下落;再如火车受到铁轨的限制,只能沿轨道运动而不能侧向运动脱离轨道。

1.3.2 约束、约束反力和主动力

对非自由体的某些位移起限制作用的物体称为约束,如限制粉笔盒下落的讲台和限

制火车侧向运动的铁轨。

约束对于物体的作用，实际上就是力，这种力称为约束反力，简称约束力或反力。因此，约束反力的方向必然与该约束能够阻碍的运动方向相反。应用这个准则，可以确定约束反力的方向或作用线的位置，而约束反力的大小则往往是未知的。

除约束力外，非自由体上所受到的所有促使物体运动或产生运动趋势的力，统称为主动力。

在静力学中，物体所受到的全部的主动力和全部的约束反力组成平衡力系，因此可以用平衡条件来求解未知的约束反力。

1.3.3　约束的基本类型和约束反力方向的确定

下面介绍几种在工程实际中经常遇到的简单的约束类型和确定约束反力的方法。

1. 柔性体约束

柔性体约束即为由柔软的绳索、链条或皮带等构成的约束，如图 1.5 所示。由于柔软的绳索本身只能承受拉力，所以它给物体的约束反力也只能是拉力。因此，绳索对物体的约束反力，作用在接触点，方向沿着绳索背离物体。通常用 $\boldsymbol{F}$ 或 $\boldsymbol{F}_T$ 来表示这类约束力。

2. 具有光滑接触表面的约束

例如支持物体的固定平面，如图 1.6 所示，当表面非常光滑，摩擦可以忽略不计时，属于这类约束。

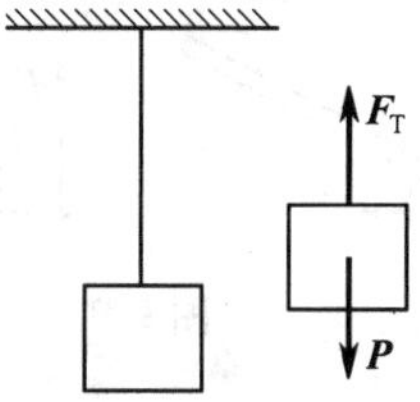

图 1.5

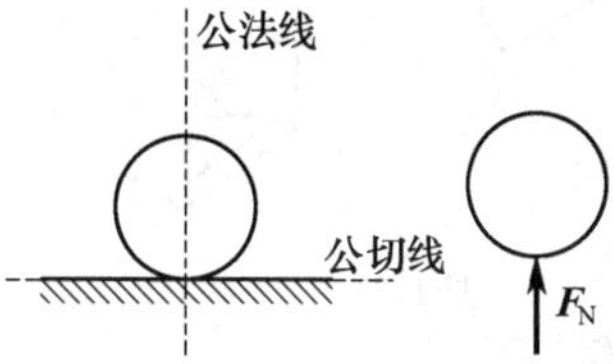

图 1.6

这类约束不能限制物体沿约束表面切线方向的位移，只能阻碍物体沿接触表面法线并向约束内部的位移。因此，光滑支承面对物体的约束反力，作用在接触点处，方向沿接触表面的公法线，并指向受力物体。这种约束反力称为法向反力，通常用 $\boldsymbol{F}_N$ 表示。

3. 光滑铰链约束

(1) 圆柱铰链和固定铰链支座

图 1.7(a) 所示的拱形桥，由左右两拱通过圆柱铰链 C 以及固定铰链支座 A 和 B 连接而成。圆柱铰链简称铰链，由销钉 C 将两个钻有同样大小孔的构件连接在一起而成。如图 1.8 所示，约束反力过销中心，大小和方向不能确定，通常用正交的两个分力表示。

如果两个构件中有一个固定在地面或者机架上，则这种约束就称为固定铰链支座，简称固定铰支。如图 1.9 所示，其约束反力与圆柱铰链性质相同，反力过销中心，大小和方向不能确定，通常也用正交的两个分力表示。

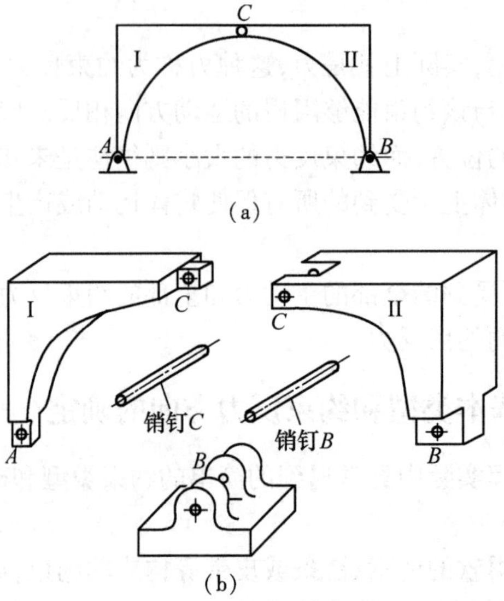

图 1.7

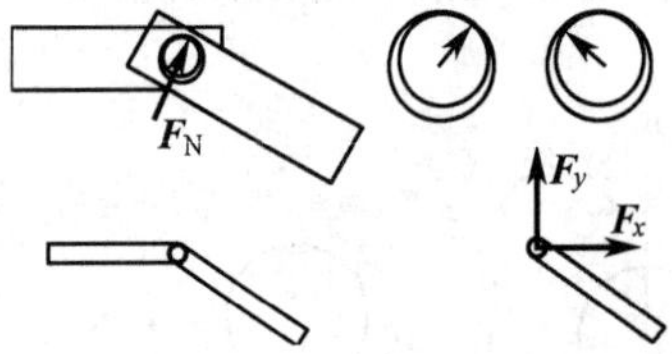

图 1.8

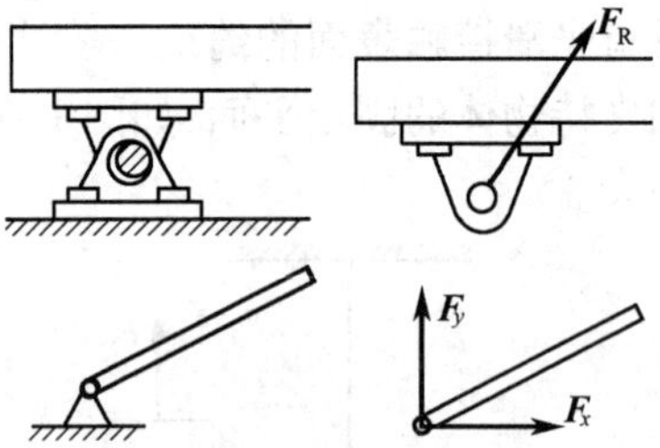

图 1.9

(2) 活动铰链支座

活动铰链支座又称辊轴支座,是在固定铰链支座与光滑支承面之间,装有几个辊轴而构成。如图 1.10 所示,辊轴支座的约束性质与光滑接触面约束相同,其约束力必垂直于支承面,且通过铰链中心。

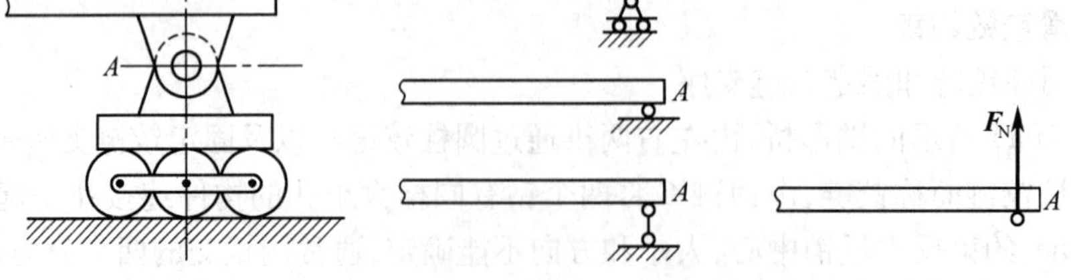

图 1.10

(3) 向心轴承

向心轴承又称径向轴承,如图 1.11 所示,其约束反力与圆柱铰链性质相同,反力过销中心,大小和方向不能确定,通常用正交的两个分力表示。

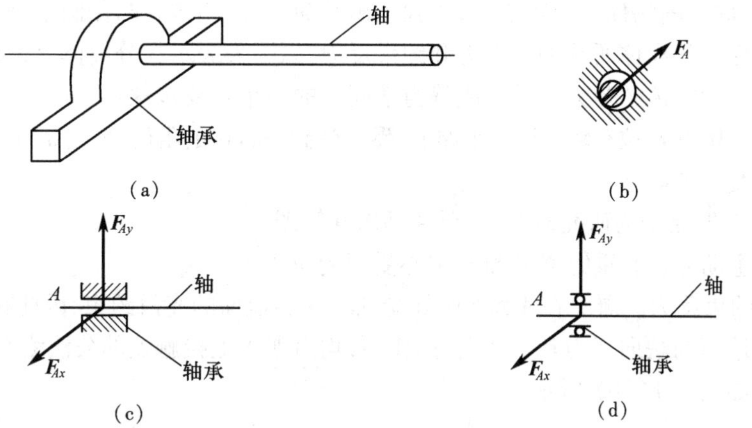

图 1.11

4. 光滑的球形铰链

通过圆球和球壳将两个构件连接在一起的约束称为球铰链,如图 1. 12 所示。它限制了球心的位移,但构件可绕球心任意转动。其约束力应通过接触点与球心,但方向不能预先确定,可用正交的三个分力来表示。

5. 止推轴承

如图 1. 13 所示为止推轴承。与径向轴承不同,止推轴承除了能限制轴的径向位移以外,还能限制轴沿轴向的位移。因此,它比径向轴承多一个沿轴向的约束力,即其约束力有三个正交分量。

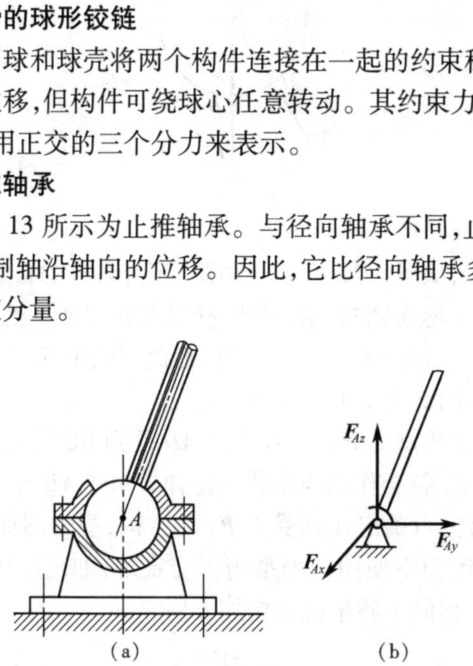

图 1.12

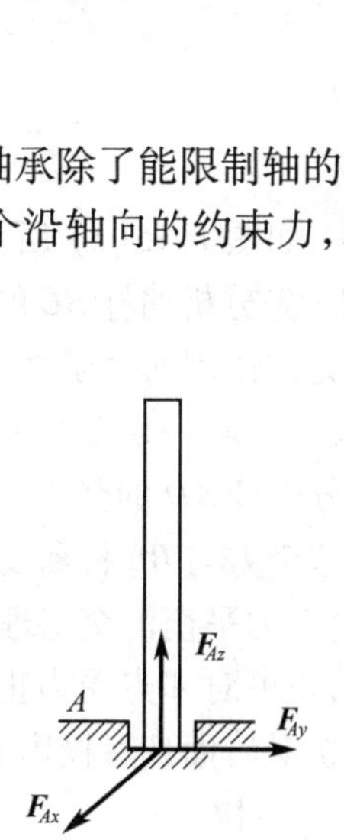

图 1.13

以上介绍了几种简单约束,在工程实际中,约束的类型远不止这些,有的约束比较复杂,分析时需要进行简化或抽象,在以后的章节中,将再详细地加以介绍。

1.4　物体的受力分析和受力图

在工程实际中,为了求出未知的约束反力,需要根据已知力,应用平衡条件来求解。为此,首先要确定构件受了几个力、每个力的作用位置和力的作用方向,这个过程称为物体的受力分析。

解决力学问题时,必须首先分析物体的受力情况。要根据问题选定需要进行研究的物体,将其从周围的物体中分离出来,单独画出其简图,这个步骤叫作确定研究对象,或取分离体。然后将分离体所受的主动力和约束反力,以力矢表示在分离体上,所得到的图形称为受力图。画物体的受力图是解决静力学问题的一个重要步骤。

例 1.1　用力 $\boldsymbol{F}$ 拉动碾子以压平路面,碾子受到一石块的阻碍,如图1.14(a) 所示。试画出碾子的受力图。

解　(1) 取碾子为研究对象,并单独画出其简图。

(2) 画主动力。有重力 $\boldsymbol{P}$ 和碾子中心受到的拉力 $\boldsymbol{F}$。

(3) 画约束反力。碾子在 A 和 B 两处受到石块和地面的光滑约束,因此在 A 处和 B 处受到石块与地面的法向反力 $\boldsymbol{F}_{NA}$ 和 $\boldsymbol{F}_{NB}$ 的作用,均沿碾子上接触点的公法线而指向圆心。

受力图如图 1.14(b) 所示。

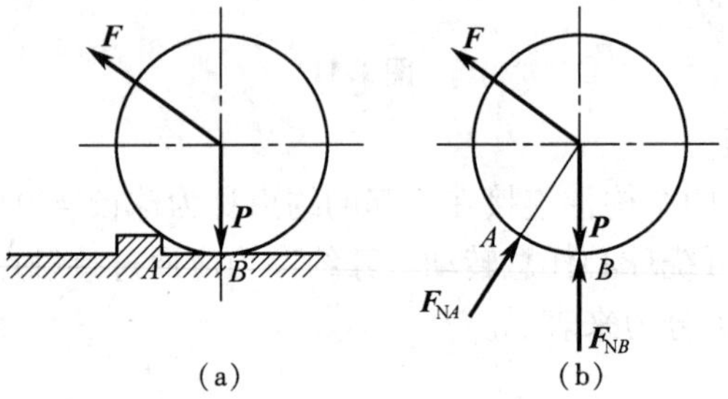

图 1.14

例 1.2　如图 1.15(a) 所示结构,试画 AD,BC 的受力图(不计各杆的自重)。

解　(1) 先分析曲杆 BC 的受力。容易判断,由于 BC 杆只在 B,C 两点处受力,即 BC 杆仅受两个力的作用而处于平衡状态,因此 BC 杆是二力杆,由此可确定 $\boldsymbol{F}_B$ 和 $\boldsymbol{F}_C$ 大小相等、方向相反并在同一条直线上,受力图如图 1.15(b) 所示。

(2) 再分析杆 AD 的受力。先画出主动力 $\boldsymbol{P}$。在 C 点处 AD 受到 BC 给它的约束反力 $\boldsymbol{F}'_C$ 的作用,这个力与 BC 杆所受的力 $\boldsymbol{F}_C$ 符合作用与反作用定律。由于 AD 杆在 A,C,D 三处受力,符合三力平衡汇交定理的条件,可确定 A 点受力 $\boldsymbol{F}_A$ 的方向,受力图如图1.15(c) 所示。另外,也可对 A 点受力正交分解而不使用三力平衡汇交定理,如图1.15(d) 所示,这种受力分析对后面列写投影平衡方程的步骤来说会更加方便。

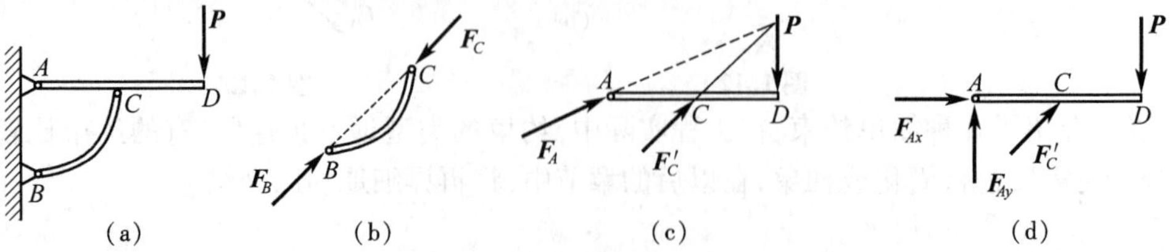

图 1.15

例 1.3　由水平杆 AB 和斜杆 BC 构成的管道支架如图 1.16(a) 所示。在 AB 杆上放一重为 P 的管道,A,B,C 处都是铰链连接,不计各杆的自重,各接触面都是光滑的。试分别画出水平杆 AB、斜杆 BC 及整体的受力图。

解　(1) 分析斜杆 BC 的受力。易见斜杆 BC 为二力杆,受力如图 1.16(b) 所示。

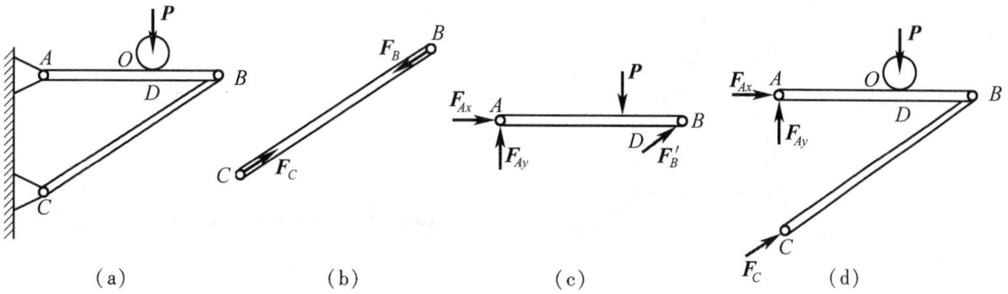

图 1.16

(2) 分析水平杆 AB 的受力。受力如图 1.16(c) 所示。

(3) 分析整体的受力。当对整体作受力分析时,铰链 B 处所受的力 $\boldsymbol{F}_B$ 和 $\boldsymbol{F}'_B$ 互为作用力与反作用力,这两个力成对地作用在整个系统内,故称为系统的内力。内力对系统的作用效果相互抵消,因此可以除去,并不影响整个系统的平衡。故内力在整体受力图上不必画出。在受力图上只需画出系统以外的物体给系统的作用力,这种力称为外力。系统的整体受力图如图 1.16(d) 所示。

例 1.4　如图 1.17(a) 所示结构,已知销钉连在 AC 杆上,试画各构件的受力图。

解　(1) 分析 DE 杆的受力。易见 DE 杆为二力杆,受力如图 1.17(b) 所示。

(2) 分析折杆 AC 的受力。由于销钉连在 AC 杆上,故认为主动力 $\boldsymbol{F}$ 作用在 AC 杆上,受力如图 1.17(c) 所示。

(3) 分析 BC 杆的受力。如图 1.17(d) 所示。

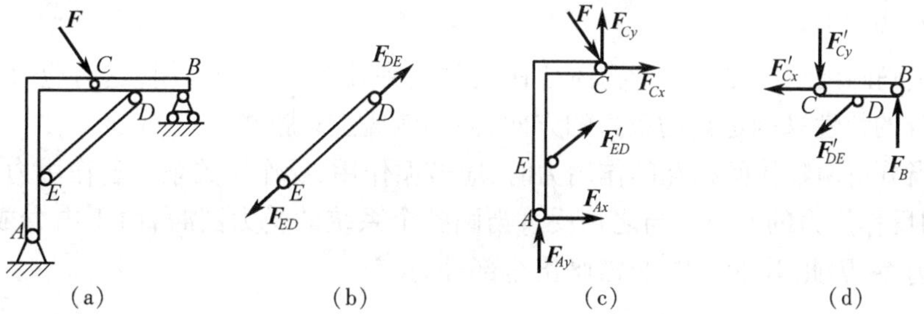

图 1.17

例 1.5　如图 1.18(a) 所示,梯子的两部分 AB 和 AC 在点 A 铰接,又在 D,E 两点用水平绳连接。梯子放在光滑水平面上,若其自重不计,但在 AB 中点 H 处作用一铅直载荷 $\boldsymbol{F}$。试分别画出绳子 DE 和梯子 AB,AC 部分以及整个系统的受力图。

解　(1) 绳子 DE 的受力分析,如图 1.18(b) 所示。

(2) 梯子 AB 部分的受力分析,如图 1.18(c) 所示。

(3) 梯子 AC 部分的受力分析,如图 1.18(d) 所示。

(4) 整个系统的受力分析,如图 1.18(e) 所示。

正确地画出物体的受力图,是分析、解决力学问题的基础。画受力图时必须注意以下几点:

(1) 必须明确研究对象。根据求解需要,可以取单个物体为研究对象,也可以取由几

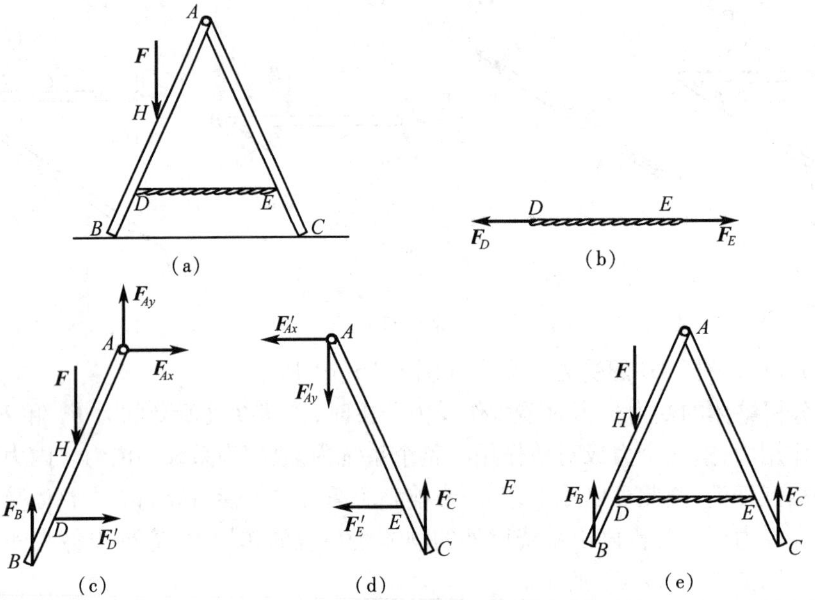

图 1.18

个物体组成的系统作为研究对象。不同研究对象的受力图是不同的。

(2) 正确确定研究对象受力的数目。由于力是物体之间相互的机械作用,因此对每一个力都应明确它是哪一个施力物体施加给研究对象的,绝不能凭空产生。同时,也不可漏掉一个力。一般可先画已知的主动力,再画约束力。凡是研究对象与外界接触的地方,都一定存在约束力。

(3) 正确画出约束力。一个物体往往同时受到几个约束的作用,这时应分别根据每个约束本身的特性来确定其约束力的方向,而不能凭主观臆测。

(4) 当分析两物体间相互的作用力时,应遵循作用、反作用关系。若作用力的方向一经假定,则反作用力的方向应与之相反。当画整个系统的受力图时,由于内力成对出现,组成平衡力系,因此不必画出,只需画出全部外力。

习　　题

1.1　判断下列说法是否正确

(1) 两个力的合力大小一定大于它的任意一个分力的大小。(　　)

(2) 若有 $\boldsymbol{F}_A = -\boldsymbol{F}_B$ 的两个力作用在同一刚体上,则此二力是作用力和反作用力,或者是一对平衡的力。(　　)

(3) 悬挂的小球静止不动是因为小球对绳向下的拉力和绳对小球向上的拉力互相抵消的缘故。(　　)

(4) 两端用光滑铰链连接的构件是二力构件。(　　)

1.2　选择题

(1) 在下述原理、法则、定理中,只适用于刚体的有(　　)。

(A) 二力平衡原理　　(B) 力的平行四边形法则　　(C) 加减平衡力系原理

(D) 力的可传性原理　　(E) 作用与反作用定律

(2) 三力平衡汇交定理所给的条件是(　　)。

(A) 汇交力系平衡的充要条件

(B) 平面汇交力系平衡的充要条件

(C) 不平行的三个力平衡的必要条件

1.3　填空题

(1) 作用在刚体上的两个力等效的条件是________________________________。

(2) 图示结构受力 $\boldsymbol{P}$,$\boldsymbol{Q}$ 的作用,则受力图(b) 中的 $\boldsymbol{F}_{A_1x}$,$\boldsymbol{F}_{A_1y}$ 是______________给______________的力;受力图(c) 中的 $\boldsymbol{F}_{A_2x}$,$\boldsymbol{F}_{A_2y}$ 是______________给______________的力。

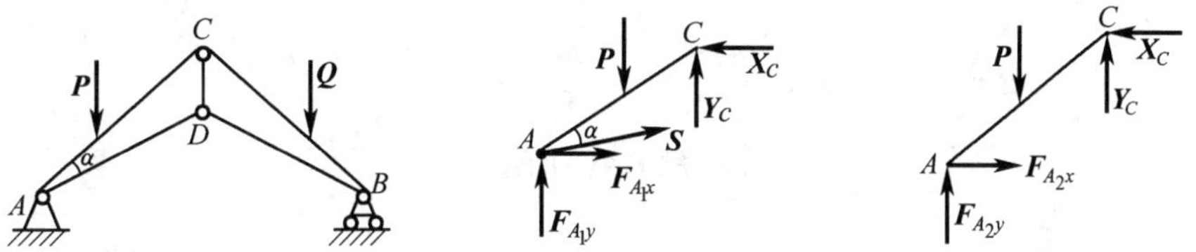

(a)　　(b)　　(c)

题 1.3(2) 图

(3) 图示系统在 A,B 两处设置约束,并受力 $\boldsymbol{F}$ 作用而平衡。其中 A 为固定铰支座,今欲使其约束力的作用线与 AB 成 $\beta = 135°$,则 B 处应设置________约束。如何设置? 请举例,并用图表示。

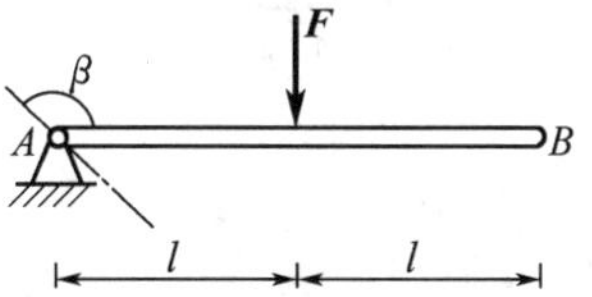

题 1.3(3) 图

1.4　作图题

(1) 画出图示结构中 A,B 两处反力的方位和指向。

(2) 试画出图示结构 D 处反力作用线的方位(各杆自重不计)。

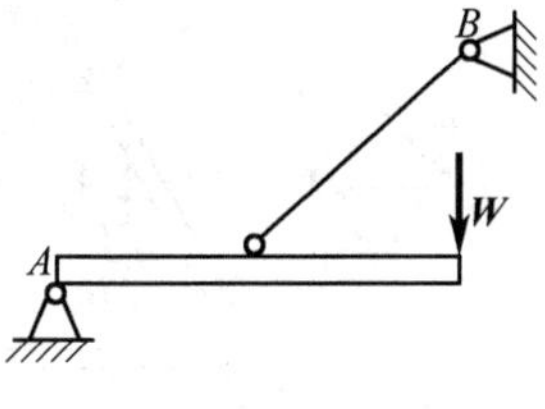

题 1.4(1) 图

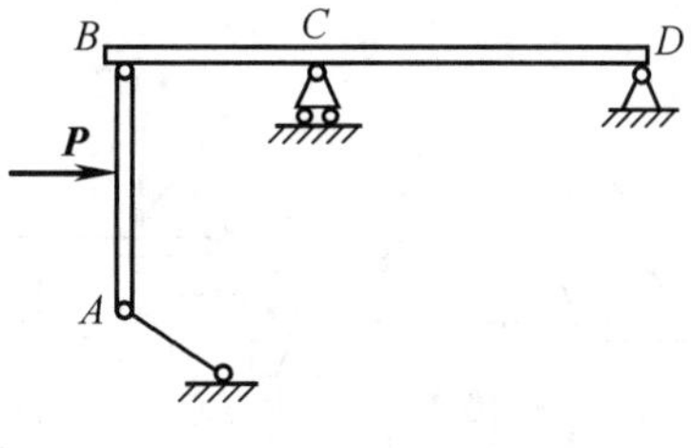

题 1.4(2) 图

(3) 画出下列图中杆 AB 的受力图,不计各构件自重,各接触面均为光滑面。

(4) 画出下列图中每个标注字母的构件的受力图,除给出自重的构件外,其他构件自重不计,各接触面均为光滑面。

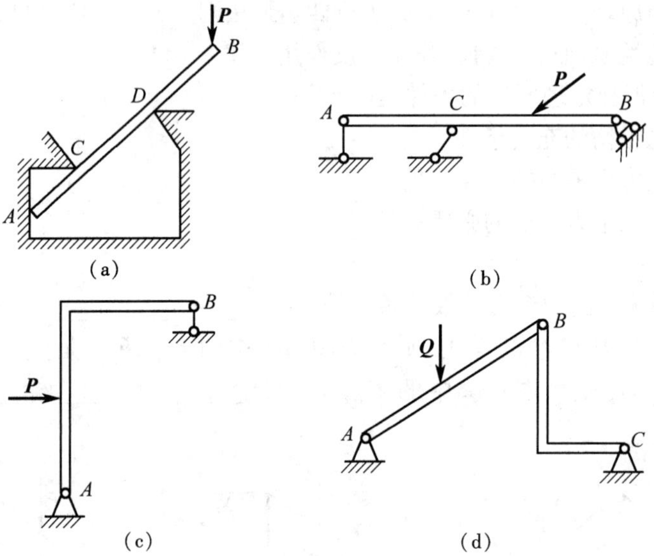
P
B
D
C
A
(a)
P
A
C
B
(b)
B
P
A
(c)
B
Q
A
C
(d)

题 1.4(3) 图

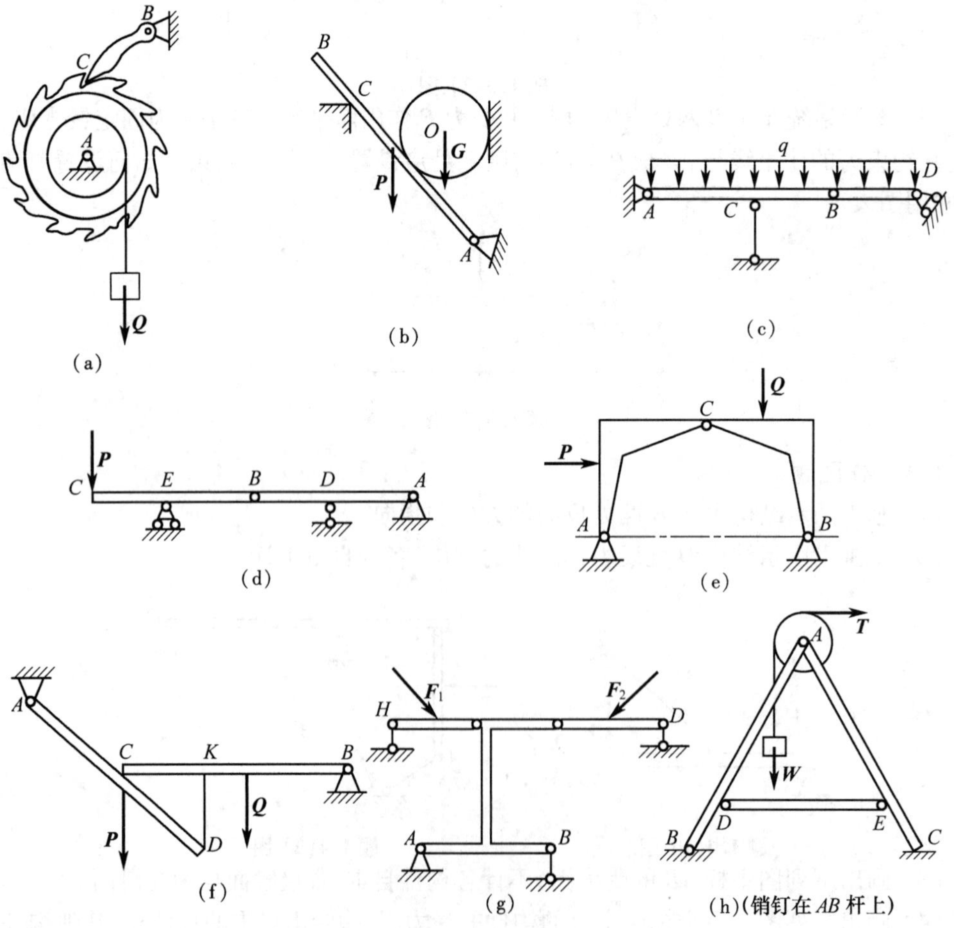
B
C
A
Q
(a)
B
C
O
G
P
A
(b)
q
D
A
C
B
(c)
P
C
E
B
D
A
(d)
Q
C
P
A
B
(e)
A
C
K
B
P
D
Q
(f)
F_1
F_2
H
D
A
B
(g)
A
T
W
D
E
B
C
(h)(销钉在 AB 杆上)

题 1.4(4) 图

第2章　平 面 力 系

当力系中各个力的作用线都处于同一平面时,称该力系为平面力系。平面力系又可按各力作用线的相互关系分为平面汇交力系、平面力偶系、平面平行力系和平面任意力系等。本章研究这些力系的简化、合成与平衡及物体系统的平衡问题。

2.1　平面汇交力系

所谓平面汇交力系,就是各力的作用线都在同一平面内且汇交于一点的力系。

2.1.1　平面汇交力系合成与平衡的几何法

1. 平面汇交力系合成的几何法

如图 2.1(a) 所示,设刚体上 A 点作用有一平面汇交力系 $\boldsymbol{F}_1$,$\boldsymbol{F}_2$,$\boldsymbol{F}_3$ 和 $\boldsymbol{F}_4$。为合成此力系,可连续使用力的平行四边形法则或力的三角形法则,两两合成各力,最终可求得一个通过汇交点 A 的合力 $\boldsymbol{F}_R$。还可以用更简便的方法求此合力 $\boldsymbol{F}_R$ 的大小与方向。任取一点 a 将各力的力矢依次首尾相连,如图 2.1(b) 所示,此图中的虚线矢$\overrightarrow{ac}$ 和$\overrightarrow{ad}$ 可不画出。最终,连接第一个力矢的起点 a 和最后一个力矢的终点 e 即可得到该力系的合力矢量$\overrightarrow{ae}$。

根据矢量相加的交换律,任意变换各分力矢的作图次序,可得到不同形状的力矢图,但其合力矢量$\overrightarrow{ae}$ 总是不变的,如图 2.1(c) 所示。矢量$\overrightarrow{ae}$ 仅表示该平面汇交力系的合力 $\boldsymbol{F}_R$ 的大小与方向,而合力的作用线则仍应通过汇交点 A,如图 2.1(a) 所示的 $\boldsymbol{F}_R$。

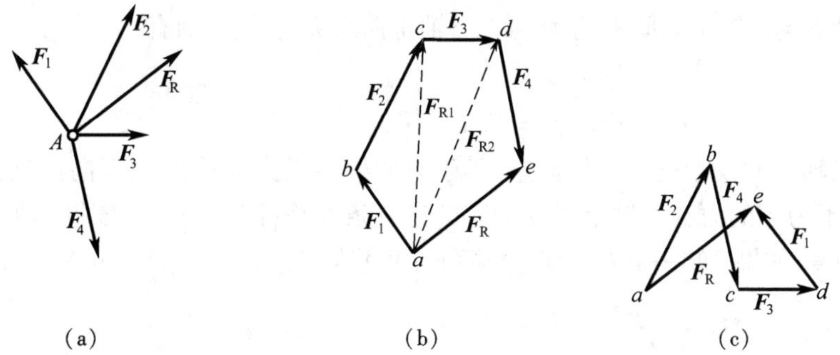

图 2.1

可见,平面汇交力系合成的结果是一个合力,合力的作用线通过力系的汇交点,合力的大小和方向等于力系中各力的矢量和。设平面汇交力系包含 n 个力,以 $\boldsymbol{F}_R$ 表示该力系的合力矢,则有

$$F_R = F_1 + F_2 + \cdots + F_n = \sum_{i=1}^{n} F_i$$

在不致引起误会的情况下，一般可省略求和符号中的 $i=1$ 和 n。这样上式可简写为

$$F_R = \sum F_i \tag{2.1}$$

各力矢与合力矢构成的多边形称为力的多边形。用力的多边形求合力的作图规则称为力的多边形法则。力的多边形中表示合力矢量的边称为力多边形的封闭边。

2. 平面汇交力系平衡的几何条件

平面汇交力系可用其合力来代替，显然，平面汇交力系平衡的必要和充分条件是：该力系的合力等于零，即

$$\sum F_i = 0 \tag{2.2}$$

在平衡条件下，力多边形中最后一力的终点与第一力的起点重合，此时的力多边形称为封闭的力多边形。于是平面汇交力系平衡的必要和充分条件是：该力系的力多边形自行封闭。这是平衡的几何条件。

求解平面汇交力系的平衡问题时可用图解法，即按比例先画出封闭的力多边形，然后量得所要求的未知量；也可根据图形的几何关系，用三角公式计算出所要求的未知量，这种解题方法称为几何法。

2.1.2 平面汇交力系合成与平衡的解析法

1. 力在轴上的投影

设刚体上的点 A 作用一个力 $\boldsymbol{F}$，从力矢的两端 A 和 B 分别向 x 轴和 y 轴作垂线，垂足分别为 a,b,c 和 d，如图2.2所示，线段 ab 和线段 cd 的长度冠以适当的正负号，就表示力 $\boldsymbol{F}$ 在 x 轴和 y 轴上的投影，分别记为 F_x 和 F_y。如果线段 ab 或线段 cd 的指向与 x 轴或 y 轴的正向一致，则该投影为正值，反之为负值。

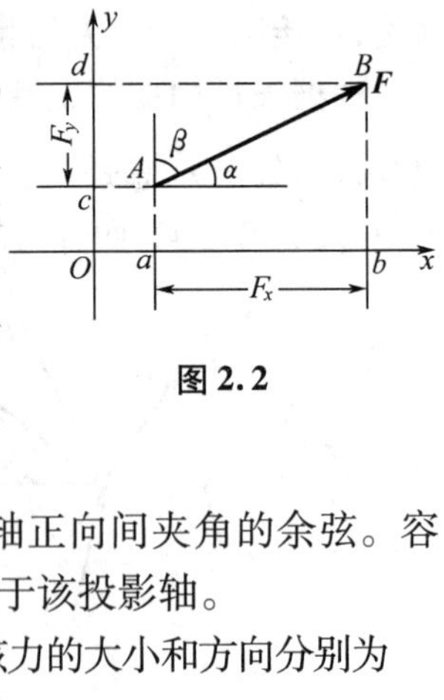

图 2.2

若力 $\boldsymbol{F}$ 与 x 轴正向间夹角为 α，与 y 轴正向间夹角为 β，则有

$$\left.\begin{aligned} F_x &= F\cos\alpha \\ F_y &= F\cos\beta = F\sin\alpha \end{aligned}\right\} \tag{2.3}$$

即力在某轴上的投影是一个代数量，等于力的模乘以力与投影轴正向间夹角的余弦。容易看出，不为零的力在某轴上投影为零的充要条件是：该力垂直于该投影轴。

反过来，如果已知一个力在直角坐标轴上的投影 F_x 和 F_y，则该力的大小和方向分别为

$$\left.\begin{aligned} F &= \sqrt{F_x^2 + F_y^2} \\ \cos\alpha &= \frac{F_x}{F} \\ \cos\beta &= \frac{F_y}{F} \end{aligned}\right\} \tag{2.4}$$

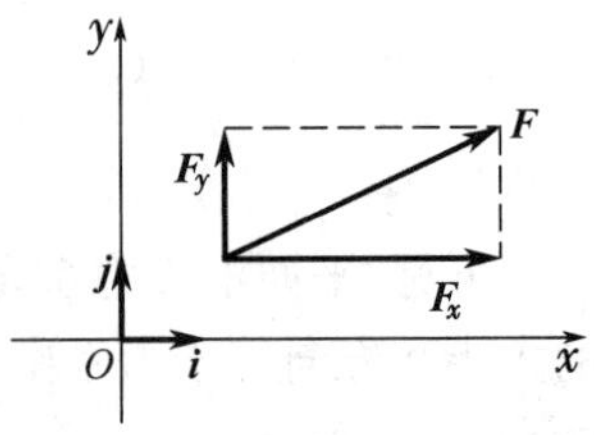

图 2.3

式中的 α 和 β 分别表示力 $\boldsymbol{F}$ 与 x 轴和 y 轴正向间夹角。

由图2.3可以看出，当力 $\boldsymbol{F}$ 沿两个正交的轴 x 轴和 y 轴分解

为 $\boldsymbol{F}_x$ 和 $\boldsymbol{F}_y$ 两个力时，这两个分力的大小分别等于力 $\boldsymbol{F}$ 在两轴上的投影 F_x 和 F_y 的绝对值。若记 x 轴及 y 轴方向的单位矢量分别为 $\boldsymbol{i}$ 和 $\boldsymbol{j}$，则力 $\boldsymbol{F}$ 可记为

$$\boldsymbol{F} = \boldsymbol{F}_x + \boldsymbol{F}_y = F_x\boldsymbol{i} + F_y\boldsymbol{j} \tag{2.5}$$

称为力沿直角坐标轴的解析表达式。

2. 合力投影定理

如图 2.4 所示为由平面汇交力系 $\boldsymbol{F}_1$，$\boldsymbol{F}_2$，$\boldsymbol{F}_3$ 和 $\boldsymbol{F}_4$ 组成的力多边形，$\boldsymbol{F}_R$ 为合力，将各力矢投影到 x 轴，由图可见

$$ae = ab + bc + cd - de$$

按投影定义，上式左端为合力 $\boldsymbol{F}_R$ 的投影，右端为 4 个分力的投影的代数和，即

$$F_R = F_1 + F_2 + F_3 + F_4$$

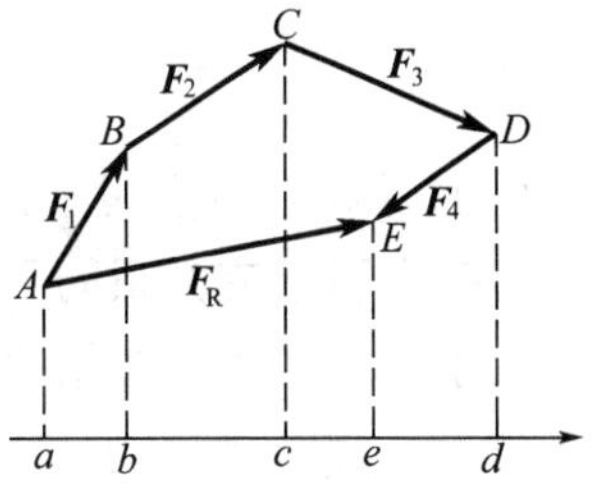

图 2.4

将上式推广到任意多个力的情况，有

$$F_R = F_1 + F_2 + \cdots + F_n = \sum F_i \tag{2.6}$$

于是有结论：合力在任一轴上的投影等于各分力在同一轴上投影的代数和。这就是合力投影定理。

合力投影定理建立了合力的投影与分力的投影之间的关系。

3. 平面汇交力系合成的解析法

设刚体上 O 点作用有由 n 个力组成的平面汇交力系，建立直角坐标系如图 2.5(a) 所示。

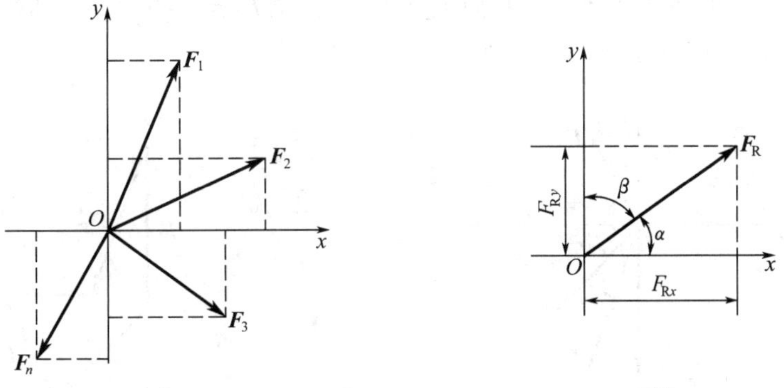

(a)　　(b)

图 2.5

设 F_{1x} 和 F_{1y}，F_{2x} 和 F_{2y}，…，F_{nx} 和 F_{ny} 分别表示各力在坐标轴 x 轴和 y 轴上的投影，F_{Rx} 和 F_{Ry} 分别表示力系的合力 $\boldsymbol{F}_R$ 在 x 轴和 y 轴上的投影，根据合力投影定理有

$$\left.\begin{aligned} F_{Rx} &= F_{1x} + F_{2x} + \cdots + F_{nx} = \sum F_x \\ F_{Ry} &= F_{1y} + F_{2y} + \cdots + F_{ny} = \sum F_y \end{aligned}\right\} \tag{2.7}$$

于是合力矢量的大小和方向为

$$\left.\begin{aligned}F_{\mathrm{R}} &= \sqrt{F_{\mathrm{R}x}^2 + F_{\mathrm{R}y}^2} = \sqrt{\left(\sum F_x\right)^2 + \left(\sum F_y\right)^2}\\ \cos\alpha &= \frac{F_{\mathrm{R}x}}{F_{\mathrm{R}}} = \frac{\sum F_x}{F_{\mathrm{R}}}\\ \cos\beta &= \frac{F_{\mathrm{R}y}}{F_{\mathrm{R}}} = \frac{\sum F_y}{F_{\mathrm{R}}}\end{aligned}\right\} \tag{2.8}$$

其中的 α 和 β 分别表示合力 $\boldsymbol{F}_{\mathrm{R}}$ 与 x 轴和 y 轴间的夹角，如图 2.5(b) 所示。

4. 平面汇交力系的平衡方程

前面已经得出过结论，平面汇交力系平衡的必要和充分条件是：该力系的合力 $\boldsymbol{F}_{\mathrm{R}}$ 等于零。于是由式(2.8) 有

$$F_{\mathrm{R}} = \sqrt{\left(\sum F_x\right)^2 + \left(\sum F_y\right)^2} = 0$$

欲使上式成立，必须同时满足

$$\left.\begin{aligned}\sum F_x &= 0\\ \sum F_y &= 0\end{aligned}\right\} \tag{2.9}$$

于是，平面汇交力系平衡的必要和充分条件是：力系的各分力在两个坐标轴上的投影的代数和分别等于零。式(2.9) 称为平面汇交力系的平衡方程，这是两个独立的方程，可求解两个未知量。

下面举例说明平面汇交力系平衡方程的应用。

例 2.1　如图 2.6(a) 所示一平面汇交力系，已知 $F_1 = 3\ \mathrm{kN}$，$F_2 = 1\ \mathrm{kN}$，$F_3 = 1.5\ \mathrm{kN}$，$F_4 = 2\ \mathrm{kN}$。各力方向如图所示。求此力系的合力 $\boldsymbol{F}_{\mathrm{R}}$。

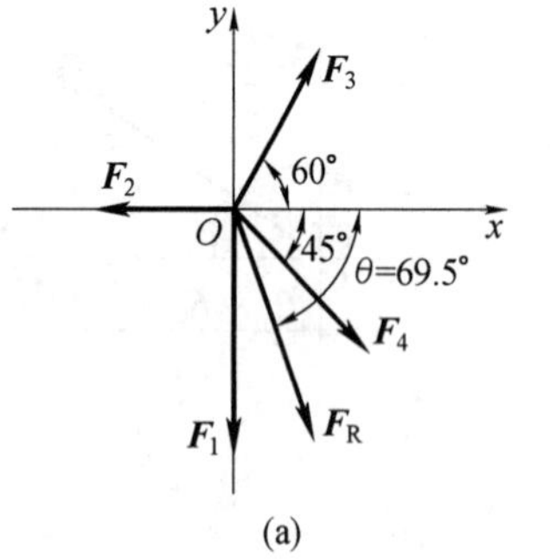

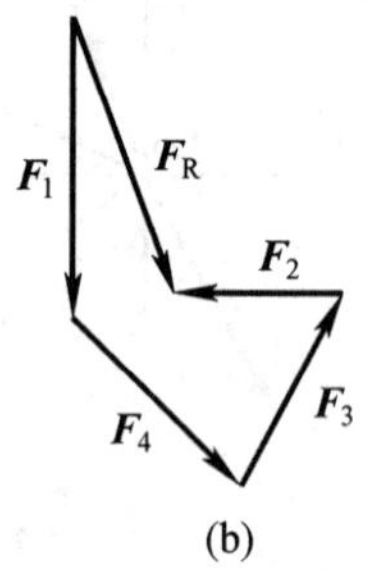

图 2.6

解　(1) 几何法

首先选取 1 cm 表示 1 kN 的力的比例尺，然后按 $\boldsymbol{F}_1$，$\boldsymbol{F}_2$，$\boldsymbol{F}_3$，$\boldsymbol{F}_4$ 的顺序首尾相连地依次画出各力矢，连接力的多边形的封闭边即合力矢 $\boldsymbol{F}_{\mathrm{R}}$，如图 2.6(b) 所示。从图上用比例尺及量角器量出合力 $\boldsymbol{F}_{\mathrm{R}}$ 的大小及其与 Ox 轴或 Oy 轴的夹角即可。量得合力 $\boldsymbol{F}_{\mathrm{R}}$ 的大小为

$$F_{\mathrm{R}} = 3.325\ \mathrm{kN}$$

合力 $\boldsymbol{F}_{\mathrm{R}}$ 与 x 轴间所夹锐角 θ 为

$$\theta = 69.5°$$

(2) 解析法

首先以力系汇交点 O 为坐标原点,建立平面直角坐标系 xOy,如图 2.6(a) 所示。然后计算合力在坐标轴上的投影

$$F_{Rx} = \sum F_x = -F_2 + F_3\cos 60° + F_4\cos 45° = 1.164\ \text{kN}$$

$$F_{Ry} = \sum F_y = -F_1 + F_3\sin 60° - F_4\sin 45° = -3.115\ \text{kN}$$

由此求得合力 $\boldsymbol{F}_R$ 的大小为

$$F_R = \sqrt{F_{Rx}^2 + F_{Ry}^2} = 3.325\ \text{kN}$$

合力 $\boldsymbol{F}_R$ 与 x 轴间所夹锐角 θ 为

$$\tan\theta = \left|\frac{F_{Ry}}{F_{Rx}}\right| = 2.676,\quad \theta = 69.5°$$

由 F_{Rx},F_{Ry} 的正负号可判断合力 $\boldsymbol{F}_R$ 应指向右下方,如图 2.6(a) 所示。

例 2.2　电动机重 $P = 5\ 000$ N,放在水平梁 AC 的中央,如图 2.7(a) 所示。梁的 A 端以铰链固定,另一端以 BC 杆支承,撑杆与水平梁的夹角为30°。不计梁和杆的质量,求 BC 杆受力和铰支座 A 处的约束力。

解　分别研究 BC 杆和梁 AC,受力如图 2.7(b),(c) 所示,按比例或画草图画出封闭的力的三角形,如图 2.7(e) 所示,按比例量得或用简单的三角公式计算,可得题目所求

$$F_{CB} = 5\ 000\ \text{N},\quad F_{RA} = 5\ 000\ \text{N}$$

二力方向如图所示。

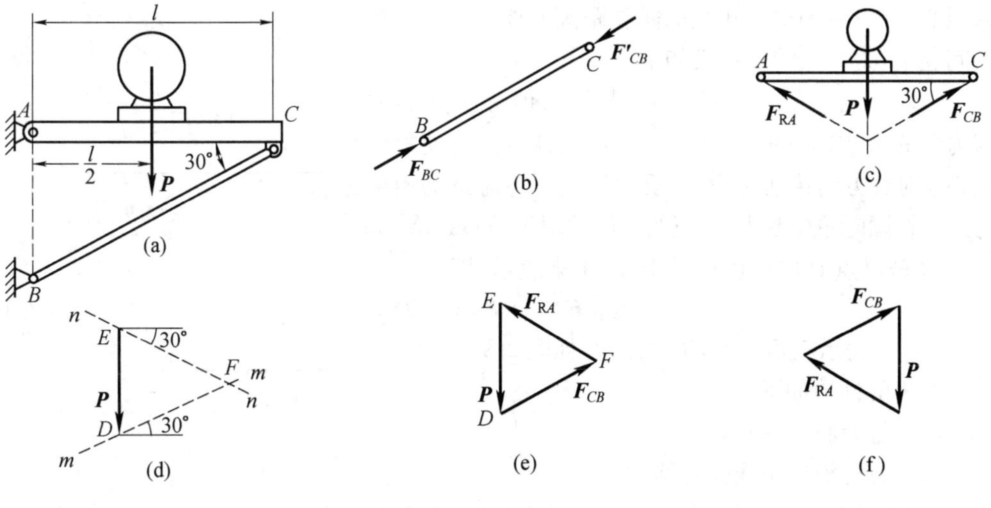

图 2.7

例 2.3　水平梁 AB 的 B 端吊挂一重物,质量为 P,拉杆 CD 与 AB 在 C 处铰接,已知 $P = 2$ kN,结构尺寸与角度如图2.8(a) 所示。试求 CD 杆的内力及 A 点的约束反力。

解　(1) 取 AB 杆为研究对象,作受力图,如图 2.8(b) 所示。

(2) 建立坐标系如图。

(3) 根据平衡条件列写平衡方程

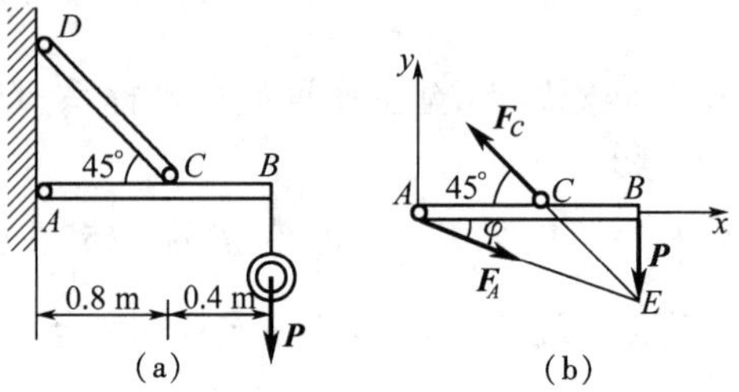

图 2.8

$$\sum F_x = 0,\quad F_A\cos\varphi - F_C\cos 45° = 0$$

$$\sum F_y = 0,\quad -P - F_A\sin\varphi + F_C\sin 45° = 0$$

(4) 解方程,得

$$F_C = 4.24\ \text{kN},\quad F_A = 3.16\ \text{kN}$$

2.2　平面力对点之矩的概念与计算

2.2.1　平面力对点之矩的概念

力对刚体的转动效果可以用力对点的矩来度量。

如图 2.9 所示,力 $\boldsymbol{F}$ 与点 O 位于同一平面内,点 O 称为矩心,点 O 到力的作用线的垂直距离 h 称为力臂。在平面问题中,力对点的矩定义如下:

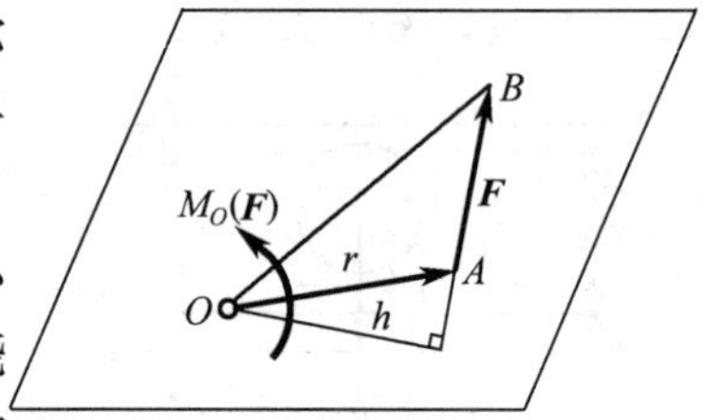

图 2.9

力对点之矩是一个代数量,其绝对值等于力的大小与力臂的乘积,它的正负可按下面方法确定:力使物体绕矩心逆时针方向转动时为正,反之为负。力对点的矩简称力矩。在国际单位制中,力矩的单位常用 N · m 或 kN · m。

力 $\boldsymbol{F}$ 对点 O 的矩以记号 $M_O(\boldsymbol{F})$ 来表示,即

$$M_O(\boldsymbol{F}) = \pm Fh = \pm 2S_{\triangle OAB} \tag{2.10}$$

其中 $S_{\triangle OAB}$ 表示三角形 OAB 的面积,如图 2.9 所示。

力矩的性质如下:

(1) 与矩心有关;

(2) 力可沿作用线任意移动;

(3) 力的大小为零或力的作用线过矩心时,力矩等于零;

(4) 互为平衡的两个力对同一点的矩之和为零。

2.2.2　合力矩定理

合力矩定理:平面汇交力系的合力对于平面内任一点之矩等于所有各分力对于该点之矩的代数和,即

$$M_O(\boldsymbol{F}_\text{R}) = \sum M_O(\boldsymbol{F}_i) \tag{2.11}$$

按力系等效概念,上式是显然成立的。合力矩定理建立了合力对点的矩与分力对同一点的矩的关系,这个定理也适用于有合力的其他各种力系。

例 2.4　已知力 $\boldsymbol{F}$,作用点 $A(x,y)$ 及其与 x 轴正向间夹角 θ,如图 2.10 所示,求力 $\boldsymbol{F}$ 对原点 O 的矩。

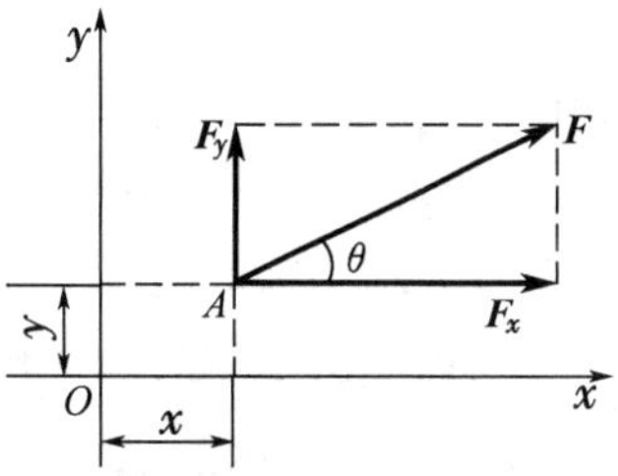

图 2.10

解　利用合力矩定理,将 $\boldsymbol{F}$ 沿坐标轴分解为 $\boldsymbol{F}_x$ 和 $\boldsymbol{F}_y$,则

$$M_O(\boldsymbol{F}) = \sum M_O(\boldsymbol{F}_i) = M_O(\boldsymbol{F}_x) + M_O(\boldsymbol{F}_y)$$
$$= xF_y - yF_x = xF\sin\theta - yF\cos\theta$$

2.3　平面力偶系

2.3.1　力偶的概念

由两个大小相等、方向相反且不共线的平行力组成的力系,称为力偶,如图 2.11 所示,记作$(\boldsymbol{F},\boldsymbol{F}')$。力偶的两力之间的垂直距离 d 称为力偶臂,力偶所在的平面称为力偶的作用面。

力偶不能合成为一个力,也就不能用一个力来平衡,因此力偶和力是静力学的两个基本要素。

2.3.2　力偶矩

力偶的作用是改变物体的转动状态,力偶对物体的转动效果可用力偶矩来度量,而力偶矩的大小为力偶中的力与力偶臂的乘积 Fd。如图 2.12 所示,力偶$(\boldsymbol{F},\boldsymbol{F}')$对任取的一点 O 的矩为

$$F(d + x) - Fx = Fd$$

即力偶对任意点的矩都等于力偶矩,它与矩心位置无关。

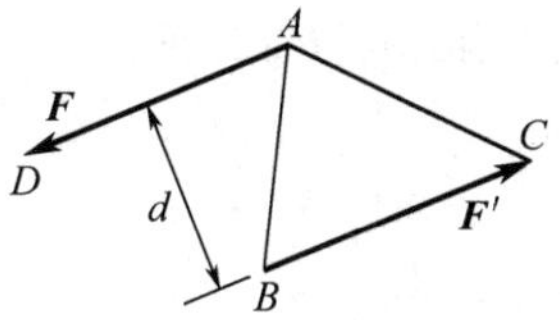

图 2.11

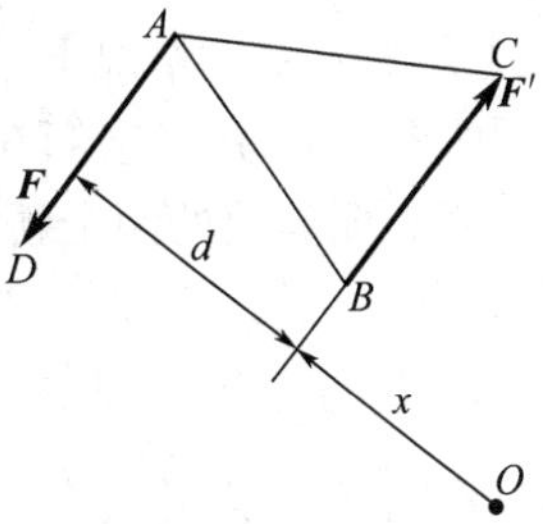

图 2.12

力偶在平面内的转向不同,其作用效果也不相同,因此平面力偶对物体的作用效果,由以下两个因素决定:

(1) 力偶矩的大小;

(2) 力偶在作用平面内的转向。

故力偶矩可视为代数量,以 M 或 $M(\boldsymbol{F},\boldsymbol{F}')$ 表示,即

$$M = \pm Fd = \pm 2S_{\triangle ABC} \tag{2.12}$$

式中，$S_{\triangle ABC}$ 表示三角形 ABC 的面积，如图 2.12 所示。

于是可得结论：力偶矩是一个代数量，其绝对值大小等于力的大小与力偶臂的乘积，正负号表示力偶的转向，逆时针转向为正，反之为负。

力偶矩的单位与力矩相同，也是 N · m。

2.3.3　同平面内力偶的等效定理

定理　在同平面内的两个力偶，如果力偶矩相等，则两力偶彼此等效。

该定理给出了在同一平面内力偶等效的条件。由此可得推论：

(1) 任一力偶可以在其作用面内任意移转，而不改变它对刚体的作用。因此，力偶对刚体的作用与力偶在其作用面内的位置无关。

(2) 只要保持力偶矩的大小和力偶的转向不变，可以同时改变力偶中力的大小和力臂的长短，而不改变力偶对刚体的作用。

由此可见，力偶中力的大小和力偶臂都不是力偶的特征量，只有力偶矩才是力偶作用的唯一量度。常用图 2.13 所示的符号表示力偶，M 为力偶矩。

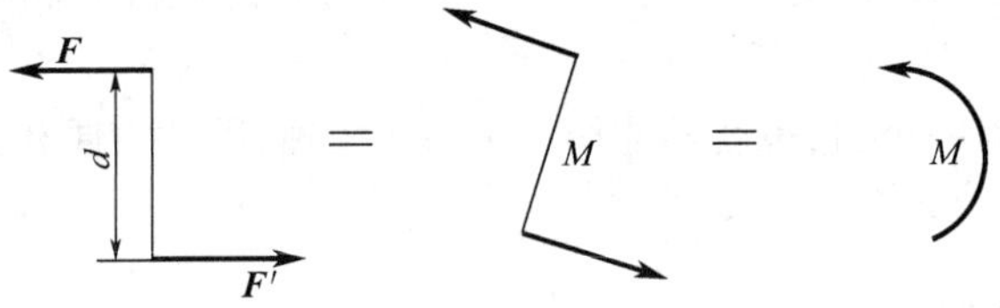

图 2.13

2.3.4　平面力偶系的合成与平衡

1. 平面力偶系的合成

作用面共面的力偶系称为平面力偶系。设在同一平面内有两个力偶($\boldsymbol{F}_1, \boldsymbol{F}'_1$) 和($\boldsymbol{F}_2, \boldsymbol{F}'_2$)，它们的力偶臂分别为 d_1 和 d_2，如图 2.14(a) 所示。这两个力偶的矩分别为 M_1 和 M_2。在保持力偶矩不变的情况下，同时改变这两个力偶的力的大小和力偶臂的长短，使它们具有相同的臂长 d，并将它们在平面内移转，使力的作用线重合，如图2.14(b) 所示。于是得到与原力偶等效的两个新力偶($\boldsymbol{F}_3, \boldsymbol{F}'_3$) 和($\boldsymbol{F}_4, \boldsymbol{F}'_4$)，即

$$M_1 = F_1 d_1 = F_3 d_3, \quad M_2 = -F_2 d_2 = -F_4 d_4$$

分别将作用在 A 和 B 的力合成(设 $F_3 > F_4$)，得

$$F = F_3 - F_4, \quad F' = F'_3 - F'_4$$

于是得到与原力偶系等效的合力偶($\boldsymbol{F}, \boldsymbol{F}'$)，如图 2.14(c) 所示。令 M 表示合力偶的矩，得

$$M = Fd = (F_3 - F_4)d = F_3 d - F_4 d = M_1 + M_2$$

如果有两个以上的平面力偶，可以按照上述方法合成。即在同平面内的任意个力偶可合成为一个合力偶，合力偶矩等于各个力偶矩的代数和，可写为

$$M = \sum M_i \tag{2.13}$$

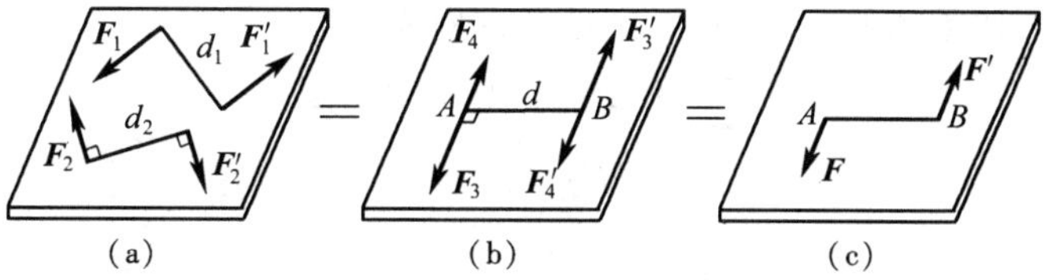

图 2.14

2. 平面力偶系的平衡条件

所谓力偶系的平衡,就是合力偶的矩等于零,因此平面力偶系平衡的必要和充分条件是所有力偶矩的代数和等于零,即

$$\sum M_i = 0 \tag{2.14}$$

例 2.5　如图 2.15 所示的工件上作用有 3 个力偶。3 个力偶的矩分别为:$M_1 = M_2 = 10\ \text{N}\cdot\text{m}$,$M_3 = 20\ \text{N}\cdot\text{m}$;固定螺柱 A 和 B 的距离 $l = 200\ \text{mm}$。求两个光滑螺柱所受的水平力。

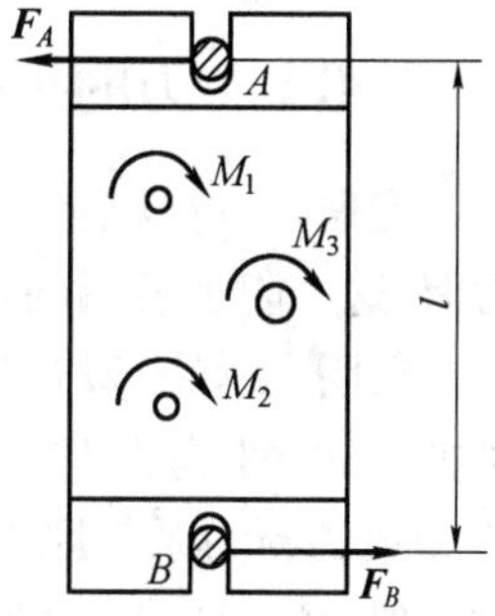

图 2.15

解　研究工件,工件在水平面内受 3 个力偶和 2 个螺柱的水平力的作用。根据力偶只能与力偶平衡的性质,螺柱 A,B 受到的水平力设为 $\boldsymbol{F}_A$ 和 $\boldsymbol{F}_B$,则 $\boldsymbol{F}_A$ 和 $\boldsymbol{F}_B$ 必形成一力偶,它们的方向假设如图 2.15 所示,列平面力偶系的平衡方程

$$\sum M = 0,\quad F_A l - M_1 - M_2 - M_3 = 0$$

代入数据得

$$F_A = F_B = 200\ \text{N}$$

因为结果为正值,故 $\boldsymbol{F}_A$ 和 $\boldsymbol{F}_B$ 假设方向是正确的,而螺柱 A,B 受到的水平力则应与 $\boldsymbol{F}_A$ 和 $\boldsymbol{F}_B$ 大小相等、方向相反。

例 2.6　如图 2.16(a) 所示结构,已知 $M = 800\ \text{N}\cdot\text{m}$,结构尺寸如图。求 A,C 两处的约束反力。

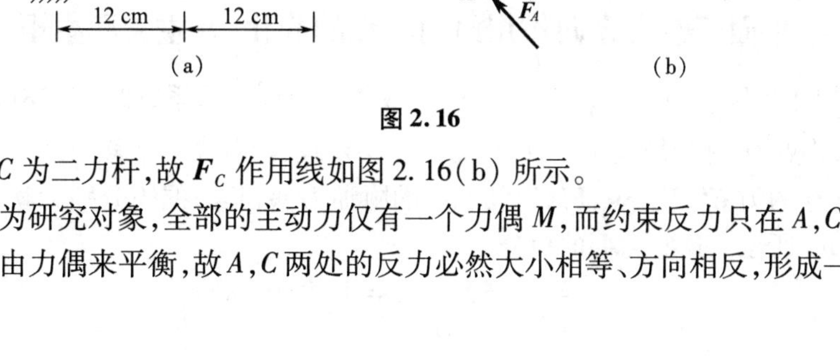

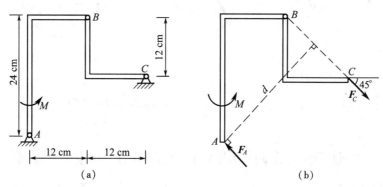

图 2.16

解　BC 为二力杆,故 $\boldsymbol{F}_C$ 作用线如图 2.16(b) 所示。

以整体为研究对象,全部的主动力仅有一个力偶 M,而约束反力只在 A,C 两点处,由于力偶只能由力偶来平衡,故 A,C 两处的反力必然大小相等、方向相反,形成一个力偶,记

其力偶矩为 M_{AC}，如图 2.16(b) 所示，则平衡方程为

$$\sum M_i = 0,\quad M - M_{AC} = 0$$

$$M - F_C d = 0$$

解得

$$F_C = 3\ 137\ \text{N} = F_A$$

2.4 平面任意力系的简化

各力的作用线在同一平面内且任意分布的力系，称为平面任意力系，又称平面一般力系。

2.4.1 力的平移定理

定理　可以把作用在刚体上的点 A 的力 $\boldsymbol{F}$ 平行移到任一点 B，但必须同时附加一个力偶，这个附加力偶的矩等于原来的力 $\boldsymbol{F}$ 对新作用点 B 的矩。

证明　如图2.17(a) 所示，刚体上的点 A 作用有力 $\boldsymbol{F}$。在刚体上任取一点 B，并在点 B 加上一对平衡力 $\boldsymbol{F}'$ 和 $\boldsymbol{F}''$，且令 $\boldsymbol{F}' = \boldsymbol{F} = -\boldsymbol{F}''$，如图2.17(b) 所示。显然，3 个力 $\boldsymbol{F}$，$\boldsymbol{F}'$ 和 $\boldsymbol{F}''$ 组成的新力系与原来的一个力 $\boldsymbol{F}$ 等效。这3个力又可视为一个作用在点 B 的力 $\boldsymbol{F}'$ 和一个力偶($\boldsymbol{F}$，$\boldsymbol{F}''$)，该力偶称为附加力偶，其力偶矩等于

$$M = Fd = M_B(\boldsymbol{F})$$

如图 2.17(c) 所示，力系等效于一个作用在点 B 的力 $\boldsymbol{F}'$ 和一个附加力偶，于是定理得证。

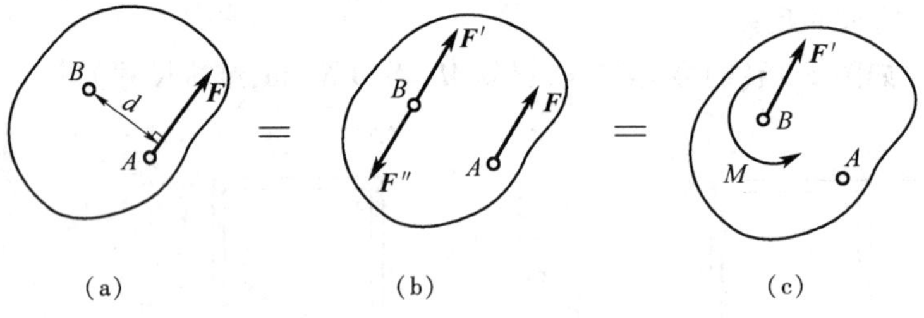

图 2.17

根据力的平移定理可知，在平面内的一个力和一个力偶，也可以用一个力来等效替换。

2.4.2 平面任意力系向作用面内一点的简化　主矢和主矩

设刚体上作用有 n 个力 $\boldsymbol{F}_1$，$\boldsymbol{F}_2$，…，$\boldsymbol{F}_n$ 组成的平面任意力系，如图 2.18(a) 所示。在平面内任取一点 O，称为简化中心，应用力的平移定理，把各力都平移到这一点。这样，得到作用于点 O 的力 $\boldsymbol{F}'_1$，$\boldsymbol{F}'_2$，…，$\boldsymbol{F}'_n$，以及相应的附加力偶，其力偶矩分别为 M_1，M_2，…，M_n，如图 2.18(b) 所示。这些力偶的矩分别为

$$M_i = M_O(\boldsymbol{F}_i)\quad (i = 1, 2, \cdots, n)$$

这样,平面任意力系等效为两个简单力系,平面汇交力系和平面力偶系,再分别合成这两个力系。

平面汇交力系可合成为作用线通过点 O 的一个力$\boldsymbol{F}'_{\mathrm{R}}$,如图2.18(c)所示,由于各个力矢 $\boldsymbol{F}'_i=\boldsymbol{F}_i$,因此

$$\boldsymbol{F}'_{\mathrm{R}}=\boldsymbol{F}'_1+\boldsymbol{F}'_2+\cdots+\boldsymbol{F}'_n=\sum\boldsymbol{F}_i \tag{2.15}$$

即力矢 $\boldsymbol{F}'_{\mathrm{R}}$ 等于原来各力的矢量和。

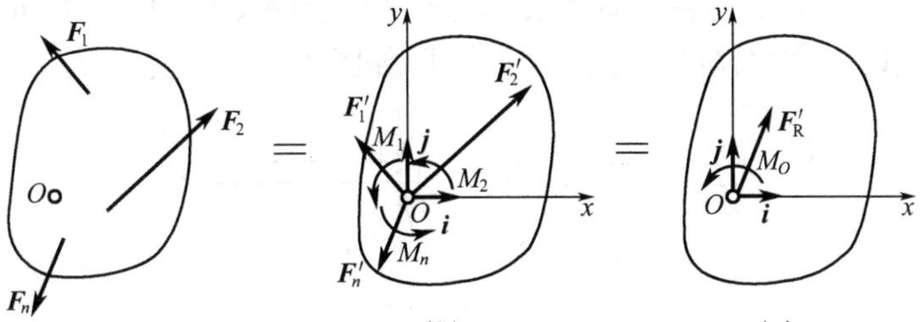

(a)　(b)　(c)

图2.18

平面力偶系可合成为一个力偶,该力偶的矩 M_O 等于各附加力偶矩的代数和,根据力的平移定理,也就等于原来各力对于点 O 的矩的代数和,即

$$M_O=M_1+M_2+\cdots+M_n=\sum M_O(\boldsymbol{F}_i) \tag{2.16}$$

平面任意力系中所有各力的矢量和 $\boldsymbol{F}'_{\mathrm{R}}$,称为该力系的主矢,而各力对于任选简化中心 O 的矩的代数和 M_O,称为该力系对于简化中心 O 的主矩。

由于主矢等于各力的矢量和,所以它与简化中心的选择无关。而主矩等于各力对于简化中心的矩的代数和,取不同的点为简化中心,各力的力臂将有改变,则各力对简化中心的矩也有改变,所以在一般情况下主矩与简化中心的选择有关。因此以后当提到主矩时,必须指出是力系对于哪一点的主矩。

综上所述,在一般情况下,平面任意力系向作用面内任选一点 O 简化,可得一个力和一个力偶,这个力的大小和方向等于该力系的主矢,作用线通过简化中心 O,这个力偶的矩等于该力系对于点 O 的主矩。

为了求出力系的主矢 $\boldsymbol{F}'_{\mathrm{R}}$ 的大小和方向,可以应用解析法。通过点 O 取坐标系 xOy,如图2.18(c)所示,则有

$$\left.\begin{aligned}F'_{\mathrm{R}x}&=F_{1x}+F_{2x}+\cdots+F_{nx}=\sum F_x\\F'_{\mathrm{R}y}&=F_{1y}+F_{2y}+\cdots+F_{ny}=\sum F_y\end{aligned}\right\}$$

于是主矢 $\boldsymbol{F}'_{\mathrm{R}}$ 的大小和方向余弦为

$$\left.\begin{aligned}F'_{\mathrm{R}}&=\sqrt{\left(\sum F_x\right)^2+\left(\sum F_y\right)^2}\\\cos\alpha&=\frac{\sum F_x}{F_{\mathrm{R}}}\\\cos\beta&=\frac{\sum F_y}{F_{\mathrm{R}}}\end{aligned}\right\} \tag{2.17}$$

其中 α 和 β 分别为主矢与 x 轴和 y 轴间的夹角。

现利用力系向一点简化的方法,分析固定端约束的反力。所谓固定端约束,是指一物体的一端完全固定在另一物体上的约束,如图2. 19(a) 所示。

固定端约束对物体的作用,是在接触面上作用了一群约束反力。在平面问题中,这些力为一平面任意力系,如图 2. 19(b) 所示。将该力系向作用平面内的点 A 简化得到一个力和一个力偶,如图 2. 19(c) 所示。一般情况下这个力的大小和方向均为未知量,可用两个正交的分力来代替。因此,在平面力系情况下,固定端 A 处的约束作用可简化为两个约束反力 $\boldsymbol{F}_{Ax}$,$\boldsymbol{F}_{Ay}$ 和一个力偶矩为 M_A 的约束力偶,如图 2. 19(d) 所示。

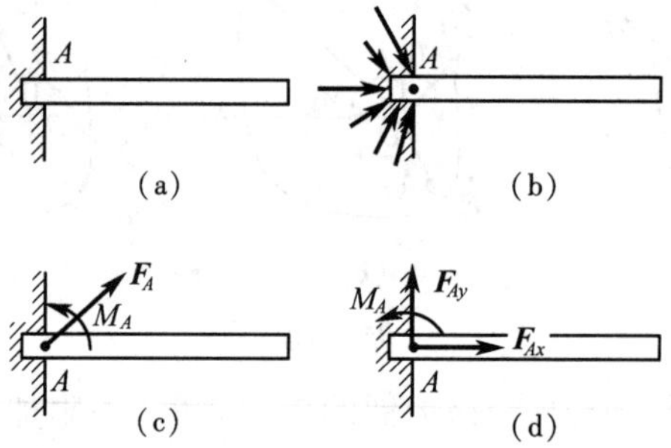

图 2. 19

比较固定端支座与固定铰支座的约束性质,可知固定端约束除了限制物体在水平方向和铅直方向的移动外,还能限制物体在平面内的转动,因此除了约束反力 $\boldsymbol{F}_{Ax}$,$\boldsymbol{F}_{Ay}$ 外,还有力偶矩为 M_A 的约束力偶。而固定铰支座没有约束力偶,因此它不能限制物体在平面内的转动。

2. 4. 3　简化结果的分析

平面任意力系向作用面内任一点简化的结果,可能有以下 4 种情况。

(1) 主矢 $\boldsymbol{F}'_{\mathrm{R}} = 0$,主矩 $M_O \neq 0$。

力系简化为一个力偶,合力偶的矩等于力系对简化中心的矩

$$M_O = \sum M_O(\boldsymbol{F}_i)$$

由于力偶对平面内任意一点的矩都相同,因此当力系合成为一个力偶时,主矩与简化中心的选择无关。

(2) 主矢 $\boldsymbol{F}'_{\mathrm{R}} \neq 0$,主矩 $M_O = 0$。

力系简化为一个合力。合力的大小和方向等于力系的主矢,合力的作用线通过简化中心。

(3) 主矢 $\boldsymbol{F}'_{\mathrm{R}} \neq 0$,主矩 $M_O \neq 0$。

如图 2. 20 所示。现将矩为 M_O 的力偶用两个力形成的力偶($\boldsymbol{F}_{\mathrm{R}}$,$\boldsymbol{F}''_{\mathrm{R}}$) 来表示,并令 $\boldsymbol{F}'_{\mathrm{R}} = \boldsymbol{F}_{\mathrm{R}} = -\boldsymbol{F}''_{\mathrm{R}}$,如图 2. 20(b) 所示。于是可将作用于点 O 的力 $\boldsymbol{F}'_{\mathrm{R}}$ 和力偶($\boldsymbol{F}_{\mathrm{R}}$,$\boldsymbol{F}''_{\mathrm{R}}$) 合成为一个作用在点 O' 的力 $\boldsymbol{F}_{\mathrm{R}}$,如图 2. 20(c) 所示。这个力 $\boldsymbol{F}_{\mathrm{R}}$ 就是原力系的合力。合力的大小和方向等于主矢,合力的作用线在点 O 的哪一侧,需要根据主矢和主矩的方向确定,合力作用线到点 O 的距离 d,可按下式计算:

$$d = \frac{M_O}{F'_R}$$

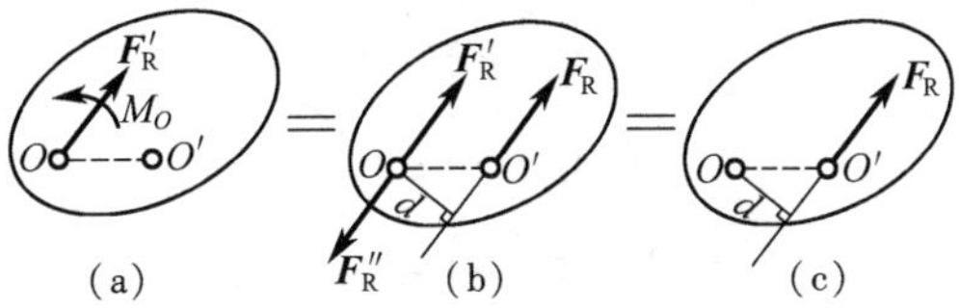

图 2.20

下面证明平面任意力系的合力矩定理。由图 2.20(b) 可见,合力 $\boldsymbol{F}_R$ 对点 O 的矩为

$$M_O(\boldsymbol{F}_R) = F_R d = M_O$$

由式(2.16) 知

$$M_O = \sum M_O(\boldsymbol{F}_i)$$

于是就有

$$M_O(\boldsymbol{F}_R) = \sum M_O(\boldsymbol{F}_i) \tag{2.18}$$

由于简化中心 O 是任意选取的,因此上式有普遍意义,可叙述如下:平面任意力系的合力对作用面内任一点的矩等于力系中各力对同一点的矩的代数和。这就是合力矩定理。

(4) 主矢 $\boldsymbol{F}'_R = 0$,主矩 $M_O = 0$。

力系是平衡力系。

2.5　平面任意力系的平衡条件

容易证明,平面任意力系平衡的必要和充分条件是:力系的主矢和对于任意一点的主矩都等于零,即 $\boldsymbol{F}'_R = 0$,且 $M_O = 0$。

该平衡条件可用解析式表示。由式(2.15) 和式(2.16) 可知

$$\left.\begin{aligned} \sum F_{ix} &= 0 \\ \sum F_{iy} &= 0 \\ \sum M_O(\boldsymbol{F}_i) &= 0 \end{aligned}\right\} \tag{2.19}$$

由此可得结论,平面任意力系平衡的解析条件是:所有各力在两个任选的坐标轴上的投影的代数和分别等于零,以及各力对于任意一点的矩的代数和也等于零。式(2.19) 称为平面任意力系的平衡方程。为便于书写,下标 i 常可略去。式(2.19) 有 3 个独立的方程,只能求出 3 个未知数。

平面任意力系的平衡方程还有其他 2 种形式。

3 个平衡方程中有 2 个力矩方程和 1 个投影方程,即

$$\left.\begin{aligned} \sum F_x &= 0 \\ \sum M_A(\boldsymbol{F}) &= 0 \\ \sum M_B(\boldsymbol{F}) &= 0 \end{aligned}\right\} \tag{2.20}$$

其中 x 轴不能垂直于 A,B 两点的连线。

也可以写出3个力矩式的平衡方程，即

$$\left.\begin{aligned}\sum M_A(\boldsymbol{F})=0\\ \sum M_B(\boldsymbol{F})=0\\ \sum M_C(\boldsymbol{F})=0\end{aligned}\right\}\tag{2.21}$$

其中 A,B,C 3点不得共线。

上述3组方程(2.19),(2.20),(2.21)都可以用来解决平面任意力系的平衡问题。究竟选用哪一组方程，需根据具体条件确定。对于受平面任意力系作用的单个刚体的平衡问题，只可以写出3个独立的平衡方程，求解3个未知量。任何第4个方程只是前3个方程的线性组合，因而不是独立的。我们可以利用这个方程来校核计算的结果。

例2.7 求图2.21(a)所示刚架的约束反力。

解 以刚架为研究对象，受力如图2.21(b)所示。

$$\sum F_x=0,\quad F_{Ax}-qb=0$$

$$\sum F_y=0,\quad F_{Ay}-P=0$$

$$\sum M_A(\boldsymbol{F})=0,\quad M_A-Pa-\frac{1}{2}qb^2=0$$

解得

$$F_{Ax}=qb,\quad F_{Ay}=P,\quad M_A=Pa+\frac{1}{2}qb^2$$

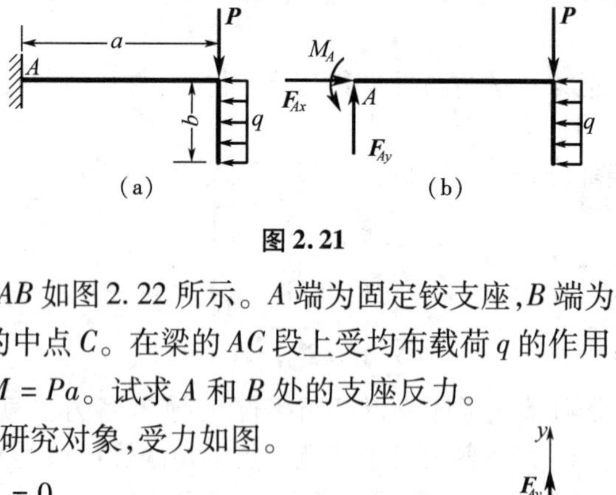

图2.21

例2.8 水平梁 AB 如图2.22所示。A 端为固定铰支座，B 端为一滚动支座。梁长为 $4a$，梁重 P 作用在梁的中点 C。在梁的 AC 段上受均布载荷 q 的作用，在梁的 BC 段上受一力偶的作用，力偶矩 $M=Pa$。试求 A 和 B 处的支座反力。

解 取梁 AB 为研究对象，受力如图。

$$\sum F_x=0,\quad F_{Ax}=0$$

$$\sum F_y=0,\quad F_{Ay}-q\cdot 2a-P+F_B=0$$

$$\sum M_A(\boldsymbol{F})=0,\quad F_B\cdot 4a-M-P\cdot 2a-q\cdot 2a\cdot a=0$$

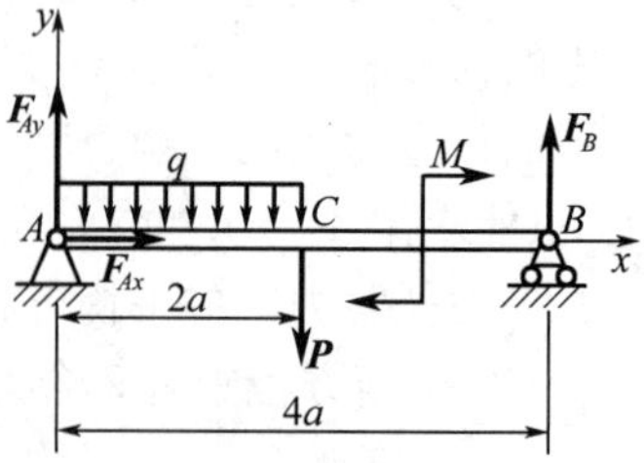

图2.22

解得

$$F_{Ax}=0,\quad F_{Ay}=\frac{1}{4}P+\frac{3}{2}qa,\quad F_B=\frac{3}{4}P+\frac{1}{2}qa$$

当平面力系中各力的作用线互相平行时,称其为平面平行力系,它是平面任意力系的一种特殊情形。

如图 2.23 所示,设物体受到平面平行力系 $\boldsymbol{F}_1$,$\boldsymbol{F}_2$,…,$\boldsymbol{F}_n$ 的作用。如选取 x 轴与各力垂直,则不论力系是否平衡,各力在 x 轴上的投影恒等于零,即有 $\sum F_x \equiv 0$。于是,平面平行力系的独立平衡方程的数目只有两个,即

$$\left.\begin{array}{l}\sum F_y = 0 \\ \sum M_O(\boldsymbol{F}) = 0\end{array}\right\} \tag{2.22}$$

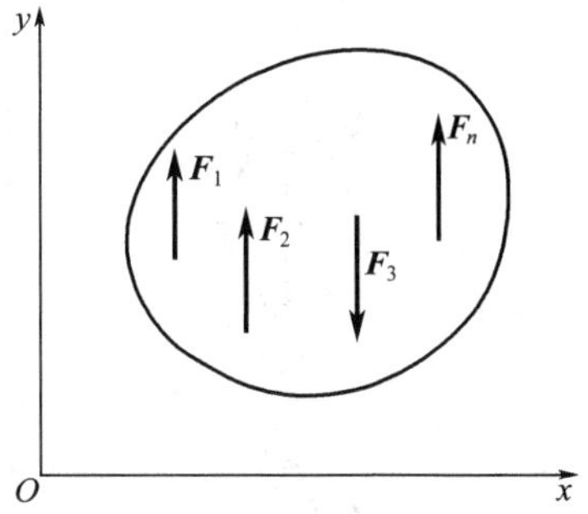

图 2.23

平面平行力系的平衡方程,也可用两个力矩方程的形式表示,即

$$\left.\begin{array}{l}\sum M_A(\boldsymbol{F}) = 0 \\ \sum M_B(\boldsymbol{F}) = 0\end{array}\right\} \tag{2.23}$$

其中 A,B 两点连线不与力的作用线平行。

2.6　物体系统的平衡　静定和静不定问题的概念

由若干个物体通过约束所组成的系统称为物体系统,简称物系。当物体系统平衡时,组成该系统的每一个物体都处于平衡状态,因此对于每一个受平面任意力系作用的物体,均可写出 3 个平衡方程。如果物体系由 n 个物体组成,则共有 $3n$ 个独立的平衡方程。当系统中有的物体受平面汇交力系或平面平行力系作用时,系统的平衡方程数目相应减少。当系统中的未知量数目等于独立的平衡方程的数目时,则所有未知数都能由平衡方程求出,这样的问题称为静定问题。在工程实际中,有时为了提高结构的刚度和坚固性,常常增加多余的约束,因而使这些结构的未知量的数目多于平衡方程的数目,未知量就不能全部由平衡方程求出,这样的问题称为静不定问题或超静定问题,总未知量数目与总独立平衡方程数目之差,称为静不定次数。对于静不定问题,必须考虑问题因受力作用而产生的变形,加列某些补充方程后才能使方程数目等于未知量的数目。静不定问题已超出刚体静力学的范围,需在材料力学、结构力学等变形体力学中研究。

例 2.9　判断下列结构是静定的还是静不定的。

解　如图 2.24(a)、图 2.24(b) 所示,重物分别用绳子悬挂,均受平面汇交力系作用,均有 2 个平衡方程。在图 2.24(a) 中,有 2 个未知约束力,故是静定的;而在图 2.24(b) 中,有 3 个未知约束力,因此是静不定的。

如图 2.24(c)、图 2.24(d) 所示,轴分别由轴承支承,均受平面平行力系作用,均有 2 个平衡方程。图 2.24(c) 中有 2 个未知约束力,故为静定的;而在图 2.24(d) 中,有 3 个未知约束力,因此为静不定的。

如图 2.24(e) 和图 2.24(f) 所示的平面任意力系,均有 3 个平衡方程。图 2.24(e) 中有 3 个未知约束力,故是静定的;而图 2.24(f) 中有 4 个未知约束力,因此是静不定的。

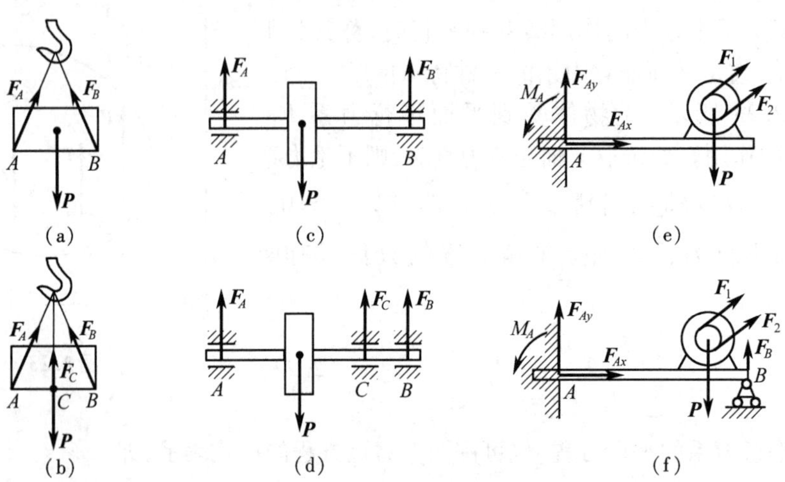

图 2.24

在求解静定的物体系统的平衡问题时，可以选取每个物体为研究对象，列出全部方程，然后求解，也可以先选取整个系统为研究对象，列出平衡方程，这样的方程中不包含内力，式中未知量较少，解出部分未知量后，再从系统中选取某些物体作为研究对象，列出另外的平衡方程，直到求出所有的未知量为止。总的原则是，使每一个平衡方程中的未知量尽可能地减少，最好是只含一个未知量，以避免求解联立方程。

例 2.10 如图 2.25(a) 所示为曲轴冲床简图，由轮 I、连杆 AB 和冲头 B 组成。$OA=R$，$AB=l$。忽略摩擦和自重，当 OA 在水平位置、冲压力为 $\boldsymbol{F}$ 时系统处于平衡状态。求：(1) 作用在轮 I 上的力偶矩 M 的大小；(2) 轴承 O 处的约束力；(3) 连杆 AB 受的力；(4) 冲头给导轨的侧压力。

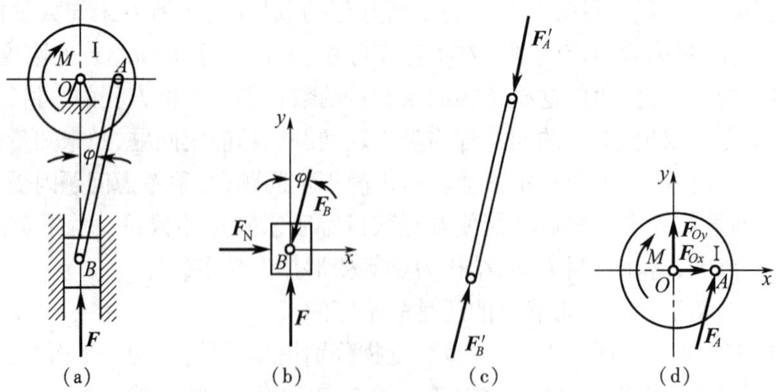

图 2.25

解 首先以冲头为研究对象。冲头受冲压阻力 $\boldsymbol{F}$、导轨约束力 $\boldsymbol{F}_{\mathrm{N}}$ 以及连杆(二力杆) 的作用力 $\boldsymbol{F}_B$ 作用，受力如图 2.25(b) 所示，为平面汇交力系。

设连杆与铅直线间的夹角为 φ，按图示坐标轴列平衡方程为

$$\sum F_x=0,\quad F_{\mathrm{N}}-F_B\sin\varphi=0$$

$$\sum F_y=0,\quad F-F_B\cos\varphi=0$$

解得

$$F_B=\frac{F}{\cos\varphi},\quad F_N=F\tan\varphi=F\frac{R}{\sqrt{l^2-R^2}}$$

F_B 为正值,说明假设的 $\boldsymbol{F}_B$ 的方向是对的,即连杆受压力,如图2.25(c)所示。而冲头对导轨的侧压力大小等于 F_N,方向相反。

再以轮I为研究对象。轮I受平面任意力系作用,包括矩为 M 的力偶、连杆的作用力 $\boldsymbol{F}_A$ 以及轴承的约束力 $\boldsymbol{F}_{Ox}$,$\boldsymbol{F}_{Oy}$,如图2.25(d)所示。按图示坐标轴列写平衡方程

$$\sum F_x=0,\quad F_{Ox}+F_A\sin\varphi=0$$

$$\sum F_y=0,\quad F_{Oy}+F_A\cos\varphi=0$$

$$\sum M_O(\boldsymbol{F})=0,\quad F_A\cos\varphi\cdot R-M=0$$

解得

$$M=FR,\quad F_{Ox}=-F\frac{R}{\sqrt{l^2-R^2}},\quad F_{Oy}=-F$$

负号说明力 $\boldsymbol{F}_{Ox}$,$\boldsymbol{F}_{Oy}$ 的方向与图示假设的方向相反。

例2.11　求图2.26(a)所示三铰刚架的支座反力。

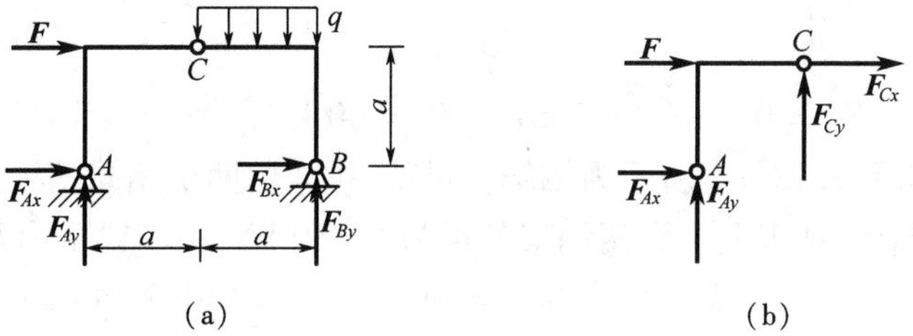

图2.26

解　先以整体为研究对象,受力如图2.26(a)所示,根据平衡条件,列写平衡方程如下

$$\sum F_x=0,\quad F_{Ax}+F_{Bx}+F=0$$

$$\sum F_y=0,\quad F_{Ay}+F_{By}-q\cdot a=0$$

$$\sum M_A(\boldsymbol{F})=0,\quad F_{By}\cdot 2a-F\cdot a-q\cdot a\cdot\frac{3}{2}a=0$$

解得

$$F_{Ay}=\frac{1}{4}qa-\frac{1}{2}F,\quad F_{By}=\frac{3}{4}qa+\frac{1}{2}F$$

以上3个方程包含4个未知量,故应再以 AC 为研究对象,受力如图2.26(b)所示,即

$$\sum M_C(\boldsymbol{F})=0,\quad F_{Ax}\cdot a-F_{Ay}\cdot a=0$$

解得

$$F_{Ax}=\frac{1}{4}qa-\frac{1}{2}F,\quad F_{Bx}=-\frac{1}{4}qa-\frac{1}{2}F$$

例 2.12　如图2.27(a)所示多跨静定梁,已知$F=20\ \mathrm{kN}$,$q=10\ \mathrm{kN/m}$,$a=1\ \mathrm{m}$,求支座A,B,D处的支反力。

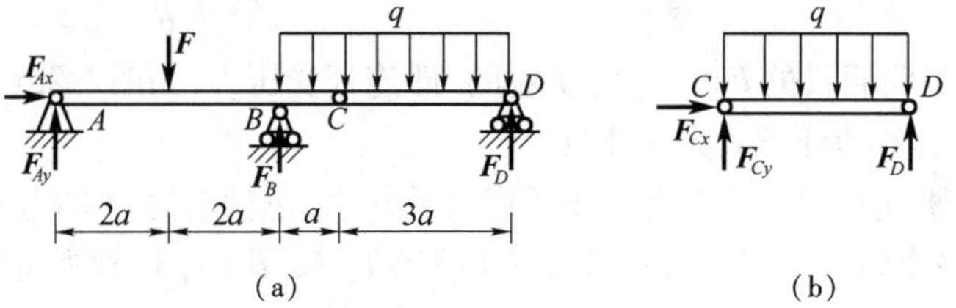

图 2.27

解　以整体为研究对象,受力如图2.27(a)所示,有

$$\sum F_x=0,\quad F_{Ax}=0$$

$$\sum F_y=0,\quad F_{Ay}+F_B+F_D-F-4a\cdot q=0$$

$$\sum M_A(\boldsymbol{F})=0,\quad F_B\cdot 4a+F_D\cdot 8a-F\cdot 2a-4a\cdot q\cdot 6a=0$$

再取CD为研究对象,受力如图2.27(b)所示,有

$$\sum M_C(\boldsymbol{F})=0,\quad F_D\cdot 3a-3a\cdot q\cdot\frac{3}{2}a=0$$

解得

$$F_{Ax}=0,\quad F_{Ay}=5\ \mathrm{kN},\quad F_B=40\ \mathrm{kN},\quad F_D=15\ \mathrm{kN}$$

例 2.13　如图2.28(a)所示为钢结构拱架,拱架由两个相同的钢架AC和BC铰接,吊车梁支承在钢架的D,E上。设两钢架各重为$P=60\ \mathrm{kN}$;吊车梁重为$P_1=20\ \mathrm{kN}$,其作用线通过点C;载荷为$P_2=10\ \mathrm{kN}$;风力为$F=10\ \mathrm{kN}$。尺寸如图2.28(a)所示。D,E两点在力$\boldsymbol{P}$的作用线上。求固定铰支座A和B的约束力。

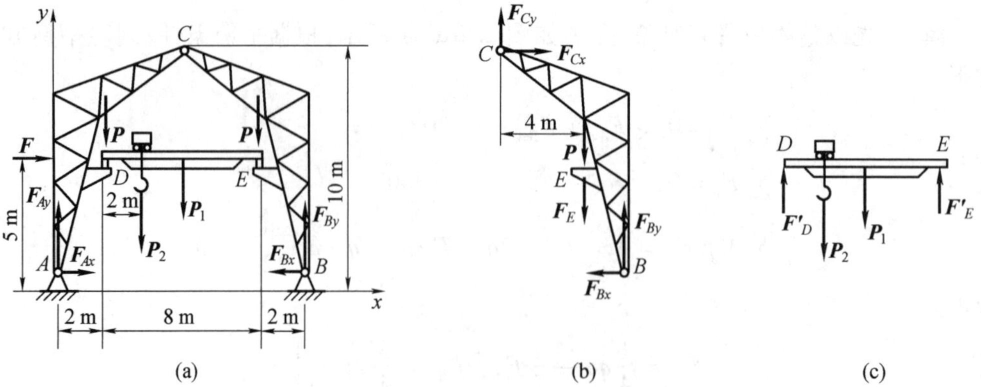

图 2.28

解　研究整个拱架结构整体,受力如图2.28(a)所示,列平衡方程

$$\sum M_A(\boldsymbol{F})=0,\quad 12F_{By}-5F-2P-10P-4P_2-6P_1=0 \tag{a}$$

$$\sum F_x=0,\quad F+F_{Ax}-F_{Bx}=0 \tag{b}$$

$$\sum F_y = 0,\quad F_{Ay} + F_{By} - P_2 - P_1 = 0 \tag{c}$$

以上方程包含 4 个未知量,欲求全部解答,必须再补充方程。

研究右边钢架 BC,受力如图 2.28(b) 所示,列平衡方程

$$\sum M_C(\boldsymbol{F}) = 0,\quad 6F_{By} - 10F_{Bx} - 4F_E - 4P = 0 \tag{d}$$

这时又出现了一个未知量 $\boldsymbol{F}_E$。为求得该力的大小,可再考虑吊车梁的平衡。

研究吊车梁,受力如图 2.28(c) 所示,列平衡方程

$$\sum M_D(\boldsymbol{F}) = 0,\quad 8F'_E - 4P_1 - 2P_2 = 0 \tag{e}$$

由式(e) 解得

$$F'_E = 12.5\ \text{kN}$$

由式(a) 解得

$$F_{By} = 77.5\ \text{kN}$$

将 F_{By} 和 F_E 的值代入式(d) 得

$$F_{Bx} = 17.5\ \text{kN}$$

代入式(b) 得

$$F_{Ax} = 7.5\ \text{kN}$$

代入式(c) 得

$$F_{Ay} = 72.5\ \text{kN}$$

例 2.14　如图 2.29(a) 所示的结构由杆件 AB、BC、CD、圆轮 O、绳索和重物 E 组成。圆轮与杆 CD 用铰链连接,圆轮半径为 $r = l/2$。重物 E 的质量为 W,其他构件不计自重。求固定端 A 的约束反力。

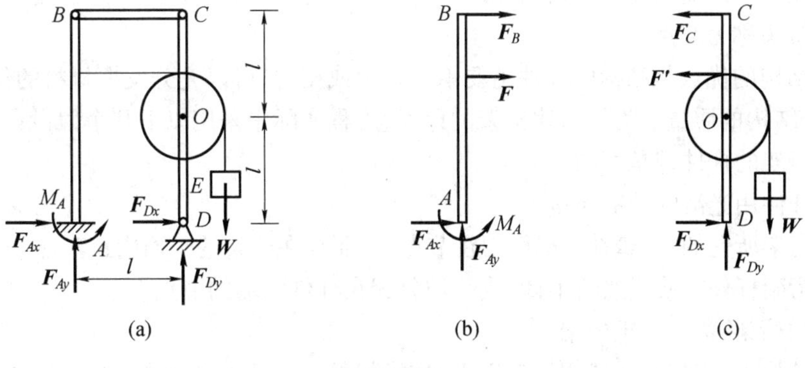

图 2.29

解　首先作出整体和各部分的受力图,如图 2.29(a),(b),(c) 所示。BC 杆为二力杆,不必作出受力图。圆轮 O 和重物 E 不必单独作出受力图,将它们与连接滑轮的构件 CD 放在一起作受力图。

待求量 $\boldsymbol{F}_{Ax}$,$\boldsymbol{F}_{Ay}$,M_A 出现在图 2.29(a),2.29(b) 中,可断定将从这两个受力图上求得待求量。

观察图 2.29(a),其上有 5 个未知量,只能从其他受力图上求出 $\boldsymbol{F}_{Dx}$,$\boldsymbol{F}_{Dy}$ 才能从图 2.29(a) 上求出 $\boldsymbol{F}_{Ax}$,$\boldsymbol{F}_{Ay}$,M_A。

观察图2.29(b),其上有4个未知量,只能从其他受力图上求出$\boldsymbol{F}_B$,就可从图2.29(b)上求出$\boldsymbol{F}_{Ax}$,$\boldsymbol{F}_{Ay}$,M_A。

所以先以杆件CD、圆轮O、绳索和重物E组成的体系为研究对象,受力如图2.29(c)所示,列平衡方程

$$\sum M_D(\boldsymbol{F}) = 0, \quad 2lF_C + 1.5lF' - 0.5lW = 0$$

其中$F' = W$,解得

$$F_C = -0.5W$$

再研究杆件AB,受力如图2.29(a)所示,列平衡方程

$$\sum F_x = 0, \quad F_B + F + F_{Ax} = 0$$

$$\sum F_y = 0, \quad F_{Ay} = 0$$

$$\sum M_A(\boldsymbol{F}) = 0, \quad M_A - 2lF_B - 1.5lF = 0$$

其中$F = F' = W$,$F_B = F_C = -0.5W$,解得

$$F_{Ax} = -0.5W$$

$$F_{Ay} = 0$$

$$M_A = 0.5lW$$

2.7 平面简单桁架的内力计算

工程实际中,房屋建筑、桥梁、起重机、电视塔等结构物经常采用桁架结构。桁架是一种由杆件彼此在两端用铰链连接而成的结构,它在受力后几何形状保持不变。桁架中杆件的铰链接头称为节点。

桁架结构的优点是结构中杆件主要承受拉力或压力,可以充分发挥材料的作用,节约材料,减轻结构的质量。为了简化桁架的计算,工程实际中采用以下几个假设:

(1) 桁架的杆件都是直的;

(2) 杆件用光滑的铰链连接;

(3) 桁架所受的力(载荷)都作用在节点上,而且在桁架的平面内;

(4) 桁架杆件的质量忽略不计,或平均分配在杆件两端的节点上。

这样的桁架,称为理想桁架。

实际的桁架,当然与上述假设有区别,如桁架的节点不是铰接的,杆件的轴线也不可能是绝对直的。但上述假设能够简化计算,而且所得的结果符合工程实际的需要。根据这些假设,组成桁架结构中的杆件都可看成二力杆件。

本节只研究平面桁架中的静定桁架。如果从桁架中任意除去一根杆件,则桁架就会活动变形,这种桁架称为无余杆桁架。可以证明只有无余杆桁架才是静定桁架。图2.30(a)所示桁架就属于这种桁架。反之,如果去除某几根杆件仍不会使桁架结构活动变形,则这种桁架称为有余杆桁架,如图2.30(b)所示。图2.30(a)所示的无余杆桁架是以三角形框架为基础,每增加一个节点需增加两根杆件,这样构成的桁架又称为平面简单

桁架。容易证明,平面简单桁架一定是静定桁架。

下面介绍两种计算平面简单桁架杆件内力的方法:节点法和截面法。

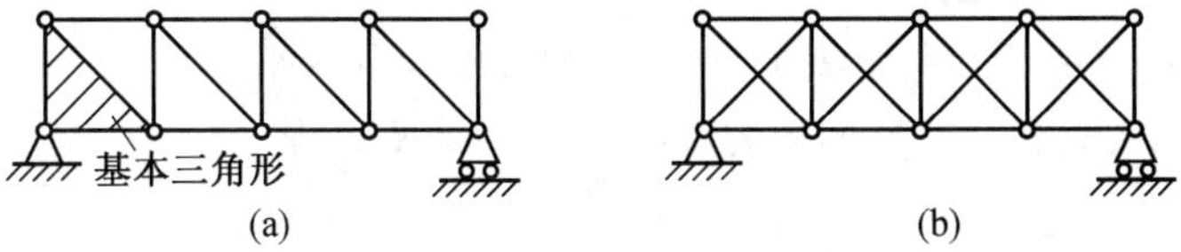

图 2.30

1. 节点法

桁架的每个节点都受到一个平面汇交力系的作用。为了求每个杆件的内力,可以逐个地取各个节点为研究对象,由已知力求出全部未知的杆件内力,这种方法称为节点法。

例 2.15　平面桁架结构的尺寸和支座如图 2.31(a) 所示。在节点 D 处受一集中载荷 $F = 10$ kN 的作用。试求桁架各杆件的内力。

解　(1) 求支座约束反力。

研究桁架整体,受力如图 2.31(a) 所示,列平衡方程:

$$\sum F_x = 0,\quad F_{Bx} = 0$$

$$\sum F_y = 0,\quad F_{By} + F_{Ay} - F = 0$$

$$\sum M_A(\boldsymbol{F}) = 0,\quad 4F_{By} - 2F = 0$$

解得

$$F_{Bx} = 0,\quad F_{By} = F_{Ay} = 5 \text{ kN}$$

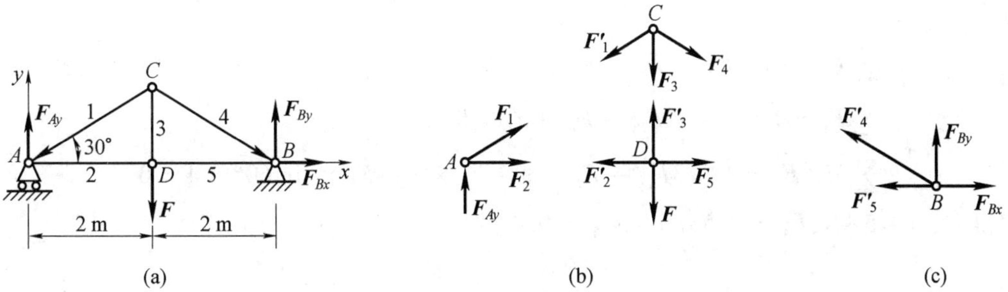

图 2.31

(2) 依次取一个节点为研究对象,计算各杆内力。

假设各杆均受拉力,各节点受力如图 2.31(b) 所示,为计算方便,最好逐次列出只含两个未知力的节点的平衡方程。

先取节点 A,杆的内力 $\boldsymbol{F}_1$ 和 $\boldsymbol{F}_2$ 未知,列平衡方程

$$\sum F_x = 0,\quad F_2 + F_1\cos 30° = 0$$

$$\sum F_y = 0,\quad F_{Ay} + F_1\sin 30° = 0$$

代入 F_{Ay} 的值后,解得 $F_1 = -10$ kN,$F_2 = 8.66$ kN。

再取节点 C,杆的内力 $\boldsymbol{F}_3$ 和 $\boldsymbol{F}_4$ 未知,列平衡方程

$$\sum F_x = 0, \quad F_4 \cos 30° - F'_1 \cos 30° = 0$$

$$\sum F_y = 0, \quad -F_3 - (F'_1 + F_4) \sin 30° = 0$$

代入 $F'_1 = F_1 = -10$ kN，解得 $F_4 = -10$ kN，$F_3 = 10$ kN。

最后取节点 D，只有一个杆的内力 $\boldsymbol{F}_5$ 未知，列平衡方程

$$\sum F_x = 0, \quad F_5 - F'_2 = 0$$

代入 $F'_2 = F_2$ 值后，得 $F_5 = 8.66$ kN。

(3) 判断各杆受拉力或受压力。

原假定各杆均受拉力，计算结果 F_2, F_3, F_5 为正值，表明杆 2，3，5 确实受拉力；内力 F_1 和 F_4 的结果为负值，表明杆 1，4 承受压力。

(4) 校核计算结果。

解出各杆内力之后，可用尚余节点的平衡方程校核已得的结果。例如，对节点 B 列出平衡方程（图2.31(c)），将 $F'_4 = -10$ kN，$F'_5 = 8.66$ kN 代入，若平衡方程 $\sum F_x = 0$，$\sum F_y = 0$ 得到满足，则计算正确。

2. 截面法

如只要计算桁架结构内某几根杆件所受的内力，可以适当地选取一截面，假想地把桁架截开，再考虑其中任一部分的平衡，求出这些被截杆件的内力，这种方法称为截面法。

例 2.16　如图 2.32(a) 所示平面桁架，各杆件的长度都等于 1 m。在节点 E, F, G 上分别作用载荷 $F_E = 10$ kN，$F_F = 5$ kN，$F_G = 7$ kN。试计算杆 1，2 和 3 的内力。

解　先求桁架的支座反力，研究桁架结构整体，受力如图 2.32(a) 所示。列平衡方程

$$\sum F_x = 0, \quad F_{Ax} + F_F = 0$$

$$\sum F_y = 0, \quad F_{Ay} + F_{By} - F_E - F_G = 0$$

$$\sum M_A(\boldsymbol{F}) = 0, \quad 3F_{By} - F_E \times 1 - F_G \times 2 - F_F \times \sin 60° \times 1 = 0$$

解得 $F_{Ax} = -5$ kN，$F_{Ay} = 7.557$ kN，$F_{By} = 9.44$ kN。

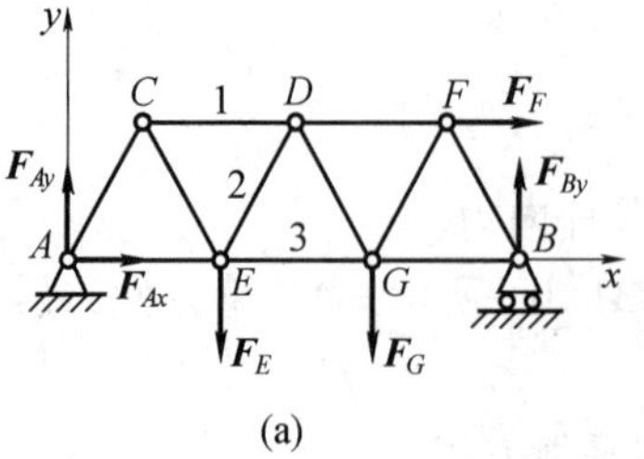

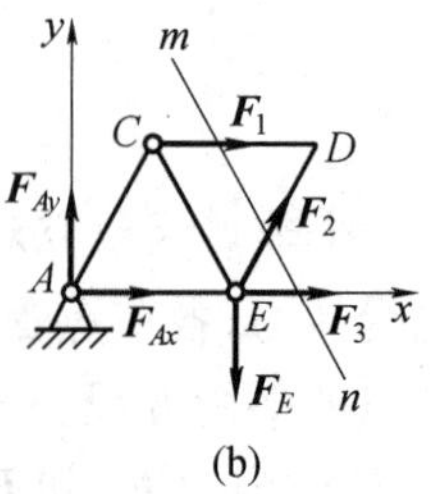

图 2.32

为求杆 1，2 和 3 的内力，可作一截面 m—n 将三杆截断。选取桁架左半部分为研究对象。假定所截断的三杆都受拉力，受力如图 2.32(b) 所示，为一平面任意力系，列平衡方程

$$\sum M_E(\boldsymbol{F}) = 0, \quad -F_1\sin 60° \times 1 - F_{Ay} \times 1 = 0$$

$$\sum F_y = 0, \quad F_{Ay} + F_2\sin 60° - F_E = 0$$

$$\sum M_D(\boldsymbol{F}) = 0, \quad \frac{1}{2}F_E + F_3\sin 60° \times 1 - 1.5F_{Ay} + F_{Ax}\sin 60° \times 1 = 0$$

解得 $F_1 = -8.726$ kN(压力),$F_2 = 2.821$ kN(拉力),$F_3 = 12.32$ kN(拉力)。

如选取桁架的右半部分为研究对象,可得同样的结果。

同样,还可以用截面截断另外3根杆件,计算其他各杆的内力,或用以校核已求得的结果。

由上例可见,采用截面法时,选择适当的力矩方程,常可较快地求得某些指定杆件的内力。当然,应注意到,平面任意力系只有3个独立的平衡方程,因而,作截面时每次最好只截断3根内力未知的杆件。

习　　题

2.1　选择题

(1) 图示系统只受 $\boldsymbol{F}$ 作用而平衡。欲使 A 支座约束力的作用线与 AB 成30°角,则斜面的倾角应为(　　)。

(A) 0°　　(B) 30°　　(C) 45°　　(D) 60°

(2) 设力 $\boldsymbol{F}$ 在 x 轴上的投影为 F_x,则该力在与 x 轴共面的任一轴上的投影(　　)。

(A) 一定不等于零　　(B) 不一定等于零

(C) 一定等于零　　(D) 等于 F

(3) 5根等长的细直杆铰接成图示杆系结构,各杆质量不计。若 $F_A = F_C = F$,且垂直 BD。则杆 BD 的内力等于(　　)。

(A) $-F$(压)　　(B) $-\sqrt{3}F$(压)

(C) $-\sqrt{3}F/3$(压)　　(D) $-\sqrt{3}F/2$(压)

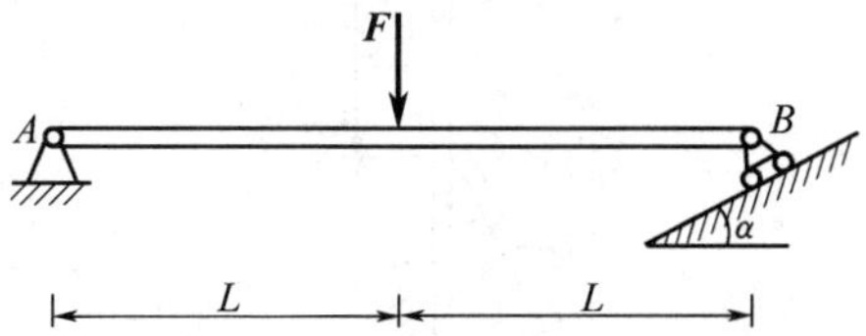

题2.1(1)图

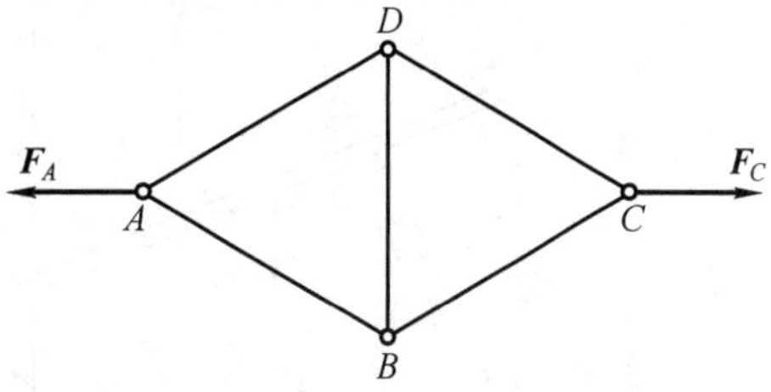

题2.1(3)图

(4) 汇交于 O 点的平面汇交力系,其平衡方程式可表示为二力矩形式。即 $\sum M_A(\boldsymbol{F}) = 0, \sum M_B(\boldsymbol{F}) = 0$,但必须(　　)。

(A) A,B 两点中有一点与 O 点重合

(B) 点 O 不在 A,B 两点的连线上

(C) 点 O 应在 A,B 两点的连线上

(5) 作用在一个刚体上的两个力 $\boldsymbol{F}_A$ 和 $\boldsymbol{F}_B$，满足 $\boldsymbol{F}_A=-\boldsymbol{F}_B$ 的条件，则二力可能是(　　)。

(A) 作用力和反作用力或一对平衡力

(B) 一对平衡力或一个力偶

(C) 一对平衡力或一个力和一个力偶

(D) 作用力和反作用力或一个力偶

(6) 二直角折杆(质量不计)上各受力偶 M 作用。A_1，A_2 处的约束力分别为 $\boldsymbol{F}_1$ 和 $\boldsymbol{F}_2$，如图所示，则它们的大小应满足条件(　　)。

(A) $F_1>F_2$　　(B) $F_1=F_2$　　(C) $F_1<F_2$

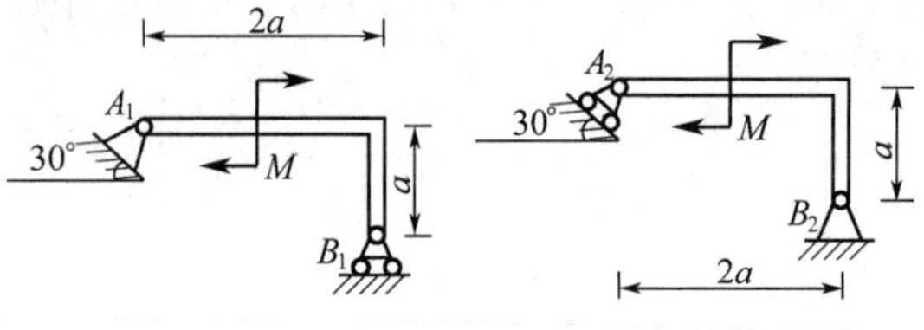

题 2.1(6) 图

(7) 均质杆 AB 重 P，用铅垂绳 CD 吊在天花板上，A，B 两端分别靠在光滑的铅垂墙面上，如图所示，则 A，B 两端反力的大小是(　　)。

(A) A 点反力大于 B 点反力

(B) B 点反力大于 A 点反力

(C) A，B 两点反力相等

(8) 如图所示，已知杆 AB 和 CD 的自重不计，且在 C 处光滑接触，若作用在 AB 杆上的力偶的矩为 M_1，则欲使系统保持平衡，作用在 CD 杆上的力偶的矩 M_2 的转向如图，其值为(　　)。

(A) $M_2=M_1$　　(B) $M_2=4M_1/3$　　(C) $M_2=2M_1$

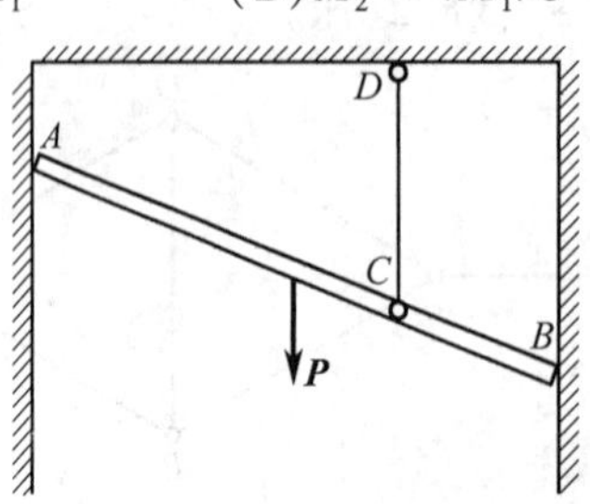

题 2.1(7) 图

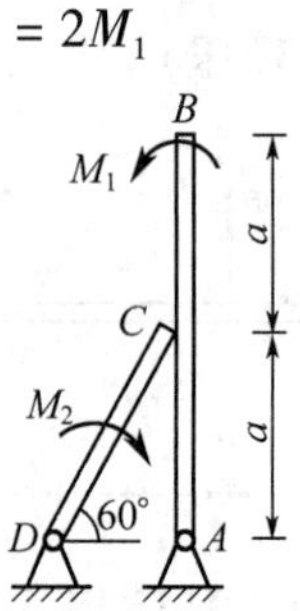

题 2.1(8) 图

(9) 若一平面力系向其作用面内任意两点简化，所得的主矢相等，主矩也相等，且主矩不为零。则该平面力系简化的最后结果是(　　)。

(A) 一个合力　　(B) 一个力偶　　(C) 平衡

(10) 图示结构中，静定结构有(　　)，静不定结构有(　　)。

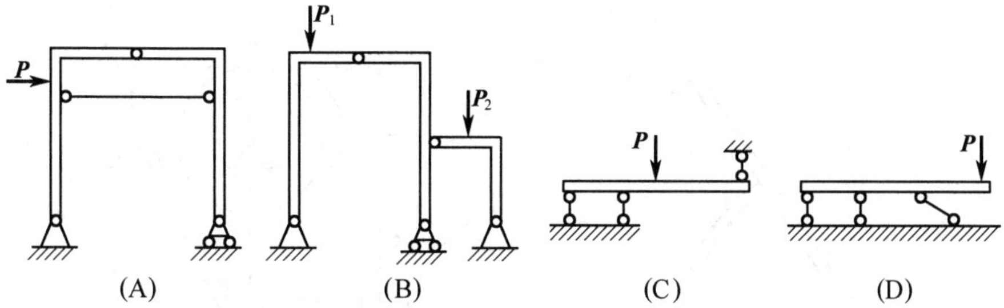

题 2.1(10) 图

(11) 某平面任意力系向 O 点简化后,得到如图所示的一个力 $\boldsymbol{F}'_{\mathrm{R}}$ 和一个力偶矩为 M_O 的力偶,则该力系的最后合成结果是(　　)。

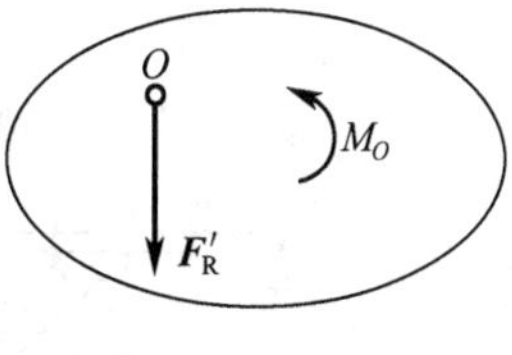

题 2.1(11) 图

(A) 作用在 O 点的一个合力

(B) 合力偶

(C) 作用在 O 点左边某点的一个合力

(D) 作用在 O 点右边某点的一个合力

(12) 已知杆 AB 长 2 m,C 是其中点。分别受图示 4 个力系作用,其中 $F = 2$ kN,$M = 4$ kN · m,$M_1 = 2$ kN · m,则(　　)和(　　)是等效力系。

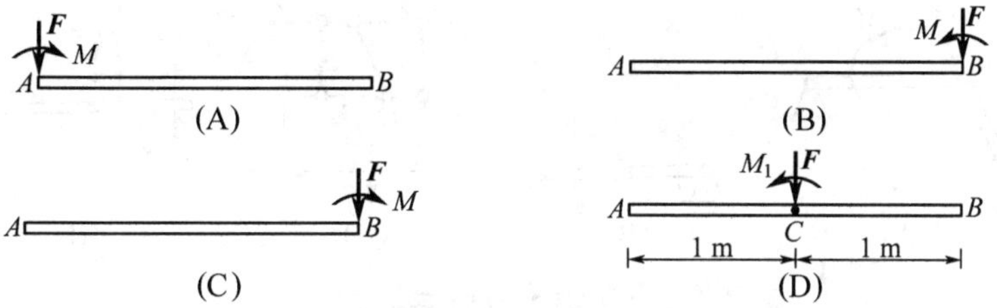

题 2.1(12) 图

2.2　填空题

(1) 杆 AB 长 l,在其中点 C 处由曲杆 CD 支承,如图所示。若 $AD = AC$,不计各杆自重及各处摩擦,且受矩为 M 的平面力偶作用,则图中 A 处反力的大小为＿＿＿＿＿＿＿＿。(力的方向请在图中画出)

(2) 如图所示,系统在力偶矩分别为 M_1,M_2 的力偶作用下平衡,不计滑轮和杆件的质量。若 $r = 0.5$ m,$M_2 = 50$ kN · m,则支座 A 约束力的大小为＿＿＿＿＿＿,方向＿＿＿＿＿＿。

(3) 如图所示,结构受矩为 $M = 10$ kN · m 的力偶作用。若 $a = 1$ m,各杆自重不计,则固定铰支座 D 的反力的大小为＿＿＿＿＿＿,方向＿＿＿＿＿＿。

(4) 如图所示,直角杆 CDA 和 T 字形杆 BDE 在 D 处铰接,并支承如图。若系统受力偶矩为 M 的力偶作用,不计各杆自重,则 A 支座反力的大小为＿＿＿＿＿＿,方向＿＿＿＿＿＿。

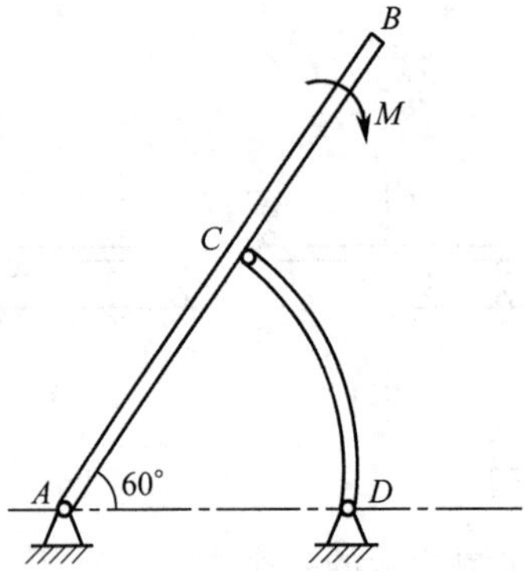

题 2.2(1) 图

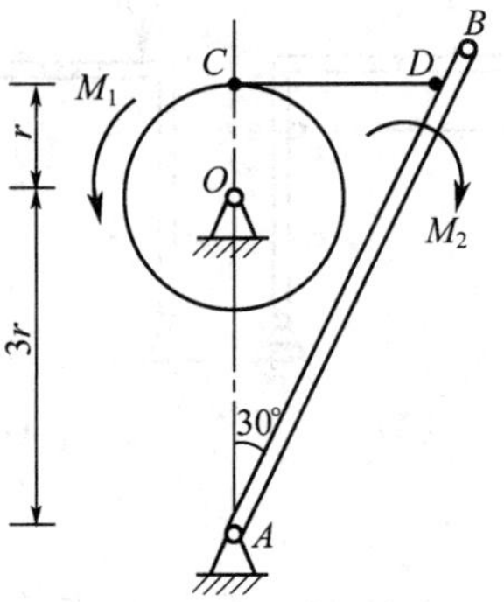

题 2.2(2) 图

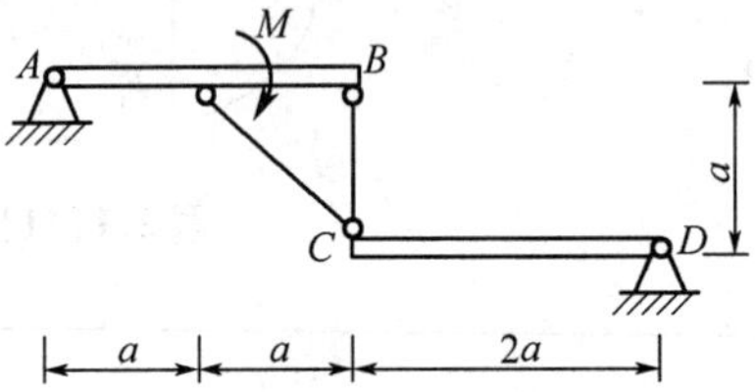

题 2.2(3) 图

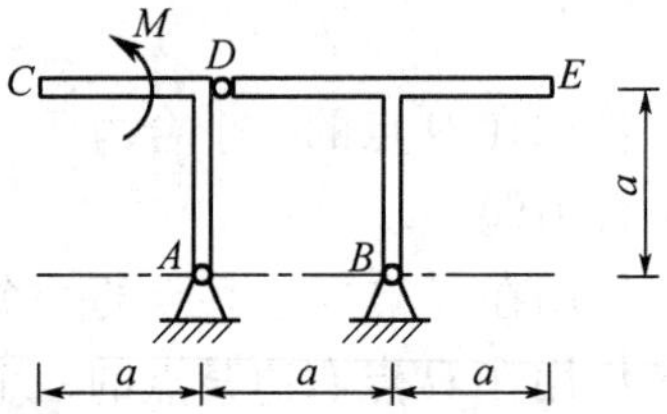

题 2.2(4) 图

(5) 如图所示结构中,静定结构有________,静不定结构有________。

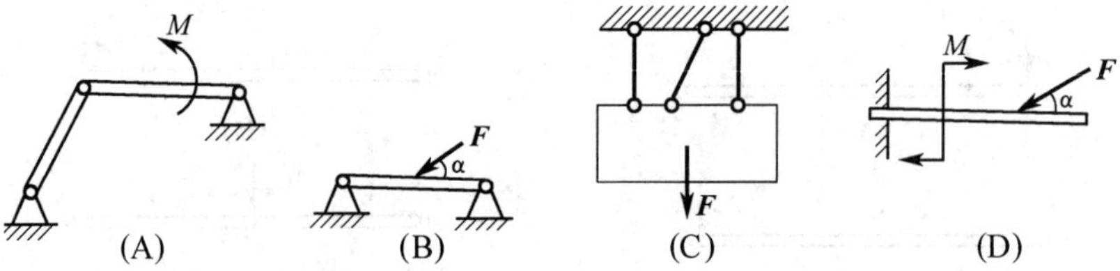

题 2.2(5) 图

(6) 图 2.2(6) 所示系统受力 $\boldsymbol{W}$,$\boldsymbol{P}$ 作用,在图示平面内处于平衡状态。则系统有________个独立的平衡方程,有________个未知数,是静定还是静不定问题?________。

(7) 图示正方形 $ABCD$,边长为 a,在刚体的 A,B,C 三点上分别作用了三个力 $\boldsymbol{F}_1$,$\boldsymbol{F}_2$,$\boldsymbol{F}_3$,且 $F_1=F_2=F_3=F$。则该力系简化的最后结果为________________,请在图中表示。

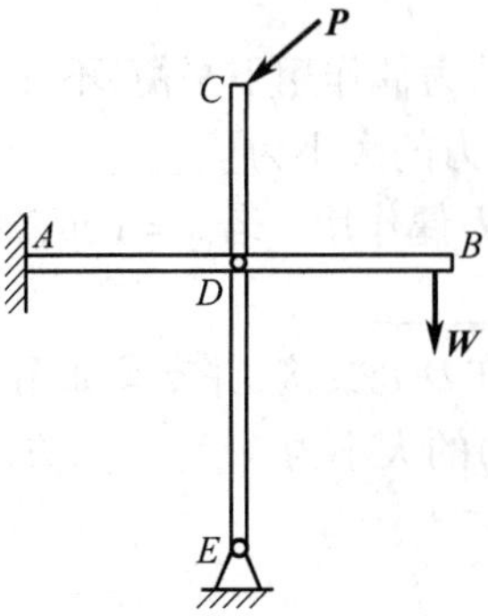

题 2.2(6) 图

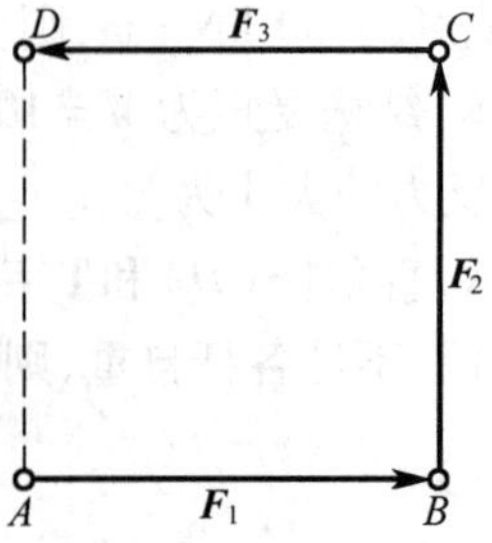

题 2.2(7) 图

2.3　计算题

（1）不计质量的直杆 AB 与折杆 CD 在 B 处用光滑铰链铰接如图。若系统受力 $\boldsymbol{F}$ 作用，试画出 D 端约束反力作用线的方向。

（2）图示系统中，已知 $Q=40\ \mathrm{kN}$，$W=50\ \mathrm{kN}$，$P=20\ \mathrm{kN}$。不计摩擦，试求系统平衡时 A 轮对地面的压力和 θ 角。

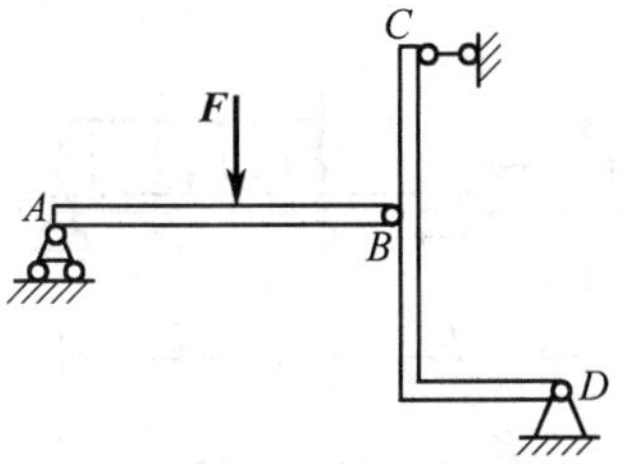

题 2.3(1) 图

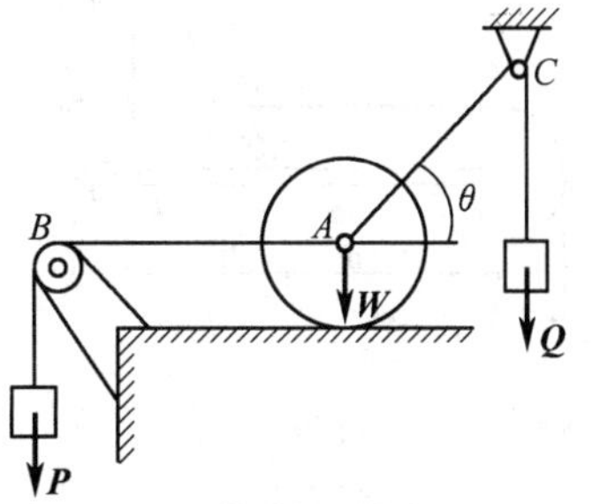

题 2.3(2) 图

（3）图示系统中，已知 $P_1=20\ \mathrm{N}$，$P_2=10\ \mathrm{N}$ 的 A，B 两轮和长 $L=40\ \mathrm{cm}$ 的无重钢杆相铰接，且可在 $\beta=45°$ 的光滑斜面上滚动。试求平衡时的距离 x 值。

（4）图示机构中 $M=100\ \mathrm{N\cdot cm}$，$OA=10\ \mathrm{cm}$，不计摩擦及自重，欲使机构在图示位置处于平衡状态，求水平力 $\boldsymbol{F}$ 的大小。

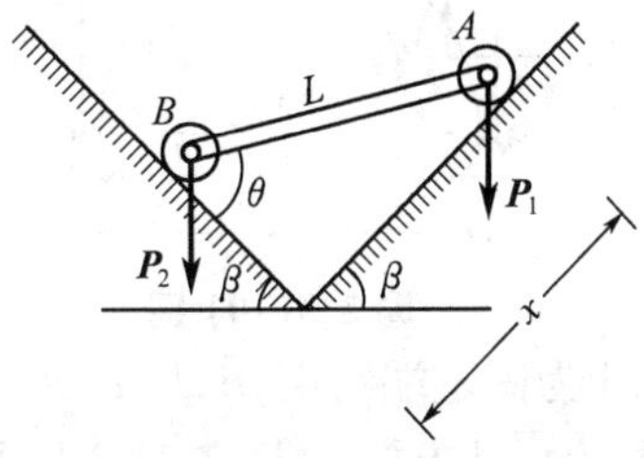

题 2.3(3) 图

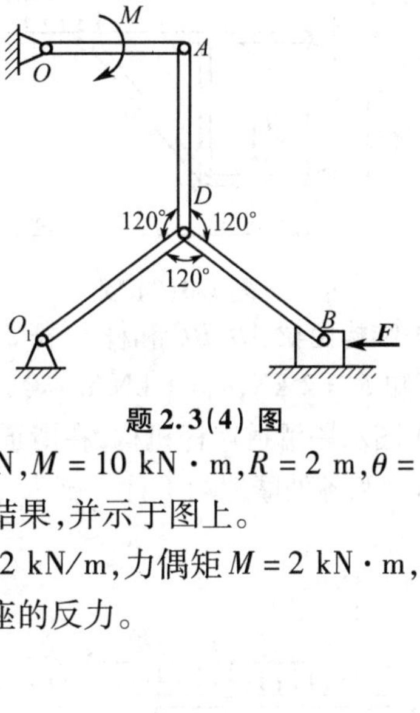

题 2.3(4) 图

（5）图示平面力系，已知 $F_1=8\ \mathrm{kN}$，$F_2=3\ \mathrm{kN}$，$M=10\ \mathrm{kN\cdot m}$，$R=2\ \mathrm{m}$，$\theta=120°$。试求：① 力系向 O 点简化结果；② 力系的最后简化结果，并示于图上。

（6）简支梁 AB 的支承和受力如图，已知 $q_0=2\ \mathrm{kN/m}$，力偶矩 $M=2\ \mathrm{kN\cdot m}$，梁的跨度 $L=6\ \mathrm{m}$，$\theta=30°$。若不计梁的自重，试求 A，B 支座的反力。

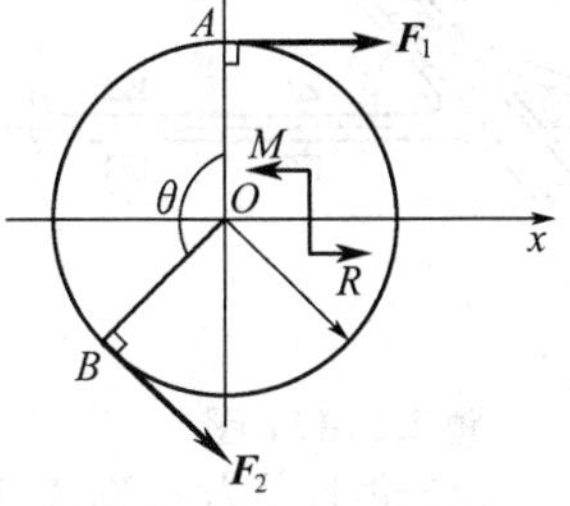

题 2.3(5) 图

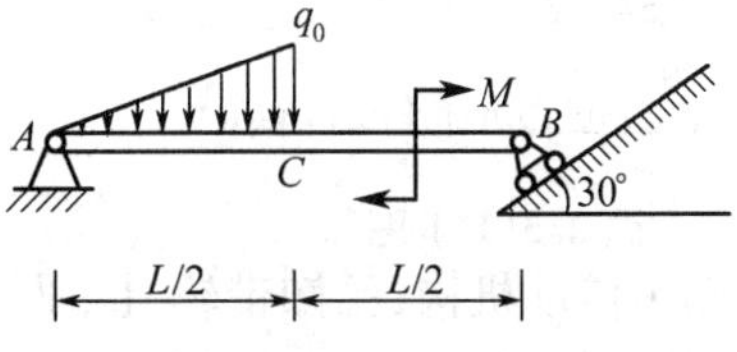

题 2.3(6) 图

（7）构架如图所示，重物 $P=800$ N，挂于定滑轮 A 上，滑轮直径为 20 cm，不计构架杆重和滑轮质量，不计摩擦。求 C,E,B 处的约束反力。

（8）图示多跨梁，自重不计。已知 M,F,q,L。试求支座 A,B 的反力及销钉 C 给 AC 梁的反作用力。

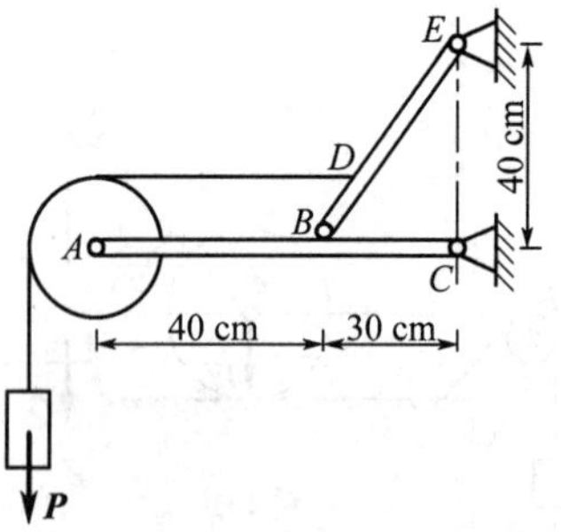

题 2.3(7) 图

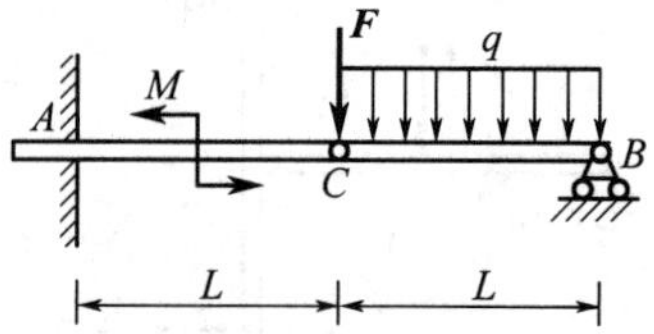

题 2.3(8) 图

（9）在图示系统中，已知 $F=20$ kN，$q=5$ kN/m，$M=20$ kN · m，E,C,D 为铰链，各杆自重不计。试求支座 A,B 的约束反力及杆 1、杆 2 的内力。

（10）三铰拱尺寸如图。已知分布载荷 $q=2$ kN/m，力偶矩 $M=4$ kN · m，$L=2$ m，不计拱自重，求 C 处的反力。

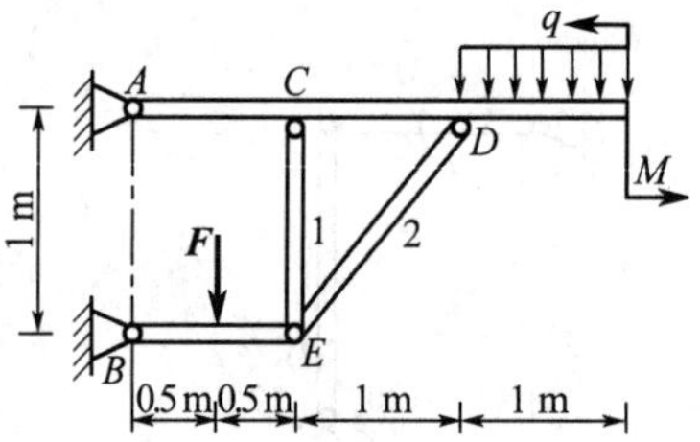

题 2.3(9) 图

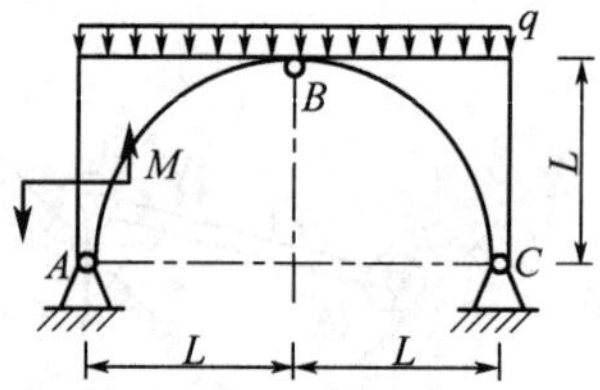

题 2.3(10) 图

（11）结构由梁 AB,BC 和杆 1、杆 2、杆 3 组成，A 为固定端约束，B,D,E,F,G 均为光滑铰链。已知 $F=2$ kN，$q=1$ kN/m，梁、杆自重均不计。试求杆 1、杆 2、杆 3 所受的力。

（12）图示一滑道连杆机构，在滑道连杆上作用着水平力 $\boldsymbol{F}$。已知 $OA=r$，滑道倾角为 β，机构质量和各处摩擦均不计。试求当机构平衡时，作用在曲柄 OA 上的力偶矩 M 与角 θ 之间的关系。

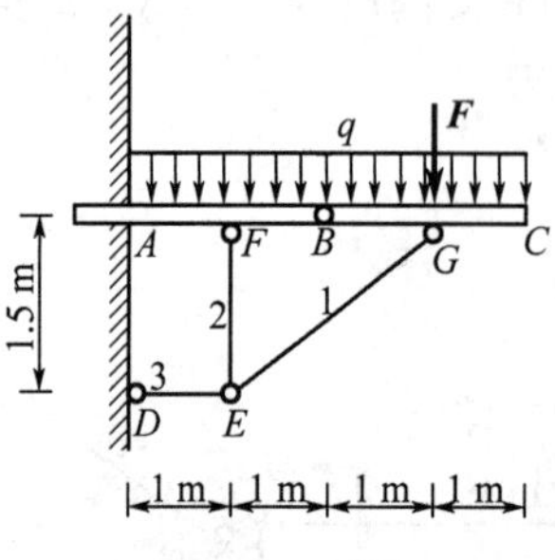

题 2.3(11) 图

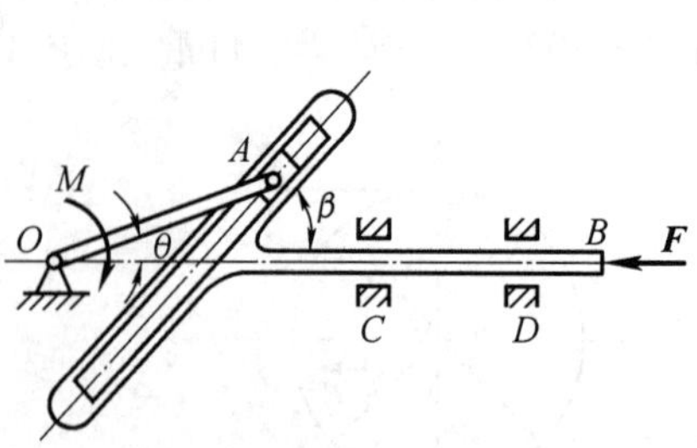

题 2.3(12) 图

（13）图示传动机构，已知带轮 Ⅰ，Ⅱ 的半径为 r_1,r_2，鼓轮半径为 r，物体 A 重为 P，两轮的重心均位于转轴上。求匀速提升物体 A 时在轮 Ⅰ 上所需施加的力偶矩 M 的大小。

(14) 图示结构中，A 处为固定端约束，C 处为光滑接触，D 处为铰链连接。已知 $F_1 = F_2 = 400$ N，$M = 300$ N·m，$AB = BC = 400$ mm，$CD = CE = 300$ mm，$\theta = 45°$，不计各构件自重，求固定端 A 处与铰链 D 处的约束力。

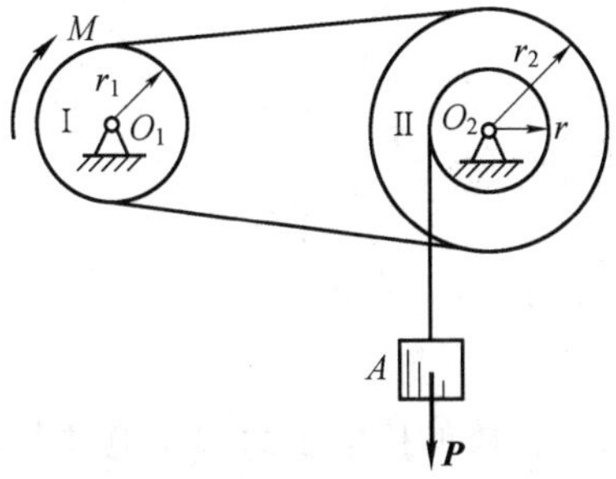

题 2.3(13) 图

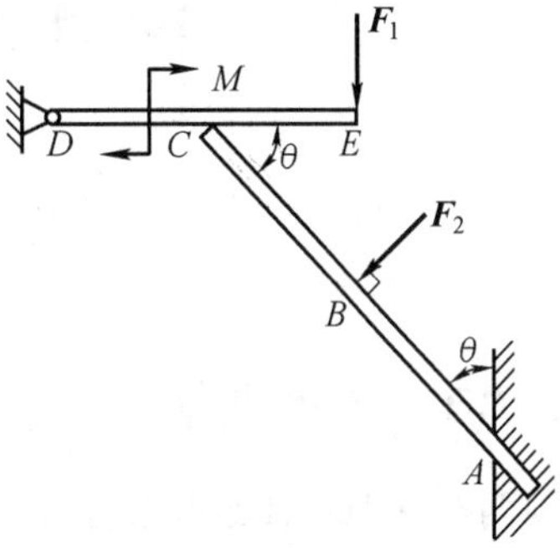

题 2.3(14) 图

(15) 图示构架中，物体 P 重 1 200 N，由细绳跨过滑轮 E 而水平系于墙上，尺寸如图所示。不计杆和滑轮的质量，求支承 A，B 处的约束力和杆 BC 的内力 $\boldsymbol{F}_{BC}$。

(16) 图示平面机构的自重不计，C 为铰链。已知 $q = 200$ kN/m，$F = 100$ kN，$M = 200$ kN·m，$\theta = 60°$，$l = 3$ m。试求固定端 A 的约束反力。

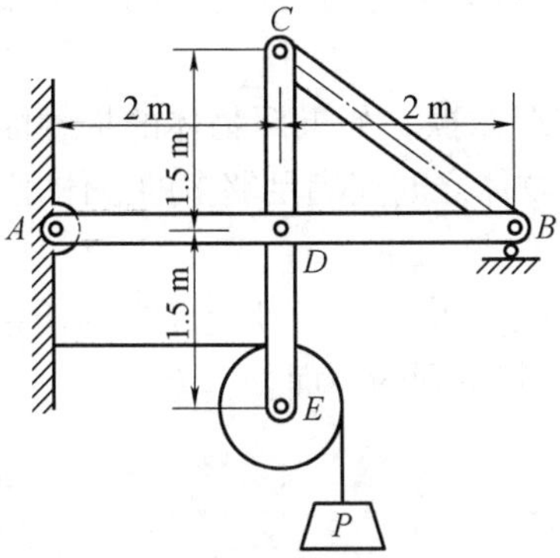

题 2.3(15) 图

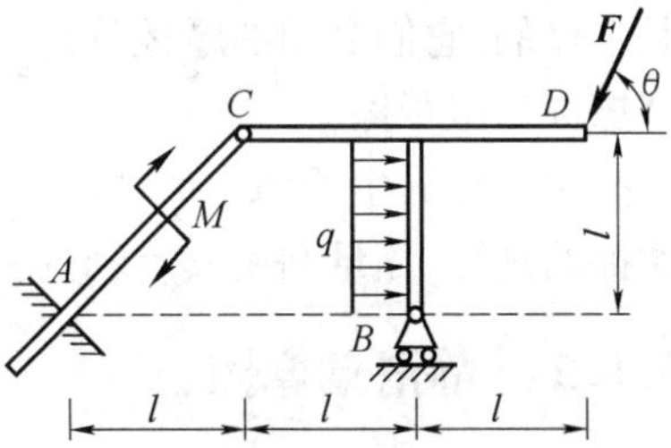

题 2.3(16) 图

(17) 求图示平面机构固定端 A 支座的约束反力。已知 $M = 20$ kN·m，$q = 10$ kN/m。

(18) 平面悬臂桁架所受的载荷如图所示。求杆 1，2 和 3 的内力。

(19) 平面桁架受力如图所示。ABC 为等边三角形，且 $AD = DB$。求杆 CD 的内力。

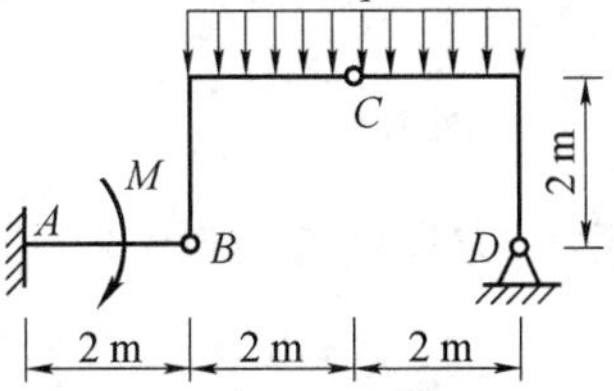

题 2.3(17) 图

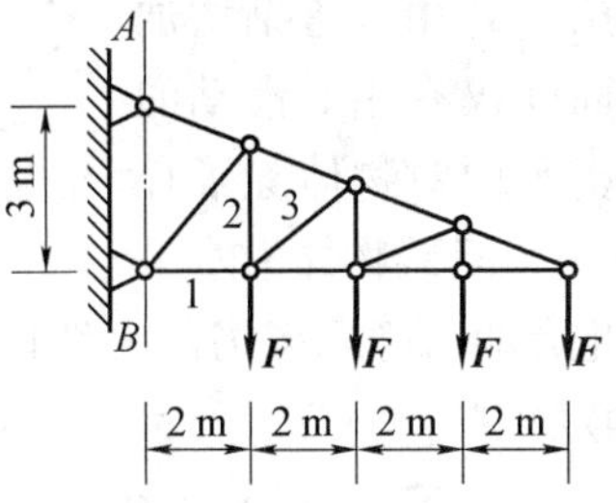

题 2.3(18) 图

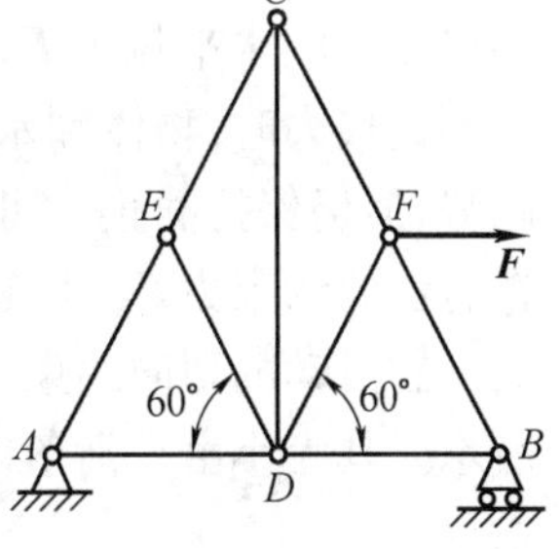

题 2.3(19) 图

第3章　摩　　擦

3.1　摩擦的概念

3.1.1　摩擦现象

前两章在对物体或物体系统进行受力分析时,将物体的接触表面看作绝对光滑的,忽略了物体之间的摩擦。本章将介绍有摩擦时物体的受力与平衡问题。由于摩擦是一种极其复杂的力学现象,这里仅介绍工程中常用的近似理论,还将重点研究有摩擦存在时物体的平衡问题。

按照接触物体之间的运动情况,摩擦可分为滑动摩擦和滚动摩阻。当两物体接触处有相对滑动或相对滑动趋势时,在接触处的公切面内将受到一定的阻力阻碍其滑动,这种现象称为滑动摩擦。当两物体接触处有相对滚动或相对滚动趋势时,物体间产生相对滚动的阻碍称为滚动摩阻,简称滚阻。

由于物理本质的不同,滑动摩擦又分为干摩擦和湿摩擦。如果两物体的接触面相对来说是干燥的,它们之间的摩擦称为干摩擦。如果两物体之间充满足够多的液体,它们之间的摩擦称为湿摩擦。

摩擦对人类的生活和生产,既有有利的一面,也有不利的一面。研究摩擦的任务在于掌握摩擦的规律,尽量利用其有利的一面,减少或避免其不利的一面。

3.1.2　静滑动摩擦

两个相互接触的物体,当其接触表面之间有相对滑动的趋势,但尚保持相对静止时,彼此作用着阻碍相对滑动的阻力,这种阻力称为静滑动摩擦力,简称静摩擦力。

如图3.1(a)所示,在粗糙的水平面上放置一重为P的物体,该物体在重力$\boldsymbol{P}$和法向反力$\boldsymbol{F}_N$的作用下处于静止状态。今在该物体上作用一大小可变化的水平拉力$\boldsymbol{F}$,当拉力$\boldsymbol{F}$由零逐渐增加但不是很大时,物体和水平面间仅有相对滑动的趋势,但仍保持静止。可见支承面对物体除了存在有法向约束力$\boldsymbol{F}_N$外,还有一个阻碍物体沿水平面向右滑动的切向约束力,此力即为静摩擦力。一般以$\boldsymbol{F}_S$表示,方向向左,如图3.1(b)所示。其大小由平衡条件确定

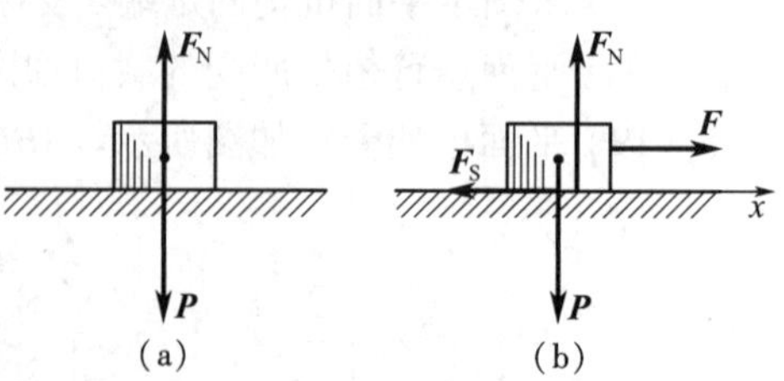

图3.1

$$\sum F_x = 0,\quad F_S = F$$

由上式可知，静摩擦力的大小随主动力 $\boldsymbol{F}$ 的增大而增大，这是静摩擦力和一般约束力共同的性质。

但是，静摩擦力又与一般的约束力不同，它并不随主动力 $\boldsymbol{F}$ 的增大而无限度地增大。当主动力 $\boldsymbol{F}$ 的大小达到一定数值时，物块处于平衡的临界状态。这时，静摩擦力达到最大值，即为最大静滑动摩擦力，简称最大静摩擦力，以 $\boldsymbol{F}_{max}$ 表示。此后，如果主动力 $\boldsymbol{F}$ 再继续增大，但静摩擦力不能再随之增大，物体将失去平衡而滑动，这就是静摩擦力的特点。

综上所述，静摩擦力的大小随主动力的情况而改变，但介于零与最大值之间，即

$$0 \leqslant F_S \leqslant F_{max} \tag{3.1}$$

大量实验证明，最大静摩擦力的方向与相对滑动趋势的方向相反，其大小与两物体间的正压力（即法向反力）成正比，即

$$F_{max} = f_S F_N \tag{3.2}$$

式中，f_S 是比例常数，称为静摩擦系数，是无量纲量。

式(3.2)称为静摩擦定律，又称库仑摩擦定律，是工程中常用的近似理论。

静摩擦系数的大小由实验测定。它与接触物体的材料和表面情况（如粗糙度、温度和湿度等）有关，而与接触面积的大小无关。

静摩擦系数的数值可在工程手册中查到，表3.1中列出了部分常用材料的摩擦系数。但影响摩擦系数的因素很复杂，如果需用比较准确的数值时，必须在具体条件下进行实验测定。

表3.1　常用材料的滑动摩擦系数

材料名称	静摩擦系数		动摩擦系数	
	无润滑	有润滑	无润滑	有润滑
钢-钢	0.15	0.1～0.12	0.15	0.05～0.1
钢-软钢			0.2	0.1～0.2
钢-铸铁	0.3		0.18	0.05～0.15
钢-青铜	0.15	0.1～0.15	0.15	0.1～0.15
软钢-铸铁	0.2		0.18	0.05～0.15
软钢-青铜	0.2		0.18	0.07～0.15
铸铁-铸铁		0.18	0.15	0.07～0.12
铸铁-青铜			0.15～0.2	0.07～0.15
青铜-青铜		0.1	0.2	0.07～0.1
皮革-铸铁	0.3～0.5	0.15	0.6	0.15
橡皮-铸铁			0.8	0.5
木材-木材	0.4～0.6	0.1	0.2～0.5	0.07～0.15

3.1.3　摩擦角和自锁现象

1. 摩擦角

当有摩擦时，支承面对平衡物体的约束反力包含法向反力 $\boldsymbol{F}_N$ 和切向反力 $\boldsymbol{F}_S$（即静摩

擦力)。这两个分力的几何和为$\boldsymbol{F}_{RA}=\boldsymbol{F}_N+\boldsymbol{F}_S$,称为支承面的全约束反力。设全约束反力与接触面公法线间的夹角为φ,如图3.2(a)所示,当物块处于平衡的临界状态时,静摩擦力达到其最大值F_{max},角φ也达到最大值φ_f,如图3.2(b)所示。全约束反力与法线间夹角的最大值φ_f称为摩擦角。由图可得

$$\tan\varphi_f=\frac{F_{max}}{F_N}=\frac{f_S F_N}{F_N}=f_S \tag{3.3}$$

即摩擦角的正切等于静摩擦系数。可见,摩擦角与摩擦系数一样,都是表示材料表面性质的量。

当物块的滑动趋势方向改变时,全约束反力作用线的方位也随之改变。在临界状态下,$\boldsymbol{F}_{RA}$的作用线将画出一个以接触点A为顶点的锥面,如图3.2(c)所示,称为摩擦锥。设物块与支承面间沿任何方向的摩擦系数都相同,即摩擦角都相等,则摩擦锥将是一个顶角为$2\varphi_f$的圆锥。

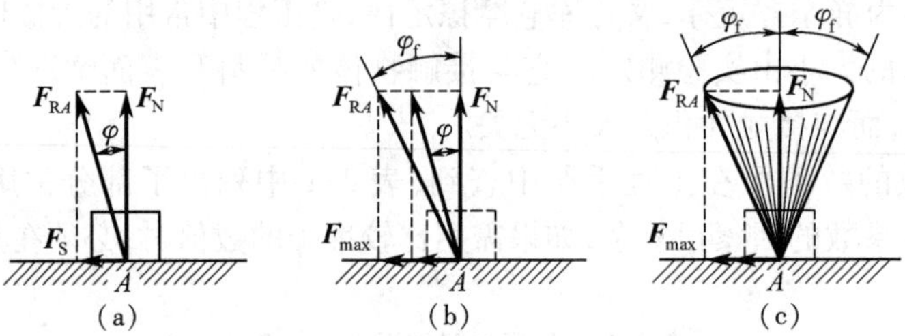

图3.2

2. 自锁现象

物块平衡时,静摩擦力不一定达到最大值,可在零与最大值F_{max}之间变化,所以全约束反力与法线间的夹角φ也在零与摩擦角φ_f之间变化,即

$$0\leqslant\varphi\leqslant\varphi_f \tag{3.4}$$

由于静摩擦力不可能超过最大值,因此全约束反力的作用线也不可能超出摩擦角以外,即全约束力必在摩擦角之内。由此可知:

(1)如果作用于物体的全部主动力的合力$\boldsymbol{F}_R$的作用线在摩擦角φ_f之内,则无论这个力多大,物体必保持静止,这种现象称为自锁现象。因为在这种情况下,主动力的合力$\boldsymbol{F}_R$和全约束反力$\boldsymbol{F}_{RA}$必能满足二力平衡条件,如图3.3(a)所示。工程实际中常应用自锁条件设计一些机构或夹具,如千斤顶、圆锥销等,使它们始终保持在平衡状态下工作。

(2)如果作用于物体的全部主动力的合力$\boldsymbol{F}_R$的作用线在摩擦角φ_f之外,则无论这个力多小,物体一定会滑动。因为在这种情况下,主动力的合力$\boldsymbol{F}_R$和全约束反力$\boldsymbol{F}_{RA}$不能满足二力平衡条件,如图3.3(b)所示。

利用摩擦角的概念,可用简单的实验方法测定静摩擦系数。如图3.4所示,把要测定的两种材料分别制成斜面和物块,把物块放在斜面上,并逐渐从零起增大斜面的倾角θ,直到物块刚开始下滑时为止。这时的θ角就是要测定的摩擦角φ_f,于是可得静摩擦系数为

$$f_S=\tan\varphi_f=\tan\theta$$

根据上式也可以同时得到斜面的自锁条件,即斜面的自锁条件是斜面的倾角小于或等于摩擦角,即 $\theta \leqslant \varphi_f$。

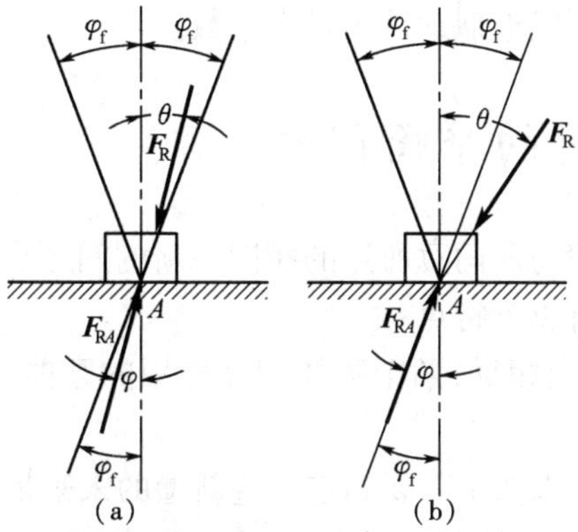

图 3.3

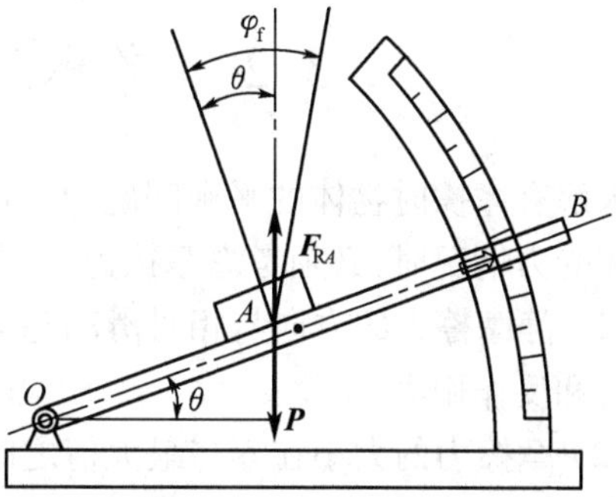

图 3.4

斜面的自锁条件就是螺纹的自锁条件。因为螺纹可以看作绕在一圆柱体上的斜面,如图 3.5 所示,螺纹升角 θ 就是斜面的倾角,螺母相当于斜面上的滑块 A,加于螺母的轴向载荷 $\boldsymbol{P}$,相当于物块 A 的重力。要使螺纹自锁,必须使螺纹的升角 θ 小于或等于摩擦角 φ_f。因此螺纹的自锁条件是

$$\theta \leqslant \varphi_f$$

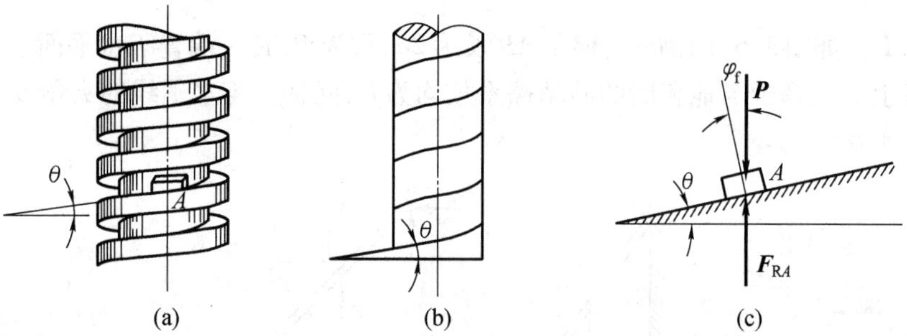

图 3.5

若螺旋千斤顶的螺杆与螺母之间的摩擦因数为 $f_S = 0.1$,则

$$\tan \varphi_f = f_S = 0.1$$

得

$$\varphi_f = 5°43'$$

为保证螺旋千斤顶自锁,一般取螺纹升角 $\theta = 4° \sim 4°30'$。

3.1.4　动滑动摩擦

当两个相互接触的物体,其接触表面之间有相对滑动时,彼此间作用着阻碍相对滑动的阻力,这种阻力称为动滑动摩擦力,简称动摩擦力,一般以 $\boldsymbol{F}_k$ 表示。实验表明,动摩擦力的大小与接触物体间的正压力成正比,即

$$F_k = f_k F_N \tag{3.5}$$

式中,f_k 是动摩擦系数,与接触物体的材料和表面情况有关。

一般情况下,动摩擦系数小于静摩擦系数,即$f_k < f_S$。此外,动摩擦系数还与接触物体间相对滑动的速度大小有关,大多数情况下,动摩擦系数随相对滑动速度的增大而稍微减小。但当相对滑动速度不大时,动摩擦系数可以近似地认为是个常数。

3.2　考虑摩擦时的平衡问题

求解有摩擦时物体的平衡问题,其方法步骤与前两章所述的相同。新的问题是,在分析物体受力情况时,必须考虑摩擦力。摩擦力有以下特点:

(1) 静摩擦力的方向与相对滑动趋势的方向相反,两个物体相互作用的摩擦力互为作用力和反作用力。

(2) 摩擦力的大小在零与最大值之间,是个未知量。要确定这些新增的未知量,除列出平衡方程外,还需要列出补充方程 $F_S \leqslant f_S F_N$,补充方程的数目应与摩擦力的数目相同。

(3) 由于物体平衡时,静摩擦力的大小可在零与最大值之间取值,即 $0 \leqslant F_S \leqslant F_{max}$,因此在考虑摩擦时,物体有一个平衡范围,解题时必须注意分析。

工程实际中有不少问题只需要分析平衡的临界状态,这时静摩擦力等于最大值,补充方程中只取等号。有时为了解题方便,可以先就临界状态计算,求得结果后再进行分析讨论。

例 3.1　如图 3.6(a) 所示,梯子 AB 长为 $2a$,重为 P,其一端置于水平面上,另一端靠在铅垂墙上。设梯子与地和墙的静摩擦系数均为 f_S,问梯子与水平线的夹角 α 多大时,梯子能处于平衡?

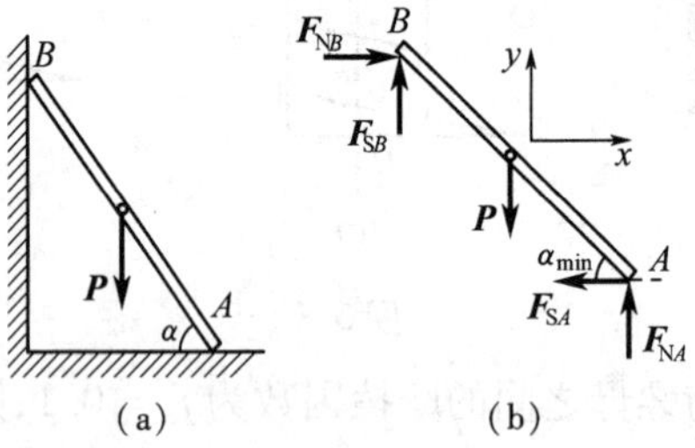

图 3.6

解　以梯子为研究对象,当梯子处于向下滑动的临界平衡状态时,受力如图 3.6(b) 所示,此时 α 角取最小值 α_{min},根据平衡条件,列写平衡方程

$$\sum F_x = 0,\quad F_{NB} - F_{SA} = 0$$

$$\sum F_y = 0,\quad F_{NA} + F_{SB} - P = 0$$

$$\sum M_A(\boldsymbol{F}) = 0,\quad P \cdot a \cdot \cos\alpha_{min} - F_{SB} \cdot 2a \cdot \cos\alpha_{min} - F_{NB} \cdot 2a \cdot \sin\alpha_{min} = 0$$

补充方程

$$F_{SA} = f_S F_{NA},\quad F_{SB} = f_S F_{NB}$$

注意到 $f_S = \tan\varphi_f$,其中 φ_f 为摩擦角,可解得

$$\tan\alpha_{\min} = \frac{1 - \tan^2\varphi_f}{2\tan\varphi_f} = \cot 2\varphi_f = \tan\left(\frac{\pi}{2} - 2\varphi_f\right)$$

故

$$\frac{\pi}{2} - 2\varphi_f \leqslant \alpha \leqslant \frac{\pi}{2}$$

此即为梯子的自锁条件。

例 3.2　物体重为 P，放在倾角为 θ 的斜面上，它与斜面间的摩擦系数为 f_S，如图 3.7(a) 所示。当物体处于平衡时，试求水平推力 $\boldsymbol{F}_1$ 的大小。

解　(1) 当物块有向上滑动的趋势时，设其处于平衡的临界状态，此时摩擦力沿斜面向下，并达到最大值 $F_{\max}$，如图 3.7(a) 所示。建立坐标系如图，列写平衡方程

$$\sum F_x = 0,\quad F_1\cos\theta - P\sin\theta - F_{\max} = 0$$

$$\sum F_y = 0,\quad F_N - F_1\sin\theta - P\cos\theta = 0$$

补充方程

$$F_{\max} = f_S F_N$$

解得水平推力 $\boldsymbol{F}_1$ 的最大值为

$$F_{1\max} = P\frac{\sin\theta + f_S\cos\theta}{\cos\theta - f_S\sin\theta}$$

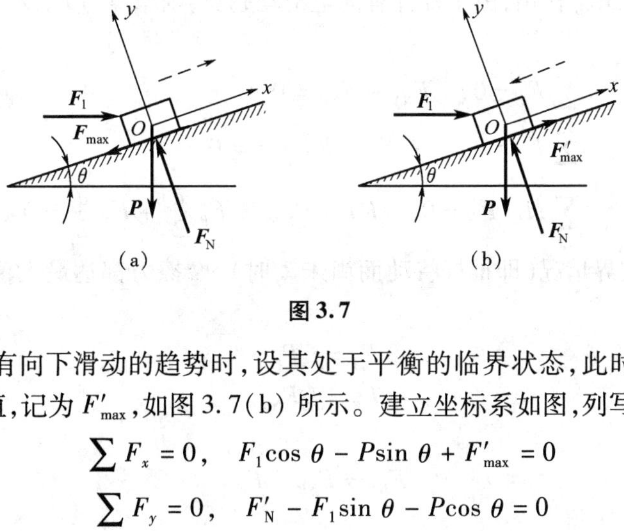

图 3.7

(2) 当物块有向下滑动的趋势时，设其处于平衡的临界状态，此时摩擦力沿斜面向上，并达到最大值，记为 $F'_{\max}$，如图 3.7(b) 所示。建立坐标系如图，列写平衡方程

$$\sum F_x = 0,\quad F_1\cos\theta - P\sin\theta + F'_{\max} = 0$$

$$\sum F_y = 0,\quad F'_N - F_1\sin\theta - P\cos\theta = 0$$

补充方程

$$F'_{\max} = f_S F'_N$$

解得水平推力 $\boldsymbol{F}_1$ 的最小值为

$$F_{1\min} = P\frac{\sin\theta - f_S\cos\theta}{\cos\theta + f_S\sin\theta}$$

综上，为使物块静止，力 $\boldsymbol{F}_1$ 的大小必须满足

$$P\frac{\sin\theta - f_S\cos\theta}{\cos\theta + f_S\sin\theta} \leqslant F_1 \leqslant P\frac{\sin\theta + f_S\cos\theta}{\cos\theta - f_S\sin\theta}$$

例 3.3 如图 3.8(a) 所示为凸轮机构。已知推杆(不计自重)与滑道间的摩擦系数为 f_S,滑道宽度为 b。设凸轮与推杆接触处的摩擦忽略不计。问 a 为多大,推杆才不致被卡住。

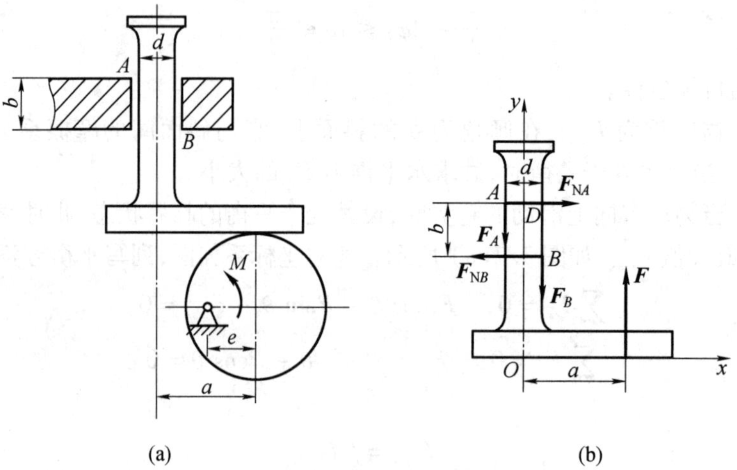

图 3.8

解 研究推杆,受力如图 3.8(b) 所示,推杆除受凸轮推力 $\boldsymbol{F}$ 作用外,在滑道 A,B 处还受法向反力 $\boldsymbol{F}_{NA}$,$\boldsymbol{F}_{NB}$ 作用,由于推杆有向上滑动趋势,则摩擦力 $\boldsymbol{F}_A$,$\boldsymbol{F}_B$ 的方向向下。列平衡方程

$$\sum F_x = 0, \quad F_{NA} - F_{NB} = 0 \tag{a}$$

$$\sum F_y = 0, \quad -F_A - F_B + F = 0 \tag{b}$$

$$\sum M_D(\boldsymbol{F}) = 0, \quad Fa - F_{NB}b - F_B\frac{d}{2} + F_A\frac{d}{2} = 0 \tag{c}$$

考虑平衡的临界情况(即推杆将动而尚未动时),摩擦力都达最大值,可以列出两个补充方程

$$F_A = f_S F_{NA} \tag{d}$$

$$F_B = f_S F_{NB} \tag{e}$$

由式(a) 得

$$F_{NA} = F_{NB} = F_N$$

代入式(d),(e) 得

$$F_A = F_B = F_{max} = f_S F_N$$

最后代入式(c),注意 $F_{NB} = F_{max}/f_S$,解得

$$a_{极限} = \frac{b}{2f_S}$$

保持 F 和 b 不变,由式(c) 可见,当 a 减小时,$F_{NB}(=F_{NA})$ 亦减小,因而最大静摩擦力减小,式(b) 不能成立,因而当 $a < \dfrac{b}{2f_S}$ 时,推杆不能平衡,即推杆不会被卡住。

例 3.4 制动器的构造和主要尺寸如图 3.9(a) 所示。制动块与鼓轮表面间的静摩擦系数为f_S,试求制止鼓轮转动所必需的力$\boldsymbol{F}$。

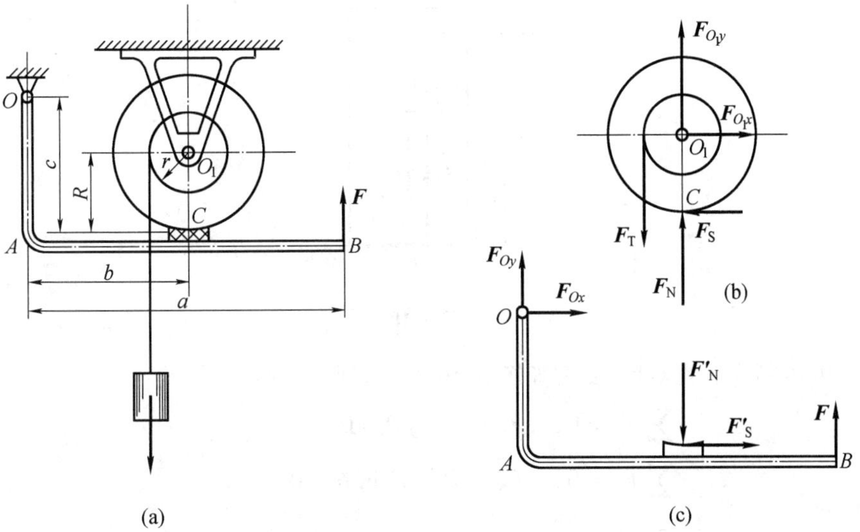

图3.9

解　先研究鼓轮,受力如图3.9(b)所示。鼓轮在绳拉力$\boldsymbol{F}_T$($F_T = P$)作用下,有逆时针转动的趋势;因此,制动块除给鼓轮正压力$\boldsymbol{F}_N$外,还有一个向左的摩擦力$\boldsymbol{F}_S$。列平衡方程

$$\sum M_{O_1}(\boldsymbol{F}) = 0,\quad F_T r - F_S R = 0$$

解得

$$F_S = \frac{r}{R}F_T = \frac{r}{R}P$$

再研究杠杆OAB,其受力如图3.9(c)所示。列平衡方程

$$\sum M_O(\boldsymbol{F}) = 0,\quad Fa + F'_S c - F'_N b = 0$$

补充方程

$$F'_S \leqslant f_S F'_N$$

解得

$$F'_S \leqslant \frac{f_S a F}{b - f_S c}$$

由$F'_S = F_S$,解得

$$F \geqslant \frac{rP(b - f_S c)}{f_S R a}$$

例3.5　如图3.10所示的均质木箱重$P = 5\ \text{kN}$,木箱与地面之间的静摩擦系数$f_S = 0.4$。图3.10中,$h = 2a = 2\ \text{m}$,$\theta = 30°$。求:(1)当D处的拉力$F = 1\ \text{kN}$时,木箱是否平衡?(2)能保持木箱平衡的最大拉力。

解　欲保持木箱平衡,必须满足两个条件:一是不发生滑动,即要求静摩擦力$F_S \leqslant F_{max} = f_S F_N$;二是不绕$A$点翻倒,这时法向约束力$\boldsymbol{F}_N$的作用线应在木箱内,即$d > 0$。

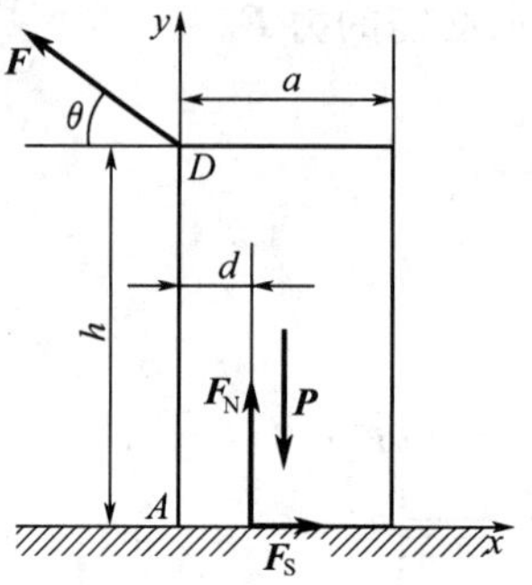

图 3.10

(1) 取木箱为研究对象,受力如图 3.10 所示,列写平衡方程

$$\sum F_x = 0,\quad F_S - F\cos\theta = 0$$

$$\sum F_y = 0,\quad F_N - P + F\sin\theta = 0$$

$$\sum M_A(\boldsymbol{F}) = 0,\quad hF\cos\theta - P\frac{a}{2} + F_N d = 0$$

解得

$$F_S = 0.866\ \text{kN},\quad F_N = 4.5\ \text{kN},\quad d = 0.171\ \text{m}$$

此时,木箱与地面间最大摩擦力为

$$F_{max} = f_S F_N = 1.8\ \text{kN}$$

由于 $F_S \leqslant F_{max}$,木箱不会滑动,又 $d > 0$,木箱不会翻倒。因此,木箱保持平衡。

(2) 为求保持平衡的最大拉力 $\boldsymbol{F}$,可分别求出木箱将滑动时的临界拉力 $\boldsymbol{F}_{滑}$ 和木箱将绕 A 点翻倒的临界拉力 $\boldsymbol{F}_{翻}$。二者中取较小者,即为所求。

列写平衡方程

$$\sum F_x = 0,\quad F_S - F\cos\theta = 0$$

$$\sum F_y = 0,\quad F_N - P + F\sin\theta = 0$$

木箱滑动的条件为

$$F_S = F_{max} = f_S F_N$$

解得

$$F_{滑} = 1.878\ \text{kN}$$

木箱将绕 A 点翻倒的条件为 $d = 0$,于是有平衡方程

$$\sum M_A(\boldsymbol{F}) = 0,\quad hF\cos\theta - P\frac{a}{2} = 0$$

解得

$$F_{翻} = 1.443\ \text{kN}$$

综上,保持木箱平衡的最大拉力为

$$F = F_{翻} = 1.443\ \text{kN}$$

这说明,当拉力 $\boldsymbol{F}$ 逐渐增大时,木箱将先翻倒而失去平衡。

3.3　滚动摩阻的概念

当两个相互接触的物体有相对滚动或相对滚动趋势时，物体间产生的对滚动的阻碍称为滚动摩阻，称前者为动滚动摩阻，后者为静滚动摩阻。也有的教材称之为滚动摩擦。

以滚动代替滑动可以省力，这是人们早已知道的事实。如使滚子滚动比使它滑动省力。但是滚动也有一定的阻力，存在什么样的阻力？机理又是什么？这是个比较复杂的问题。在理论力学的教材里一般都认为滚动摩擦是由相互接触的物体发生变形而引起的。

在固定水平面上放置一重为 P，半径为 r 的圆轮，在其中心 O 上作用一水平力 $\boldsymbol{F}$，当力 $\boldsymbol{F}$ 不大时，圆轮仍保持静止。若圆轮的受力情况如图 3.11 所示，则圆轮不可能保持平衡。因为静滑动摩擦力 $\boldsymbol{F}_S$ 与力 $\boldsymbol{F}$ 组成一力偶，将使圆轮发生滚动。

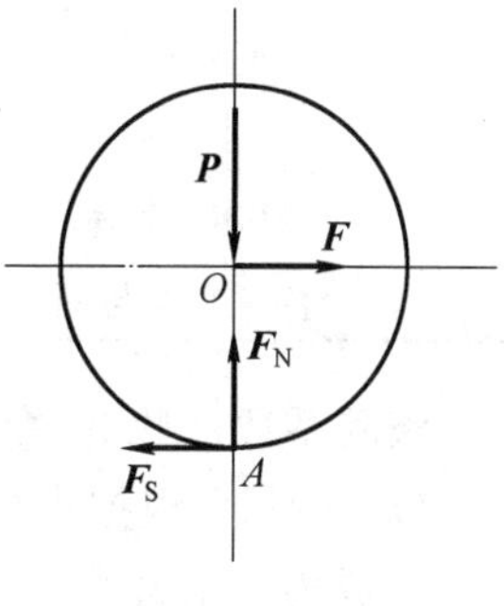

图 3.11

但是，实际上当力 $\boldsymbol{F}$ 不大时，圆轮是可以平衡的。这是因为圆轮和平面实际上并不是刚体，它们在力的作用下都会发生变形，有一个接触面，如图 3.12(a) 所示。在接触面上，物体受分布力的作用，这些力向点 A 简化，得到一个力 $\boldsymbol{F}_R$ 和一个力偶，力偶的矩为 M_f，如图 3.12(b) 所示。这个力 $\boldsymbol{F}_R$ 可分解为摩擦力 $\boldsymbol{F}_S$ 和法向约束力 $\boldsymbol{F}_N$，这个矩为 M_f 的力偶称为滚动摩阻力偶，它与力偶 $(\boldsymbol{F},\boldsymbol{F}_S)$ 平衡，它的转动与滚动趋势方向相反，如图 3.12(c) 所示。

与静滑动摩擦力相似，滚动摩阻力偶矩 M_f 随着主动力的增加而增加，当力 $\boldsymbol{F}$ 增加到某个值时，圆轮处于将滚未滚的临界平衡状态；这时滚动摩阻力偶矩达到最大值，称为最大滚动摩阻力偶矩，用 M_{max} 表示。若力 $\boldsymbol{F}$ 再增大一点，轮子就会滚动。在滚动过程中，滚动摩阻力偶矩近似等于 M_{max}。

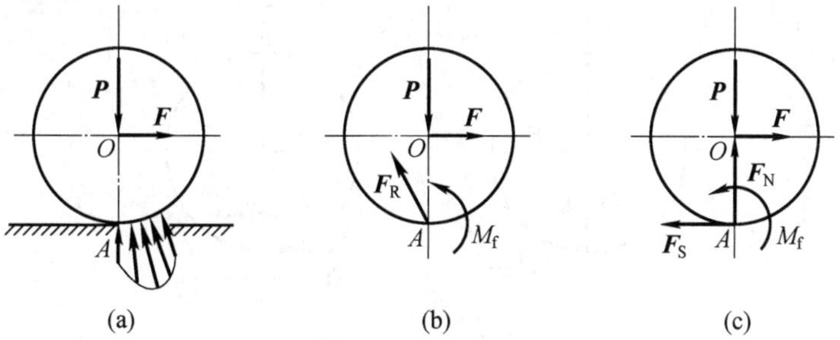

图 3.12

由此可知，滚动摩阻力偶矩 M_f 的大小介于零与最大值之间，即

$$0 \leqslant M_f \leqslant M_{max} \tag{3.6}$$

根据实验确定：最大滚动摩阻力偶矩 M_{max} 与圆轮半径无关，而与支承面的正压力（法向约束反力）$\boldsymbol{F}_N$ 的大小成正比，即

$$M_{max} = \delta F_N \tag{3.7}$$

这就是库仑的滚动摩阻定律。

式中量纲为长度的比例系数 δ 称为滚动摩阻系数，具有力偶臂的意义，其单位为 mm 或 cm。该系数取决于相互接触物体表面的材料性质和表面状况（硬度、光洁度以及温度、湿度等），并与正压力、接触面的曲率半径以及相对滚动速度等有关，与圆轮的半径无关。表 3.2 中是几种材料的滚动摩阻系数的值。

表 3.2　滚动摩阻系数 δ

材料名称	δ/mm	材料名称	δ/mm
铸铁与铸铁	0.5	软钢与钢	0.5
钢质车轮与钢轨	0.05	有滚珠轴承的料车与钢轨	0.09
木与钢	0.3 ~ 0.4	无滚珠轴承的料车与钢轨	0.21
木与木	0.5 ~ 0.8	钢质车轮与木面	1.5 ~ 2.5
软木与软木	1.5	轮胎与路面	2 ~ 10
淬火钢珠与钢	0.01		

滚阻系数的物理意义如下：圆轮在即将滚动的临界平衡状态时，其受力图如图 3.13(a) 所示。根据力的平移定理，可将其中的法向约束反力 $\boldsymbol{F}_N$ 与最大滚动摩阻力偶 M_{max} 合成为一个力 $\boldsymbol{F}'_N$，且 $F'_N = F_N$。力 $\boldsymbol{F}'_N$ 的作用线与中心线的距离为 d，如图3.13(b) 所示，即

$$d = \frac{M_{max}}{F'_N}$$

与式(3.7) 比较，得

$$\delta = d$$

因而滚动摩阻系数 δ 可看成在即将滚动时，法向约束力 $\boldsymbol{F}'_N$ 离中心线的最小距离，也就是最大滚阻力偶($\boldsymbol{F}'_N$，$\boldsymbol{P}$) 的臂。故它具有长度的量纲。

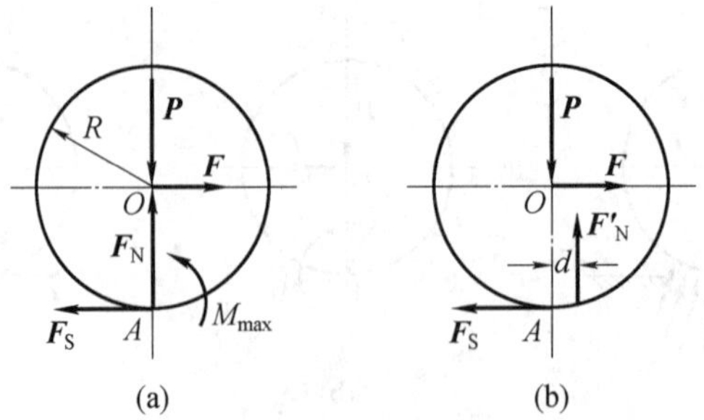

图 3.13

由于滚动摩阻系数较小，因此，在大多数情况下滚动摩阻是可以忽略不计的。

应该指出，滚动摩阻定律也是个近似关系式，远远没有反映出滚动摩擦的复杂性。由于有时与实验不符，该定律不如滑动摩擦定律那样得到广泛应用。

例 3.6　放置在水平面上的圆轮，其半径为 r，重为 P，在轮上 B 点受一水平力 $\boldsymbol{F}$，如图 3.14 所示。已知：$AB = h$，圆轮与水平面间的静摩擦因数为 f_S，滚阻系数为 δ。求力 $\boldsymbol{F}$ 的值

多大时，才能维持圆轮的平衡。

解　研究圆轮，受力如图3.14所示。列平衡方程

$$\sum F_x = 0,\quad F - F_S = 0$$

$$\sum F_y = 0,\quad F_N - P = 0$$

$$\sum M_A(\boldsymbol{F}) = 0,\quad M_f - Fh = 0$$

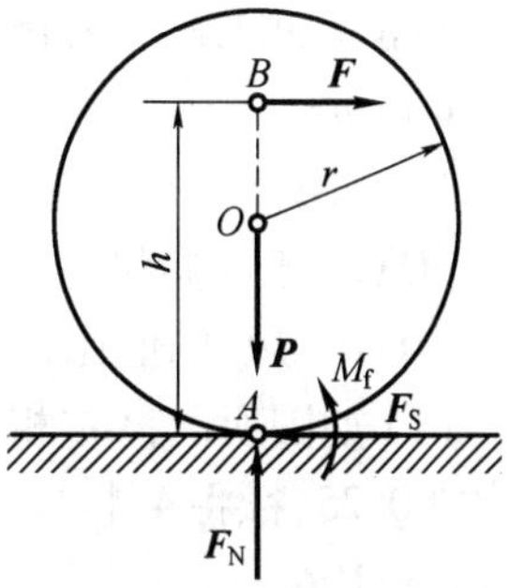

图3.14

由以上各式解得

$$F_S = F,\quad F_N = P,\quad F = \frac{M_f}{h}$$

由于静摩擦力 $\boldsymbol{F}_S$ 不能超过它的最大值 $F_{max} = f_S F_N = f_S P$，故得圆轮不滑动的条件为

$$F \leqslant f_S P$$

滚动摩阻力偶矩 M_f 不能超过它的最大值 $M_{max} = \delta F_N = \delta P$，故得圆轮不滚动的条件为

$$F \leqslant \frac{\delta}{h} P$$

可见，要使圆轮既不滑动又不滚动，必须满足条件

$$F \leqslant f_S P \quad 及 \quad F \leqslant \frac{\delta}{h} P$$

由于 $\frac{\delta}{h}$ 远小于 f_S，因此是否平衡一般取决于第二个条件。

习　　题

3.1　选择题

（1）图示系统仅在直杆 OA 与小车接触的 A 点处存在摩擦，在保持系统平衡的前提下，逐步增加拉力 $\boldsymbol{F}$，则在此过程中，A 处的法向反力将（　　）。

（A）越来越大　　（B）越来越小　　（C）保持不变　　（D）不能确定

（2）已知图示系统 $W = 100$ kN，$F = 80$ kN，摩擦系数 $f_S = 0.2$，物块将（　　）。

（A）向上运动　　（B）向下运动　　（C）静止不动

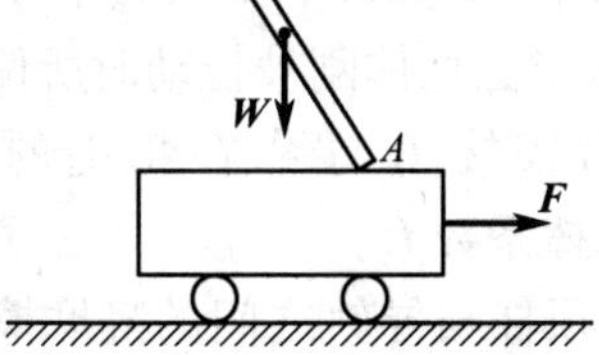

题3.1(1)图

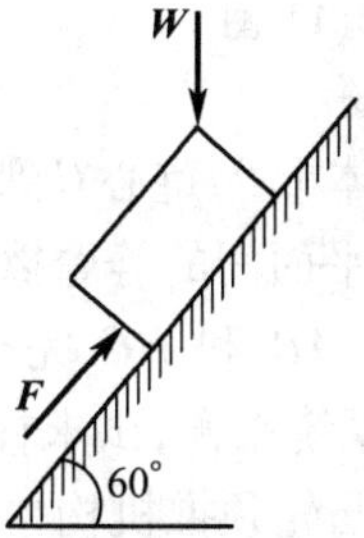

题3.1(2)图

（3）物块重 Q，放在粗糙的水平面上，其摩擦角 $\varphi_f = 20°$，若力 $\boldsymbol{P}$ 作用于摩擦角之外，

并已知 $\alpha = 30°$，$P = Q$，物体是否能保持静止？(　　)

(A) 能

(B) 不能

(C) 处于临界状态

(D) P 与 Q 的值比较小时能保持静止，否则不能

(4) 如图所示，4 本相同的书，每本重 G，设书与书间摩擦系数为 0.1，书与手间的摩擦系数为 0.25，欲将 4 本书一起提起，则两侧应加之 $\boldsymbol{F}$ 应至少大于(　　)。

(A) $10G$　　(B) $8G$　　(C) $4G$　　(D) $12.5G$

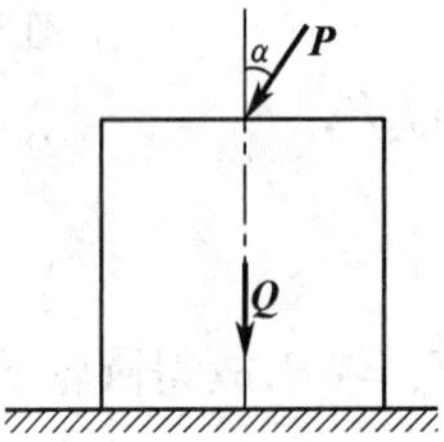

题 3.1(3) 图

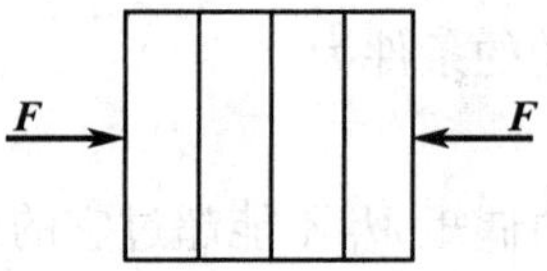

题 3.1(4) 图

3.2　填空题

(1) 如图所示，已知 A 重 100 kN，B 重 25 kN，A 物与地面间摩擦系数为 0.2，滑轮处摩擦不计。则物体 A 与地面间的摩擦力的大小为________。

(2) 如图所示，重 W、半径为 R 的圆轮放在水平面上，轮与地面间的滑动摩擦系数为 f_S，圆轮在水平力 $\boldsymbol{F}$ 的作用下平衡，则接触处摩擦力 $\boldsymbol{F}_S$ 的大小为________。

(3) 图示一均质矩形物块重 P，与固定支承面之间的静滑动摩擦系数为 f_S，其上作用有水平力 $\boldsymbol{F}$，若矩形物块处于平衡状态，试问图示受力图是否正确？____________。请说明理由________________。

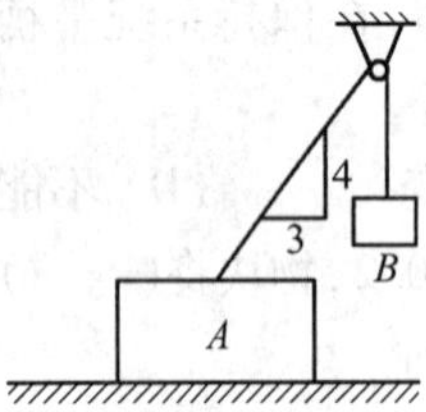

题 3.2(1) 图

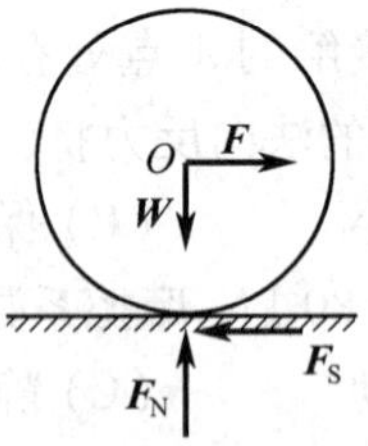

题 3.2(2) 图

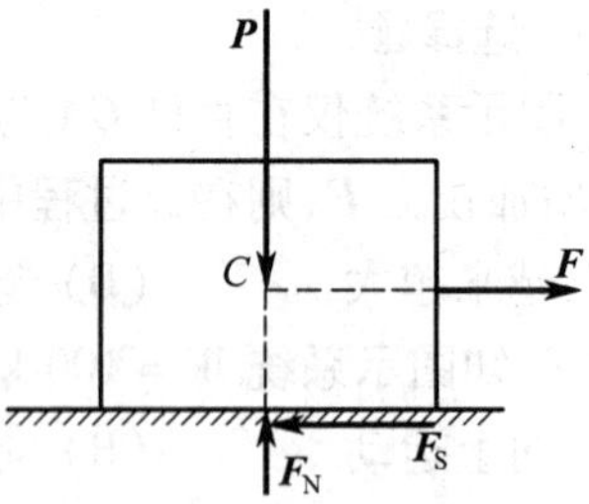

题 3.2(3) 图

3.3　计算题

(1) 半圆柱体重 P，重心 C 到圆心 O 点的距离为 $a = 4R/(3\pi)$，其中 R 为半圆柱半径。如半圆柱体与水平面间的静摩擦系数为 f_S，试求半圆柱体刚被拉动时所偏过的角度 θ。

(2) 均质杆 AB 和 BC 完全相同，A，B 为铰接，C 端靠在粗糙的墙面上。若在 $0 < \theta \leqslant 10°$ 时系统平衡，试求杆与墙之间的摩擦系数 f_S。

(3) 在图示凸轮顶推机构中，已知 $\boldsymbol{F}$，M，e，顶杆与导轨之间的静摩擦系数为 f_S，不计凸轮与顶杆的摩擦。欲使顶杆不被导轨卡住，试求滑道的宽度 L。

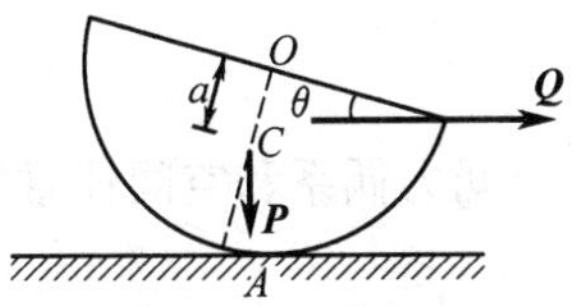

题 3.3(1) 图

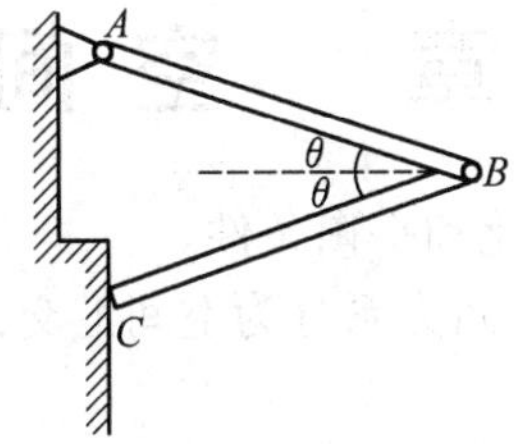

题 3.3(2) 图

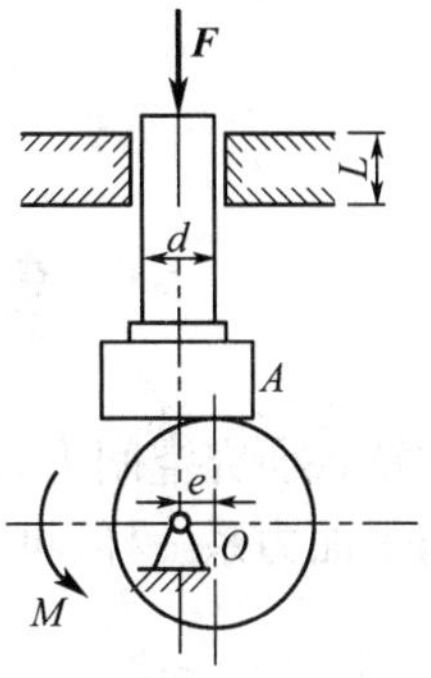

题 3.3(3) 图

(4) 均质长板 AD 重 P，长为 4 m，用短板 BC 支承，如图所示。若 $AC = BC = AB = 3$ m，BC 板的自重不计。求 A，B，C 处摩擦角各为多大才能使之保持平衡？

(5) 均质圆柱重 P、半径 r，搁在不计自重的水平杆和固定斜面之间，杆端 A 为光滑铰链，D 端受一铅垂向上的力 $\boldsymbol{F}$，圆柱上作用一力偶，如图所示。已知 $F = P$，圆柱与杆和斜面间的静摩擦系数皆为 $f_S = 0.3$，不计滚动摩阻，当 $\alpha = 45°$ 时，$AB = BD$。求此时能保持系统静止的力偶矩 M 的最小值。

(6) 图示物块 A 重 $P = 2$ kN，楔块 B 质量可不计，各接触面间的静摩擦系数均为 $f_S = 0.3$。试求使物块 A 开始上升所需的最小水平力 $\boldsymbol{F}$。

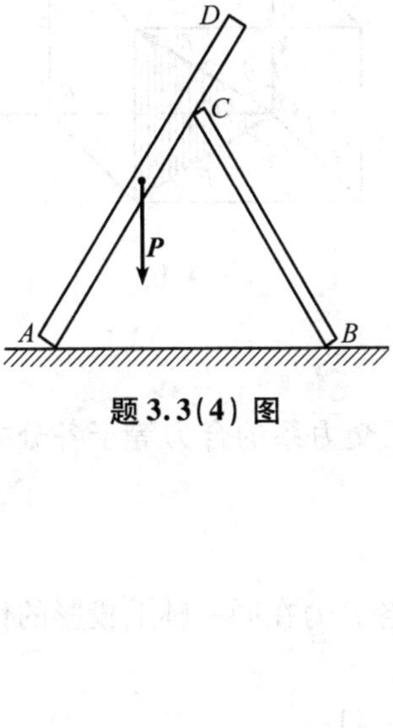

题 3.3(4) 图

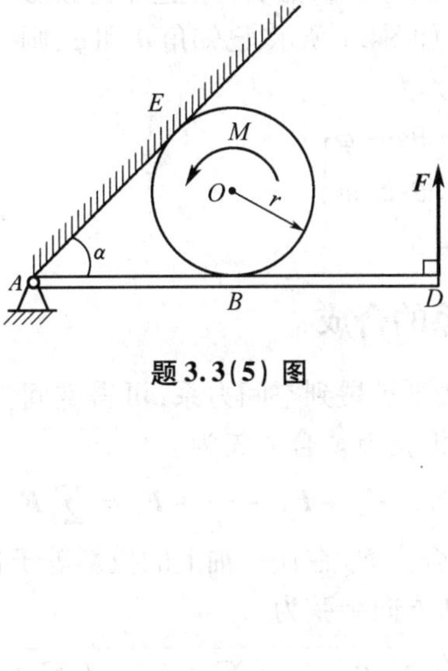

题 3.3(5) 图

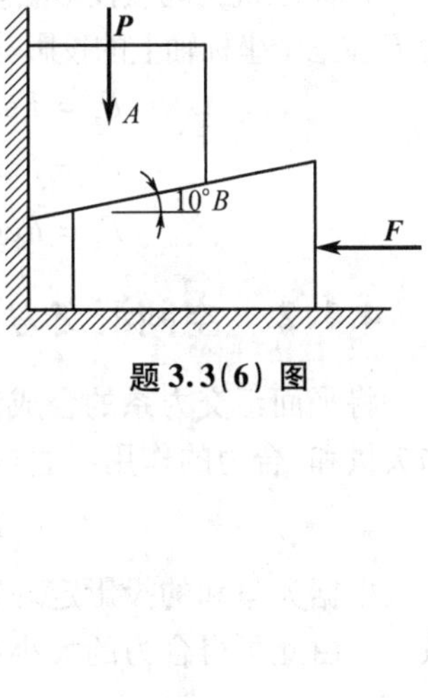

题 3.3(6) 图

第4章　空间力系

本章将研究空间力系的简化和平衡条件。

与平面力系一样，可以把空间力系分为空间汇交力系、空间力偶系和空间任意力系来研究。

4.1　空间汇交力系

当空间力系中各力的作用线汇交于一点时，称其为空间汇交力系。

4.1.1　空间力在直角坐标轴的投影

已知力 $\boldsymbol{F}$ 与空间直角坐标系 $Oxyz$ 三轴间的夹角为 α，β 和 γ，则可用直接投影法。即

$$F_x = F\cos\alpha,\quad F_y = F\cos\beta,\quad F_z = F\cos\gamma$$

当力 $\boldsymbol{F}$ 与坐标轴 Ox，Oy 间的夹角不易确定时，可把力 $\boldsymbol{F}$ 先投影到坐标平面 Oxy 上，得到力 $\boldsymbol{F}_{xy}$，然后再把这个力投影到 x，y 轴上，此为间接投影法。如图4.1 所示，已知角 θ 和 φ，则力 $\boldsymbol{F}$ 在三个坐标轴上的投影分别为

$$\left.\begin{aligned} F_x &= F\sin\theta\cos\varphi \\ F_y &= F\sin\theta\sin\varphi \\ F_z &= F\cos\theta \end{aligned}\right\}$$

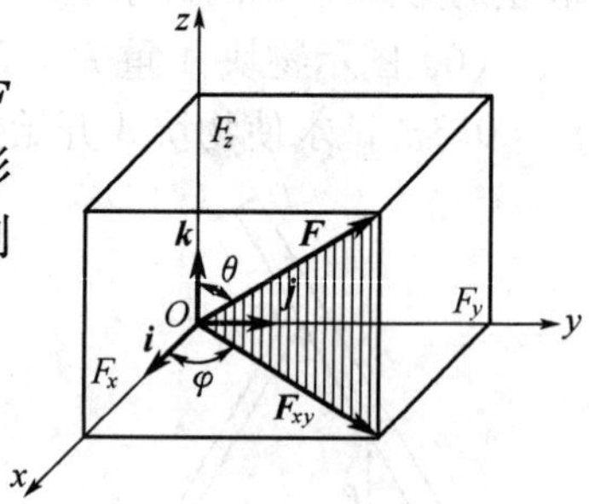

图 4.1

4.1.2　空间汇交力系的合成

将平面汇交力系的合成法则扩展到空间力系，可得空间汇交力系的合力等于各分力的矢量和，合力的作用线通过汇交点。合力矢为

$$\boldsymbol{F}_{\mathrm{R}} = \boldsymbol{F}_1 + \boldsymbol{F}_2 + \cdots + \boldsymbol{F}_n = \sum \boldsymbol{F}_i$$

根据矢量和的投影定理，合力 $\boldsymbol{F}_{\mathrm{R}}$ 在任一轴上的投影等于各分力在同一轴上投影的代数和。由此可得合力的大小和方向余弦为

$$\left.\begin{aligned} F_{\mathrm{R}} &= \sqrt{\left(\sum F_x\right)^2 + \left(\sum F_y\right)^2 + \left(\sum F_z\right)^2} \\ \cos\alpha &= \frac{F_{\mathrm{R}x}}{F_{\mathrm{R}}} = \frac{\sum F_x}{F_{\mathrm{R}}} \\ \cos\beta &= \frac{F_{\mathrm{R}y}}{F_{\mathrm{R}}} = \frac{\sum F_y}{F_{\mathrm{R}}} \\ \cos\gamma &= \frac{F_{\mathrm{R}z}}{F_{\mathrm{R}}} = \frac{\sum F_z}{F_{\mathrm{R}}} \end{aligned}\right\} \tag{4.1}$$

4.1.3　空间汇交力系的平衡

由于空间汇交力系可以合成为一个合力,因此空间汇交力系平衡的必要和充分条件为:该力系的合力等于零,即

$$\boldsymbol{F}_{\mathrm{R}} = \sum \boldsymbol{F}_i = 0 \tag{4.2}$$

由(4.1) 易知,欲使合力 $\boldsymbol{F}_{\mathrm{R}}$ 为零,必须同时满足

$$\left.\begin{aligned}\sum F_x = 0\\ \sum F_y = 0\\ \sum F_z = 0\end{aligned}\right\} \tag{4.3}$$

空间汇交力系平衡的必要和充分条件为:该力系中所有各力在 3 个坐标轴上的投影的代数和分别等于零。式(4.3) 也就是空间汇交力系的平衡方程。

应用解析法求解空间汇交力系的平衡问题的步骤,与平面汇交力系问题相同,只是要列出 3 个平衡方程,可求解 3 个未知量。

例 4.1　如图 4.2(a) 所示,用起重杆吊起重物。起重杆的 A 端用球铰链固定在地面上,而 B 端则用绳 CB 和 DB 拉住,两绳分别系在墙上的 C 点和 D 点,连线 CD 平行于 x 轴。已知,$CE = EB = DE$,$\theta = 30°$,CDB 平面与水平面间的夹角 $\angle EBF = 30°$,如图 4.2(b) 所示。重物 $P = 10$ kN。如起重杆的质量不计,试求起重杆所受的压力和绳子的拉力。

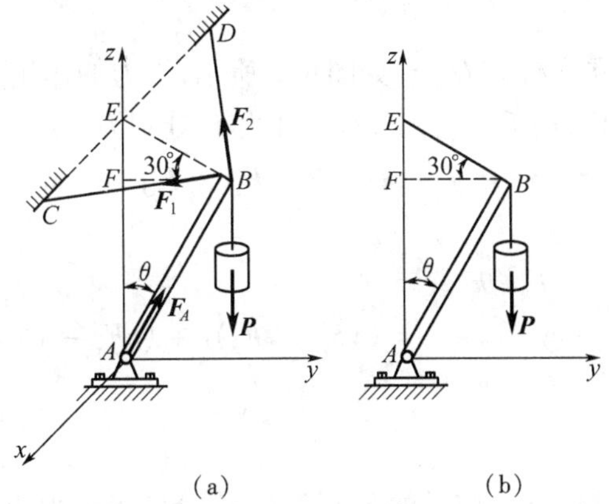

图 4.2

解　取起重杆 AB 与重物为研究对象,受力如图 4.2(a) 所示。列写平衡方程

$$\sum F_x = 0,\quad F_1 \sin 45° - F_2 \sin 45° = 0$$

$$\sum F_y = 0,\quad F_A \sin 30° - F_1 \cos 45° \cos 30° - F_2 \cos 45° \cos 30° = 0$$

$$\sum F_z = 0,\quad F_1 \cos 45° \sin 30° + F_2 \cos 45° \sin 30° + F_A \cos 30° - P = 0$$

解得

$$F_1 = F_2 = 3.536\ \mathrm{kN},\quad F_{A_2} = 8.66\ \mathrm{kN}$$

4.2　力对点的矩和力对轴的矩

4.2.1　力对点的矩的矢量表示

对于平面力系,用代数量表示力对点的矩足以概括它的全部要素。但是在空间情况下,不仅要考虑力矩的大小和转向,还要考虑力与矩心所组成的平面,也就是力矩作用面的方位。方位不同,即使力矩大小一样,作用效果也将完全不同。这3个因素可以用力矩矢 $\boldsymbol{M}_O(\boldsymbol{F})$ 来描述。其中矢量的模即 $|\boldsymbol{M}_O(\boldsymbol{F})| = Fh = 2S_{\triangle OAB}$,矢量的方位和力矩作用面的法线方向相同,矢量的指向按右手螺旋法则来确定,如图4.3所示。

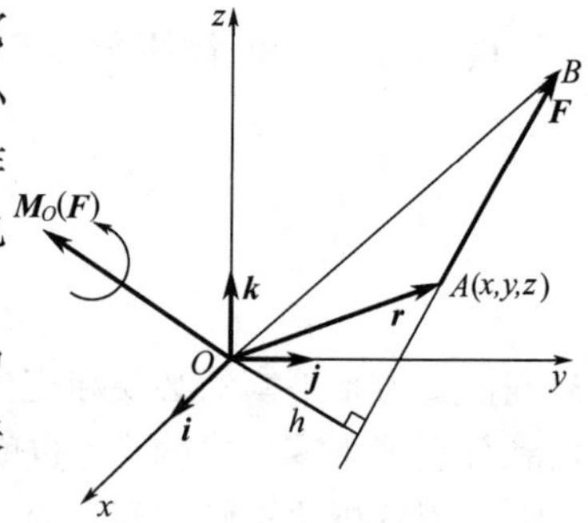

图 4.3

由图易见,以 $\boldsymbol{r}$ 表示力作用点 A 的矢径,则矢积 $\boldsymbol{r}\times\boldsymbol{F}$ 的模等于三角形 OAB 面积的两倍,其方向与力矩矢一致。因此可得

$$\boldsymbol{M}_O(\boldsymbol{F}) = \boldsymbol{r}\times\boldsymbol{F} \tag{4.4}$$

式(4.4)为力对点的矩的矢积表达式,即力对点的矩矢等于矩心到该力作用点的矢径与该力的矢量积。

以矩心 O 为原点建立坐标系 $Oxyz$,如图4.3所示,设力的作用点 $A(x,y,z)$,力在3个坐标轴上的投影分别为 F_x,F_y 和 F_z,则矢径 $\boldsymbol{r}$ 和力 $\boldsymbol{F}$ 分别为

$$\boldsymbol{r} = x\boldsymbol{i} + y\boldsymbol{j} + z\boldsymbol{k},\quad \boldsymbol{F} = F_x\boldsymbol{i} + F_y\boldsymbol{j} + F_z\boldsymbol{k}$$

代入式(4.4),可得

$$\boldsymbol{M}_O(\boldsymbol{F}) = \boldsymbol{r}\times\boldsymbol{F} = \begin{vmatrix} \boldsymbol{i} & \boldsymbol{j} & \boldsymbol{k} \\ x & y & z \\ F_x & F_y & F_z \end{vmatrix} = (yF_z - zF_y)\boldsymbol{i} + (zF_x - xF_z)\boldsymbol{j} + (xF_y - yF_x)\boldsymbol{k} \tag{4.5}$$

由上式可知,单位矢量 $\boldsymbol{i},\boldsymbol{j},\boldsymbol{k}$ 前面的3个系数,应分别表示力矩矢 $\boldsymbol{M}_O(\boldsymbol{F})$ 在3个坐标轴上的投影,即

$$\left.\begin{aligned} [\boldsymbol{M}_O(\boldsymbol{F})]_x &= yF_z - zF_y \\ [\boldsymbol{M}_O(\boldsymbol{F})]_y &= zF_x - xF_z \\ [\boldsymbol{M}_O(\boldsymbol{F})]_z &= xF_y - yF_x \end{aligned}\right\} \tag{4.6}$$

由于力矩矢的大小和方向都与矩心的位置有关,因此力矩矢的始端必须在矩心,不可任意移动,这种矢量称为定位矢量。

4.2.2　力对轴的矩

为了度量力对绕定轴转动刚体的作用效果,我们引入力对轴的矩的概念。

现计算作用在斜齿轮上的力 $\boldsymbol{F}$ 对 z 轴的矩。根据合力矩定理，将力分解为 $\boldsymbol{F}_z$ 与 $\boldsymbol{F}_{xy}$，其中分力 $\boldsymbol{F}_z$ 平行于 z 轴，故它对 z 轴之矩为零，只有垂直于 z 轴的分力 $\boldsymbol{F}_{xy}$ 对 z 轴有矩，等于力 $\boldsymbol{F}_{xy}$ 对轮心 C 的矩，如图4.4(a)所示。一般情况下，可先将空间一力 $\boldsymbol{F}$，投影到垂直于 z 轴的 Oxy 平面内，得力 $\boldsymbol{F}_{xy}$，再将力 $\boldsymbol{F}_{xy}$ 对平面与轴的交点 O 取矩，如图4.4(b)所示。以符号 $M_z(\boldsymbol{F})$ 表示力对 z 轴的矩，即

$$M_z(\boldsymbol{F}) = M_O(\boldsymbol{F}_{xy}) = \pm F_{xy}h = \pm 2S_{\triangle Oab} \tag{4.7}$$

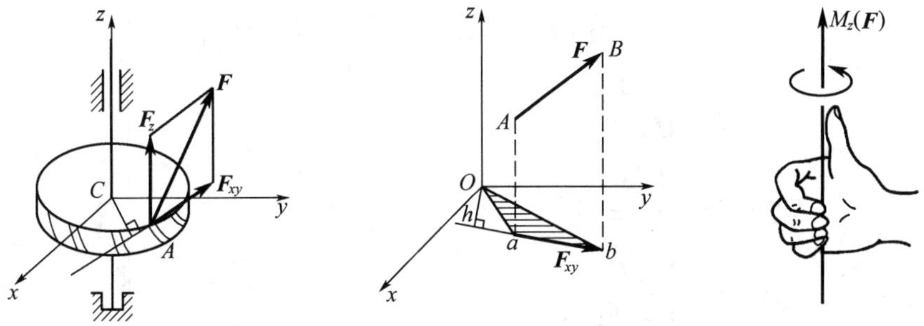

(a)　　(b)　　(c)

图4.4

力对轴的矩定义如下，力对轴的矩是力使物体绕该轴转动效果的度量，是一个代数量，其绝对值等于该力在垂直于该轴的平面上的投影对于这个平面与该轴交点的矩，其正负号如下规定：从 z 轴正向来看，若力的这个投影使物体绕该轴逆时针转动，则取正号，反之取负号。也可按右手螺旋法则确定其正负号，如图4.4(c)所示。

力对轴的矩等于零的情形：

(1) 力与轴相交；

(2) 力与轴平行。

这两种情形可以合起来表述为，当力与轴在同一平面时，力对该轴的矩等于零。

力对轴的矩也可用解析表达式表示。设力 $\boldsymbol{F}$ 在3个坐标轴上的投影分别为 F_x, F_y 和 F_z，力的作用点 $A(x,y,z)$，如图4.5所示。根据式(4.7)，得

$$M_z(\boldsymbol{F}) = M_O(\boldsymbol{F}_{xy}) = M_O(\boldsymbol{F}_x) + M_O(\boldsymbol{F}_y)$$

即

$$M_z(\boldsymbol{F}) = xF_y - yF_x$$

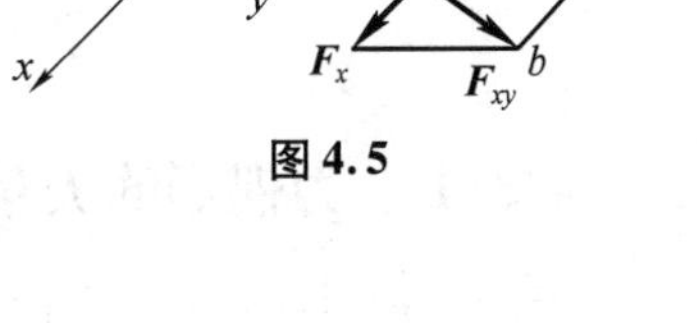

图4.5

同理可得其余2式。将此3式合写为

$$\left.\begin{aligned} M_x(\boldsymbol{F}) &= yF_z - zF_y \\ M_y(\boldsymbol{F}) &= zF_x - xF_z \\ M_z(\boldsymbol{F}) &= xF_y - yF_x \end{aligned}\right\} \tag{4.8}$$

4.2.3　力对点的矩与力对通过该点的轴的矩的关系

比较式(4.6)和式(4.8)，可得

$$\left.\begin{aligned}[\boldsymbol{M}_O(\boldsymbol{F})]_x &= M_x(\boldsymbol{F})\\ [\boldsymbol{M}_O(\boldsymbol{F})]_y &= M_y(\boldsymbol{F})\\ [\boldsymbol{M}_O(\boldsymbol{F})]_z &= M_z(\boldsymbol{F})\end{aligned}\right\}\tag{4.9}$$

这个式子可以表述为:力对点的矩矢在通过该点的某轴上的投影,等于力对该轴的矩。

若力对通过点 O 的直角坐标轴 3 个轴的矩是已知的,则可求得该力对点 O 的矩矢的大小和方向

$$\left.\begin{aligned}|\boldsymbol{M}_O(\boldsymbol{F})| &= \sqrt{[M_x(\boldsymbol{F})]^2+[M_y(\boldsymbol{F})]^2+[M_z(\boldsymbol{F})]^2}\\ \cos\alpha &= \frac{M_x(\boldsymbol{F})}{|\boldsymbol{M}_O(\boldsymbol{F})|}\\ \cos\beta &= \frac{M_y(\boldsymbol{F})}{|\boldsymbol{M}_O(\boldsymbol{F})|}\\ \cos\gamma &= \frac{M_z(\boldsymbol{F})}{|\boldsymbol{M}_O(\boldsymbol{F})|}\end{aligned}\right\}\tag{4.10}$$

例 4.2 手柄 $ABCE$ 在平面 Axy 内,在 D 处作用一个力 $\boldsymbol{F}$,如图 4.6 所示,它在垂直于 y 轴的平面内,偏离铅直线的角度为 θ,如果 $CD=a$,杆 BC 平行于 x 轴,杆 CE 平行于 y 轴,AB 和 BC 的长度都等于 l。试求力 $\boldsymbol{F}$ 对 x,y,z 3 轴的矩。

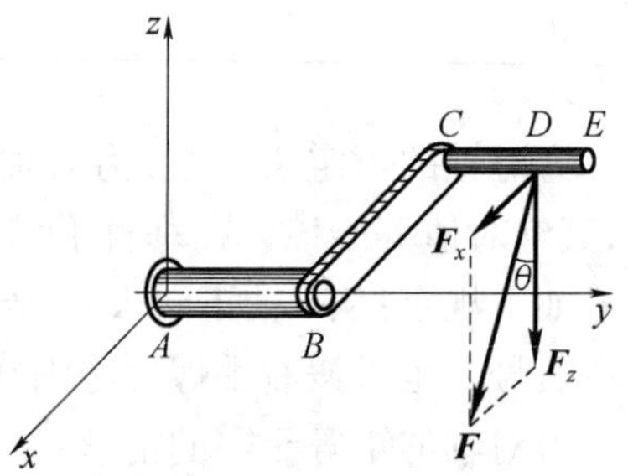

图 4.6

解 力 $\boldsymbol{F}$ 在 x,y,z 轴上的投影为

$$F_x = F\sin\theta,\quad F_y = 0,\quad F_z = -F\cos\theta$$

力作用点 D 的坐标为

$$x=-l,\quad y=l+a,\quad z=0$$

代入式(4.8),得

$$M_x(\boldsymbol{F}) = yF_z - zF_y = (l+a)(-F\cos\theta) = -F(l+a)\cos\theta$$

$$M_y(\boldsymbol{F}) = zF_x - xF_z = 0-(-l)(-F\cos\theta) = -Fl\cos\theta$$

$$M_z(\boldsymbol{F}) = xF_y - yF_x = 0-(l+a)(F\sin\theta) = -F(l+a)\sin\theta$$

本题也可直接按力对轴之矩的定义计算。

4.3 空间力偶理论

4.3.1 力偶矩的矢量表示,力偶矩矢的概念,空间力偶的等效定理

空间力偶对刚体的作用效应,可用力偶矩矢来度量,即用力偶中的两个力对空间某点之矩的矢量和来度量。设有空间力偶($\boldsymbol{F},\boldsymbol{F}'$),其力偶臂为 d,如图 4.7(a) 所示。力偶对空间任意一点 O 的矩矢记作 $\boldsymbol{M}_O(\boldsymbol{F},\boldsymbol{F}')$,则有

$$\boldsymbol{M}_O(\boldsymbol{F},\boldsymbol{F}') = \boldsymbol{M}_O(F) + \boldsymbol{M}_O(\boldsymbol{F}') = \boldsymbol{r}_A\times\boldsymbol{F} + \boldsymbol{r}_B\times\boldsymbol{F}'$$

注意到 $\boldsymbol{F}=-\boldsymbol{F}'$,故上式可改写为

$$M_O(F,F') = (r_A - r_B) \times F = r_{AB} \times F$$

计算表明,力偶对空间任一点的矩矢与矩心无关,以记号 $\boldsymbol{M}(\boldsymbol{F},\boldsymbol{F}')$ 或 $\boldsymbol{M}$ 表示力偶矩矢,则

$$M = r_{AB} \times F \tag{4.11}$$

矢量 $\boldsymbol{M}$ 无须确定矢的始末位置,这样的矢量称为自由矢量,如图 4.7(b) 所示。

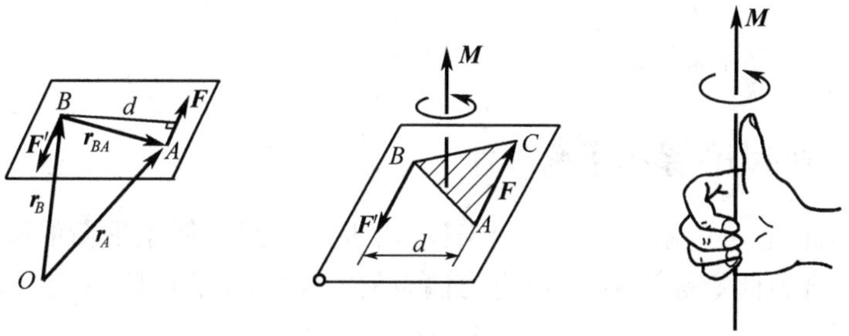

(a)　(b)　(c)

图 4.7

总之,空间力偶对刚体的作用效果决定于下列 3 个因素:

(1) 矢量的模,即力偶矩的大小;

(2) 矢量的方位与力偶作用面相垂直;

(3) 矢量的指向与力偶转向的关系服从右手螺旋法则,如图 4.7(c) 所示。

由于空间力偶对刚体的作用效果完全由力偶矩矢来确定,因此有下面的定理:作用在同一刚体上的两个空间力偶,如果其力偶矩矢相等,则它们彼此等效。

这一定理表明,空间力偶可以平移到与其作用面平行的任意平面上而不改变力偶对刚体的作用效果,也可以同时改变力与力偶臂的大小或将力偶在其作用面内任意移转,只要保持力偶矩矢的大小、方向不变,其作用效果就不变。可见,力偶矩矢是空间力偶作用效果的唯一度量。

4.3.2　空间力偶系的合成

在任意个空间分布的力偶可合成为一个合力偶,合力偶矩矢等于各分力偶矩矢的矢量和,即

$$M = M_1 + M_2 + \cdots + M_n = \sum M_i \tag{4.12}$$

空间力偶系的合成也可以用解析法

$$\left.\begin{aligned} M_x &= M_{1x} + M_{2x} + \cdots + M_{nx} = \sum M_{ix} \\ M_y &= M_{1y} + M_{2y} + \cdots + M_{ny} = \sum M_{iy} \\ M_z &= M_{1z} + M_{2z} + \cdots + M_{nz} = \sum M_{iz} \end{aligned}\right\} \tag{4.13}$$

算出合力偶矩矢的投影,合力偶矩矢的大小和方向余弦可用下列公式求出,即

$$\left.\begin{aligned}M&=\sqrt{\left(\sum M_x\right)^2+\left(\sum M_y\right)^2+\left(\sum M_z\right)^2}\\\cos\alpha&=\frac{M_x}{M}\\\cos\beta&=\frac{M_y}{M}\\\cos\gamma&=\frac{M_z}{M}\end{aligned}\right\}\tag{4.14}$$

4.3.3 空间力偶系的平衡条件

由于空间力偶系可以用一个合力偶来代替,因此空间力偶系平衡的必要和充分条件是:该力偶系的合力偶矩等于零,即所有力偶矩矢的矢量和等于零

$$\sum \boldsymbol{M}_i=0\tag{4.15}$$

欲使上式成立,必须同时满足

$$\left.\begin{aligned}\sum M_x&=0\\\sum M_y&=0\\\sum M_z&=0\end{aligned}\right\}\tag{4.16}$$

上式为空间力偶系的平衡方程,即空间力偶系平衡的必要和充分条件是:该力偶系中所有各力偶矩矢在3个坐标轴上投影的代数和分别等于零。

例4.3 工件如图4.8(a)所示,它的4个面上同时钻5个孔,每个孔所受的切削力偶矩均为80 N·m。求工件所受合力偶的矩在 x,y,z 轴上的投影 M_x,M_y,M_z。

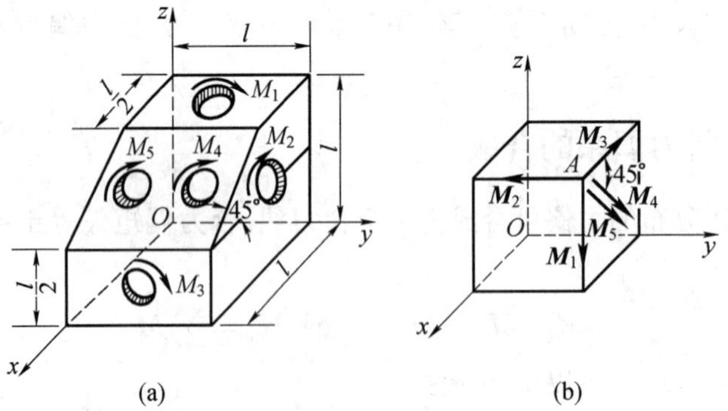

图4.8

解 将作用在4个面上的力偶用力偶矩矢量表示,并将它们平行移到点 A,如图4.8(b)所示。根据式(4.13),得

$$M_x=\sum M_{ix}=-M_3-M_4\cos 45°-M_5\cos 45°=-193.1\ \text{N}\cdot\text{m}$$

$$M_y=\sum M_{iy}=-M_2=-80\ \text{N}\cdot\text{m}$$

$$M_z=\sum M_{iz}=-M_1-M_4\cos 45°-M_5\cos 45°=-193.1\ \text{N}\cdot\text{m}$$

例4.4　O_1 和 O_2 圆盘与水平轴 AB 固连，O_1 盘面垂直于 z 轴，O_2 盘面垂直于 x 轴，盘面上分别作用有力偶 $(\boldsymbol{F}_1,\boldsymbol{F'}_1)$，$(\boldsymbol{F}_2,\boldsymbol{F'}_2)$，如图4.9(a)所示。如两盘半径均为200 mm，$F_1=3$ N，$F_2=5$ N，$AB=800$ mm，不计构件自重。求轴承 A 和 B 处的约束力。

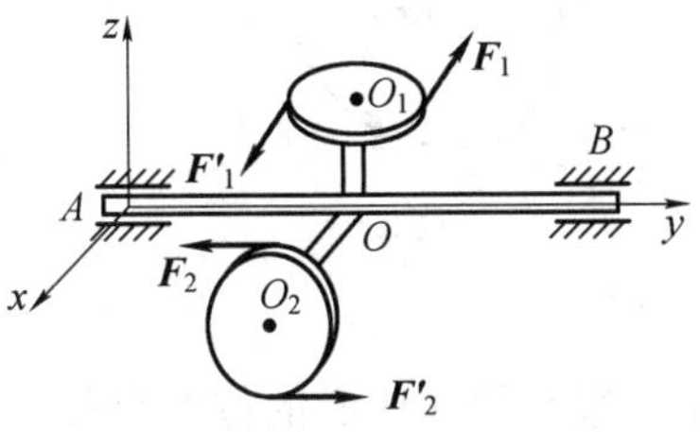

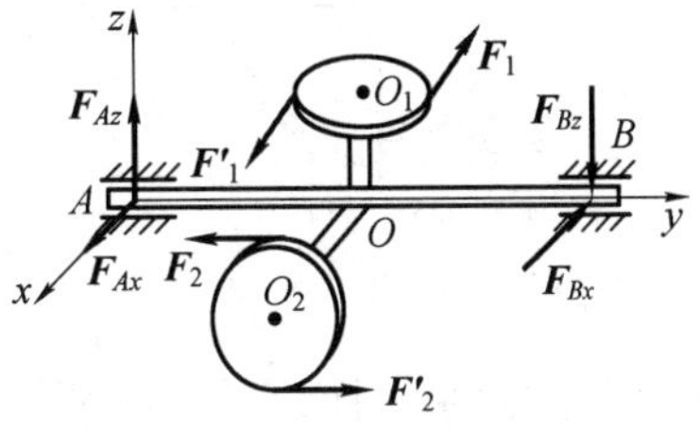

图4.9

解　研究整个系统，由于构件自重不计，主动力为两力偶，根据力偶只能和力偶平衡的性质，轴承 A 和 B 处的约束力也应形成力偶。设 A，B 处的约束力为 $\boldsymbol{F}_{Ax}$，$\boldsymbol{F}_{Az}$，$\boldsymbol{F}_{Bx}$，$\boldsymbol{F}_{Bz}$，方向如图4.9(b)所示，列空间力偶系的平衡方程

$$\sum M_x=0,\quad 400F_2-800F_{Az}=0$$

$$\sum M_z=0,\quad 400F_1+800F_{Ax}=0$$

解得

$$F_{Ax}=F_{Bx}=-1.5\ \text{N}$$

$$F_{Az}=F_{Bz}=2.5\ \text{N}$$

4.4　空间任意力系向一点的简化　主矢和主矩

4.4.1　空间任意力系向一点的简化

设刚体上作用有 n 个力 $\boldsymbol{F}_1,\boldsymbol{F}_2,\cdots,\boldsymbol{F}_n$ 组成的平面任意力系，如图4.10(a)所示。应用力的平移定理，依次将各力向简化中心 O 平移，同时附加一个相应的力偶。这样，原来的空间任意力系被空间汇交力系和空间力偶系两个简单力系等效替换，如图4.10(b)所示。其中 $\left.\begin{array}{l}\boldsymbol{F'}_i=\boldsymbol{F}_i\\ \boldsymbol{M}_i=\boldsymbol{M}_O(\boldsymbol{F}_i)\end{array}\right\}(i=1,2,\cdots,n)$ 作用于点 O 的空间汇交力系可合成一个力 $\boldsymbol{F}'_{\mathrm{R}}$，如图4.10(c)所示。此力的作用线通过点 O，其大小和方向等于力系的主矢，即

$$\boldsymbol{F}'_{\mathrm{R}}=\sum\boldsymbol{F}_i \tag{4.17}$$

空间分布的力偶系可合成为一力偶，如图4.10(c)所示。其力偶矩矢等于原力系对点 O 的主矩，即

$$\boldsymbol{M}_O=\sum\boldsymbol{M}_i \tag{4.18}$$

总之，空间任意力系向任一点 O 简化，可得一力和一力偶。这个力的大小和方向等于该力系的主矢，作用线通过简化中心 O，这个力偶的矩矢等于该力系对简化中心的主矩。

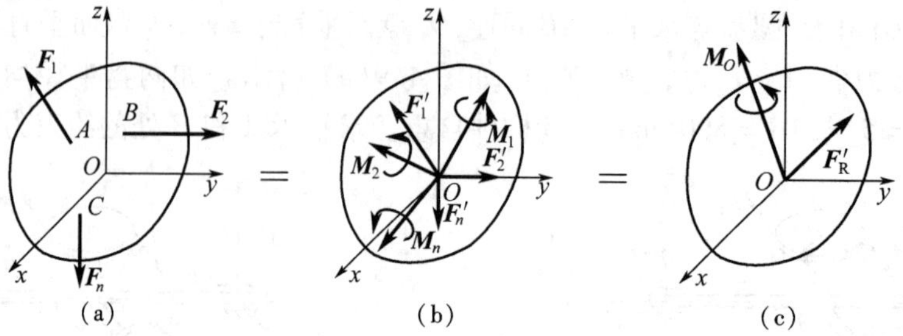

图 4.10

与平面任意力系一样，主矢与简化中心的位置无关，主矩一般与简化中心的位置有关。

4.4.2 简化结果分析

空间任意力系向作用面内任一点简化的结果，可能有以下几种情况。

(1) 主矢 $\boldsymbol{F}'_{\mathrm{R}}=0$，主矩 $\boldsymbol{M}_O\neq 0$。

简化结果为一个合力偶，其力偶矩矢等于原力系对简化中心的主矩。此时，主矩与简化中心的位置无关。

(2) 主矢 $\boldsymbol{F}'_{\mathrm{R}}\neq 0$，主矩 $\boldsymbol{M}_O=0$。

简化结果为一个合力，合力的大小和方向等于原力系的主矢，合力的作用线通过简化中心。

(3) 主矢 $\boldsymbol{F}'_{\mathrm{R}}\neq 0$，主矩 $\boldsymbol{M}_O\neq 0$，且 $\boldsymbol{F}'_{\mathrm{R}}\perp\boldsymbol{M}_O$。

如图 4.11(a) 所示，此时力 $\boldsymbol{F}'_{\mathrm{R}}$ 和力偶矩矢为 $\boldsymbol{M}_O$ 的力偶($\boldsymbol{F}_{\mathrm{R}},\boldsymbol{F}''_{\mathrm{R}}$) 在同一平面内，如图4.11(b) 所示，可将力 $\boldsymbol{F}'_{\mathrm{R}}$与力偶($\boldsymbol{F}_{\mathrm{R}},\boldsymbol{F}''_{\mathrm{R}}$) 进一步合成，得作用于点 O' 的一个力 $\boldsymbol{F}_{\mathrm{R}}$，如图4.11(c)。此力即为原力系的合力，其大小和方向等于原力系的主矢，其作用线离简化中心 O 的距离为

$$d=\frac{|\boldsymbol{M}_O|}{F'_{\mathrm{R}}}\tag{4.19}$$

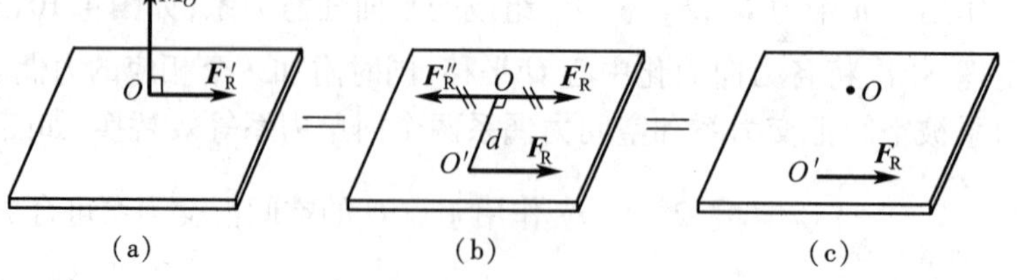

图 4.11

(4) 主矢 $\boldsymbol{F}'_{\mathrm{R}}\neq 0$，主矩 $\boldsymbol{M}_O\neq 0$，且 $\boldsymbol{F}'_{\mathrm{R}}\parallel\boldsymbol{M}_O$。

如图 4.12 所示，这种结果称为力螺旋。所谓力螺旋就是由一个力和一个力偶组成的力系，其中的力垂直于力偶的作用面。

力螺旋是由静力学的两个基本要素力和力偶组成的最简单的力系，不能再进一步合成。力偶的转向和力的指向符合右手螺旋法则的称为右螺旋，否则称为左螺旋。力螺旋的力作用线称为该力螺旋的中心轴。在上述情况下，中心轴通过简化中心。

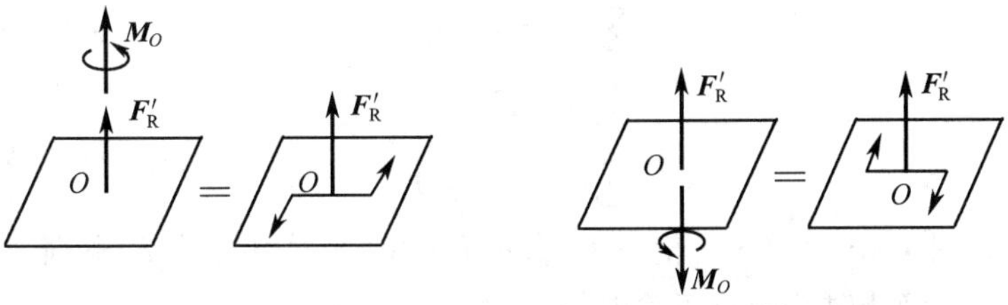

图 4.12

(5) 主矢 $F'_R \neq 0$,主矩 $M_O \neq 0$,且两者既不平行也不垂直。

如图4.13(a)所示,可将 M_O 分解为两个力偶 M''_O 和 M'_O,如图4.13(b)所示。显然这种情况最终的合成结果也是力螺旋,但是此时力螺旋的中心轴不再通过简化中心 O,而是通过另外的一点 O',两点间的距离为

$$d = \frac{|M''_O|}{F'_R} = \frac{M_O \sin\theta}{F'_R} \tag{4.20}$$

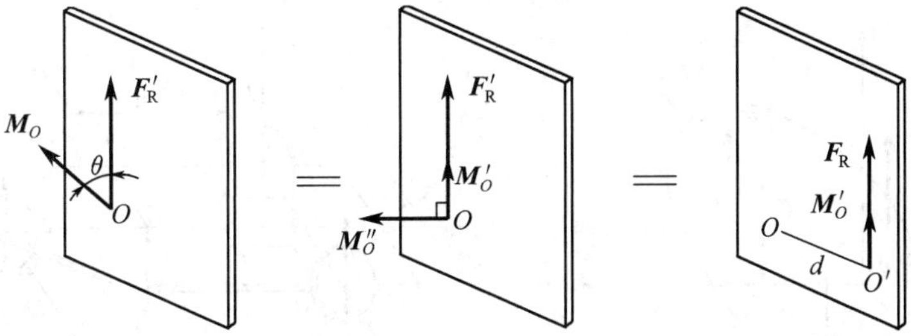

图 4.13

(6) 主矢 $F'_R = 0$,主矩 $M_O = 0$。

力系是平衡力系。

4.5 空间任意力系的平衡条件

空间任意力系处于平衡状态的必要和充分条件是:该力系的主矢和对于任一点的主矩都等于零,即

$$F'_R = 0, \quad M_O = 0$$

可将上述条件写成空间任意力系的平衡方程

$$\left.\begin{array}{lll} \sum F_x = 0, & \sum F_y = 0, & \sum F_z = 0 \\ \sum M_x(F) = 0, & \sum M_y(F) = 0, & \sum M_z(F) = 0 \end{array}\right\} \tag{4.21}$$

空间任意力系平衡的必要和充分条件是:所有各力在3个坐标轴中每一个轴上的投影的代数和等于零,以及这些力对于每一个坐标轴的矩的代数和也等于零。

对于空间平行力系,可令 z 轴与各力平行,如图4.14所示。容易看出,此时式(4.21)中第一、第二和第六个方程成了恒等式。因此空间平行力系的平衡方程只有3个,即

$$
\left.\begin{aligned}
\sum F_z &= 0\\
\sum M_x(\boldsymbol{F}) &= 0\\
\sum M_y(\boldsymbol{F}) &= 0
\end{aligned}\right\}\qquad(4.22)
$$

例 4.5　如图 4.15 所示的三轮小车，自重 $P = 8\ \text{kN}$，作用于点 E，载荷 $P_1 = 10\ \text{kN}$，作用于点 C。求小车静止时地面对车轮的约束力。

解　以小车为研究对象，受力如图 4.15 所示。小车受到空间平行力系作用，列写平衡方程

$$\sum F_z = 0,\quad -P_1 - P + F_A + F_B + F_D = 0$$

$$\sum M_x(\boldsymbol{F}) = 0,\quad -0.2P_1 - 1.2P + 2F_D = 0$$

$$\sum M_y(\boldsymbol{F}) = 0,\quad 0.8P_1 + 0.6P - 0.6F_D - 1.2F_B = 0$$

解得

$$F_D = 5.8\ \text{kN},\quad F_B = 7.777\ \text{kN},\quad F_A = 4.423\ \text{kN}$$

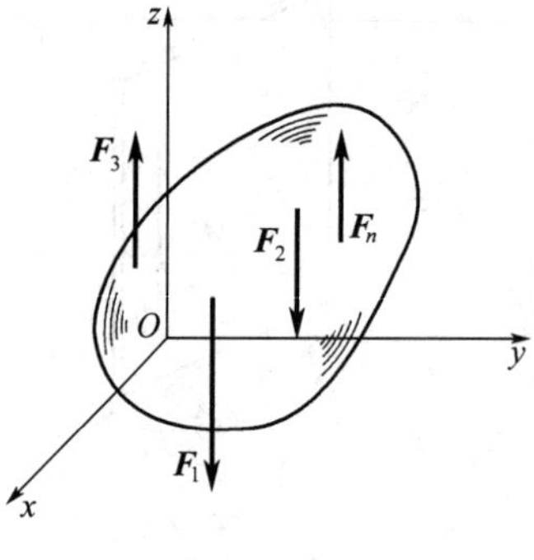

图 4.14

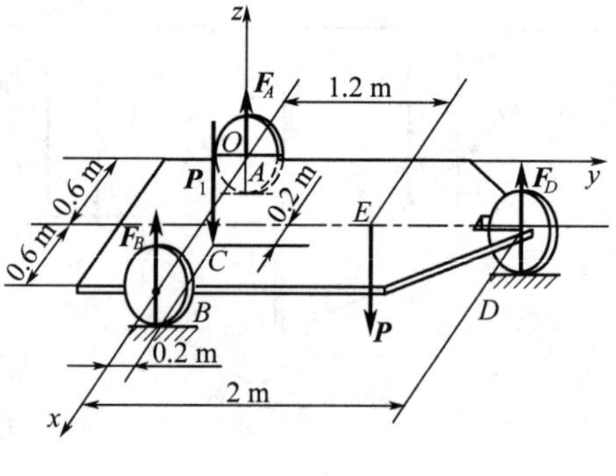

图 4.15

例 4.6　如图 4.16(a) 所示，胶带拉力 $F_2 = 2F_1$，曲柄上作用有铅垂力 $F = 2\ \text{kN}$。已知胶带轮直径 $D = 400\ \text{mm}$，曲柄长 $R = 300\ \text{mm}$，胶带 1 和胶带 2 与铅垂线间夹角分别为 θ 和 β，$\theta = 30°$，$\beta = 60°$，如图 4.16(b)，其他尺寸如图所示。求胶带拉力和轴承约束反力。

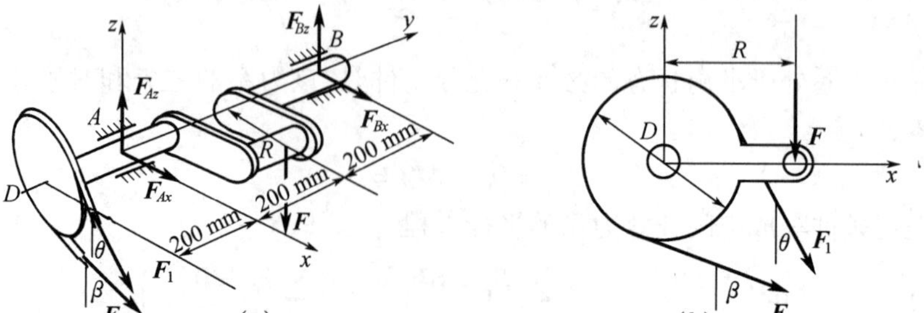

图 4.16

解　以整个轴为研究对象，受力分析如图所示。列写平衡方程

$$\sum F_x = 0,\quad F_1\sin\theta + F_2\sin\beta + F_{Ax} + F_{Bx} = 0$$

$$\sum F_y = 0, \quad 0 = 0$$

$$\sum F_z = 0, \quad -F_1\cos\theta - F_2\cos\beta - F + F_{Az} + F_{Bz} = 0$$

$$\sum M_x(\boldsymbol{F}) = 0, \quad F_1\cos\theta \cdot 0.2 + F_2\cos\beta \cdot 0.2 - F \cdot 0.2 + F_{Bz} \cdot 0.4 = 0$$

$$\sum M_y(\boldsymbol{F}) = 0, \quad FR - \frac{D}{2}(F_2 - F_1) = 0$$

$$\sum M_z(\boldsymbol{F}) = 0, \quad F_1\sin\theta \cdot 0.2 + F_2\sin\beta \cdot 0.2 - F_{Bx} \cdot 0.4 = 0$$

注意到 $F_2 = 2F_1$，解得

$$F_1 = 3\,000\ \mathrm{N}, \quad F_2 = 6\,000\ \mathrm{N}, \quad F_{Ax} = -10\,044\ \mathrm{N}$$

$$F_{Az} = 9\,397\ \mathrm{N}, \quad F_{Bx} = 3\,348\ \mathrm{N}, \quad F_{Bz} = -1\,799\ \mathrm{N}$$

例4.7　车床主轴如图4.17(a)所示。已知车刀对工件的切削力为：径向切削力 $F_x = 4.25$ kN，纵向切削力 $F_y = 6.8$ kN，主切削力(切向) $F_z = 17$ kN，方向如图所示。在直齿轮 C 上有切向力 $\boldsymbol{F}_\tau$ 和径向力 $\boldsymbol{F}_r$，且 $F_r = 0.36F_\tau$。齿轮 C 的节圆半径为 $R = 50$ mm，被切削工件的半径为 $r = 30$ mm。卡盘及工件等自重不计，其余尺寸如图所示。当主轴匀速转动时，求(1)齿轮啮合力 $\boldsymbol{F}_\tau$ 及 $\boldsymbol{F}_r$；(2)径向轴承 A 和止推轴承 B 的约束力；(3)三爪卡盘 E 在 O 处对工件的约束力。

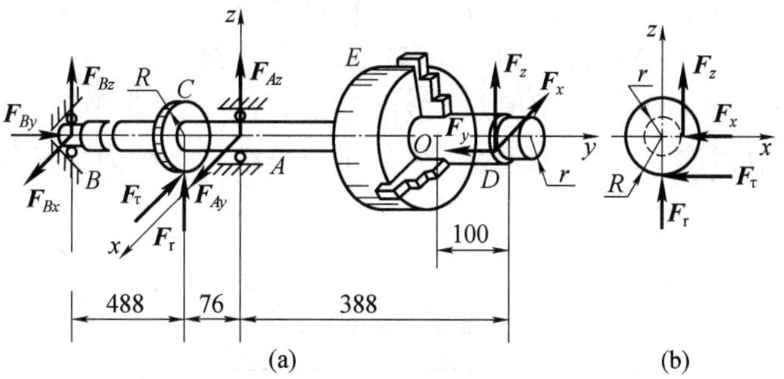

图4.17

解　先研究主轴、卡盘、齿轮以及工件系统，受力如图4.17(a)所示，为一空间任意力系。选取坐标系 $Axyz$，如图所示，列平衡方程

$$\sum F_x = 0, \quad F_{Bx} - F_\tau + F_{Ax} - F_x = 0$$

$$\sum F_y = 0, \quad F_{By} - F_y = 0$$

$$\sum F_z = 0, \quad F_{Bz} + F_r + F_{Az} + F_z = 0$$

$$\sum M_x(\boldsymbol{F}) = 0, \quad -(488 + 76)F_{Bz} - 76F_r + 388F_z = 0$$

$$\sum M_y(\boldsymbol{F}) = 0, \quad F_\tau R - F_z r = 0$$

$$\sum M_z(\boldsymbol{F}) = 0, \quad (488 + 76)F_{Bx} - 76F_\tau - 30F_y + 388F_x = 0$$

由已知条件有

$$F_r = 0.36F_\tau$$

最后解得

$$F_\tau = 10.23\ \text{kN},\quad F_r = 3.67\ \text{kN}$$
$$F_{Ax} = 15.64\ \text{kN},\quad F_{Az} = -31.87\ \text{kN}$$
$$F_{Bx} = -1.19\ \text{kN},\quad F_{By} = -6.8\ \text{kN},\quad F_{Bz} = 11.2\ \text{kN}$$

再研究工件，其上除受3个切削力外，还受到卡盘（空间固定端约束）对工件的6个约束力 $\boldsymbol{F}_{Ox}$，$\boldsymbol{F}_{Oy}$，$\boldsymbol{F}_{Oz}$，M_x，M_y，M_z，如图4.18所示。选取坐标系 $Oxyz$，列平衡方程

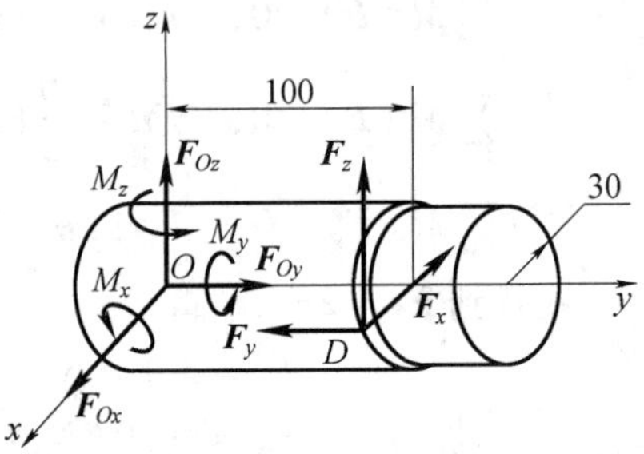

图4.18

$$\sum F_x = 0,\quad F_{Ox} - F_x = 0$$
$$\sum F_y = 0,\quad F_{Oy} - F_y = 0$$
$$\sum F_z = 0,\quad F_{Oz} - F_z = 0$$
$$\sum M_x(\boldsymbol{F}) = 0,\quad M_x + 100F_z = 0$$
$$\sum M_y(\boldsymbol{F}) = 0,\quad M_y - 30F_z = 0$$
$$\sum M_z(\boldsymbol{F}) = 0,\quad M_z + 100F_x - 30F_y = 0$$

解得

$$F_{Ox} = 4.25\ \text{kN},\quad F_{Oy} = 6.8\ \text{kN},\quad F_{Oz} = -17\ \text{kN}$$
$$M_x = -1.7\ \text{kN}\cdot\text{m},\quad M_y = 0.51\ \text{kN}\cdot\text{m},\quad M_z = -0.22\ \text{kN}\cdot\text{m}$$

例4.8 如图4.19所示，均质长方形板由6根直杆支承于水平位置，直杆两端各用光滑球铰链与板和地面连接，已知板重为 P，在 A 处作用一水平力 $\boldsymbol{F}$，$F = 2P$。求各杆的内力。

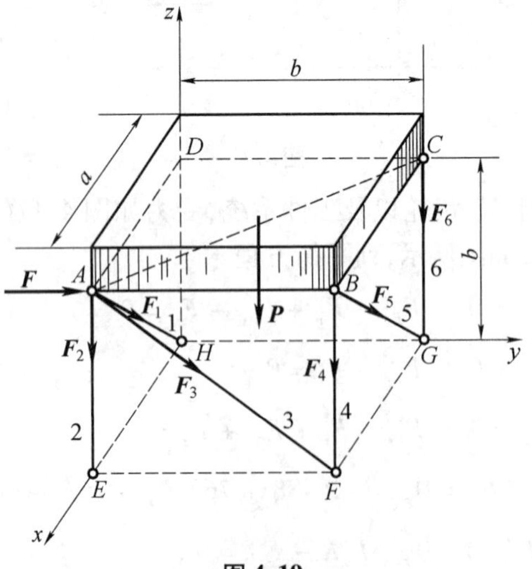

图4.19

解 研究长方形板，各杆均为二力杆，设它们均受拉力，受力如图4.19所示，列平衡方程

$$\sum M_{AB}(\boldsymbol{F}) = 0,\quad -F_6 a - P\frac{a}{2} = 0$$

解得

$$F_6 = -\frac{P}{2}(\text{压力})$$

$$\sum M_{AE}(\boldsymbol{F}) = 0$$

解得

$$F_5 = 0$$

$$\sum M_{AC}(\boldsymbol{F}) = 0$$

解得

$$F_4 = 0$$

$$\sum M_{EF}(\boldsymbol{F}) = 0, \quad -F_6 a - P\frac{a}{2} - F_1\frac{a}{\sqrt{a^2 + b^2}}b = 0$$

解得

$$F_1 = 0$$

$$\sum M_{FG}(\boldsymbol{F}) = 0, \quad Fb - P\frac{b}{2} - F_2 b = 0$$

解得

$$F_2 = 1.5P(\text{拉力})$$

$$\sum M_{BC}(\boldsymbol{F}) = 0, \quad -F_2 b - P\frac{b}{2} - F_3 b\cos 45° = 0$$

解得

$$F_3 = -2\sqrt{2}P(\text{压力})$$

4.6 平行力系的中心与物体的重心

4.6.1 平行力系的中心

平行力系的中心是平行力系合力通过的一个点。设在刚体上A,B两点作用两个平行力$\boldsymbol{F}_1$,$\boldsymbol{F}_2$,如图4.20所示。将其合成,得合力矢为

$$\boldsymbol{F}_{\mathrm{R}} = \boldsymbol{F}_1 + \boldsymbol{F}_2$$

由合力矩定理可确定合力作用点C

$$\frac{F_1}{BC} = \frac{F_2}{AC} = \frac{F_{\mathrm{R}}}{AB}$$

若将原有各力绕其作用点转过同一角度,使它们保持相互平行,则合力$\boldsymbol{F}_{\mathrm{R}}$仍随各力也绕$C$转过相同的角度,且合力作用点不变,如图4.20所示。上面的分析对反向平行力也适用。对于多个力组成的平行力系,以上的分析方法和结论仍然适用。

由此可知,平行力系合力作用点的位置仅与各平行力的大小和作用点的位置有关,而与各平行力的方向无关,称该点为此平行力系的中心。

取各力作用点矢径如图 4.20 所示,由合力矩定理得

$$\boldsymbol{r}_C \times \boldsymbol{F}_R = \boldsymbol{r}_1 \times \boldsymbol{F}_1 + \boldsymbol{r}_2 \times \boldsymbol{F}_2$$

设力作用线方向的单位矢量为 $\boldsymbol{F}^0$,则上式变为

$$\boldsymbol{r}_C \times F_R\boldsymbol{F}^0 = \boldsymbol{r}_1 \times F_1\boldsymbol{F}^0 + \boldsymbol{r}_2 \times F_2\boldsymbol{F}^0$$

于是得

$$\boldsymbol{r}_C = \frac{\boldsymbol{F}_1\boldsymbol{r}_1 + \boldsymbol{F}_2\boldsymbol{r}_2}{\boldsymbol{F}_R} = \frac{F_1\boldsymbol{r}_1 + F_2\boldsymbol{r}_2}{F_1 + F_2}$$

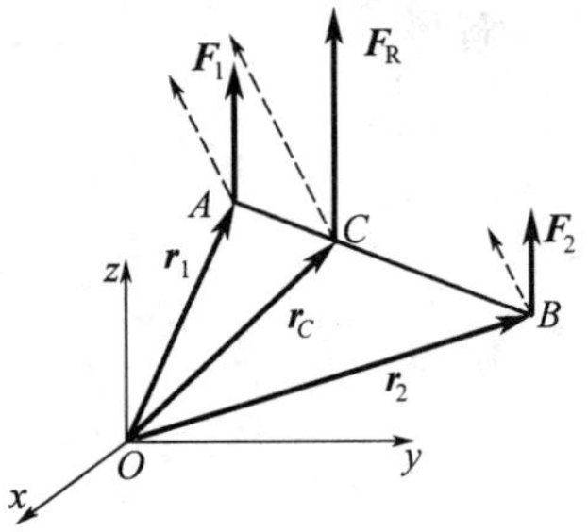

图 4.20

若有若干个力组成的平行力系,用上述方法可以求得合力大小 $F_R = \sum F_i$,合力方向与各力方向平行,合力的作用点为

$$\boldsymbol{r}_C = \frac{\sum F_i\boldsymbol{r}_i}{\sum F_i} \tag{4.23}$$

显然,$\boldsymbol{r}_C$ 只与各力的大小及作用点有关,而与平行力系的方向无关,点 C 即为此平行力系的中心。

将式(4.23)投影到直角坐标轴上,可得

$$x_C = \frac{\sum F_i x_i}{\sum F_i}, \quad y_C = \frac{\sum F_i y_i}{\sum F_i}, \quad z_C = \frac{\sum F_i z_i}{\sum F_i} \tag{4.24}$$

4.6.2 物体重心的坐标公式

相对于工程中的结构和构件来说,地球的半径非常大,因此其地表弧度可以忽略不计,处于地表的物体所受的重力可看作是平行力系。此平行力系的中心即为物体的重心。物体的重心相对于物体有确定的位置,与该物体在空间的位置无关。

设物体由若干部分组成,其第 i 部分重为 P_i,重心坐标(x_i, y_i, z_i),则由式(4.24)可得物体的重心坐标为

$$x_C = \frac{\sum P_i x_i}{\sum P_i}, \quad y_C = \frac{\sum P_i y_i}{\sum P_i}, \quad z_C = \frac{\sum P_i z_i}{\sum P_i} \tag{4.25}$$

如果物体是连续均质的,则有

$$x_C = \frac{\int_V x\mathrm{d}V}{V}, \quad y_C = \frac{\int_V y\mathrm{d}V}{V}, \quad z_C = \frac{\int_V z\mathrm{d}V}{V} \tag{4.26}$$

式中,V 是物体的体积。

显然,均质物体的重心就是几何中心,也称形心。

4.6.3 求解物体重心的方法

1. 公式法

对于简单形状的物体,可以直接用前面所给的公式计算。在工程实际中,也可以查阅工程手册。另外,工程上常用的型钢的截面的形心,也可以从型钢表中查到。

2. 组合法

组合法主要有分割法和负面积法。若一个物体由几个简单形状的物体组合而成，而这些物体的重心是已知的，那么整个物体的重心就可以用公式(4.25)求解，这种方法就是分割法。若在物体或薄板内切去一部分，则这类物体的重心仍可用与分割法相同的公式来求得，只是切去部分的体积或面积应取负值，故称负面积法。下面举例来说明如何用组合法求解重心。

例4.9　求图4.21(a)所示均质板重心的位置。

解　解法一(分割法)

如图4.21(a)所示，沿虚线将板分割为两部分，以C_1，C_2分别表示矩形和正方形的重心，按公式易得

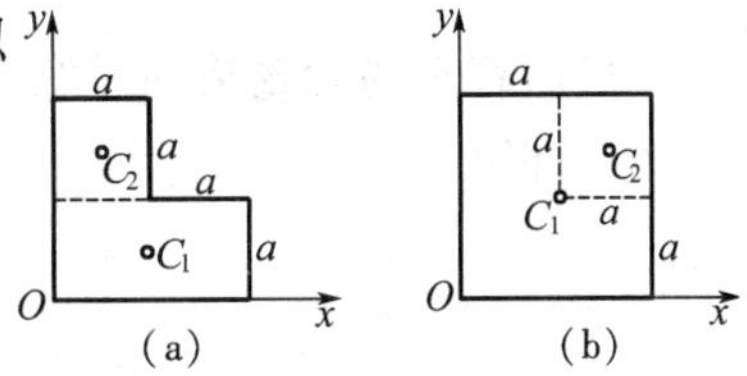

图4.21

$$x_C=\frac{A_1x_1+A_2x_2}{A_1+A_2}=\frac{a^2\cdot\frac{a}{2}+2a^2\cdot a}{3a^2}=\frac{5}{6}a$$

$$y_C=\frac{A_1y_1+A_2y_2}{A_1+A_2}=\frac{a^2\cdot\frac{3a}{2}+2a^2\cdot\frac{a}{2}}{3a^2}=\frac{5}{6}a$$

解法二(负面积法)

如图4.21(b)所示，将板看成由一块大正方形板沿虚线切下一块小正方形板，以C_1，C_2分别表示大、小正方形的重心，按公式易得

$$x_C=\frac{A_1x_1-A_2x_2}{A_1-A_2}=\frac{4a^2\cdot a-a^2\cdot\frac{3}{2}a}{3a^2}=\frac{5}{6}a$$

$$y_C=\frac{A_1y_1-A_2y_2}{A_1-A_2}=\frac{4a^2\cdot a-a^2\cdot\frac{3}{2}a}{3a^2}=\frac{5}{6}a$$

两种方法得到的结果完全相同。

3. 实验法

工程中一些外形复杂或质量分布不均的物体很难用计算方法求其重心，此时可用实验方法测定重心位置。

下面以汽车为例用称重法测定重心。如图4.22所示，首先称量出汽车的质量P，测量出前后轮距l和车轮半径r。

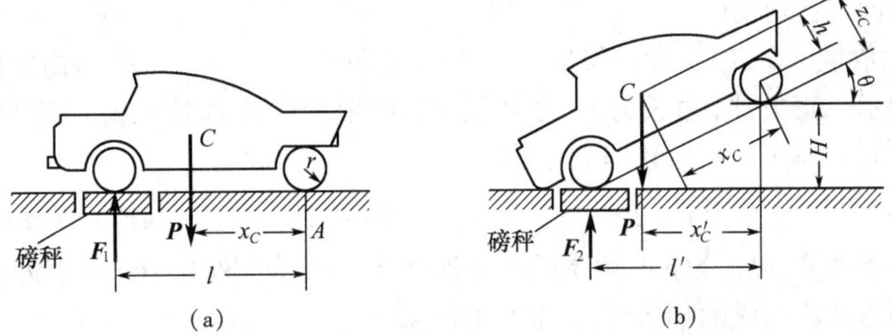

图4.22

设汽车是左右对称的，则重心必在对称面内，因此只需测定重心 C 距地面的高度 z_C 和距后轮的距离 x_C。

首先将汽车后轮放在地面上，前轮放在磅秤上，车身保持水平，如图 4.22(a) 所示。此时记下磅秤的读数 F_1。因车身处于平衡，由 $\sum M_A(\boldsymbol{F})=0$，有

$$Px_C = F_1 l$$

解得

$$x_C = \frac{F_1}{P}l$$

然后将车的后轮抬到任意高度 H，如图 4.22(b) 所示。此时磅秤读数为 F_2。同理，由平衡条件可得

$$x_C' = \frac{F_2}{P}l'$$

由图中几何关系知

$$l' = l\cos\theta,\quad x_C' = x_C\cos\theta + h\sin\theta,\quad \sin\theta = \frac{H}{l},\quad \cos\theta = \frac{\sqrt{l^2 - H^2}}{l},\quad h = z_C - r$$

整理后即可得计算高度 z_C 的公式

$$z_C = r + \frac{F_2 - F_1}{P}\cdot\frac{1}{H}\cdot\sqrt{l^2 - H^2}$$

习　　题

4.1　选择题

(1) 任意平面力系，若其主矢不等于零，则其简化的最后结果为(　　)，任一空间力系，若其主矢不等于零，则其简化的最后结果为(　　)。

(A) 力　(B) 力偶　(C) 力螺旋　(D) 力或力螺旋

(E) 力偶或力螺旋

(2) 在刚体的两个点上各作用一个空间共点力系，刚体处于平衡。这时利用刚体平衡条件，最多可以求出(　　)个未知量。

(A)3　(B)4　(C)5　(D)6

(3) 空间力偶矩是(　　)。

(A) 代数量　(B) 滑动矢量　(C) 定位矢量　(D) 自由矢量

(4) 图示一正方体，边长为 a，力 $\boldsymbol{P}$ 沿 EC 作用。则该力对 x,y,z 三轴的矩分别为 $M_x=$(　　)，$M_y=$(　　)，$M_z=$(　　)。

(A) Pa　(B) $-Pa$　(C) $\sqrt{2}Pa/2$　(D) $-\sqrt{2}Pa/2$

(5) 一重为 W、边长为 a 的均质正方形薄板，与一重为 $3W/4$、边长分别为 a 和 $2a$ 的直角均质三角形薄板组成的梯形板，其重心坐标 $x_C=$(　　)，$y_C=$(　　)。

(A)0　(B)a　(C)$a/2$　(D)$a/7$　(E)$3a/7$

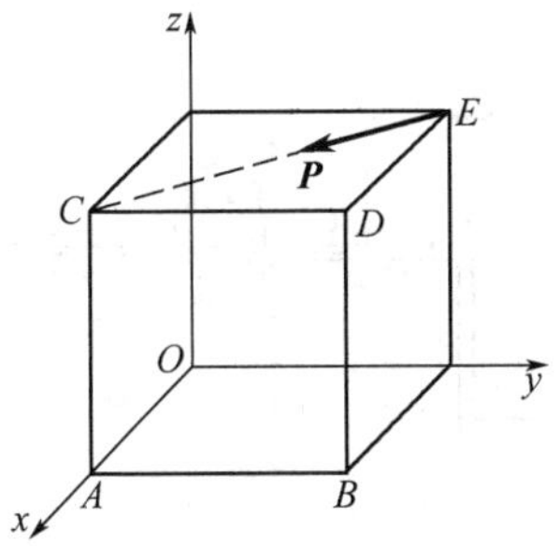

题4.1(4) 图

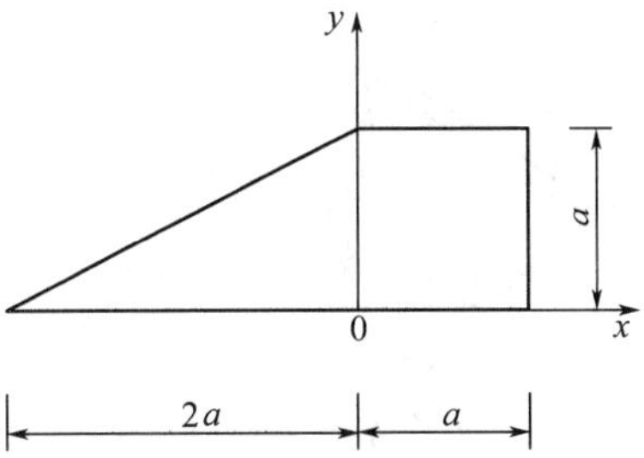

题4.1(5) 图

4.2　填空题

(1) 空间平行力系的各力平行于 z 轴,若已知 $\sum F_z = 0$, $\sum M_x(\boldsymbol{F}) = 0$,则该力系合成的结果为________,或为________。

(2) 设有一空间力系,已知 $\sum F_y = 0$, $\sum F_z = 0$, $\sum M_x(\boldsymbol{F}) = 0$ 和 $\sum M_y(\boldsymbol{F}) = 0$。该力系简化的最后结果有以下几种可能:________________________________。

(3) 图示矩形板,质量不计,用6根直杆固定在地面上,各杆质量均不计,杆端均为光滑球铰链。在 A 点作用铅直力 $\boldsymbol{P}$,则其中内力为零的杆有________。

(4) 正六面体三边长分别为 $4,4,3\sqrt{2}$;沿 AB 连线方向作了一个力 $\boldsymbol{F}$,则力 $\boldsymbol{F}$ 对 x 轴的力矩为________,对 y 轴的力矩为________,对 z 轴的力矩为________。

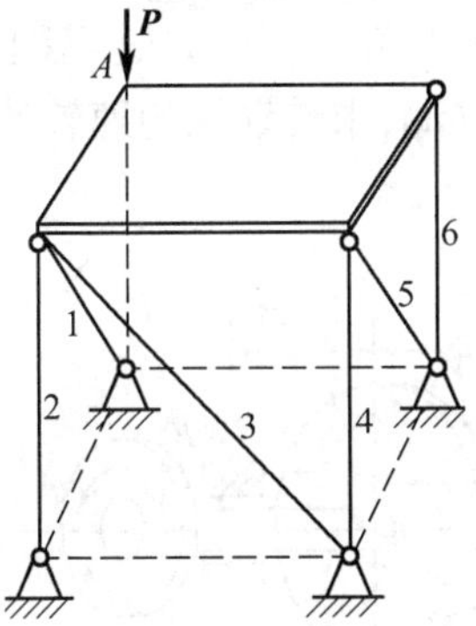

题4.2(3) 图

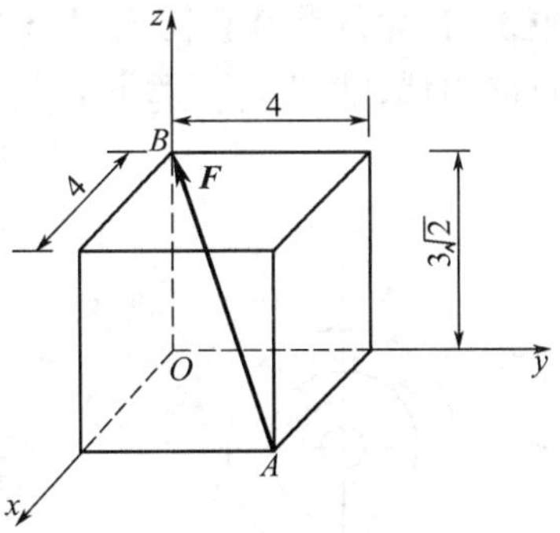

题4.2(4) 图

4.3　计算题

(1) 图示结构自重不计,已知:$F = 7$ kN,$\theta = 45°$,$\beta = 60°$,A,B,C 为铰链连接。试求绳索 AD 的拉力及杆 AB,AC 的内力。

(2) 曲柄 $DEAB$ 在铅垂平面内,鼓轮 C 和轴 AB 垂直,已知:a,b,c,R,P 及作用在水平面内且垂直 DE 的力 $\boldsymbol{F}$。试求平衡时 M(在鼓轮面内)的大小及径向轴承 A,B 的反力。

(3) 图示立柱的自重不计,已知:力 $\boldsymbol{F}$ 平行于 y 轴,且 $F = 10$ kN,$L_1 = 2$ m,$L_2 = 3$ m,A 为球铰链。试求绳索 CG 及 BE 的拉力。

(4) 图示,在扭转试验机里扭矩的大小根据测力计 B 的读数来确定,假定测力计所指示的力为 F,杆 BC 与轴 DE 平行。已知 K 处为光滑接触,$BK = KC$,角 $\alpha = 90°$,$KL = a$,$LD = b$,$DE = c$,各杆的质量不计。试求扭矩 M 的大小以及对轴承 D 和 E 的压力。

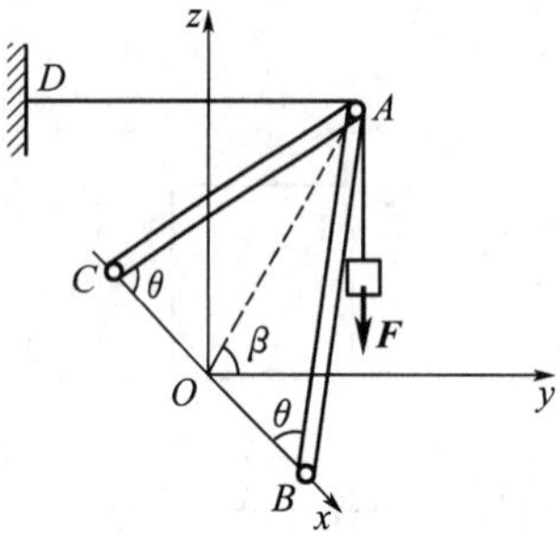

题 4.3(1) 图

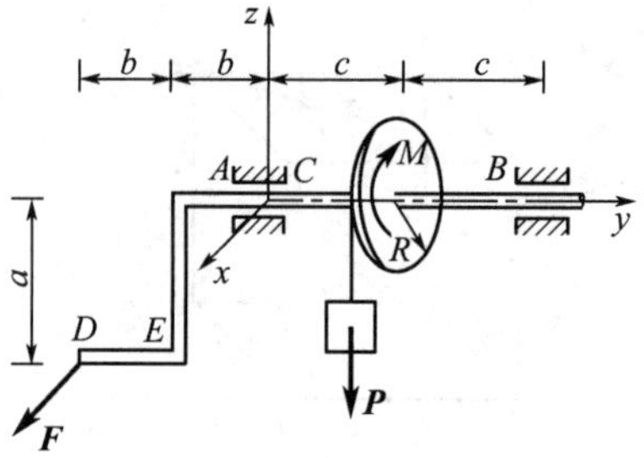

题 4.3(2) 图

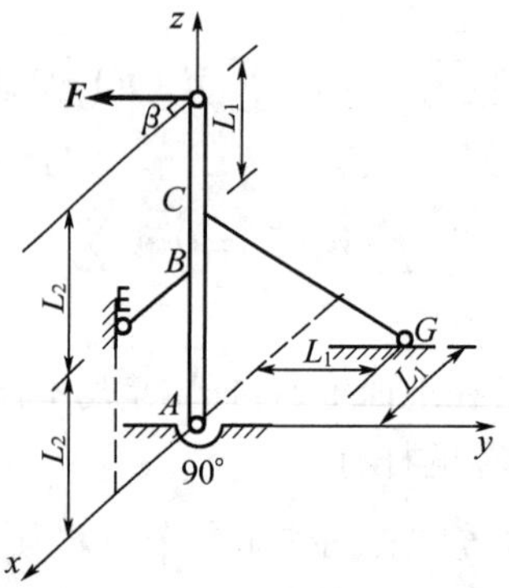

题 4.3(3) 图

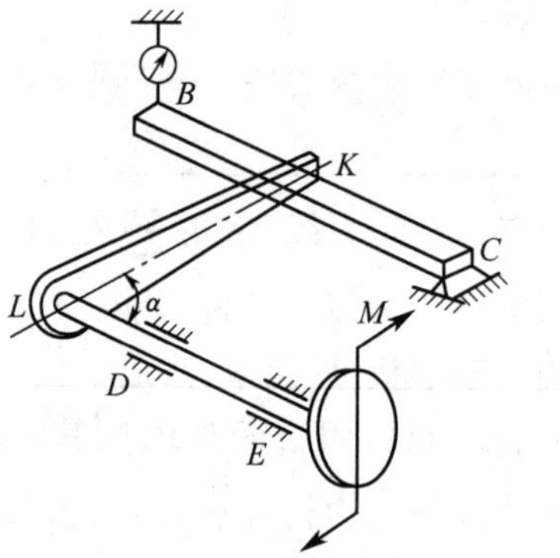

题 4.3(4) 图

(5) 图示圆柱直齿轮的节圆直径 $d = 173$ mm，压力角 $\alpha = 20°$，法兰盘上作用一力偶矩 $M = 1.03$ kN · m 的力偶，已知 $l_1 = 200$ mm，$l_2 = 112$ mm，求传动轴匀速转动时 A，B 两轴承的反力。

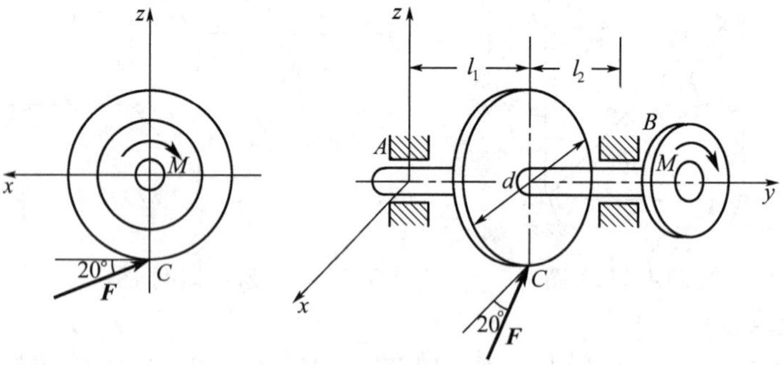

题 4.3(5) 图

(6) 一传动轴装有两齿轮，支承在轴承 A，B 上。齿轮 C 的节圆直径 $d_1 = 210$ mm，齿轮 D 的节圆直径 $d_2 = 108$ mm，点 E 受啮合齿轮（图中未画出）压力 $\boldsymbol{F}_1$ 的作用，点 H 受另一啮合齿轮（图中也未画出）压力 $\boldsymbol{F}_2$ 的作用，$F_2 = 22$ kN，压力角 α 均为 20°。试求当传动轮匀速转动时力 $\boldsymbol{F}_1$ 和两轴承反力的大小。

(7) 两均质杆 AB 和 BC 分别重 P_1 和 P_2，其端点 A 和 C 用球铰固定在水平面上，另一端 B 由球铰连接，靠在光滑的铅垂直墙上，墙面与 AC 平行，如图所示。如杆 AB 与水平线交角为 45°，$\angle BAC = 90°$，求 A 和 C 的支座反力及墙上 B 点所受的压力。

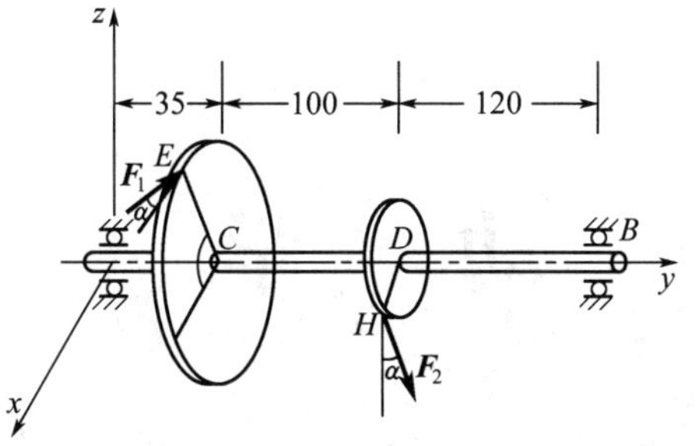

题 4.3(6) 图

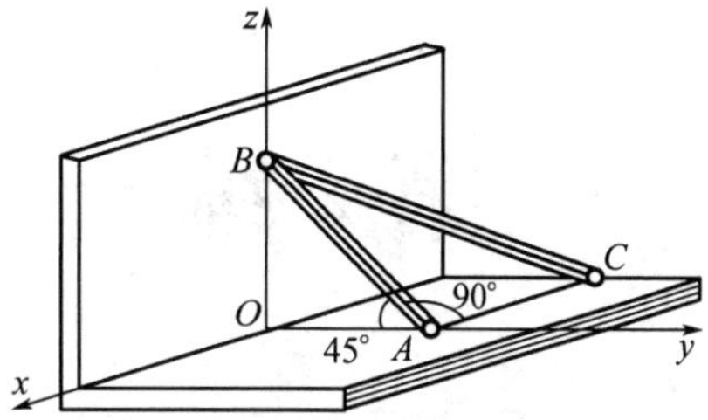

题 4.3(7) 图

(8) 水平地面上放置一个三脚圆桌,其半径 $r = 0.5$ m,重为 $P = 600$ N。圆桌的三脚 A,B,C 构成一等边三角形,如图所示。若在中线 CD 上距圆心 O 为 l 的点 D 处作用一铅垂力 $F = 1.5$ kN 时,求使圆桌不至于翻倒的最大距离 l。

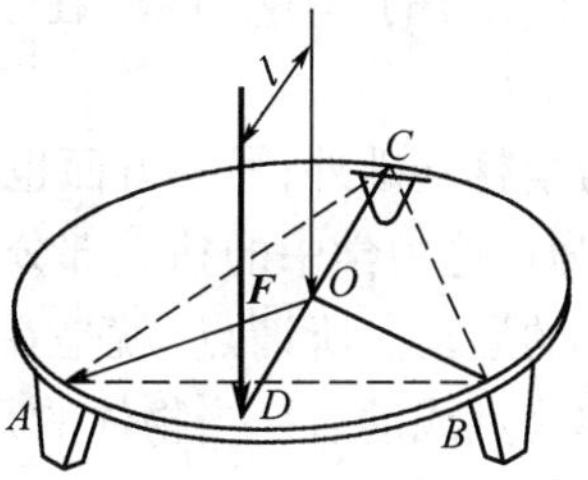

题 4.3(8) 图

第2编　运　动　学

前面几章我们研究了物体的平衡规律，如果作用在物体上的力系不平衡，物体的运动状态将发生变化。物体的运动变化规律不仅与受力情况有关，而且与本身的属性和原来的运动状态有关。所以，这是一个比平衡规律复杂得多的问题，通常分为运动学和动力学两部分来研究。运动学是从几何的角度来研究物体的运动，即研究物体运动的几何性质而不涉及改变运动的原因，即不涉及力的作用。因此在运动学里不考虑“力”和“质量”这样的物理因素。

学习运动学除了为学习动力学打基础外，另一方面也具有独立的意义，为分析机构的运动打好基础。因此，运动学作为理论力学中的独立部分是很必要的。

在运动学中将研究点和刚体的运动。所谓点，就是在动力学中所要讨论的质点。因为在运动学中不涉及质量所以称为点或动点。当物体的几何尺寸和形状在运动过程中不起主要作用时，物体的运动可简化为点的运动。

1. 参考体和参考系

在运动学中，我们首先应确定物体在某一时刻在空间所处的位置。要想确定物体在空间的位置，必须选取另一个物体作为参考的物体才能确定，这个参考的物体称为参考体。若所选的参考体不同，则物体相对于不同参考体的运动也不同。例如汽车在行驶，对于站在地面的观察者来说是向前运动的，但对于坐在车上的人来说是静止的。因此，在力学中，描述物体的任何运动都需要指明参考体。参考体不同，物体的运动也不相同。与参考体固连在一起的坐标系，我们称为参考系。一般工程问题中，都取与地面固连的坐标系为参考系。以后，如果不作特别说明，就应如此理解。对于特殊的问题，将根据需要另选参考系，并加以说明。

2. 瞬时 t 和时间间隔 Δt

所谓瞬时，是对应每一事件发生或终止的时刻。

时间间隔是两个瞬时之间相隔的秒数。

3. 轨迹

点在空间运动所经过的路线称为轨迹。点的运动如其轨迹为直线，称为直线运动；如其轨迹为曲线，则称为曲线运动。

第 5 章　点的运动学

点的运动学是研究一般物体运动的基础,具有独立的应用意义。本章将研究点的简单运动,研究点相对于某一个参考系的几何位置随时间变化的规律,这个规律的数学表达式称为点的运动方程,进而分析点的速度和加速度。

5.1　点的运动方程

5.1.1　以矢量(径)形式表示的运动方程

设动点 M 沿任一空间曲线运动(如图 5.1),选空间任一点 O 作为原点,则动点 M 的位置可由如下的矢量(径)来表示:$\boldsymbol{r}=\overrightarrow{OM}$。当动点运动时,矢径 $\boldsymbol{r}$ 的大小及方向均随时间而变化,因而可表示为时间 t 的单值连续函数

$$\boldsymbol{r}=\boldsymbol{r}(t) \tag{5.1}$$

这就是动点 M 的矢径运动方程。当动点运动时,矢径端点所描绘的曲线就是动点的轨迹曲线。以 O 为原点,建立直角坐标系 $Oxyz$,令 $\boldsymbol{r}$ 在直角坐标轴上的 3 个投影分别为 x,y,z,则有

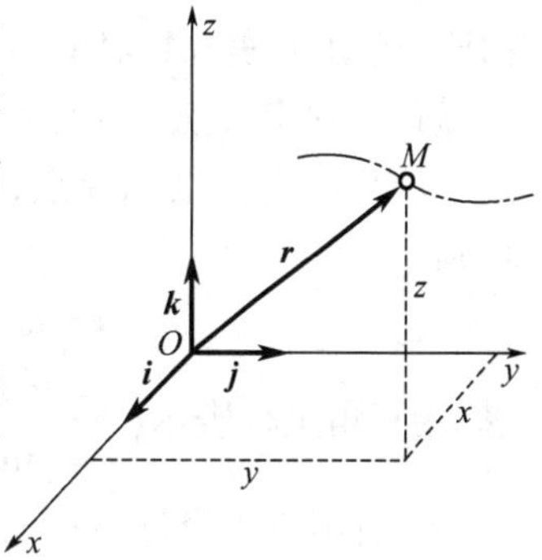

图 5.1

$$\boldsymbol{r}=x\boldsymbol{i}+y\boldsymbol{j}+z\boldsymbol{k} \tag{5.2}$$

式中,$\boldsymbol{i},\boldsymbol{j},\boldsymbol{k}$ 分别为沿 3 个坐标轴的单位矢量;x,y,z 是动点 M 的 3 个坐标。

5.1.2　以直角坐标形式表示的运动方程

当动点 M 在空间运动时,它在任一瞬时的位置也可用直角坐标系的 3 个坐标来确定(如图 5.2)。当动点 M 运动时,它的 3 个坐标 x,y,z 随时间 t 单值连续变化,即

$$x=f_1(t),\quad y=f_2(t),\quad z=f_3(t) \tag{5.3}$$

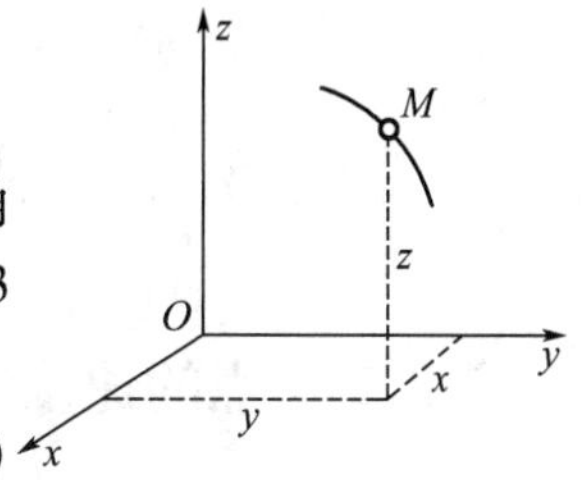

图 5.2

这就是动点 M 的直角坐标运动方程。若知道了点的运动方程,则动点 M 在任一瞬时的位置即可完全确定。由这些方程中消去时间 t 即得到 x,y,z 之间的关系式,这就是动点 M 的轨迹方程,即 $f(x,y,z)=0$。当动点 M 始终在同一平面内运动时,如取此平面为坐标平面 oxy,则运动方程可简化为 $\begin{cases}x=f_1(t)\\y=f_2(t)\end{cases}$,消去时间 t,即得轨迹方程 $f(x,y)=0$。

5.1.3 以自然坐标(弧坐标)表示的运动方程

设点运动的轨迹曲线是已知的,要想确定动点的位置,除了给定轨迹曲线以外,还应知道动点 M 任一瞬时在轨迹曲线上的位置。在轨迹曲线上任选一点 O 为原点,由原点 O 至动点 M 的弧长 $\widehat{OM}=s$,并规定点 O 的某一边的弧长为正,在另一边的弧长为负。这样,即可确定动点在曲线上的位置。s 为代数量,称为动点 M 的弧坐标或自然坐标。当动点 M 运动时,s 随时间变化,可表示为时间 t 的单值连续函数,即

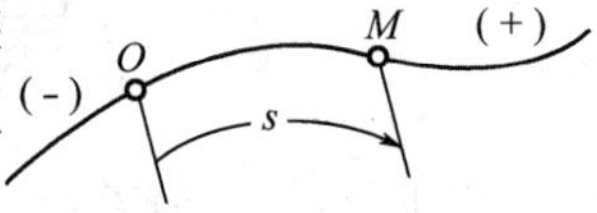

图 5.3

$$s=f(t) \tag{5.4}$$

上式称为动点沿已知轨迹的运动方程。显然,当函数 $f(t)$ 已知时,则动点任一瞬时在轨迹曲线上的位置即可完全确定。

例 5.1 如图 5.4 所示的曲柄滑块机构,曲柄 OA 绕固定轴 O 以匀角速度 ω 从水平位置开始运动,已知 $OA=AB=l$,$AC=a=l/2$,$\varphi=\omega t$,求 A,B,C 三点的运动方程。

解 确定 A 点。用弧坐标表示。

以 O' 点为弧坐标原点,上面为弧坐标正向,下面为负,则

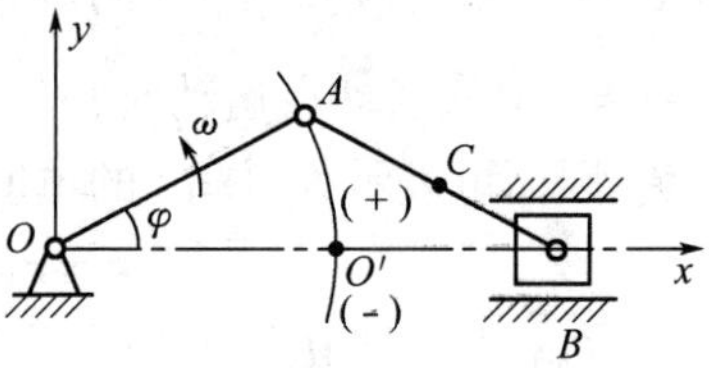

图 5.4

$$s=l\varphi=l\omega t$$

用直角坐标表示 $\begin{cases}x=l\cos\omega t\\ y=l\sin\omega t\end{cases}$

B 点:用直角坐标表示 $x_B=2l\cos\omega t$

C 点:用直角坐标表示 $\begin{cases}x_C=\dfrac{3}{2}l\cos\omega t\\ y_C=\dfrac{1}{2}l\sin\omega t\end{cases}$

5.2 点的速度和加速度的矢量表示法

5.2.1 点的速度

当点做曲线运动时,每一瞬时点的速度都可用矢量表示,矢量的大小表示点沿轨迹曲线运动的快慢,矢量的指向表示运动的方向。

设在瞬时 t,动点 M 的位置由矢径 $\boldsymbol{r}$ 所确定,经过时间间隔 Δt 后,动点的位置 M' 由矢径 $\boldsymbol{r}'$ 所确定。则矢径的变化即动点在 Δt 时间内的位移为 $\Delta\boldsymbol{r}=\boldsymbol{r}'-\boldsymbol{r}=\overrightarrow{MM'}$,位移 $\Delta\boldsymbol{r}$ 对于相应的时间间隔 Δt 的比值,称为动点在时间 Δt 内的平均速度矢量,以 $\boldsymbol{v}^*$ 表示,即

$$\boldsymbol{v}^*=\frac{\Delta\boldsymbol{r}}{\Delta t}=\frac{\overrightarrow{MM'}}{\Delta t}$$

因为时间是标量，故知 $\boldsymbol{v}^*$ 方向应与 $\Delta\boldsymbol{r}$ 方向相同。当 Δt 越小时，则弧 $\overset{\frown}{MM'}$ 与弦 $\overrightarrow{MM'}$ 的差别越小，当 $\Delta t \to 0$ 时，这时点 M' 趋近于点 M，而平均速度 $\boldsymbol{v}^*$ 趋近于一个极限值，此极限值为动点 M 在瞬时 t 的速度，以 $\boldsymbol{v}$ 表示，即

$$\boldsymbol{v} = \lim_{\Delta t \to 0} \frac{\Delta \boldsymbol{r}}{\Delta t} = \frac{\mathrm{d}\boldsymbol{r}}{\mathrm{d}t} \tag{5.5}$$

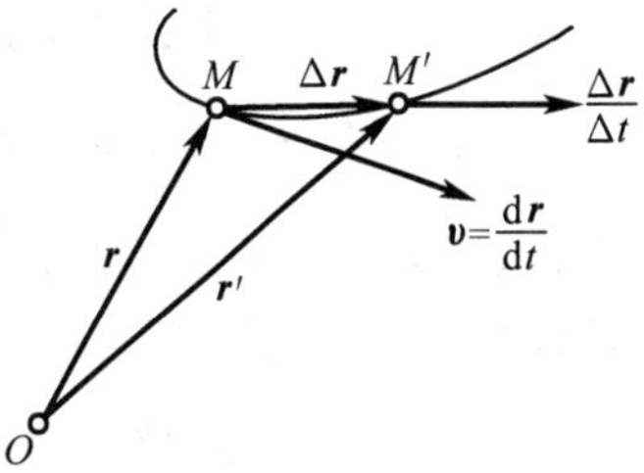

图 5.5

所以，动点的速度等于动点的矢径 $\boldsymbol{r}$ 对于时间的一阶导数。点的速度是矢量，它的方向就是 $\Delta\boldsymbol{r}$ 或 $\overrightarrow{MM'}$ 在极限情况下的方向，也就是轨迹曲线的切线方向（如图 5.5）。通常点的运动方向指的是速度的方向。

速度的单位是：m/s，也可以使用千米 / 小时（km/h）、厘米 / 秒（cm/s）等。

5.2.2　点的加速度

在一般情况下，动点的速度的大小和方向都可能随着时间变化。为了表明点的速度变化情况，我们用点的加速度表示每一瞬时点的速度对时间的变化率。加速度应该既包括速度大小的变化，又包括速度方向的变化。

设动点 M 在瞬时 t 的速度是 $\boldsymbol{v}$，经过时间间隔 Δt 后，动点在瞬时 t' 的速度是 $\boldsymbol{v}'$，则在 Δt 时间内，速度的变化为 $\Delta\boldsymbol{v} = \boldsymbol{v}' - \boldsymbol{v}$，故动点的平均加速度为 $\boldsymbol{a}^* = \dfrac{\Delta \boldsymbol{v}}{\Delta t}$。当 Δt 趋近于零时，平均加速度的极限值称为动点在瞬时 t 的加速度，以 $\boldsymbol{a}$ 表示，则

$$\boldsymbol{a} = \lim_{\Delta t \to 0} \frac{\Delta \boldsymbol{v}}{\Delta t} = \frac{\mathrm{d}\boldsymbol{v}}{\mathrm{d}t} = \frac{\mathrm{d}}{\mathrm{d}t}\left(\frac{\mathrm{d}\boldsymbol{r}}{\mathrm{d}t}\right) = \frac{\mathrm{d}^2\boldsymbol{r}}{\mathrm{d}t^2} \tag{5.6}$$

所以，动点的加速度矢量等于动点的速度矢量对时间的一阶导数或等于动点的矢径对时间的二阶导数，如图 5.6 所示。

如由任一点 O 作相当于各瞬时 $t_1, t_2, \ldots$ 的速度矢量 $\boldsymbol{v}_1, \boldsymbol{v}_2, \ldots$，连接速度矢量端点的曲线称为速度端图。由瞬时加速度的概念，可知瞬时加速度的方向是沿着动点的速度端图的切线方向，如图 5.7 所示。

加速度的单位是米 / 秒^2（$\mathrm{m/s^2}$），有时也用 $\mathrm{cm/s^2}$。

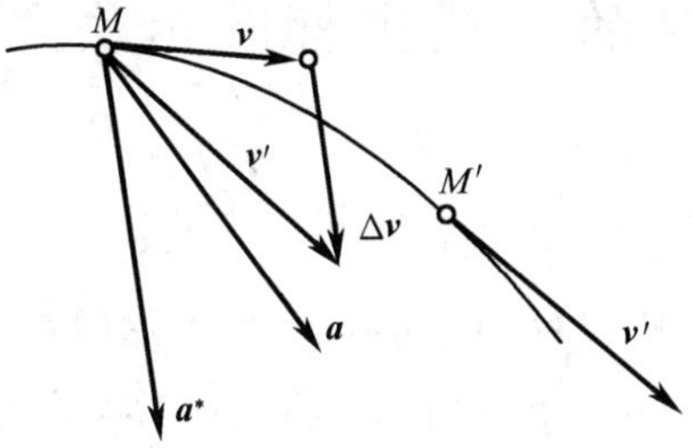

图 5.6

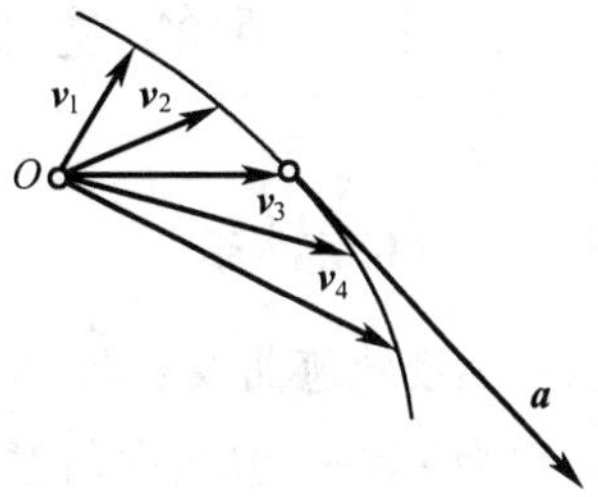

图 5.7

5.3　点的速度和加速度的直角坐标表示法

动点 M 的直角坐标的运动方程为 $x = f_1(t), y = f_2(t), z = f_3(t)$。由图 5.8 可知，矢径

$\boldsymbol{r}=x\boldsymbol{i}+y\boldsymbol{j}+z\boldsymbol{k}$，其中，$\boldsymbol{i},\boldsymbol{j},\boldsymbol{k}$ 分别为沿三个坐标轴的单位矢量。由上节可知

$$\boldsymbol{v}=\frac{\mathrm{d}\boldsymbol{r}}{\mathrm{d}t}=\frac{\mathrm{d}}{\mathrm{d}t}(x\boldsymbol{i}+y\boldsymbol{j}+z\boldsymbol{k})=\frac{\mathrm{d}x}{\mathrm{d}t}\boldsymbol{i}+\frac{\mathrm{d}y}{\mathrm{d}t}\boldsymbol{j}+\frac{\mathrm{d}z}{\mathrm{d}t}\boldsymbol{k} \quad (5.7)$$

其中，$\boldsymbol{i},\boldsymbol{j},\boldsymbol{k}$ 前面的系数应为速度矢量 $\boldsymbol{v}$ 在 3 个直角坐标轴上的投影。由此我们得到，用直角坐标表示的速度为

$$v_x=\frac{\mathrm{d}x}{\mathrm{d}t},\quad v_y=\frac{\mathrm{d}y}{\mathrm{d}t},\quad v_z=\frac{\mathrm{d}z}{\mathrm{d}t} \quad (5.8)$$

这表明：动点速度在各坐标轴上的投影，分别等于动点的各位置坐标对于时间的一阶导数。

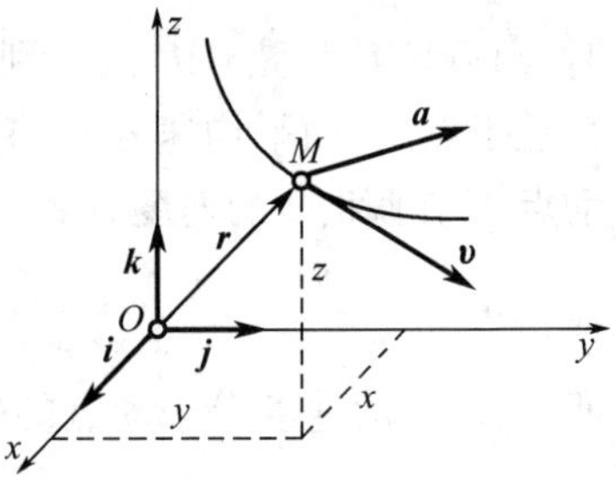

图 5.8

速度的大小及方向余弦为

$$v=\sqrt{v_x^2+v_y^2+v_z^2}=\sqrt{\left(\frac{\mathrm{d}x}{\mathrm{d}t}\right)^2+\left(\frac{\mathrm{d}y}{\mathrm{d}t}\right)^2+\left(\frac{\mathrm{d}z}{\mathrm{d}t}\right)^2} \quad (5.9)$$

$$\cos(\boldsymbol{v},\boldsymbol{i})=\frac{v_x}{v},\quad \cos(\boldsymbol{v},\boldsymbol{j})=\frac{v_y}{v},\quad \cos(\boldsymbol{v},\boldsymbol{k})=\frac{v_z}{v}$$

动点 M 的加速度 $\boldsymbol{a}=\frac{\mathrm{d}\boldsymbol{v}}{\mathrm{d}t}=\frac{\mathrm{d}^2\boldsymbol{r}}{\mathrm{d}t^2}=\frac{\mathrm{d}^2x}{\mathrm{d}t^2}\boldsymbol{i}+\frac{\mathrm{d}^2y}{\mathrm{d}t^2}\boldsymbol{j}+\frac{\mathrm{d}^2z}{\mathrm{d}t^2}\boldsymbol{k}$，其中单位矢量 $\boldsymbol{i},\boldsymbol{j},\boldsymbol{k}$ 前面的系数应为加速度矢量 $\boldsymbol{a}$ 在 3 个直角坐标上的投影，由此我们得到，用直角坐标表示的加速度为

$$a_x=\frac{\mathrm{d}v_x}{\mathrm{d}t}=\frac{\mathrm{d}^2x}{\mathrm{d}t^2},\quad a_y=\frac{\mathrm{d}v_y}{\mathrm{d}t}=\frac{\mathrm{d}^2y}{\mathrm{d}t^2},\quad a_z=\frac{\mathrm{d}v_z}{\mathrm{d}t}=\frac{\mathrm{d}^2z}{\mathrm{d}t^2} \quad (5.10)$$

这表明：动点的加速度矢量在各坐标轴上的投影，分别等于动点的各位置坐标对于时间的二阶导数。

加速度的大小及方向余弦为

$$a=\sqrt{a_x^2+a_y^2+a_z^2}=\sqrt{\left(\frac{\mathrm{d}^2x}{\mathrm{d}t^2}\right)^2+\left(\frac{\mathrm{d}^2y}{\mathrm{d}t^2}\right)^2+\left(\frac{\mathrm{d}^2z}{\mathrm{d}t^2}\right)^2} \quad (5.11)$$

$$\cos(\boldsymbol{a},\boldsymbol{i})=\frac{a_x}{a},\quad \cos(\boldsymbol{a},\boldsymbol{j})=\frac{a_y}{a},\quad \cos(\boldsymbol{a},\boldsymbol{k})=\frac{a_z}{a}$$

5.4　点的速度和加速度的自然坐标表示法

5.4.1　自然轴系

在点的运动轨迹曲线上取极为接近的两点 M 和 M_1，其间弧长为 Δs，这两点切线的单位矢量分别为 $\boldsymbol{\tau}$ 和 $\boldsymbol{\tau}_1$，其指向与弧坐标正向一致，如图 5.9 所示。将 $\boldsymbol{\tau}_1$ 平移至点 M，则 $\boldsymbol{\tau}$ 和 $\boldsymbol{\tau}_1$ 决定一平面。令 M_1 无限趋近点 M，则此平面趋近于某一极限位置，此极限平面称为曲线在点 M 的密切面。过点 M 并与切线垂直的平面称为法平面，法平面与密切面的交线称为主法线。令主法线的单位矢量为 $\boldsymbol{n}$，指向曲线内凹的一侧。过点 M 且垂直于切线与主法线的直线称副法线，其单位矢量为 $\boldsymbol{b}$，指向与 $\boldsymbol{\tau},\boldsymbol{n}$ 构成右手系，即 $\boldsymbol{b}=\boldsymbol{\tau}\times\boldsymbol{n}$。则以点 M 为原点，以切线、主法线和副法线为坐标轴，组成的正交坐标系称为曲线在点 M 的自然坐标

系,这 3 个轴称为自然轴。注意:随着点 M 在轨迹曲线上运动,$\boldsymbol{\tau}$,$\boldsymbol{n}$,$\boldsymbol{b}$ 的方向也在不断变化,自然坐标系是沿曲线变动的游动坐标系。

在曲线运动中,轨迹的曲率或曲率半径是一个重要的参数,它表示曲线的弯曲程度。如点 M 沿轨迹经过弧长 Δs 到达点 M',如图 5.10 所示。

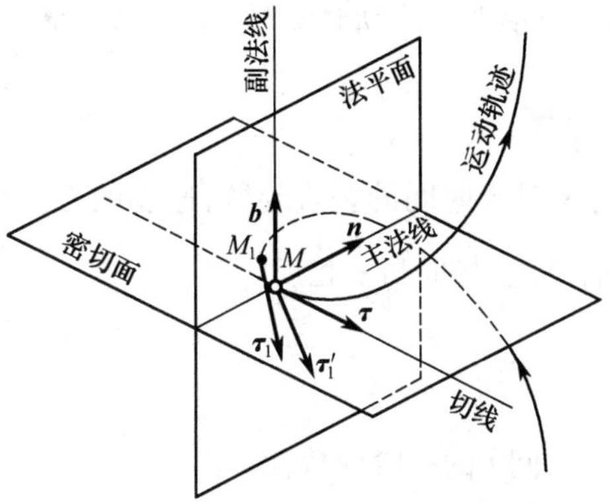

图 5.9

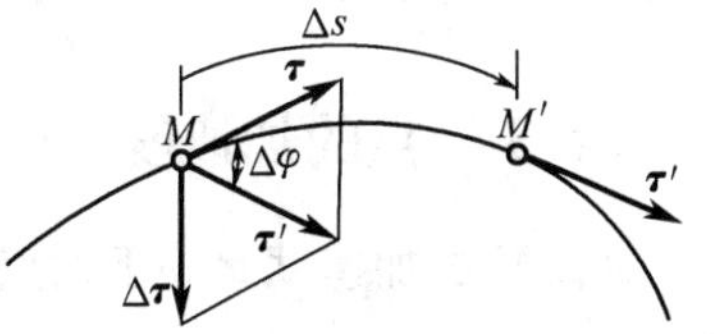

图 5.10

设点 M 处曲线切向单位矢量为 $\boldsymbol{\tau}$,点 M' 处单位矢量为 $\boldsymbol{\tau}'$,而切线经过 Δs 时转过的角度为 $\Delta\varphi$。曲率定义为曲线切线的转角对弧长一阶导数的绝对值。曲率的倒数称为曲率半径。如曲率半径以 ρ 表示,则有

$$\frac{1}{\rho}=\lim_{\Delta s\to 0}\left|\frac{\Delta\varphi}{\Delta s}\right|=\left|\frac{\mathrm{d}\varphi}{\mathrm{d}s}\right| \tag{5.12}$$

由图可见 $|\Delta\boldsymbol{\tau}|=2|\boldsymbol{\tau}|\sin\dfrac{\Delta\varphi}{2}$,当 $\Delta s\to 0$ 时,$\Delta\varphi\to 0$,$\Delta\boldsymbol{\tau}$ 与 $\boldsymbol{\tau}$ 垂直,且有 $|\boldsymbol{\tau}|=1$,由此可得 $|\Delta\boldsymbol{\tau}|=\Delta\varphi$,注意到 Δs 为正时,点沿切向 $\boldsymbol{\tau}$ 的正方向运动,$\Delta\boldsymbol{\tau}$ 指向轨迹内凹一侧;Δs 为负时,$\Delta\boldsymbol{\tau}$ 指向轨迹外凸一侧。因此有

$$\frac{\mathrm{d}\boldsymbol{\tau}}{\mathrm{d}s}=\lim_{\Delta s\to 0}\frac{\Delta\boldsymbol{\tau}}{\Delta s}=\lim_{\Delta s\to 0}\frac{\Delta\varphi}{\Delta s}\boldsymbol{n}=\frac{1}{\rho}\boldsymbol{n} \tag{5.13}$$

该式将用于法向加速度的推导。

5.4.2　点的速度

设已知动点 M 的轨迹曲线及沿此曲线的运动方程为 $s=f(t)$,现求动点沿此轨迹的速度表达式。我们已知动点的速度等于动点矢径的一阶导数,即 $\boldsymbol{v}=\dfrac{\mathrm{d}\boldsymbol{r}}{\mathrm{d}t}$,将此式分子、分母各乘以 $\mathrm{d}s$,则得 $\boldsymbol{v}=\dfrac{\mathrm{d}\boldsymbol{r}}{\mathrm{d}s}\dfrac{\mathrm{d}s}{\mathrm{d}t}$,这里 $\dfrac{\mathrm{d}\boldsymbol{r}}{\mathrm{d}t}=\lim\limits_{\Delta s\to 0}\dfrac{\Delta\boldsymbol{r}}{\Delta s}$,其中 Δs 是在 Δt 时间内动点弧坐标的变化,由图 5.11 可知 $\Delta\boldsymbol{r}$ 和 Δs 都在弧坐标正向一边变化,故不论 Δs 的正负如何,当 Δs 趋近于零时,则 $\dfrac{\Delta\boldsymbol{r}}{\Delta s}$ 的大小趋近于 1,

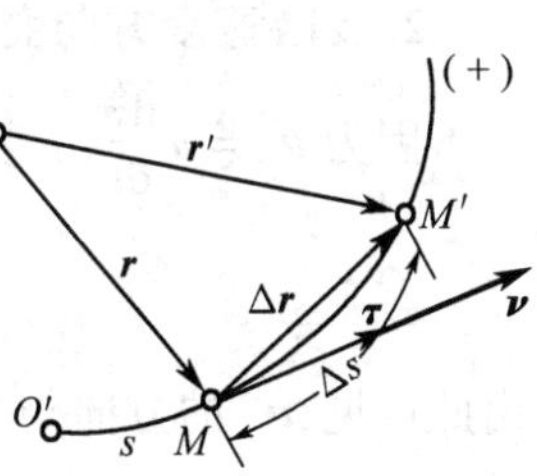

图 5.11

其方向趋近于轨迹的切线方向,即切线单位矢量$\boldsymbol{\tau}$的方向,因此$\frac{\mathrm{d}\boldsymbol{r}}{\mathrm{d}s}=\boldsymbol{\tau}$。此外,$\frac{\mathrm{d}s}{\mathrm{d}t}=\lim\limits_{\Delta t\to 0}\frac{\Delta s}{\Delta t}=v$,显然这是速度的代数值,当$\frac{\mathrm{d}s}{\mathrm{d}t}>0$时,$s$随时间增加而增加,因此$\boldsymbol{v}$的指向与$\boldsymbol{\tau}$相同,反之$\frac{\mathrm{d}s}{\mathrm{d}t}<0$时,$\boldsymbol{v}$的指向与$\boldsymbol{\tau}$相反。于是我们得到动点沿曲线运动时瞬时速度的表达式为

$$\boldsymbol{v}=v\boldsymbol{\tau}=\frac{\mathrm{d}s}{\mathrm{d}t}\boldsymbol{\tau} \tag{5.14}$$

即动点沿已知轨迹的速度的代数值等于弧坐标s对于时间的一阶导数,速度的方向是沿着轨迹的切线方向,当$\frac{\mathrm{d}s}{\mathrm{d}t}>0$时指向与$\boldsymbol{\tau}$相同,反之,指向与$\boldsymbol{\tau}$相反。

5.4.3 点的加速度

动点M的加速度$\boldsymbol{a}$等于动点的速度$\boldsymbol{v}$对于时间t的一阶导数,即

$$\boldsymbol{a}=\frac{\mathrm{d}\boldsymbol{v}}{\mathrm{d}t}=\frac{\mathrm{d}v}{\mathrm{d}t}\boldsymbol{\tau}+v\frac{\mathrm{d}\boldsymbol{\tau}}{\mathrm{d}t} \tag{5.15}$$

上式右端两项都是矢量,第一项是反映速度大小变化的加速度,记为$\boldsymbol{a}_t$;第二项是反映速度方向变化的加速度,记为$\boldsymbol{a}_n$。下面我们分别求它们的大小和方向。

1. 反映速度大小变化的加速度$\boldsymbol{a}_t$

因为

$$\boldsymbol{a}_t=\frac{\mathrm{d}v}{\mathrm{d}t}\boldsymbol{\tau} \tag{5.16}$$

显然$\boldsymbol{a}_t$是一个沿轨迹切线的矢量,因此称为切向加速度。如$\frac{\mathrm{d}v}{\mathrm{d}t}>0$,$\boldsymbol{a}_t$指向轨迹的正向(即切向单位矢量$\boldsymbol{\tau}$的方向);如$\frac{\mathrm{d}v}{\mathrm{d}t}<0$,$\boldsymbol{a}_t$指向轨迹的负向。令$a_t=\frac{\mathrm{d}v}{\mathrm{d}t}=\frac{\mathrm{d}^2s}{\mathrm{d}t^2}$,$a_t$是一个代数量,是加速度$a$沿轨迹切向的投影。

由此可得结论:切向加速度反映点的速度值对时间的变化率,它的代数值等于速度的代数值对时间的一阶导数,或弧坐标对时间的二阶导数,它的方向沿轨迹切线。

2. 反映速度方向变化的加速度$\boldsymbol{a}_n$

因为$\boldsymbol{a}_n=v\frac{\mathrm{d}\boldsymbol{\tau}}{\mathrm{d}t}$,它反映速度方向$\boldsymbol{\tau}$的变化。上式可改写为$\boldsymbol{a}_n=v\frac{\mathrm{d}\boldsymbol{\tau}}{\mathrm{d}s}\frac{\mathrm{d}s}{\mathrm{d}t}$综合前式得

$$\boldsymbol{a}_n=\frac{v^2}{\rho}\boldsymbol{n} \tag{5.17}$$

由此可见,$\boldsymbol{a}_n$的方向与主法线的正向一致,称为法向加速度。于是可得结论:法向加速度反映点的速度方向改变的快慢程度,它的大小等于点的速度平方除以曲率半径,它的方向沿着主法线,指向曲率中心。

正如前面分析的那样,切向加速度表明速度大小的变化率,而法向加速度只反映速度方向的变化,所以当速度$\boldsymbol{v}$与切向加速度$\boldsymbol{a}_t$指向相同时,即v与a_t的符号相同时,速度的绝对值不断增加,点做加速运动;当速度$\boldsymbol{v}$与切向加速度$\boldsymbol{a}_t$的指向相反时,即v与a_t的符号相

反时,速度的绝对值不断减小,点做减速运动。

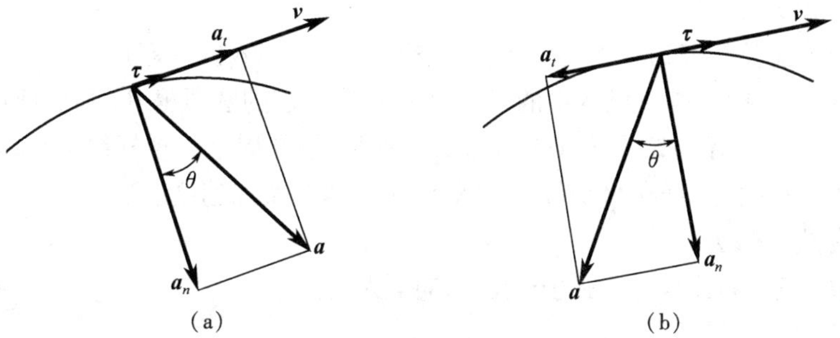

图 5.12

由前面可知

$$\boldsymbol{a} = \boldsymbol{a}_t + \boldsymbol{a}_n = a_t\boldsymbol{\tau} + a_n\boldsymbol{n} \tag{5.18}$$

式中

$$a_t = \frac{\mathrm{d}v}{\mathrm{d}t}, \quad a_n = \frac{v^2}{\rho} \tag{5.19}$$

由于$\boldsymbol{a}_t$,$\boldsymbol{a}_n$均在密切面内,因此全加速度$\boldsymbol{a}$也必在密切面内。这表明加速度沿副法线上的分量为零,即$a_b = 0$。全加速度的大小可由下式求出

$$a = \sqrt{a_t^2 + a_n^2} \tag{5.20}$$

它与法线间的夹角的正切为$\tan\theta = \dfrac{a_t}{a_n}$,当$\boldsymbol{a}$与切向单位矢量$\boldsymbol{\tau}$的夹角为锐角时,$\theta$为正,否则为负。

最后说明一下几种特殊情况:

(1) 直线运动:在此情况下,由于直线轨迹的曲率半径$\rho = \infty$,因此$a_n = 0$,而$\boldsymbol{a} = a_t\boldsymbol{\tau} = \dfrac{\mathrm{d}v}{\mathrm{d}t}\boldsymbol{\tau}$,即仅有表明速度大小改变的加速度。

(2) 匀速曲线运动:在此情况下,速度$v = \dfrac{\mathrm{d}s}{\mathrm{d}t}$是常数,因此$a_t = 0$,而$\boldsymbol{a} = \boldsymbol{a}_n = \dfrac{v^2}{\rho}\boldsymbol{n}$,即仅有表明速度方向改变的加速度。运动方程可求之如下:$\mathrm{d}s = v\mathrm{d}t$,积分后得

$$\int_{s_0}^{s} \mathrm{d}s = v\int_0^t \mathrm{d}t$$

即

$$s = s_0 + vt$$

(3) 匀变速曲线运动:在此情况下,$a_t = \dfrac{\mathrm{d}v}{\mathrm{d}t}$是常数。由$\mathrm{d}v = a_t\mathrm{d}t$,积分后得

$$\int_{v_0}^{v} \mathrm{d}v = a_t\int_0^t \mathrm{d}t$$

即

$$v = v_0 + a_t t \tag{5.21}$$

又由$\dfrac{\mathrm{d}s}{\mathrm{d}t} = v$,得$\int_{s_0}^{s}\mathrm{d}s = \int_0^t v\mathrm{d}t = \int_0^t (v_0 + a_t t)\mathrm{d}t$,即

$$s = s_0 + v_0 t + \frac{1}{2} a_t t^2 \tag{5.22}$$

由(5.21)式及(5.22)式消去时间 t,则得 $v^2 - v_0^2 = 2a_t(s - s_0)$。

例 5.2 图示摇杆滑道机构中的滑块 M 同时在固定的圆弧槽 BC 和摇杆 OA 的滑道中滑动。如弧 BC 的半径为 R,摇杆 OA 的轴 O 在弧 BC 的圆周上。摇杆绕轴 O 以等角速度 ω 转动,当运动开始时,摇杆在水平位置。求点 M 的速度及加速度。

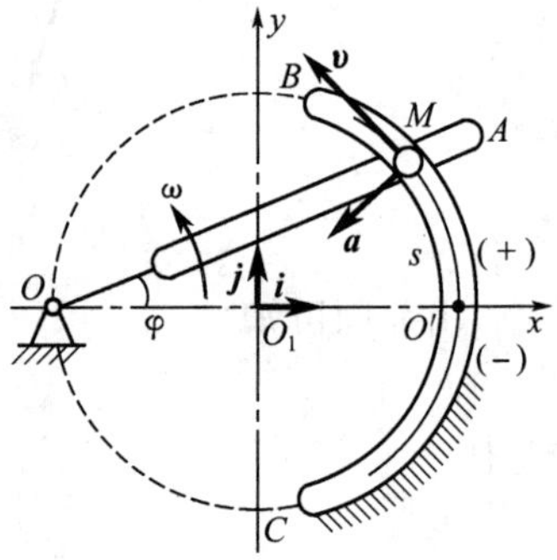

图 5.13

解 自然坐标法

弧坐标原点选为 O',向上为弧坐标正向,向下为负。

$$s = \widehat{O'M} = 2R\varphi = 2R\omega t, \quad v = \frac{ds}{dt} = 2R\omega$$

$$a_t = \frac{d^2 s}{dt^2} = \frac{dv}{dt} = 0, \quad a_n = \frac{v^2}{\rho} = 4R\omega^2$$

所以

$$a = a_n = 4R\omega^2$$

直角坐标法:选图示坐标系 xO_1y,运动方程为

$$\begin{cases} x = R\cos(2\omega t) \\ y = R\sin(2\omega t) \end{cases}$$

$$v_x = \frac{dx}{dt} = -2R\omega\sin(2\omega t), \quad v_y = \frac{dy}{dt} = 2R\omega\cos(2\omega t)$$

$$v = \sqrt{v_x^2 + v_y^2} = 2R\omega, \quad \cos(\boldsymbol{v}, \boldsymbol{i}) = \frac{v_x}{v} = -\sin(2\omega t), \quad \cos(\boldsymbol{v}, \boldsymbol{j}) = \frac{v_y}{\boldsymbol{v}} = \cos(2\omega t)$$

$$a_x = \frac{d^2 x}{dt^2} = -4R\omega^2\cos(2\omega t), \quad a_y = \frac{d^2 y}{dt^2} = -4R\omega^2\sin(2\omega t)$$

$$a = \sqrt{a_x^2 + a_y^2} = 4R\omega^2, \quad \cos(\boldsymbol{a}, \boldsymbol{i}) = \frac{a_x}{a} = -\cos(2\omega t), \quad \cos(\boldsymbol{a}, \boldsymbol{j}) = \frac{a_y}{a} = -\sin(2\omega t)$$

习 题

5.1 选择题

(1) 绳子的一端绕在滑轮上,另一端与置于水平面上的物块 B 相连,若物块 B 的运动方程为 $x = kt^2$,其中 k 为常数,轮子半径为 R,则轮缘上 A 点加速度的大小为(　　)。

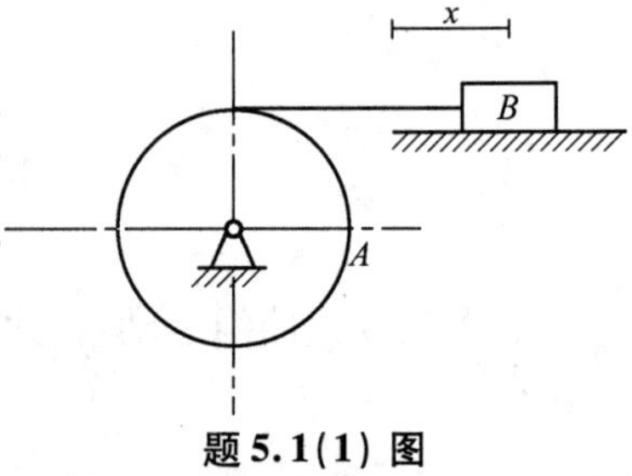

题 5.1(1) 图

(A) $2k$　　(B) $\sqrt{\frac{4k^2t^2}{R}}$

(C) $\sqrt{4k^2 + \frac{16k^4t^4}{R^2}}$　　(D) $2k + \frac{4k^2t^2}{R}$

(2) 已知某点的运动方程为 $s = a + bt^2$(s 以米计,t 以秒计,a,b 为常数),则点的轨迹(　　)。

(A) 是直线　　(B) 是曲线　　(C) 不能确定

(3) 一点做曲线运动,开始时速度 $v_0 = 10$ m/s,某瞬时切向加速度 $a_t = 4$ m/s²,则 2 s 末该点的速度的大小为(　　)。

(A) 2 m/s　　(B) 18 m/s　　(C) 12 m/s　　(D) 无法确定

(4) 点做曲线运动,若其法向加速度越来越大,则该点的速度(　　)。

(A) 越来越大　　(B) 越来越小　　(C) 大小变化不能确定

(5) 已知点沿半径为40 cm的圆做圆周运动,其运动规律为①$s = 20t$,②$s = 20t^2$(s 以厘米计,t 以秒计)。若 $t = 1$ s,则上述两种情况下,点的速度的大小为 v_a = (　　)cm/s,v_b =(　　)cm/s;点的加速度的大小为 a_a = (　　)cm/s²,a_b = (　　)cm/s²。

(A) 20　　(B) 10　　(C) $40\sqrt{2}$　　(D) 40

(6) 一点沿某曲线以初速度 $v_0 = 5$ m/s 和 $a_t = 0.6t$ m/s² 运动,式中 t 为时间,则其从原点起算的运动方程式为(　　)。

(A) $s = 5t + 0.3t^3$

(B) $s = 5t + 0.1t^3$

(C) $s = 5t + 0.6t^3$

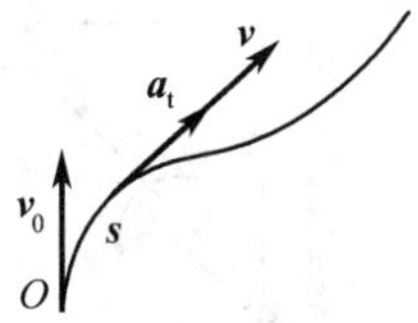

题 5.1(6) 图

5.2　填空题

(1) 在图示曲柄滑块机构中,曲柄 OC 绕 O 轴转动,$\varphi = \omega t$(ω 为常数)。滑块 A,B 可分别沿通过 O 点且相互垂直的两直槽滑动。若 $AC = CB = OC = l$,$MB = d$,则 M 点沿 x 方向的速度的大小为________,沿 x 方向的加速度的大小为________。

(2) 杆 AB 绕 A 轴以 $\varphi = 5t$(φ 以 rad 计,t 以 s 计)的规律转动,其上一小环 M 将杆 AB 和半径为 R(以 m 计)的固定大圆环连在一起,若以直角坐标 Oxy 为参考系,则小环 M 的运动方程为________________。

(3) 若不计滑轮 C 尺寸,且 $H = 8$ m,$h = 1$ m,A 沿水平匀速向右做直线运动,$v_0 = 1$ m/s。初始 $t=0$ 时,B 在 B_0 处,AC 在 A_0C 处。若选 y 轴如图示,则重物 B 上升的运动方程为 y = ________________。

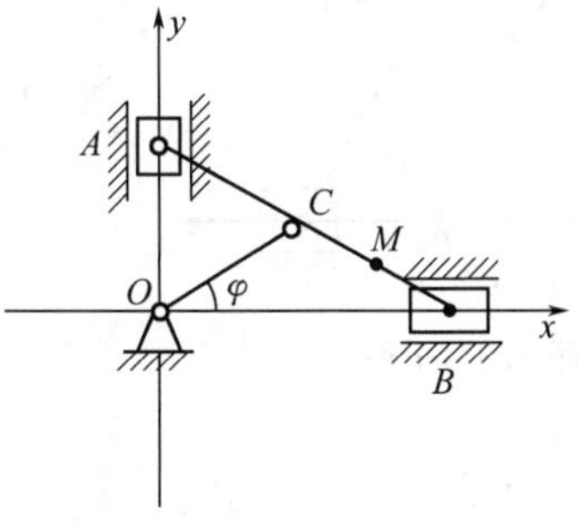

题 5.2(1) 图

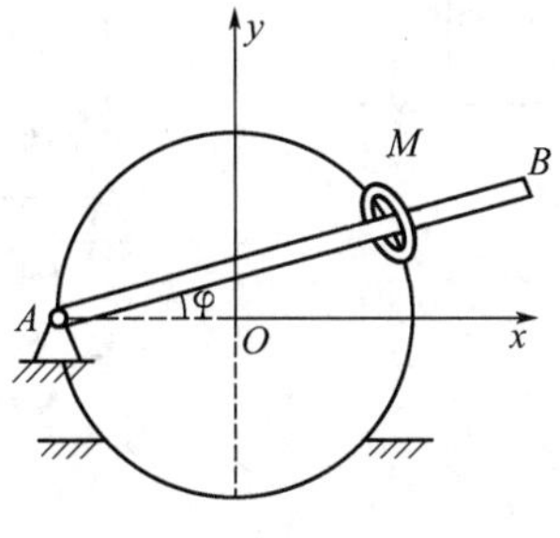

题 5.2(2) 图

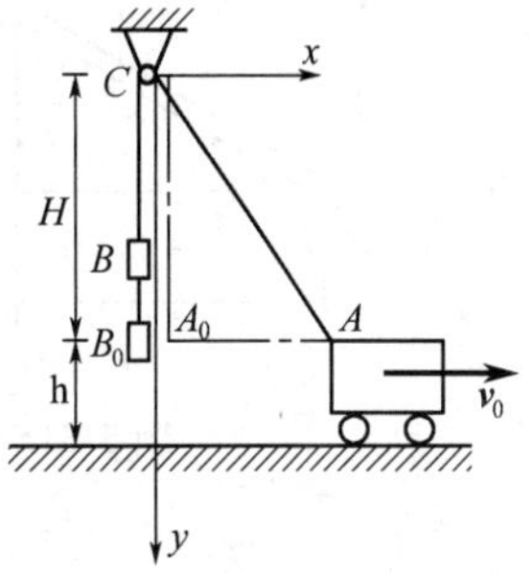

题 5.2(3) 图

5.3　计算题

(1) 图示机构中,AB 杆绕 A 轴转动,并带动套在固定水平杆 OC 上的小环 M 运动。已知:当运动开始时,AB 杆位于铅直位置,$OA = l$。当图示的 AB 杆与铅垂线夹角为 θ 时,角速度为 ω。试求此瞬时小环 M 相对于 OC 杆的速度和相对于 AB 杆的速度。

(2) 如图所示,偏心凸轮半径为 R,绕 O 轴转动,转角 $\varphi=\omega t$(ω 为常量),偏心距 $OC=e$,凸轮带动顶杆 AB 沿铅垂直线往复运动。求顶杆的运动方程和速度。

(3) 已知动点的直角坐标形式的运动方程为:$x=2t$,$y=t^2$;式中 x,y 以 m 为单位,t 以 s 为单位。求 $t=0$ 和 $t=2$ s 时动点所在处轨迹的曲率半径。

(4) 图示直杆 AB 在铅垂面内沿相互垂直的墙壁和地面滑下。已知 $\varphi=\omega t$(ω 为常量)。试求杆上一点 M 的运动方程、轨迹、速度和加速度。设 $MA=b$,$MB=c$。

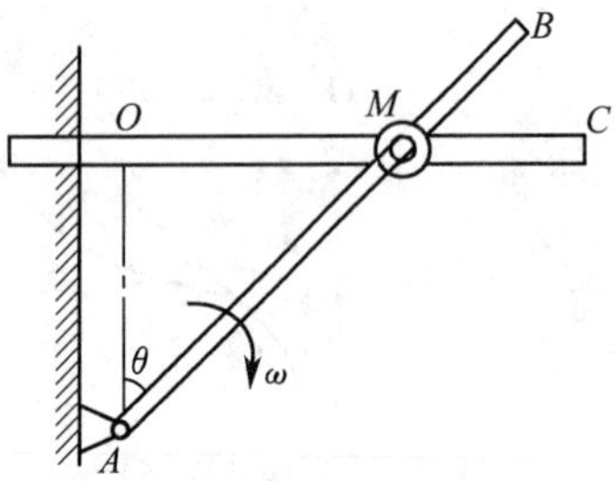

题 5.3(1) 图

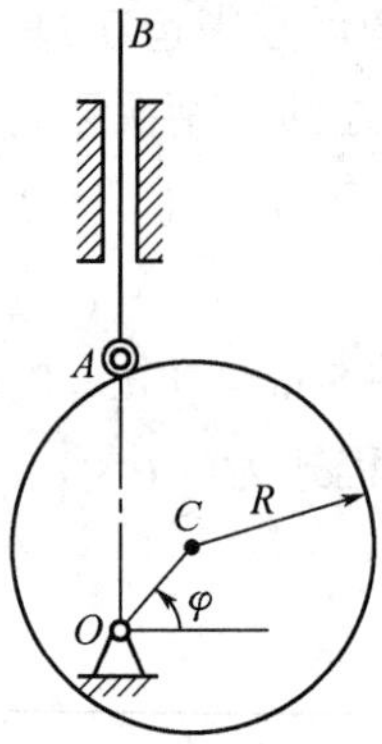

题 5.3(2) 图

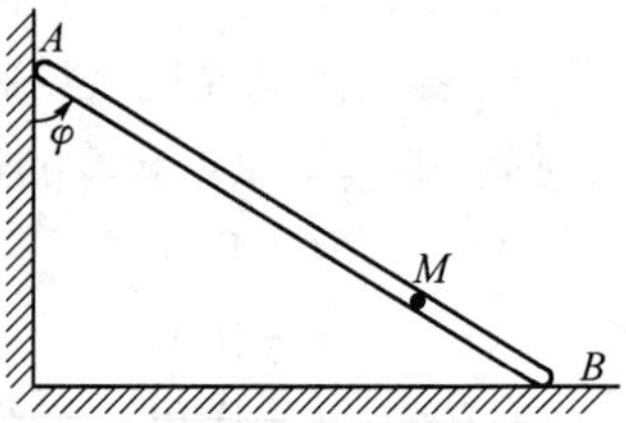

图 5.3(4) 图

(5) 图示中,已知尺寸 h 和杆 OA 与铅直线的夹角 $\varphi=\omega t$(ω 为常量),绕 O 轴转动的杆 OA,推动物块 M 沿水平面运动,试求物块 M 上一点的速度和加速度。

(6) 图示曲线规尺的各杆,长为 $OA=AB=200$ mm,$CD=DE=AC=AE=50$ mm。如杆 OA 以等角速度 $\omega=\dfrac{\pi}{5}$ rad/s 绕 O 转动,当运动开始时,杆 OA 水平向右。求尺上点 D 的运动方程和轨迹。

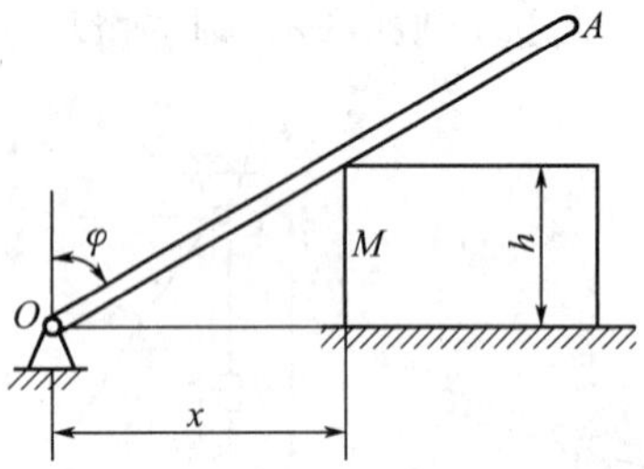

题 5.3(5) 图

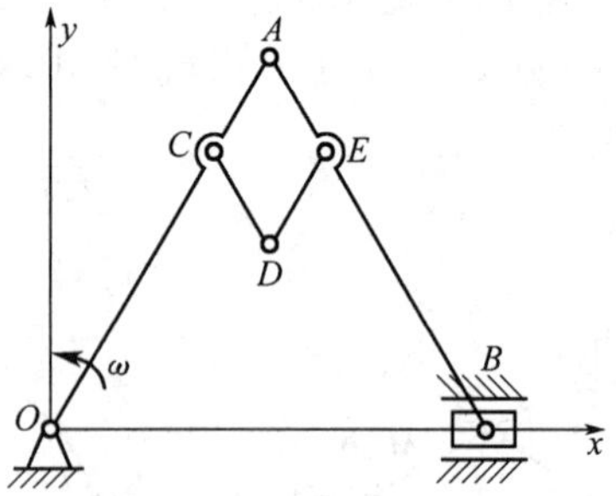

题 5.3(6) 图

第6章　刚体的基本运动

前一章研究了点的简单运动，现在我们来研究由多个点组成的刚体的运动，研究刚体整体的运动及其与刚体上各点运动之间的关系。

本章将研究刚体的两种基本运动$\begin{cases}\text{平行移动:平动}\\\text{定轴转动:转动}\end{cases}$

研究刚体的基本运动，一方面是因为刚体的基本运动在工程实际中应用广泛，另一方面可为我们研究刚体的复杂运动打下基础。

6.1　刚体的平行移动

我们先看一个例子。如图6.1所示，在水平轨道上行驶的小车，在运动过程中，小车上任一条直线始终与它最初的位置平行，我们说小车的运动即是刚体的平动。

刚体平动的特征：在刚体运动过程中，刚体内任意一条直线的方向永不改变，即其方向始终与原来的方向平行。

定理　当刚体平动时刚体内各点的轨迹形状都相同，且在同一瞬时，各点都具有相同的速度和加速度。

证明：设有做平动的刚体，在刚体内任取两点A,B，并连成一直线如图6.2所示。运动开始时，AB线在AB的位置；经过极短时间Δt之后，则移至A_1B_1，依次再继续移至A_2B_2，A_3B_3，$\cdots A_nB_n$。首先证明这两个任意点的轨迹形状是相同的。根据刚体的定义得知A,B两点间的距离保持不变，因此$AB = A_1B_1 = A_2B_2 = \cdots = A_nB_n$；又根据平动的定义知$AB \parallel A_1B_1 \parallel A_2B_2 \parallel \cdots \parallel A_nB_n$，由此可见，$ABA_1B_1$，$A_1B_1A_2B_2$，$A_2B_2A_3B_3\cdots$都是平行四边形。这就说明，折线$AA_1A_2\cdots A_n$，与折线$BB_1B_2\cdots B_n$完全相同。当所分割的时间间隔的数目趋近于无限多，而Δt趋近于零时，则折线就趋近于轨迹曲线。显然这两条曲线是完全相同的，可以互相叠合。

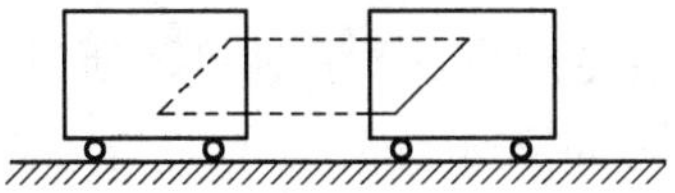

图6.1

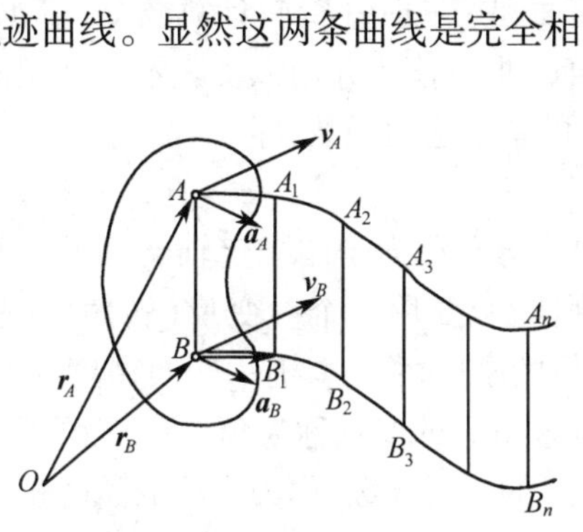

图6.2

现在证明两个任意点在同一瞬时的速度和加速度都相同。设从空间的任意原点O作至A点及B点的矢径$\boldsymbol{r}_A$及$\boldsymbol{r}_B$，由图可知，$\boldsymbol{r}_A=\boldsymbol{r}_B+\overrightarrow{BA}$，求此式各项对于时间的导数$\frac{\mathrm{d}\boldsymbol{r}_A}{\mathrm{d}t}=\frac{\mathrm{d}\boldsymbol{r}_B}{\mathrm{d}t}+\frac{\mathrm{d}\,\overrightarrow{BA}}{\mathrm{d}t}$，已知$\frac{\mathrm{d}\boldsymbol{r}_A}{\mathrm{d}t}=\boldsymbol{v}_A$，$\frac{\mathrm{d}\boldsymbol{r}_B}{\mathrm{d}t}=\boldsymbol{v}_B$，而且由于$\overrightarrow{BA}$的大小及方向都不改变，是恒矢量，所以$\frac{\mathrm{d}\,\overrightarrow{BA}}{\mathrm{d}t}=0$，于是我们得到$\boldsymbol{v}_A=\boldsymbol{v}_B$，将上式再对时间求一次导数，则得$\boldsymbol{a}_A=\boldsymbol{a}_B$。

因为A，B为刚体上任意的两点，故上式的结论对于刚体上所有各点都成立。

由此可见，刚体做平动时，刚体内所有各点的运动轨迹、速度和加速度完全相同，因此只需确定出刚体内任一点的运动，就确定了整个刚体的运动。由此可知，刚体平动的问题可归结为点的运动问题。若刚体上任一点的轨迹为直线，则刚体的运动称为直线平动。若刚体上任一点的轨迹为平面曲线或空间曲线，则刚体的运动称为平面平动或空间平动。

6.2　刚体的定轴转动

当我们观察门、定滑轮、齿轮等的运动时，发现这些刚体的运动具有一个共同的特征，即当刚体运动时，刚体内或其扩展部分有两点保持不动，则这种运动称为刚体绕定轴的转动，简称刚体的转动。通过这两个固定点的一条不动的直线，称为刚体的转轴或轴线，简称轴。

当刚体绕定轴转动时，刚体内不在转轴上的所有各点各以此轴上的一点为圆心且在垂直于此轴的平面内做圆周运动。转轴可以在刚体内，也可以在刚体外，刚体绕定轴转动的转动规律，可由刚体绕定轴旋转的角度来表示。

为确定转动刚体的位置，取其转轴为z轴，正向如图6.3所示。通过轴线作一固定平面A，此外通过轴线再作一动平面B，这个平面与刚体固结，一起转动。两个平面间的夹角用φ表示，称为刚体的转角。转角φ是一个代数量，它确定了刚体的位置，它的符号规定如下：自z轴的正端往负端看，从固定面起按逆时针转向计算角φ，取正值；按顺时针转向计算角φ，取负值。并用弧度表示。当刚体转动时，转角φ是时间t的单值连续函数，即

$$\varphi=f(t) \tag{6.1}$$

这个方程称为刚体绕定轴转动的运动方程。绕定轴转动的刚体，只要用一个参变量（转角φ）就可以决定它的位置，这样的刚体，称它具有一个自由度。

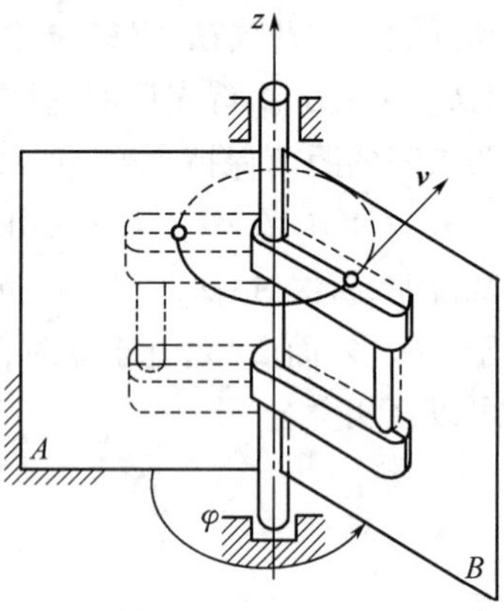

图6.3

位置角φ的变化称为角位移，而位置角φ对时间的变化率就是角速度。所以，转角φ对时间t的一阶导数，称为刚体的瞬时角速度，并用字母ω表示，即

$$\omega=\frac{\mathrm{d}\varphi}{\mathrm{d}t} \tag{6.2}$$

角速度表征刚体转动的快慢和方向，其单位一般用rad/s（弧度／秒）表示。

角速度是代数量。从轴的正端向负端看，刚体逆时针转动时，角速度取正值，反之取负值。

角速度对于时间的变化率称为角加速度。所以角速度对时间的一阶导数称为刚体的瞬时角加速度，用字母 α 表示，即

$$\alpha = \frac{d\omega}{dt} = \frac{d^2\varphi}{dt^2} \tag{6.3}$$

角加速度表征角速度变化的快慢，其单位一般用 rad/s^2（弧度每秒平方）。

角加速度也是代数量。如果 ω 与 α 同号，则角速度的绝对值随时间而增加，这时称为加速转动；反之，如果 ω 与 α 异号，则角速度的绝对值随时间而减小，这时称为减速转动。

现在讨论两种特殊情形：

(1) 匀速转动。如果刚体的角速度不变，即 ω 等于常量，这种转动称为匀速转动，仿照点的匀速运动公式，可得

$$\varphi = \varphi_0 + \omega t \tag{6.4}$$

其中 φ_0 是 $t = 0$ 时转角 φ 的值。

机器中的转动部件或零件，一般都在匀速转动下工作，转动的快慢常用每分钟转数 n 来表示，其单位为 r/min（转 / 分），称为转速。例如车床主轴的转速为 12.5 ~ 1 200 r/min 等。

角速度 ω 与转速 n 的关系为

$$\omega = \frac{2\pi n}{60} = \frac{\pi n}{30}$$

式中，转速 n 的单位为 r/min；ω 的单位为 rad/s。在近似计算中，可取 $\pi \approx 3$，于是$\omega \approx 0.1\,n$。

(2) 匀变速转动。如果刚体的角加速度不变，即 $\alpha =$ 常量，这种转动称为匀变速转动。仿照点的匀变速运动公式，可得

$$\omega = \omega_0 + \alpha t \tag{6.5}$$

$$\varphi = \varphi_0 + \omega_0 t + \frac{1}{2}\alpha t^2 \tag{6.6}$$

式中，ω_0 和 φ_0 分别是 $t = 0$ 时的角速度和转角。

由上面一些公式可知：匀变速转动时，刚体的角速度、转角和时间之间的关系与点在匀变速曲线运动中的速度、坐标和时间之间的关系相似。

6.3　定轴转动刚体内各点的速度和加速度

现在我们研究刚体绕定轴转动时的角速度和角加速度与刚体上任一点的速度和加速度之间的关系。

刚体做定轴转动时，其上各点都在垂直于转轴的平面内做圆周运动，如图 6.4 所示。在刚体上任取一点 M，设它到转轴的垂直距离为 r（称为转动半径），刚体的转角为 φ，则 M 点沿圆周轨迹的运动方程是

$$s = \widehat{M_0 M} = r\varphi \tag{6.7}$$

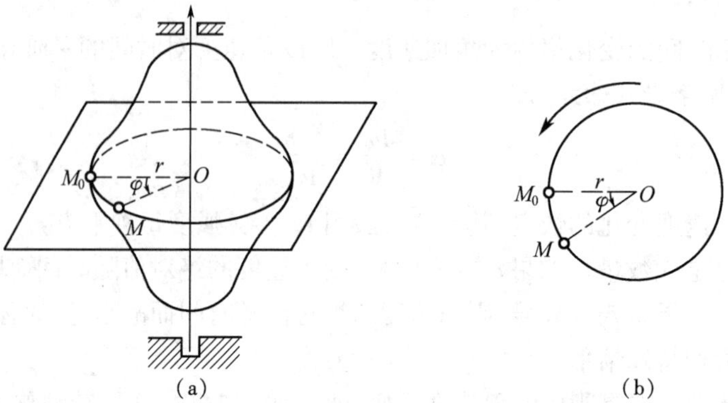

图 6.4

将上式对时间 t 取一阶导数,可求得 M 点的速度值

$$v = \frac{\mathrm{d}s}{\mathrm{d}t} = \frac{\mathrm{d}}{\mathrm{d}t}(r\varphi) = r\dot{\varphi}$$

即

$$v = r\omega \tag{6.8}$$

M 点速度的方向垂直于转动半径,指向与角速度的转向一致,如图 6.5(a) 所示。再由(5.19) 式,求出 M 点的切向、法向加速度的值

$$a_t = \frac{\mathrm{d}v}{\mathrm{d}t} = \frac{\mathrm{d}}{\mathrm{d}t}(r\omega) = r\dot{\omega}$$

$$a_n = \frac{v^2}{\rho} = \frac{(r\omega)^2}{r}$$

即

$$a_t = r\alpha \tag{6.9}$$

$$a_n = r\omega^2 \tag{6.10}$$

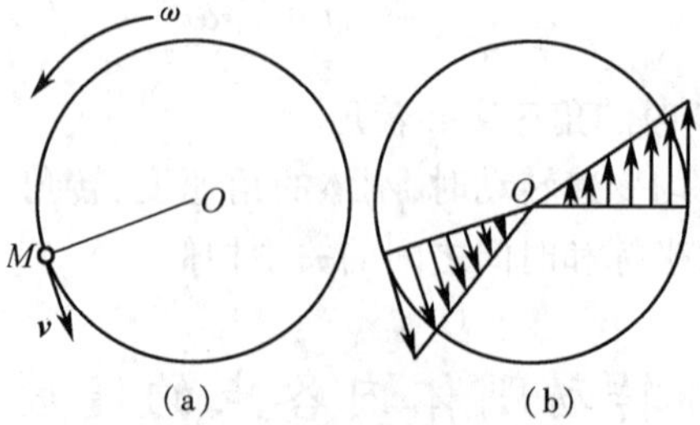

图 6.5

M 点的切向加速度垂直于转动半径,指向与角加速度的转向一致;而法向加速度总是沿转动半径指向转轴,因此又称为向心加速度,如图 6.6(a) 所示。

因此,M 点加速度的大小和方向可以按下式确定

$$a = \sqrt{a_t^2 + a_n^2} = r\sqrt{\alpha^2 + \omega^4} \tag{6.11}$$

$$\theta = \arctan\frac{a_t}{a_n} = \arctan\left(\frac{\alpha}{\omega^2}\right) \tag{6.12}$$

在给定瞬时,刚体的 ω 和 α 有确定的值,这些值与各点在刚体上的位置无关。因而,在同一瞬时,刚体上各点的速度大小与其转动半径成正比,其方向与转动半径垂直,如图 6.5(b) 所示;各点的加速度大小也与其转动半径成正比,且与转动半径成相同的偏角 $\theta = \arctan\left(\frac{\alpha}{\omega^2}\right)$,如图 6.6(b) 所示。

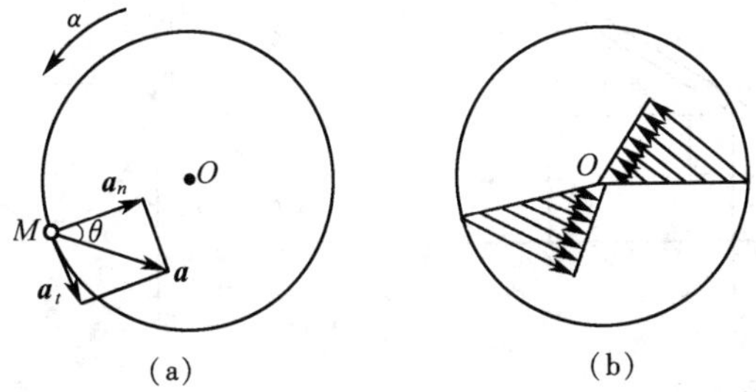

图 6.6

例 6.1　物块 B 以匀速 $\boldsymbol{v}_0$ 沿水平直线移动。杆 OA 可绕 O 轴转动,杆保持紧靠在物块的侧棱 b 上,如图 6.7 所示。已知物块高度为 h,试求杆 OA 的转动方程、角速度和角加速度。

解　取坐标如图所示:x 轴以水平向右为正,φ 角则自 y 轴起顺时针方向为正。取 $x = 0$ 的瞬时作为时间的计算起点。在任意瞬时 t,物块侧面 ab 的坐标为 x,按题意有 $x = v_0 t$。

由三角形 Oab 得

$$\tan\varphi = \frac{x}{h} = \frac{v_0 t}{h}$$

故杆 OA 的转动方程为

$$\varphi = \arctan\left(\frac{v_0 t}{h}\right)$$

根据式(6.2),杆的角速度是

$$\frac{\mathrm{d}\varphi}{\mathrm{d}t} = \frac{\frac{v_0}{h}}{1 + \left(\frac{v_0 t}{h}\right)^2}$$

即

$$\omega = \frac{h v_0}{h^2 + v_0^2 t^2}$$

再由式(6.3),杆的角加速度是

$$\alpha = \frac{\mathrm{d}\omega}{\mathrm{d}t} = -\frac{2 h v_0^3 t}{(h + v_0^2 t^2)^2}$$

ω,α 随时间 t 的变化过程如图 6.8 所示,其中坐标都已化成量纲为 1 的形式。

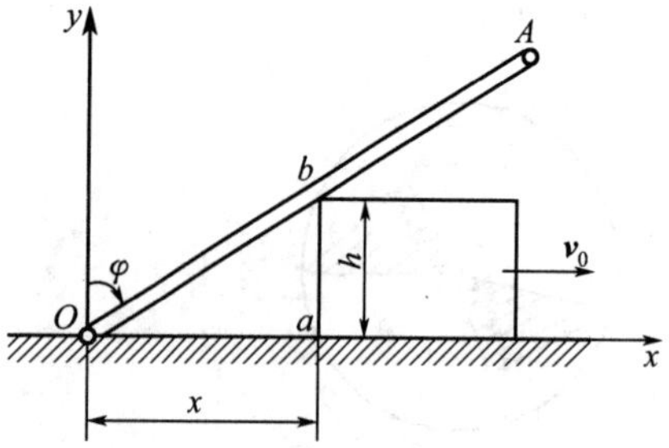

图 6.7

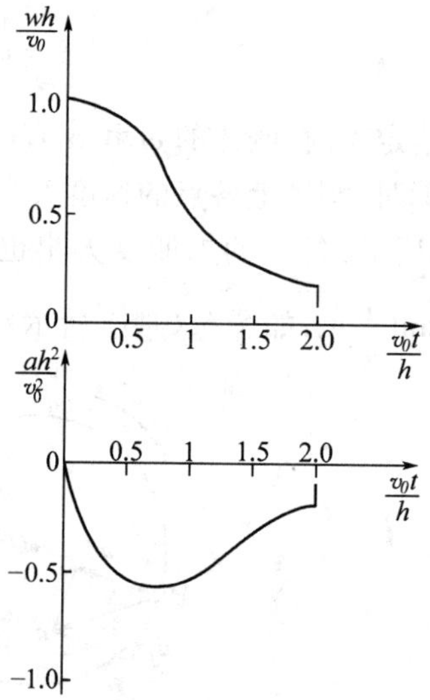

图 6.8

例 6.2　汽车挡风玻璃上括雨器的雨刷固定在连杆 AB 上，由曲柄 O_1A 驱动，如图6.9所示。已知 $O_1A = O_2B = r = 300$ mm，$AB = O_1O_2$。曲柄 O_1A 往复摆动的规律是 $\varphi = \dfrac{\pi}{4}\sin(2\pi t)$ rad，其中 t 以 s 为单位。试求 $t = 0$，$t = \dfrac{1}{8}$ s，$t = \dfrac{1}{4}$ s 各瞬时，雨刷端点 C 的速度和加速度。

解　由题设条件可知 O_1ABO_2 是一平行四边形。AB 始终平行于 O_1O_2，故连杆 AB(连同雨刷)做平移；在同一瞬时其上各点的速度、加速度彼此相等：

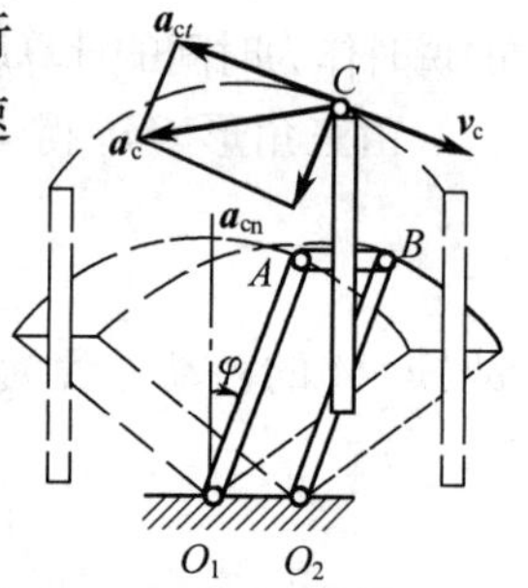

图 6.9

$$\boldsymbol{v}_C = \boldsymbol{v}_A,\quad \boldsymbol{a}_C = \boldsymbol{a}_A$$

为求 $\boldsymbol{v}_C$，$\boldsymbol{a}_C$，只需计算 $\boldsymbol{v}_A$，$\boldsymbol{a}_A$ 即可。

曲柄 O_1A 的角速度和角加速度分别是：

$$\omega = \frac{\mathrm{d}\varphi}{\mathrm{d}t} = \frac{\pi^2}{2}\cos(2\pi t)\ \mathrm{rad/s}$$

$$\alpha = \frac{\mathrm{d}\omega}{\mathrm{d}t} = -\pi^3\sin(2\pi t)\ \mathrm{rad/s^2}$$

按式(6.8)～式(6.10)，A 点(因而 C 点)的速度和加速度是：

$$v_C = v_A = r\omega = 0.15\pi^2\cos(2\pi t)\ \mathrm{m/s}$$

$$a_{Ct} = a_{At} = r\alpha = -0.3\pi^3\sin(2\pi t)\ \mathrm{m/s^2}$$

$$a_{Cn} = a_{An} = r\omega^2 = 0.075\pi^4\cos^2(2\pi t)\ \mathrm{m/s^2}$$

将时间 t 的具体数值代入，可得如下结果：

(1) $t = 0$ 时，$v_C = 1.480$ m/s，$a_{Ct} = 0$，$a_{Cn} = 7.306\ \mathrm{m/s^2}$；

(2) $t = \dfrac{1}{8}$ s 时，$v_C = 1.047$ m/s，$a_{Ct} = -6.577\ \mathrm{m/s^2}$，$a_{Cn} = 3.653\ \mathrm{m/s^2}$；

(3) $t = \dfrac{1}{4}$ s 时，$v_C = 0$，$a_{Ct} = -9.302\ \mathrm{m/s^2}$，$a_{Cn} = 0$。

图 6.9 所示,当 t 在 $0 \sim \frac{1}{4}$ s 范围内某一瞬时,C 点的速度和加速度的大致情形。

6.4　定轴轮系的传动比

工程中,常利用轮系传动提高或降低机械的转速,最常见的有齿轮系和带轮系。

6.4.1　齿轮传动

机械中常用齿轮作为传动部件,例如,为了要将电动机的传动传到机床的主轴,通常用变速箱降低转速,多数变速箱是由齿轮系组成的。

现以一对啮合的圆柱齿轮为例。圆柱齿轮传动分为外啮合和内啮合两种(如图 6.10,6.11 所示)。

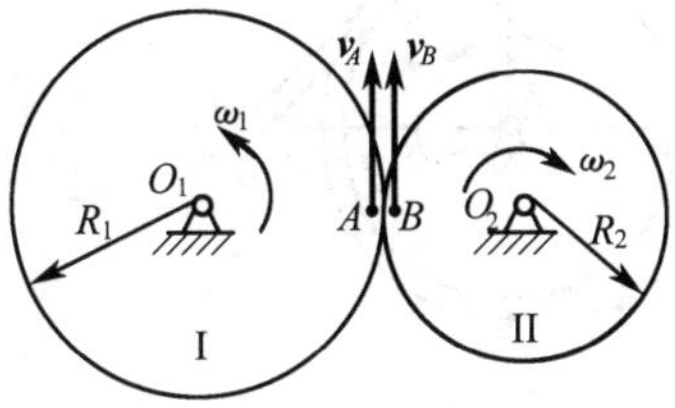

图 6.10

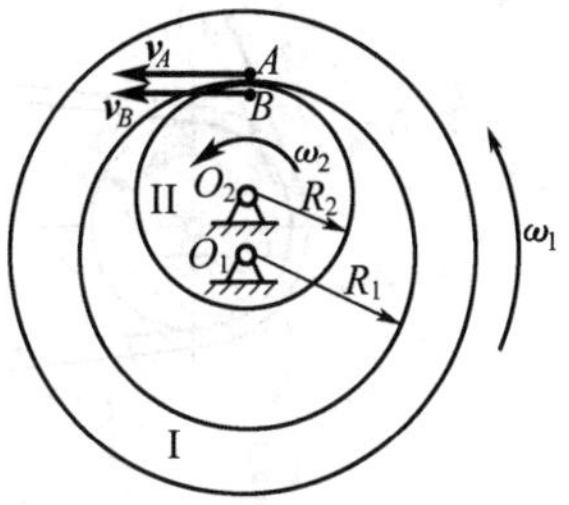

图 6.11

设两个齿轮各绕固定轴 O_1 和 O_2 转动。已知啮合圆半径各为 R_1 和 R_2;齿数各为 z_1 和 z_2;角速度各为 ω_1 和 ω_2。令 A 和 B 分别是两个齿轮啮合圆的接触点,因两圆之间没有相对滑动,故 $v_B = v_A$,并且速度方向也相同,且 $v_B = R_2\omega_2$,$v_A = R_1\omega_1$,因此

$$R_2\omega_2 = R_1\omega_1 \quad 或 \quad \frac{\omega_1}{\omega_2} = \frac{R_2}{R_1}$$

由于齿轮在啮合圆上的齿距相等,它们的齿数与半径成正比,故

$$\frac{\omega_1}{\omega_2} = \frac{R_2}{R_1} = \frac{z_2}{z_1} \tag{6.13}$$

由此可知:处于啮合中的两个定轴齿轮的角速度与两齿轮的齿数成反比(或与两轮的啮合圆半径成反比)。

设轮 I 是主动轮,轮 II 是从动轮。在机械工程中,常常把主动轮和从动轮的两个角速度的比值称为传动比,用附有角标的符号表示,则有

$$i_{12} = \frac{\omega_1}{\omega_2}$$

进而得计算传动比的基本公式

$$i_{12} = \frac{\omega_1}{\omega_2} = \frac{R_2}{R_1} = \frac{z_2}{z_1} \tag{6.14}$$

上式定义的传动比是两个角速度大小的比值,与转动方向无关,因此不仅适用于圆柱齿轮传动,也适用于传动轴成任意角度的圆锥齿轮传动、摩擦轮传动等。

有些场合为了区分轮系中各轮的转向，对各轮都规定统一的转动正向，这时各轮的角速度可取代数值，从而传动比也取代数值，即

$$i_{12} = \pm\frac{\omega_1}{\omega_2} = \pm\frac{R_2}{R_1} = \pm\frac{z_2}{z_1} \tag{6.15}$$

式中，正号表示主动轮与从动轮转向相同（内啮合），负号表示转向相反（外啮合）。

6.4.2 带轮传动

在机床中，常用电动机通过胶带使变速箱的轴转动，在如图6.12所示的带轮装置中，主动轮和从动轮的半径分别为R_1和R_2，角速度分别为ω_1和ω_2。如不考虑胶带的厚度，并假定胶带与带轮间无相对滑动，则应用绕定轴转动的刚体上各速度的公式，可得到下列关系式：

$$R_1\omega_1 = R_2\omega_2$$

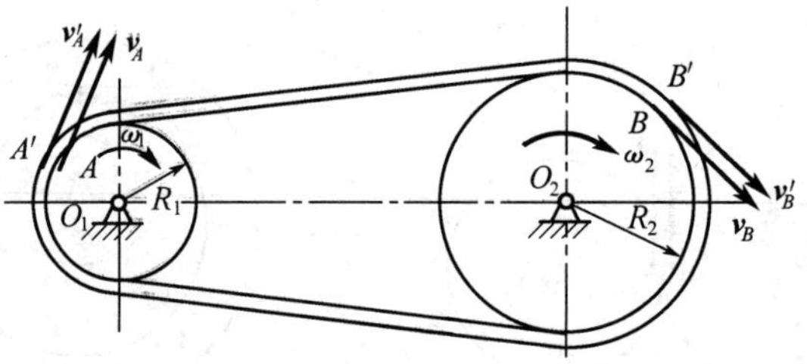

图6.12

于是带轮的传动比公式为

$$i_{12} = \frac{\omega_1}{\omega_2} = \frac{R_2}{R_1} \tag{6.16}$$

即两轮的角速度与其半径成反比。

习　　题

6.1　选择题

（1）圆盘做定轴转动，轮缘上一点M的加速度$\boldsymbol{a}$分别有图示3种情况。则在该3种情况下，原盘的角速度ω、角加速度α哪个等于零，哪个不等于零？

图（a）ω = ________，α = ________；图（b）ω = ________，α = ________；

图（c）ω = ________，α = ________。

（A）等于零　　　　（B）不等于零

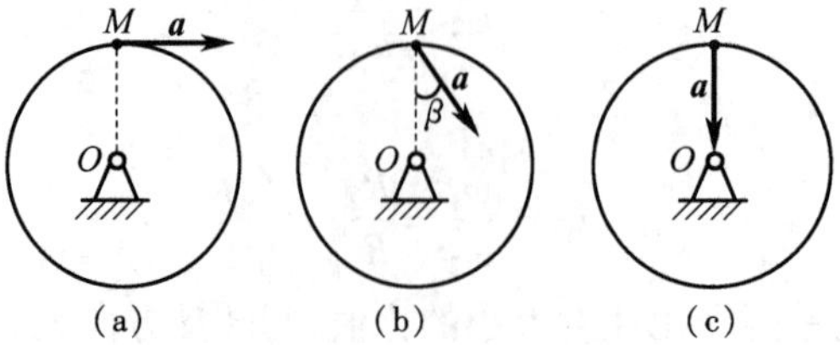

题6.1（1）图

(2) 圆盘做定轴转动，若某瞬时其边缘上 A,B,C 三点的速度、加速度如图所示，则(　　)的运动是不可能的。

(A) 点 A,B　　(B) 点 A,C　　(C) 点 B,C　　(D) 点 A,B,C

(3) 在图示机构中，杆 $O_1A=O_2B=20$ cm，杆 $O_2C=O_3D=40$ cm，$CM=MD=30$ cm，若杆 O_1A 以角速度 $\omega=3$ rad/s 匀速转动，则 D 点的速度的大小为(　　)cm/s，M 点的加速度的大小为(　　)cm/s²。

(A) 60　　(B) 120　　(C) 150　　(D) 360

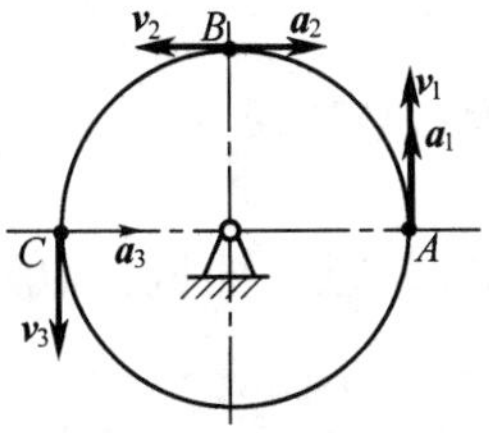

题 6.1(2) 图

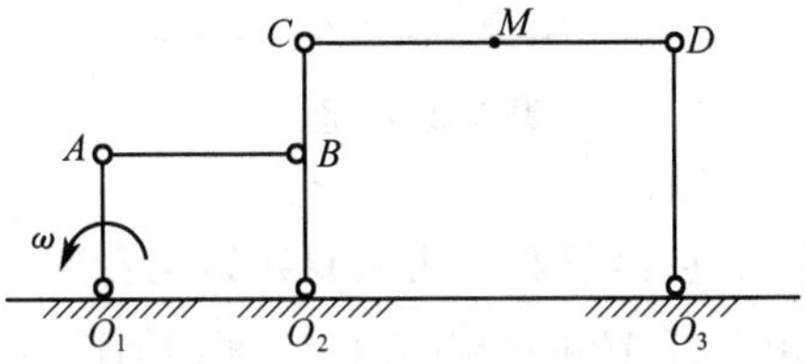

题 6.1(3) 图

(4) 直角刚杆 OAB 可绕固定轴 O 在图示平面内转动，已知 $OA=40$ cm，$AB=30$ cm，$\omega=2$ rad/s，$\alpha=1$ rad/s²。则图示瞬时，B 点的加速度在 x 方向的投影为(　　)cm/s²，在 y 方向的投影为(　　)cm/s²。

(A) 40　　(B) 200　　(C) 50　　(D) −200

(5) 圆盘某瞬时以角速度 ω、角加速度 α 绕轴 O 转动，其上 A,B 两点的加速度分别为 $\boldsymbol{a}_A$ 和 $\boldsymbol{a}_B$，与半径的夹角分别为 θ 和 φ，若 $OA=R,OB=\dfrac{R}{2}$，则(　　)。

(A) $a_A=a_B,\theta=\varphi$　　(B) $a_A=a_B,\theta=2\varphi$

(C) $a_A=2a_B,\theta=\varphi$　　(D) $a_A=2a_B,\theta=2\varphi$

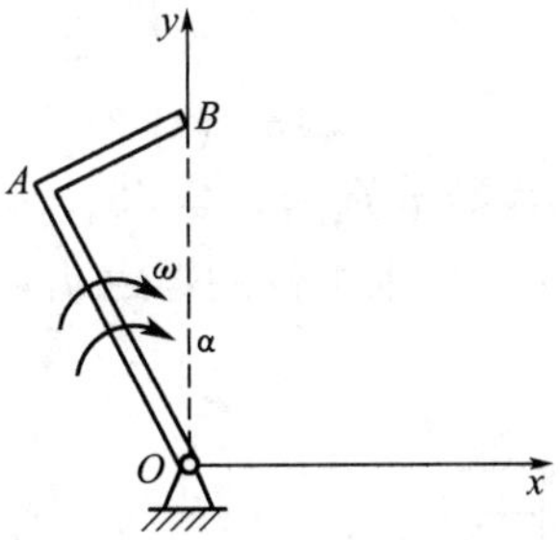

题 6.1(4) 图

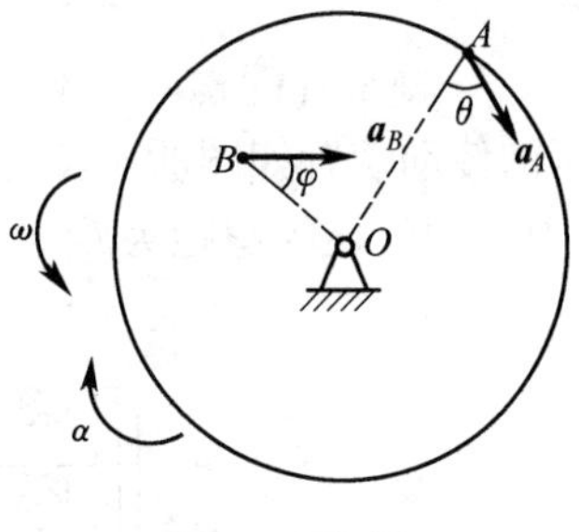

题 6.1(5) 图

6.2　填空题

(1) 曲杆 OAB 在图示平面内可绕 O 轴转动，已知某瞬时 A 点的加速度 $\boldsymbol{a}$(单位m/s²)，则该瞬时曲杆的角速度 $\omega=$ ________，角加速度 $\alpha=$ ________。

(2) 平面机构如图所示。已知 $AB /\!/ O_1O_2$，且 $AB=O_1O_2=l$，$O_1A=O_2B=r$，$ABCD$ 是矩形板，$AD=BC=b$，O_1A 杆以匀角速度 ω 绕 O_1 轴转动，则矩形板重心 C_1 点的速度和加速度的大小分别为 $v=$ ________，$a=$ ________，请在图上标出它们的方向。

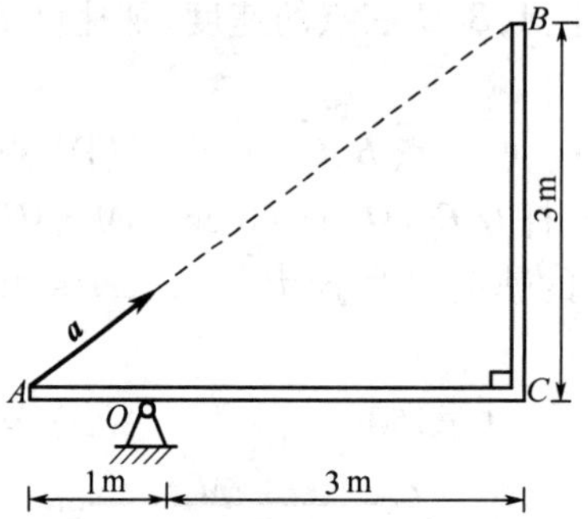

题 6.2(1) 图

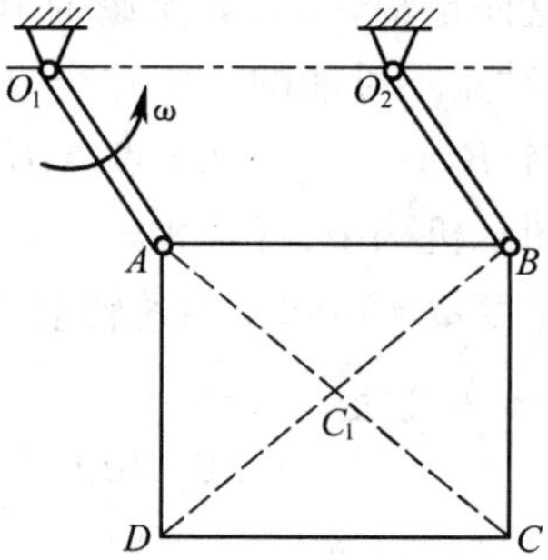

题 6.2(2) 图

6.3 计算题

(1) 平行连杆机构中，曲柄 O_1A 以匀转速 $n = 320$ r/min 转动。曲柄长 $O_1A = O_2B = 150$ mm。求连杆 AB 的中点 C 的速度和加速度。

(2) 机构如图所示，假定杆 AB 以匀速 $\boldsymbol{v}$ 运动，开始时 $\varphi = 0$。求当 $\varphi = \dfrac{\pi}{4}$ 时，摇杆 OC 的角速度和角加速度。

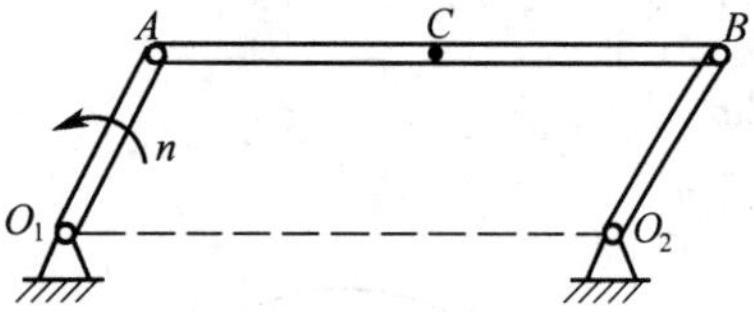

题 6.3(1) 图

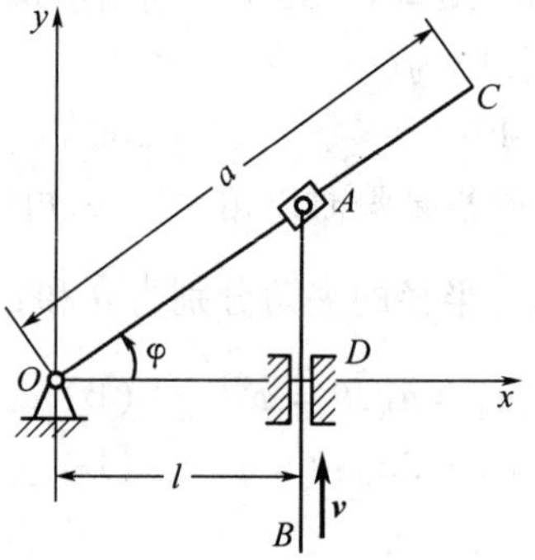

题 6.3(2) 图

(3) 车床的传动装置如图所示。已知各齿轮的齿数分别为 $z_1 = 40, z_2 = 84, z_3 = 28, z_4 = 80$，带动刀具的丝杠的螺距为 $h_4 = 12$ mm。求车刀切削工件的螺距 h_1。

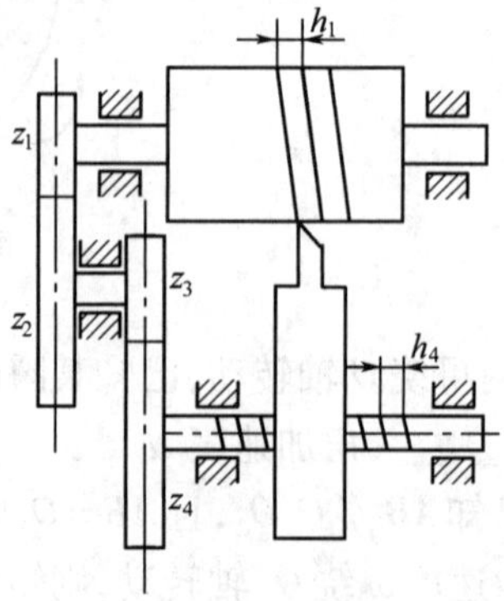

题 6.3(3) 图

(4) 图示机构中齿轮 1 紧固在杆 AC 上，$AB = O_1O_2$，齿轮 1 和半径为 r_2 的齿轮 2 啮合，齿轮 2 可绕 O_2 轴转动且和曲柄 O_2B 没有联系。设 $O_1A = O_2B = l, \varphi = b\sin \omega t$，试确定 $t = \dfrac{\pi}{2\omega}$ s 时，齿轮 2 的角速度和角加速度。

(5) 小环 A 沿半径为 R 的固定圆环以匀速 v_0 运动，带动穿过小环的摆杆 OB 绕 O 轴转动。试求杆 OB 的角速度和角加速度。若 $OB = l$，试求 B 点的速度和加速度。

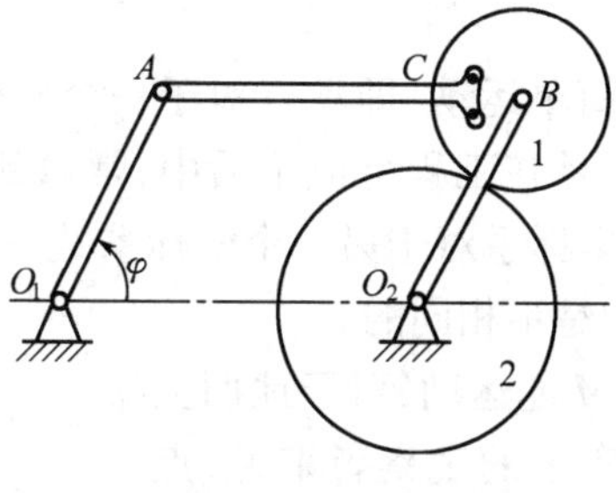

题 6.3(4) 图

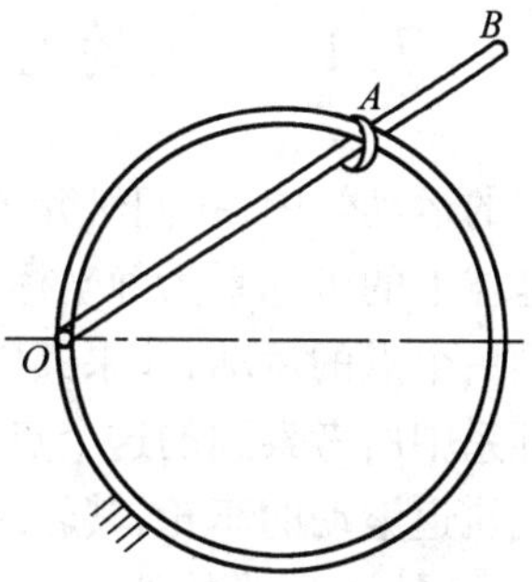

题 6.3(5) 图

(6) 电动机的转速原为 1 200 r/min，由于载荷增加，在 2 min 内均匀地减速到 800 r/min。求在这段时间内，电机共转了几转？

第 7 章　点的合成运动

7.1　点的合成运动的基本概念

在第 5 章点的运动学中,我们研究了点的简单运动,即动点对于一个坐标系的运动,并规定固连于地球上的坐标系为静坐标系。但是在工程上或生活中,常遇到同时在两个坐标系中描述同一个点的运动,如果其中一个坐标系对于另一个坐标系做一定的运动,显然在这两个坐标系中所考察到的这个点的运动是不相同的。

例如沿直线轨道滚动的车轮,其轮缘上点 M 的运动,对于地面上的观察者来说,点的轨迹是旋轮线,但是对于车上的观察者来说,点的轨迹则是一个圆。这个 M 点我们称为研究的动点。把其中一个坐标系称为静坐标系(一般固连于地球上) 并以 Oxy 表示,而把另一个对于静坐标系有运动的坐标系称为动坐标系,并以 $O'x'y'$ 表示(如图 7.1)。为了区分动点对于不同坐标系的运动,我们把动点对于静坐标系的运动称为绝对运动,动点对于动坐标系的运动称为相对运动,而把动坐标系相对于静坐标系的运动称为牵连运动。

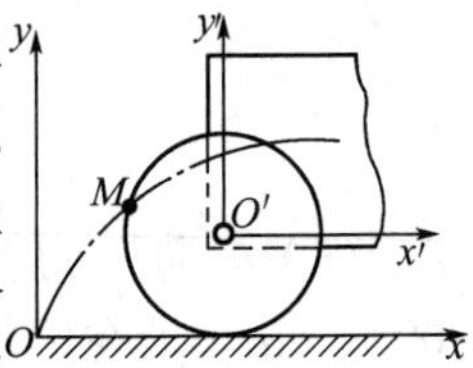

图 7.1

例如在行驶的轮船甲板上有一乘客 M 在走动,若研究乘客的运动,则可将乘客作为动点 M,河岸作为静坐标系,而轮船作为动坐标系。动点 M 对于河岸的运动(即站在河岸上不动的人所看到的乘客的运动) 就是绝对运动,动点对于轮船的运动(即站在轮船上不动的人所看到的乘客的运动) 就是相对运动,轮船本身对于河岸的运动就是牵连运动。

注意:动点的绝对运动和相对运动都是指点的运动,它可能做直线运动或曲线运动;而牵连运动则是参考体的运动,实际上是刚体的运动,它可能做平动、转动或其他较复杂的运动。

假设车厢不动,即动系 $O'x'y'$ 不动,那么我们在地面上观察 M 点的运动是圆周运动,在车厢上观察 M 点的运动仍是圆周运动。即如果没有牵连运动,则动点的相对运动就是它的绝对运动。若假设轮上 M 点不动,只随着车厢运动,在地面上观察 M 点的运动为直线运动,即如果没有相对运动,则动点随同动坐标系所做的运动即牵连运动就是它的绝对运动。由此可见,动点的绝对运动既决定于动点的相对运动,也决定于动坐标系的运动,即牵连运动,它是这两种运动的合成,因此,这种类型的运动就称为点的合成运动或复合运动。

研究点的合成运动的主要问题,就是如何由已知动点的相对运动与牵连运动求出绝对运动;或者,如何将已知的绝对运动分解为相对运动与牵连运动。总之,在这里要研究这三种关系。

在研究比较复杂的运动时,如适当地选取动坐标系往往能把比较复杂的运动分解为两个比较简单的运动。这种研究方法，无论在理论上或工程实际上都具有重要的意义。

我们知道，对于不同的坐标系，动点的运动是不相同的，即动点的运动方程、轨迹、速度及加速度都是不相同的。我们把动点在静坐标系中所描述的轨迹称为绝对轨迹。动点对于静坐标系的速度和加速度称为绝对速度和绝对加速度，以符号 $\boldsymbol{v}_a$，$\boldsymbol{a}_a$ 表示。我们在第五章点的运动学中所说的速度及加速度就是这种绝对速度和绝度加速度。把动点对于动坐标系运动的速度和加速度称为相对速度和相对加速度，以符号 $\boldsymbol{v}_r$，$\boldsymbol{a}_r$ 表示。

建立两个坐标系，如图 7.2 所示，定系 $Oxyz$，动系为 $O'x'y'z'$，动系相对于定系作一定的运动，如以 x'，y'，z' 表示动点 M 在动系中的位置坐标，则动点 M 运动时，其位置坐标 x'，y'，z' 一定是时间 t 的单值连续函数，表示为

$$\begin{cases} x' = f_1(t) \\ y' = f_2(t) \\ z' = f_3(t) \end{cases} \tag{7.1}$$

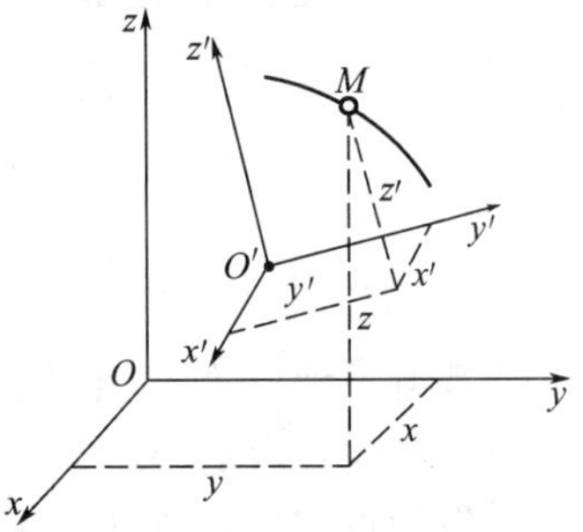

图 7.2

这就是动点 M 的相对运动方程，由这些方程中消去时间 t，即得相对轨迹的轨迹方程。这个轨迹固连在动坐标系上，并与动坐标系一起运动。

动点 M 的相对速度 $\boldsymbol{v}_r$ 在三个动坐标轴 x'，y'，z' 上的投影为

$$v_{rx'} = \frac{dx'}{dt}, \quad v_{ry'} = \frac{dy'}{dt}, \quad v_{rz'} = \frac{dz'}{dt} \tag{7.2}$$

令 $\boldsymbol{i}'$，$\boldsymbol{j}'$，$\boldsymbol{k}'$ 表示动坐标轴正向的单位矢量，则动点 M 的相对速度可表示为

$$\boldsymbol{v}_r = v_{rx'}\boldsymbol{i}' + v_{ry'}\boldsymbol{j}' + v_{rz'}\boldsymbol{k}' \tag{7.3}$$

同理，动点的相对加速度 $\boldsymbol{a}_r$ 在动坐标轴上的投影为

$$a_{rx'} = \frac{d^2x'}{dt^2}, \quad a_{ry'} = \frac{d^2y'}{dt^2}, \quad a_{rz'} = \frac{d^2z'}{dt^2} \tag{7.4}$$

因此动点 M 的相对加速度也可以表示为

$$\boldsymbol{a}_r = a_{rx'}\boldsymbol{i}' + a_{ry'}\boldsymbol{j}' + a_{rz'}\boldsymbol{k}' \tag{7.5}$$

下面我们来讨论牵连运动的速度与加速度的概念。在某一瞬时，在动系上与动点 M 相重合的那一点（此点称“牵连点”）对于静系的轨迹称为牵连运动的轨迹。这就是说如在某瞬时动点 M 没有相对运动，则此动点将沿着这瞬时的牵连轨迹而运动。在某一瞬时，动系上与动点 M 相重合的那一点对于静系的速度和加速度，称为动点 M 在这一瞬时的牵连速度和牵连加速度，以 $\boldsymbol{v}_e$，$\boldsymbol{a}_e$ 表示。

下面我们来看两个例子。

沿直线轨道滚动的车轮，以轮缘上点 M 为动点，静坐标系与地面固连，动坐标系与车厢固连，则 M 点的绝对速度、相对速度和牵连速度分别如图 7.3 所示。

沿着直管 OA 以匀速 $\boldsymbol{u}$ 运动的小球 M，开始时小球在点 O，又设直管 OA 以匀角速度 ω 在静平面 Oxy 内绕 O 轴转动。在某瞬时 t，此小球在直管中的 M 点。而 $OM = ut$，这时牵连速度的大小为 $v_e = OM\omega = ut\omega$，其方向与直管垂直，相对速度大小为 $v_r = u$，其方向沿直管方向；牵连加速度大小为 $a_e = OM\omega^2 = ut\omega^2$，其方向指向 O 点，相对加速度为零，如图7.4

所示。

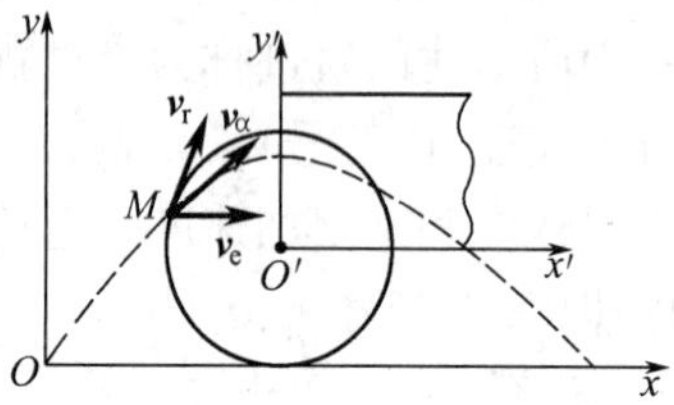

图 7.3

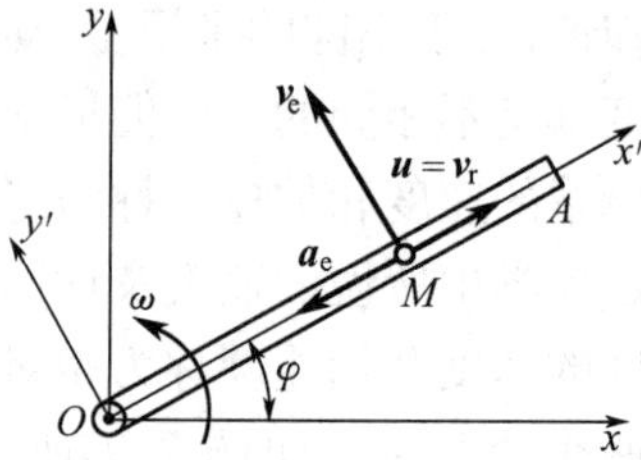

图 7.4

7.2　点的速度合成定理

知道了绝对速度、相对速度、牵连速度的概念，我们即可研究这 3 种速度之间的关系，即点的速度合成定理。

设动点 M 沿固连于动系 $O'x'y'z'$ 上的曲线 AB 运动（即曲线 AB 是 M 点的相对轨迹），而动系本身又相对于定系 $Oxyz$ 做某种运动，如图 7.5 所示。

在瞬时 t，动系 $O'x'y'z'$ 连同相对轨迹 AB 相对于静系在图示位置，动点则在曲线 AB 上的 M 点。经过时间间隔 Δt，相对轨迹随着动系运动到 A_1B_1，动点则到达曲线 A_1B_1 上的 M_1 点。动系上在瞬时 t 与 M 点重合的一点（牵连点）记为 m。假设没有相对运动，动点将随动系做与牵连点 m 相同的运动，因此在瞬时 $t+\Delta t$，动点将沿轨迹 $\overset{\frown}{mm_1}$ 运动到 m_1 点。$\overrightarrow{mm_1}$ 是 M 点的牵连位移。假如没有牵连运动，则动点在瞬时 $t+\Delta t$ 将只是沿曲线 AB 运动到 M' 点，$\overrightarrow{MM'}$ 是 M 点的相对位移。实际上相对运动和牵连运动是同时进行的，并且 M 点是沿轨迹 $\overset{\frown}{MM_1}$ 运动到 M_1 点的。$\overrightarrow{MM_1}$ 是 M 点的绝对位移。

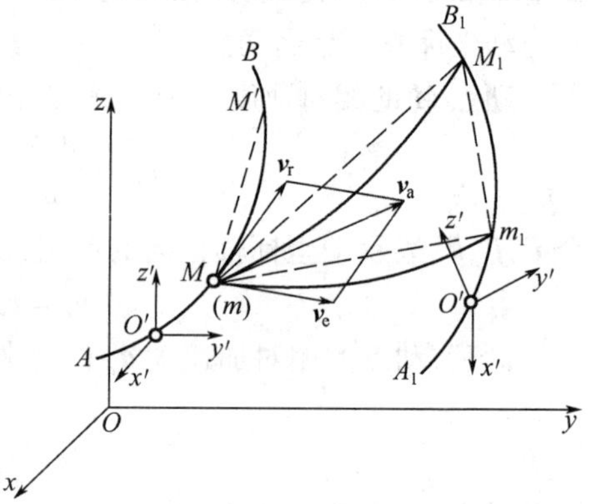

图 7.5

由三角形 Mm_1M_1 得

$$\overrightarrow{MM_1} = \overrightarrow{mm_1} + \overrightarrow{m_1M_1} \tag{7.6}$$

上式各项除以 Δt，并取 $\Delta t \to 0$ 的极限则有

$$\lim_{\Delta t\to 0}\frac{\overrightarrow{MM_1}}{\Delta t} = \lim_{\Delta t\to 0}\frac{\overrightarrow{mm_1}}{\Delta t} + \lim_{\Delta t\to 0}\frac{\overrightarrow{m_1M_1}}{\Delta t} \tag{7.7}$$

其中 $\lim\limits_{\Delta t\to 0}\dfrac{\overrightarrow{MM_1}}{\Delta t} = \boldsymbol{v}_a$ 是 M 点在瞬时 t 的绝对速度，其方向沿曲线 $\overset{\frown}{MM_1}$ 在 M 点的切线。

$\lim\limits_{\Delta t\to 0}\dfrac{\overrightarrow{mm_1}}{\Delta t} = \boldsymbol{v}_e$ 是牵连点 m 的（绝对）速度，即 M 点在瞬时 t 的牵连速度，其方向沿曲线 $\overset{\frown}{mm_1}$

在 M 点的切线。$\lim\limits_{\Delta t\to 0}\dfrac{\overrightarrow{m_1M_1}}{\Delta t}=\lim\limits_{\Delta t\to 0}\dfrac{\overrightarrow{MM'}}{\Delta t}=\boldsymbol{v}_r$(因为$\overrightarrow{m_1M_1}$和$\overrightarrow{MM'}$两矢量的模相等,且随 $\Delta t\to 0$ 而趋近于同一方向)是 M 点在瞬时 t 的相对速度,其方向沿相对轨迹 AB 在 M 点的切线。从而上式可以写成

$$\boldsymbol{v}_a=\boldsymbol{v}_e+\boldsymbol{v}_r \tag{7.8}$$

上式给出了点的速度合成定理:动点的绝对速度等于它的牵连速度与相对速度的矢量和。即动点的绝对速度可以由牵连速度与相对速度所构成的平行四边形的对角线来确定,这个平行四边形称为速度平行四边形。定理表达了同一动点相对于两个不同的参考系表现的不同的速度($\boldsymbol{v}_a$,$\boldsymbol{v}_r$)之间的关系。按照这一定理,可由牵连速度和相对速度求绝对速度,也可由绝对速度和牵连速度(或相对速度)求相对速度(或牵连速度),等等。

应当指出,在推导速度合成定理时,并未限制动参考系的运动形式。因此速度合成定理适用于牵连运动是任何运动的情况,即动参考系可做平移、转动或其他任何复杂的运动。

在应用速度合成定理来解决具体问题时,应注意以下三点:

(1) 恰当地选择动点和动系,一般都取静系固连于地面;

(2) 对于三种运动及三种速度的分析;

(3) 根据速度合成定理并结合各速度的已知条件先作出速度矢量图,然后利用三角关系或矢量投影定理求解未知量。

例 7.1　车厢以匀速 $v_1=5$ m/s 水平行驶,雨滴铅垂下落。而在车厢中观察到的雨滴的速度方向却偏斜向后,与铅垂线成夹角30°,如图7.6(a)所示。试求雨滴的绝对速度。

解　按题意,以雨滴为动点,将静系 Oxy 固连于地面,将动系 $O'x'y'z'$ 固连于车厢。

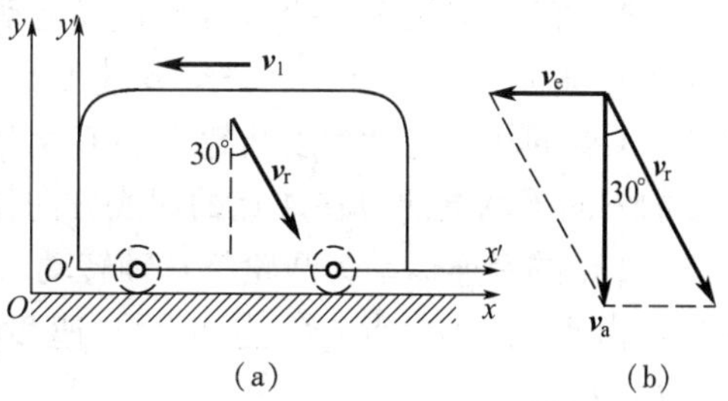

图 7.6

雨滴的绝对运动是它对于地面的铅垂向下的直线运动。绝对速度的方向铅垂向下,大小 v_a 待求。

雨滴的相对运动是对于车厢的斜直线运动运动。已知相对速度的方向与铅垂线成30°角,大小 v_r 未知。

牵连运动是车厢对地面的运动,它是平移。雨滴的牵连速度也即平移动系的速度,其方向水平向左,大小 $v_e=v_1=5$ m/s。

根据速度合成定理 $\boldsymbol{v}_a=\boldsymbol{v}_e+\boldsymbol{v}_r$,画出速度平行四边形,如图7.6(b)所示。由三角关系可知

$$v_a=v_e\cot 30°=5\ \text{m/s}\times\sqrt{3}=8.660\ \text{m/s}$$

例 7.2　刨床的急回机构如图7.7所示。曲柄 OA 的一端 A 与滑块用铰链连接。当曲柄 OA 以匀角速度 ω 绕固定轴 O 转动时,滑块在摇杆 O_1B 上滑动,并带动摇杆 O_1B 绕固定轴 O_1 摆动。设曲柄长 $OA=r$,两轴间距离 $OO_1=l$。求当曲柄在水平位置时摇杆的角速度 ω_1。

解　以曲柄 OA 的端点 A 为动点，动坐标系与摇杆 O_1B 固连。

A 点的绝对运动是绕 O 点的圆周运动。绝对速度的方向垂直于 OA 向上，大小 $v_a = r\omega$。

A 点的相对运动为沿摇杆 O_1B 的直线运动。相对速度的方向沿着 O_1B，大小 v_r 未知。

牵连运动为摇杆 O_1B 的定轴转动。A 点的牵连速度是动系（或者动系所固连的摇杆）上与 A 点重合的一点（牵连点）的速度，它的方向垂直摇杆 O_1B，大小 v_e 未知。

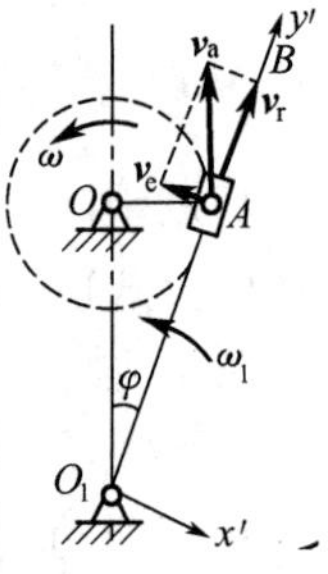

图 7.7

按速度合成定理 $\boldsymbol{v}_a = \boldsymbol{v}_e + \boldsymbol{v}_r$，作出速度平行四边形，如图 7.7 所示（逆时针）。因而

$$v_e = v_a \sin\varphi = r\omega\sin\varphi = \frac{r^2\omega}{\sqrt{l^2 + r^2}}$$

$$\omega_1 = \frac{v_e}{O_1A} = \frac{r^2\omega}{l^2 + r^2}$$

例 7.3　如图 7.8 所示，半径为 R、偏心距为 e 的凸轮，以匀角速度 ω 绕 O 轴转动，杆 AB 能在滑槽中上下平移，杆的端点 A 始终与凸轮接触，且 OAB 成一直线。求在图示位置时，杆 AB 的速度。

解　杆 AB 与凸轮之间有相对运动，当凸轮转动时，杆 AB 沿垂直槽上、下滑动。因 AB 杆是平动，得知 AB 杆的运动与 A 点的运动相同。故以杆 AB 上的 A 点为动点，动系固连于凸轮。

A 点的绝对运动为铅垂方向直线运动。绝对速度的方向铅垂，大小 v_a 未知，它就是待求的杆 AB 速度。

A 点的相对运动为以凸轮中心 C 为圆心的圆周运动。相对速度的方向沿圆周曲线在 A 点的切线方向，大小 v_r 也未知。

A 点的牵连运动为凸轮绕 O 轴转动。A 点牵连速度是凸轮上与 A 点相重合的一点（牵连点）的速度，其方向水平向右，大小 $v_e = OA\omega$。

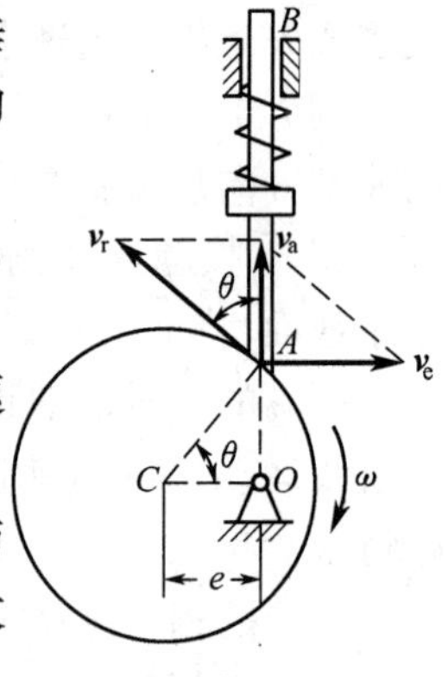

图 7.8

按速度合成定理 $\boldsymbol{v}_a = \boldsymbol{v}_e + \boldsymbol{v}_r$，作出速度平行四边形，如图 7.8 所示。由此求得 $v_{AB} = v_A = v_a = v_e\cot\theta = \omega e$，方向如图。

7.3　牵连运动为平动时点的加速度合成定理

在点的合成运动中，加速度之间的关系比较复杂，因此，先分析动参考系做平移的简单情况。

以 $Oxyz$ 表示静坐标系，$O'x'y'z'$ 表示动坐标系，由于动坐标系 $O'x'y'z'$ 为平移，动坐标轴 x'，y'，z' 方向不变，可使 x'，y'，z' 轴和 x，y，z 轴分别平行，如图 7.9 所示。动点在动坐标系下的运动方程（坐标）为 x'，y'，z'，沿着动坐标轴的单位矢量分别为 $\boldsymbol{i}'$，$\boldsymbol{j}'$，$\boldsymbol{k}'$，在动坐标系下对运动方程 x'，y'，z' 对时间求一阶和二阶导数，得动点 M 的相对速度和相对加速度分

别为

$$\boldsymbol{v}_{\mathrm{r}} = \frac{\mathrm{d}x'}{\mathrm{d}t}\boldsymbol{i}' + \frac{\mathrm{d}y'}{\mathrm{d}t}\boldsymbol{j}' + \frac{\mathrm{d}z'}{\mathrm{d}t}\boldsymbol{k}' \tag{7.9}$$

$$\boldsymbol{a}_{\mathrm{r}} = \frac{\mathrm{d}^2x'}{\mathrm{d}t^2}\boldsymbol{i}' + \frac{\mathrm{d}^2y'}{\mathrm{d}t^2}\boldsymbol{j}' + \frac{\mathrm{d}^2z'}{\mathrm{d}t^2}\boldsymbol{k}' \tag{7.10}$$

由点的速度合成定理有

$$\boldsymbol{v}_{\mathrm{a}} = \boldsymbol{v}_{\mathrm{e}} + \boldsymbol{v}_{\mathrm{r}}$$

上式两端在静系下对时间取一次导数，得

$$\frac{\mathrm{d}\boldsymbol{v}_{\mathrm{a}}}{\mathrm{d}t} = \frac{\mathrm{d}\boldsymbol{v}_{\mathrm{e}}}{\mathrm{d}t} + \frac{\mathrm{d}\boldsymbol{v}_{\mathrm{r}}}{\mathrm{d}t} \tag{7.11}$$

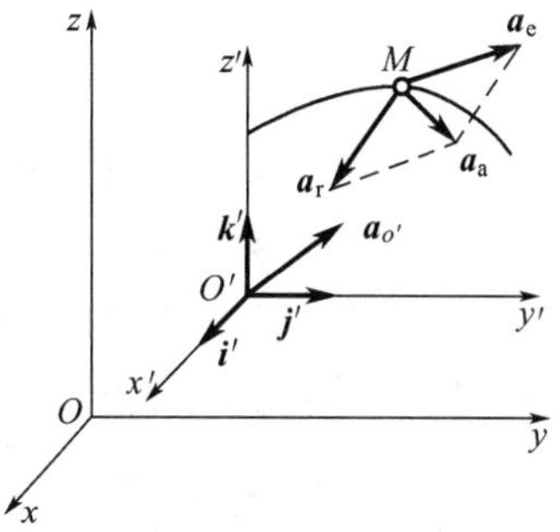

图 7.9

上式左端项为动点 M 的绝对速度在静系下对时间的一阶导数，为绝对加速度，即

$$\frac{\mathrm{d}\boldsymbol{v}_{\mathrm{a}}}{\mathrm{d}t} = \boldsymbol{a}_{\mathrm{a}} \tag{7.12}$$

由于动系为平移，动系上各点的速度和加速度在任一瞬时都是相同的，因而动系坐标原点 O' 的速度 $\boldsymbol{v}_{O'}$ 和加速度 $\boldsymbol{a}_{O'}$ 就等于牵连速度 $\boldsymbol{v}_{\mathrm{e}}$ 和牵连加速度 $\boldsymbol{a}_{\mathrm{e}}$，即

$$\boldsymbol{v}_{O'} = \boldsymbol{v}_{\mathrm{e}}, \quad \boldsymbol{a}_{O'} = \boldsymbol{a}_{\mathrm{e}}$$

而 $\boldsymbol{v}_{O'}$ 是动系坐标原点相对静系的速度，其相对静系对时间求一阶导数就是动系坐标原点的加速度 $\boldsymbol{a}_{O'}$，在动系为平移的情况下，动系坐标原点的加速度就是动点的牵连加速度，因而有

$$\frac{\mathrm{d}\boldsymbol{v}_{\mathrm{e}}}{\mathrm{d}t} = \frac{\mathrm{d}\boldsymbol{v}_{O'}}{\mathrm{d}t} = \boldsymbol{a}_{O'} = \boldsymbol{a}_{\mathrm{e}}$$

即

$$\frac{\mathrm{d}v_{\mathrm{e}}}{\mathrm{d}t} = \boldsymbol{a}_{\mathrm{e}} \tag{7.13}$$

由于动系相对静系为平移，单位矢量 $\boldsymbol{i}', \boldsymbol{j}', \boldsymbol{k}'$ 的大小和方向都不改变，是恒矢量，而运动方程 x', y', z' 为代数量，把式(7.9) 对时间求一阶导数，有

$$\frac{\mathrm{d}\boldsymbol{v}_{\mathrm{r}}}{\mathrm{d}t} = \frac{\mathrm{d}^2x'}{\mathrm{d}t^2}\boldsymbol{i}' + \frac{\mathrm{d}^2y'}{\mathrm{d}t^2}\boldsymbol{j}' + \frac{\mathrm{d}^2z'}{\mathrm{d}t^2}\boldsymbol{k}'$$

和式(7.10) 比较，有

$$\frac{\mathrm{d}\boldsymbol{v}_{\mathrm{r}}}{\mathrm{d}t} = \boldsymbol{a}_{\mathrm{r}} \tag{7.14}$$

把式(7.12)、式(7.13)、式(7.14) 代入式(7.11)，有

$$\boldsymbol{a}_{\mathrm{a}} = \boldsymbol{a}_{\mathrm{e}} + \boldsymbol{a}_{\mathrm{r}} \tag{7.15}$$

此即牵连运动为平移时点的加速度合成定理，用语言叙述为：牵连运动为平移时，动点在某瞬时的绝对加速度等于该瞬时它的牵连加速度与相对加速度的矢量和。此定理建立了在动系做平移的情况下，同一动点对于两个不同参考系表现的不同加速度之间的关系。

应用加速度合成定理解题的步骤与应用速度合成定理时基本相同：首先恰当地选择动点和动系，然后分析3种运动和3种加速度的各个要素，最后作出加速度矢量图，解出待求各量。

现在举例说明牵连运动为平移时点的加速度合成定理的应用。

例 7.4　曲柄 OA 绕固定轴 O 转动，T 字形滑杆 BC 沿水平方向往复平移，如图7.10 所示。铰接在曲柄端 A 的滑块，在 T 字形滑杆的铅直槽 DE 内滑动。曲柄以匀角速度 ω 转动，$OA=R$，求滑杆 BC 的加速度。

解　T 字形滑杆 BC 做平移运动，把动系建于此滑杆上，动点选为滑块 A。运动分析：绝对运动为以 O 为圆心、R 为半径的圆周运动；相对运动为沿滑槽 DE 的直线运动；牵连运动为滑杆 BC 的平移。因动系为平移，所以可用动系平移时点的加速度合成定理求解。因 OA 杆为匀速转动，所以绝对加速度只有法向分量，大小、方向为已知，相对加速度沿着铅直线，牵连加速度沿着水平方向，画出加速度图即可求解。

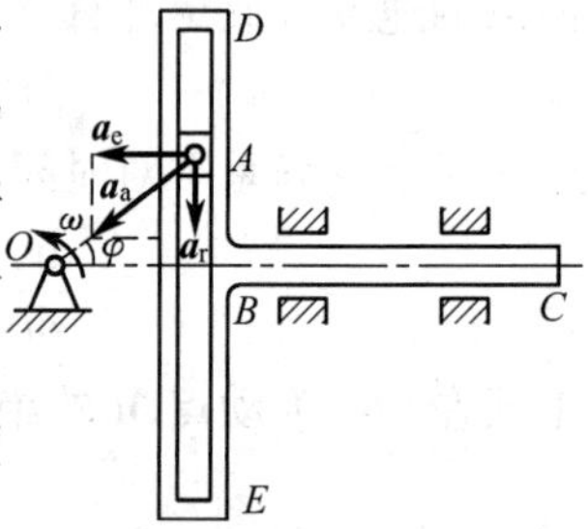

图 7.10

由动系平移时的加速度合成定理 $\boldsymbol{a}_a=\boldsymbol{a}_e+\boldsymbol{a}_r$，得 $a_a=a_a^n=R\omega^2$。画出加速度矢量图如图 7.10 所示，由图中三角关系可求得

$$a_{BC}=a_e=a_a\cos\varphi=R\omega^2\cos\varphi$$

此即滑杆 BC 的加速度，方向水平向左。

例 7.5　图 7.11(a) 所示凸轮在水平面上向右做减速运动，凸轮半径为 R，图示瞬时的速度和加速度分别为 $\boldsymbol{v}$ 和 $\boldsymbol{a}$。求杆 AB 在图示位置时的速度和加速度。

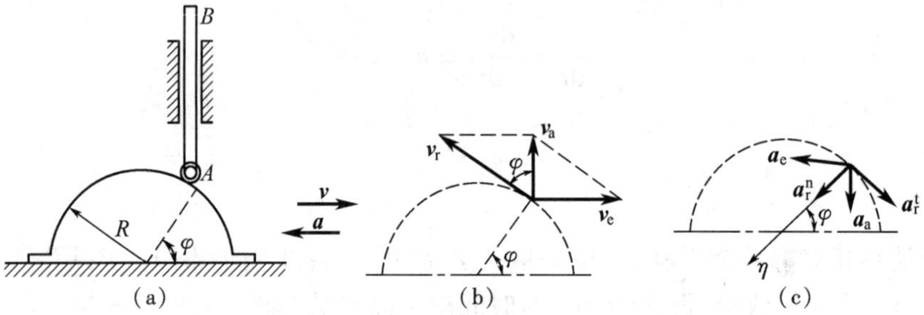

图 7.11

解　以杆 AB 上的点 A 为动点，动系建于凸轮上。

运动分析：点 A 的绝对运动为铅垂方向直线运动，相对运动为沿着凸轮的轮廓线(圆周运动)，牵连运动为平移。凸轮的速度、加速度为牵连速度、牵连加速度。画出速度图与加速度图求解。

由速度合成定理

$$\boldsymbol{v}_a=\boldsymbol{v}_e+\boldsymbol{v}_r$$

速度图如图 7.11(b) 所示。式中 $v_e=v$，由图中几何关系可求得杆 AB 的速度为

$$v_{AB}=v_a=v\cot\varphi$$

因为动系为平移，由加速度合成定理有

$$\boldsymbol{a}_a=\boldsymbol{a}_e+\boldsymbol{a}_r^t+\boldsymbol{a}_r^n \tag{a}$$

式中，$a_e=a$，$a_r^n=\dfrac{v_r^2}{R}$，由图 7.11(b) 中可求得 $v_r=\dfrac{v}{\sin\varphi}$，则 $a_r^n=\dfrac{v_r^2}{R}=\dfrac{v^2}{R\sin^2\varphi}$。加速度图如

图7.11(c) 所示。

为避开求 a_r^t,用一个方程求出 a_a,把式(a) 沿图示轴 η 投影,有

$$a_a \sin \varphi = a_e \cos \varphi + a_r^n$$

求得杆 AB 在图示位置时的加速度为

$$a_a = a\cot \varphi + \frac{v^3}{R\sin^3 \varphi}$$

例 7.6　图7.12(a) 所示平面机构中,曲柄 $OA = r$,以匀角速度 ω_O 转动。套筒 A 可沿 BC 杆滑动。已知 $BC = DE$,且 $BD = CE = l$。求图示位置时,杆 BD 的角速度和角加速度。

解　以套筒上 A 点为动点,杆 BC 为动系。由于 $DBCE$ 为平行四边形,所以杆 BC 做平动,因此 A 点的牵连速度 $\boldsymbol{v}_e = \boldsymbol{v}_B$。根据点的速度合成定理,有

$$\boldsymbol{v}_a = \boldsymbol{v}_e + \boldsymbol{v}_r$$

速度平行四边形如图 7.12(a) 所示。

由图示几何关系解出

$$v_e = v_r = v_a = r\omega_O$$

因而杆 BD 的角速度 ω 方向如图,大小为

$$\omega = \frac{v_B}{l} = \frac{v_e}{l} = \frac{r\omega_O}{l}$$

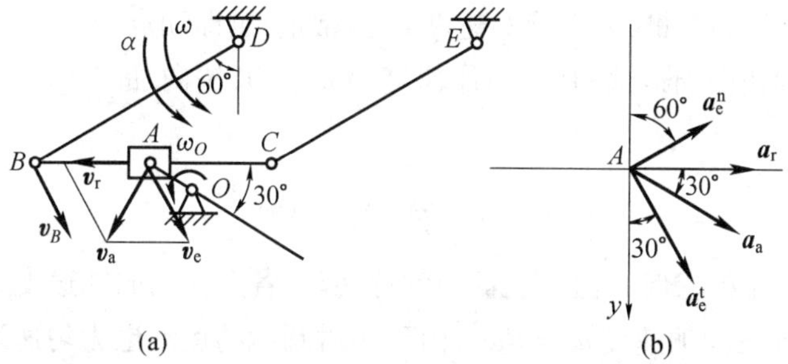

图 7.12

根据牵连运动为平动时点的加速度合成定理,有

$$\boldsymbol{a}_a = \boldsymbol{a}_e + \boldsymbol{a}_r = \boldsymbol{a}_e^t + \boldsymbol{a}_e^n + \boldsymbol{a}_r$$

其中

$$a_a = r\omega_O^2,\quad a_e^n = l\omega^2 = \frac{r^2\omega_O^2}{l}$$

将上述牵连运动为平动时点的加速度合成定理表达式向 y 轴投影,得

$$a_a \sin 30^\circ = a_e^t \cos 30^\circ - a_e^n \sin 30^\circ$$

解得

$$a_e^t = \frac{\sqrt{3}\, r\omega_O^2(l + r)}{3l}$$

解得 a_e^t 为正,表示所设 $\boldsymbol{a}_e^t$ 指向正确。

因为动系平动,点 B 的加速度等于牵连加速度,因而杆 BD 的角加速度方向如图

7.12(a) 所示,值为

$$\alpha = \frac{a_e^t}{l} = \frac{\sqrt{3}r\omega_O^2(l+r)}{3l^2}$$

注意,牵连运动为平移时点的加速度合成定理$\boldsymbol{a}_a = \boldsymbol{a}_e + \boldsymbol{a}_r$和速度合成定理$\boldsymbol{v}_a = \boldsymbol{v}_e + \boldsymbol{v}_r$形式相同,但求解方式一般不同。速度合成定理里有 3 项速度,加速度合成定理里最多可有 6 项加速度,分别为绝对切向、法向加速度、牵连切向、法向加速度,相对切向、法向加速度。所以求解速度时一般解一个平行四边形(或三角形) 即可,而求解加速度时则一般需用矢量投影的方法。

7.4 牵连运动为转动时点的加速度合成定理

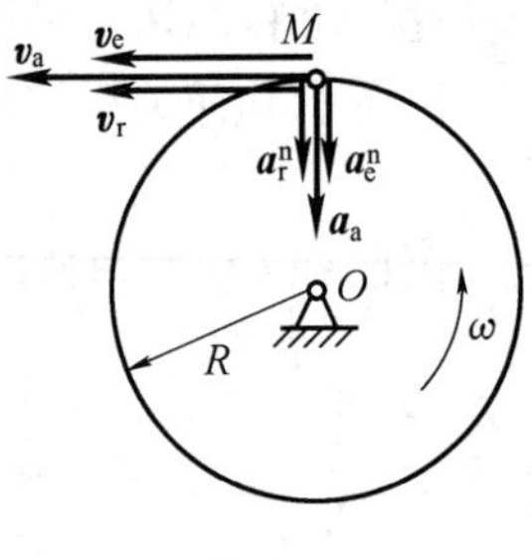

图 7.13

当牵连运动为转动时,点的加速度合成定理与动系做平动时的情况不同。先看一个例子:一半径为 R 的圆盘绕中心轴 O 以匀角速度 ω 转动,圆盘边缘有一动点 M,以相对速度 $\boldsymbol{v}_r$ 匀速沿边缘做匀速圆周运动,如图 7.13 所示,求点 M 的加速度。取圆盘为动参考系,M 为动点,则动点 M 的牵连速度为 $v_e = R\omega$,根据点的速度合成定理可知,动点 M 的绝对速度为 $v_a = v_e + v_r = R\omega + v_r$,因为 ω, v_r 均为常量,所以绝对速度 v_a 为常量,也即动点 M 的绝对速度为匀速圆周运动,其切向加速度为 $a_a^t = 0$,法向加速度

$$a_a^n = \frac{v_a^2}{R} = R\omega^2 + 2\omega v_r + \frac{v_r^2}{R} \tag{7.16}$$

由公式$\boldsymbol{a}_a = \boldsymbol{a}_e + \boldsymbol{a}_r$求解。由于圆盘为匀速转动,各点无切向加速度,所以牵连切向加速度 $a_e^t = 0$,而牵连法向加速度 $a_e^n = R\omega^2$,由于相对圆盘的运动也为匀速运动,相对切向加速度 $a_r^t = 0$,相对法向加速度 $a_r^n = \frac{v_r^2}{R}$,由公式 $\boldsymbol{a}_a = \boldsymbol{a}_e + \boldsymbol{a}_r$,得 $a_a^t = 0$,而

$$a_a^n = a_e^n + a_r^n = R\omega^2 + \frac{v_r^2}{R} \tag{7.17}$$

对此例,用两种方法所得动点的绝对加速度式(7.16),(7.17) 明显不一样。在此例中,动点的绝对运动为匀速圆周运动,其绝对速度为 $v_a = v_e + v_r = R\omega + v_r$ 为两项。求其绝对加速度用公式 $a_a^n = \frac{v_a^2}{R}$,所得 $a_a^n = R\omega^2 + 2\omega v_r + \frac{v_r^2}{R}$ 明显无误。但用公式$\boldsymbol{a}_a = \boldsymbol{a}_e + \boldsymbol{a}_r$求解,就差一项,有错误。这说明在此种情况下用公式$\boldsymbol{a}_a = \boldsymbol{a}_e + \boldsymbol{a}_r$求解加速度有问题。所以,在动系为定轴转动的情况下,不能用公式$\boldsymbol{a}_a = \boldsymbol{a}_e + \boldsymbol{a}_r$求解其加速度。由此可见,当牵连运动为转动时动点的绝对加速度并不等于其牵连加速度与相对加速度的矢量和,而还要附加一项加速度 $2\omega v_r$。这个附加的加速度成为科氏加速度,记为 $\boldsymbol{a}_c$。科氏加速度是法国数学家科利奥里于 1832 年发现的,因而命名为科利奥里加速度,简称科氏加速度。本例中 $\boldsymbol{a}_c$ 的大小为

$$a_c = 2\omega v_r = 2|\omega \times v_r|$$

方向是沿半径而指向圆心 O，即与矢量积 $\boldsymbol{\omega} \times \boldsymbol{v}_r$ 的方向相同。

可以证明，在一般情况下

$$\boldsymbol{a}_a = \boldsymbol{a}_e + \boldsymbol{a}_r + \boldsymbol{a}_c \tag{7.18}$$

式中

$$\boldsymbol{a}_c = 2\boldsymbol{\omega}_e \times \boldsymbol{v}_r \tag{7.19}$$

其中，$\boldsymbol{\omega}_e$ 为动系的角速度矢量，其表示方法很简单，用右手螺旋法则，把四个手指朝动系转动方向转过去，拇指方向即为角速度矢量方向。科氏加速度的确定，按矢量乘积的定义，如图 7.14 所示。

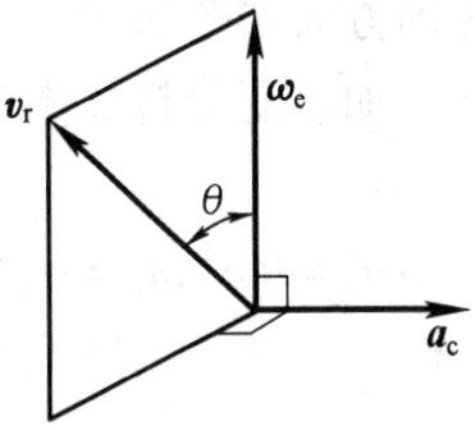

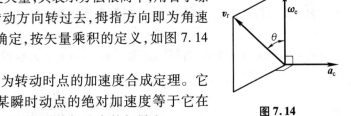

图 7.14

式(7.18) 称为牵连运动为转动时点的加速度合成定理。它表明：当牵连运动为转动时，某瞬时动点的绝对加速度等于它在该瞬时的牵连加速度、相对加速度与科氏加速度的矢量和。

科氏加速度是由于动系为转动时，转动的牵连运动与相对运动相互影响而产生的。因为从式(7.19) 可以看出，若牵连角速度 $\omega_e = 0$，或者相对速度 $v_r = 0$，则科氏加速度等于零。

牵连运动为转动时点的加速度合成定理的推导比较复杂，作为一般的读者，能熟练地使用牵连运动为转动时点的加速度合成定理的公式求解问题就已经达到目的，所以可以不关心牵连运动为转动时点的加速度合成定理的推导，感兴趣的读者可以参看其他多学时理论力学教材的推导过程。

例 7.7　刨床急回机构如图 7.15 所示。曲柄 OA 的一端 A 与滑块用铰链连接，曲柄 OA 以匀角速度 ω 绕固定轴 O 转动，滑块在摇杆 O_1B 上滑动，带动摇杆 O_1B 绕固定轴 O_1 摆动。曲柄长 $OA = R$，两轴间的距离为 $OO_1 = l$。当曲柄在水平位置时，求摇杆 O_1B 的角速度和角加速度。

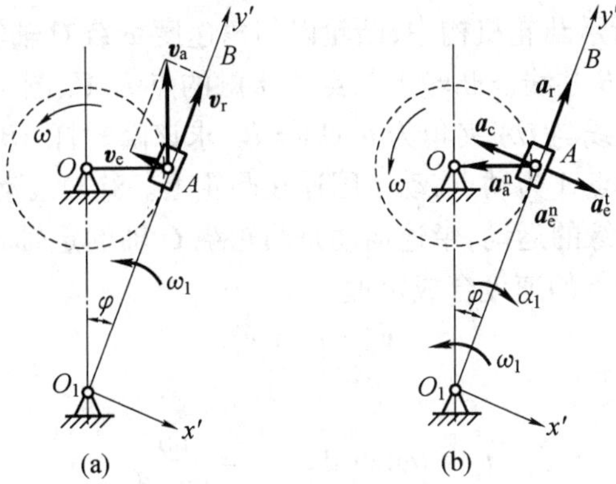

图 7.15

解　以滑块上的 A 点为动点，摇杆 O_1B 为动系，速度平行四边形如图 7.15(a) 所示，由

$$\boldsymbol{v}_a = \boldsymbol{v}_e + \boldsymbol{v}_r$$

式中 $v_a = R\omega$，由几何关系可求得

$$v_e = v_a \sin\varphi = \frac{R^2\omega}{\sqrt{R^2 + l^2}}$$

则此时摇杆 O_1B 的角速度为

$$\omega_1 = \frac{v_e}{O_1A} = \frac{R^2\omega}{R^2 + l^2}$$

转动方向如图所示。

加速度分析如图 7.15(b) 所示，根据牵连运动为转动时点的加速度合成定理

$$\boldsymbol{a}_a = \boldsymbol{a}_a^n = \boldsymbol{a}_e^t + \boldsymbol{a}_e^n + \boldsymbol{a}_r + \boldsymbol{a}_c$$

式中 $a_a^n = R\omega^2$，$a_e^n = O_1A\omega_1^2$，而科氏加速度 $a_C = 2\omega_1 v_r$。为求得科氏加速度，由图 7.15(a) 中求得

$$v_r = v_a \cos\varphi = \frac{Rl\omega}{\sqrt{R^2 + l^2}}$$

则科氏加速度为

$$a_c = 2\omega_1 v_r = \frac{2R^3 l\omega^2}{(R^2 + l^2)^{3/2}}$$

为避开求相对加速度 $\boldsymbol{a}_r$，把加速度合成定理表达式沿图示的 x' 轴投影，得

$$-a_a \cos\varphi = a_e^t - a_c$$

解得

$$a_e^t = -\frac{Rl(l^2 - R^2)}{(l^2 + R^2)^{3/2}}\omega^2$$

负号表示 $\boldsymbol{a}_e^t$ 与图示的方向相反。最后得摇杆 O_1B 的角加速度为

$$\alpha_1 = \frac{a_e^t}{O_1A} = \frac{Rl(l^2 - R^2)}{(l^2 + R^2)^2}\omega^2$$

转向为逆时针转向。

例 7.8　图 7.16 所示凸轮机构中，凸轮以匀角速度 ω 绕 O 轴转动，带动直杆 AB 沿铅直线上下运动，且 O,A,B 共线。凸轮上与点 A 接触的点为 A'，图示瞬时凸轮上点 A' 的曲率半径为 ρ_A，点 A' 的法线与 OA 夹角为 θ，$OA = l$。求该瞬时杆 AB 的速度及加速度。

解　以杆 AB 上的点 A 为动点，动系固连在凸轮上。绝对运动是点 A 的直线运动，相对运动是点 A 沿凸轮轮缘的运动，牵连运动是凸轮绕 O 轴的定轴转动。速度平行四边形如图 7.16(a) 所示。由点的速度合成定理

$$\boldsymbol{v}_a = \boldsymbol{v}_e + \boldsymbol{v}_r$$

式中 $v_e = l\omega$，可求得

$$v_a = l\omega\tan\theta, \quad v_r = \frac{l\omega}{\cos\theta}$$

加速度分析如图 7.16(b) 所示，根据牵连运动为转动时点的加速度合成定理

$$\boldsymbol{a}_a = \boldsymbol{a}_r^t + \boldsymbol{a}_r^n + \boldsymbol{a}_e + \boldsymbol{a}_c$$

式中 $a_e = l\omega^2$，$a_r^n = \dfrac{v_r^2}{\rho_A} = \dfrac{l^2\omega^2}{\rho_A\cos^2\theta}$，而科氏加速度 $a_c = 2\omega v_r = \dfrac{2l\omega^2}{\cos\theta}$，各加速度方向如图

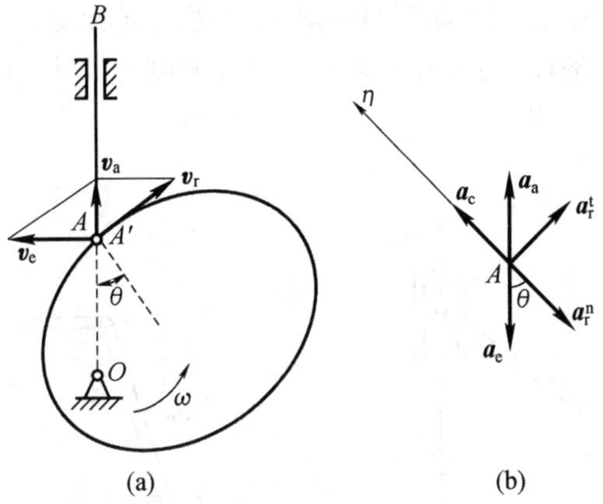

图 7.16

7.16(b) 所示。欲求 $\boldsymbol{a}_a$,可将加速度合成定理表达式沿图示的 η 轴投影得

$$a_a\cos\theta = -a_e\cos\theta - a_r^n + a_c$$

解得

$$a_a = -l\omega^2\left(1 + \frac{l}{\rho_A\cos^3\theta} - \frac{2}{\cos^2\theta}\right)$$

方向与图 7.16(b) 所示方向相反。

习　　题

7.1　选择题

(1) 半径为 R 的圆轮以匀角速度 ω 做纯滚动,带动 AB 杆绕 B 做定轴转动,D 是轮与杆的接触点。若取轮心 C 为动点,杆 AB 为动坐标,则动点的牵连速度为(　　)。

(A) $v_e = BD\omega_{AB}$,方向垂直 AB　　(B) $v_e = R\omega$,方向平行 EB

(C) $v_e = BC\omega_{AB}$,方向垂直 BC　　(D) $v_e = R\omega$,方向平行 AB

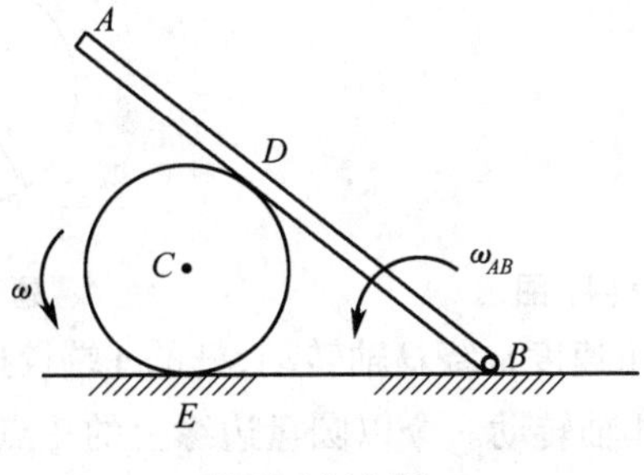

题 7.1(1) 图

(2) 杆 AB 的两端可分别沿水平、铅直滑道滑动,已知 B 端的速度为 $\boldsymbol{v}_B$,则图示瞬时 B 点相对于 A 点的速度为(　　)。

(A) $v_B\sin\theta$　　(B) $v_B\cos\theta$　　(C) $\dfrac{v_B}{\sin\theta}$　　(D) $\dfrac{v_B}{\cos\theta}$

(3) 平行四边形机构,在图示瞬时杆 O_1A 以角速度 ω 转动。滑块 M 相对 AB 杆运动,若取 M 为动点,AB 为动坐标,则该瞬时动点的牵连速度与杆 AB 间的夹角为(　　)。

(A)0°　　(B)30°　　(C)60°　　(D)90°

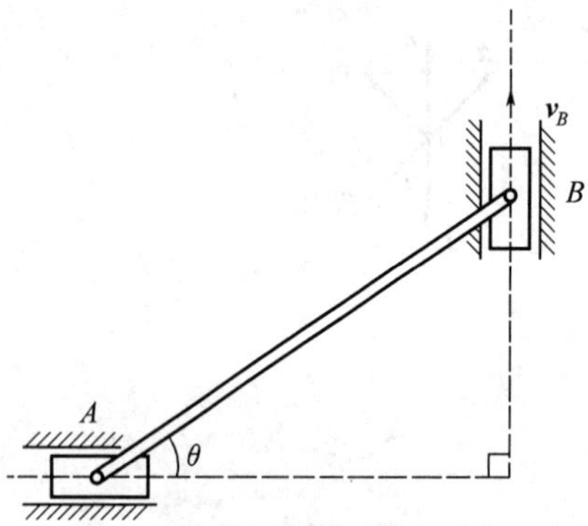

题 7.1(2) 图

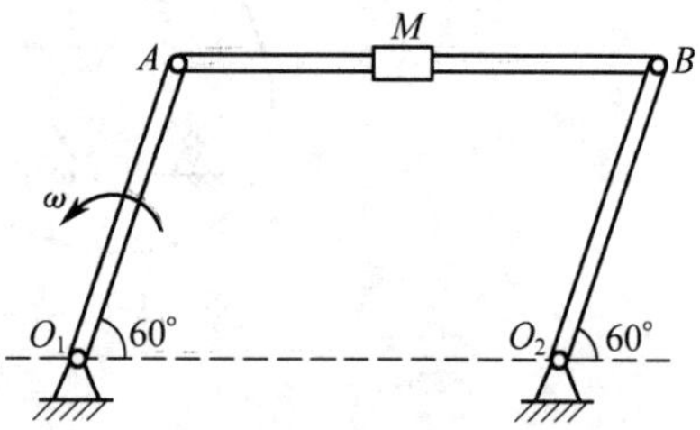

题 7.1(3) 图

(4) 机构如图示,取套筒上 A 点为动点,动坐标系设在摇杆 CD 上,则图示瞬时 A 点的科氏加速度 $\boldsymbol{a}_c$ 的大小与方向是(　　)。

(A)$a_c = 2\omega_O v_r$,方向水平向左　　(B)$a_c = 2\omega_O v_r$,方向水平向右　　(C)$a_c = 0$

(5) 复摆由长为 L 的细杆 OA 和半径为 r 的圆盘固连而成,动点 M 沿盘的边缘以匀速率 u 相对于盘做匀速圆周运动。在图示位置,摆的角速度为 ω,则该瞬时动点 M 的绝对速度的大小等于(　　)。

(A)$L\omega + u$　　(B)$(L + r)\omega + u$　　(C)$(L + 2r)\omega + u$　　(D)$(L + 2r)\omega - u$

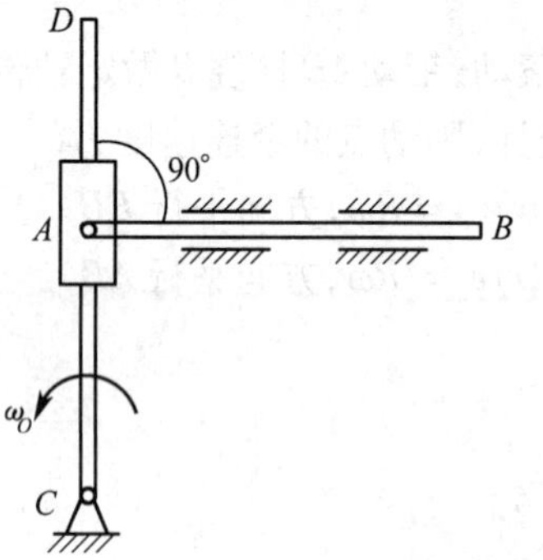

题 7.1(4) 图

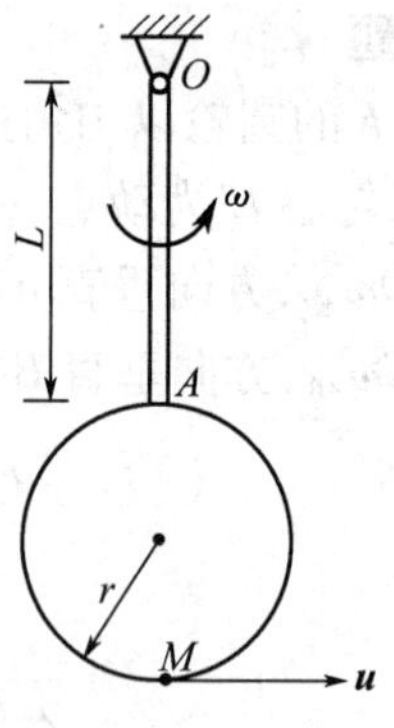

题 7.1(5) 图

(6) 长 L 的直杆 OA,以角速度 ω 绕 O 轴转动,杆的 A 端铰接一个半径为 r 的圆盘,圆盘相对于直杆以角速度 ω_r 绕 A 轴转动。今以圆盘边缘上的一点 M 为动点,OA 杆为动坐标,当 AM 垂直 OA 时,M 点的牵连速度为(　　)。

(A)$v_e = L\omega$,方向沿 AM

(B)$v_e = r\omega$,方向垂直 AM,指向左下方

(C)$v_e = \sqrt{L^2 + r^2}\,\omega$,方向垂直 OM,指向右下方

(D)$v_e = L(\omega - \omega_r)$,方向沿 AM

(7) 正方形板以等角速度 ω 绕 O 轴转动，小球 M 以匀速 $\boldsymbol{u}$ 沿板内半径为 R 的圆槽运动。则 M 的绝对加速度为(　　)。

(A) $R\omega^2 - 2\omega u$　　(B) $R\omega^2 + \frac{u^2}{R}$

(C) $R\omega^2 - 2\omega u + \frac{u^2}{R}$　　(D) $R(\omega + \frac{u}{R})^2$

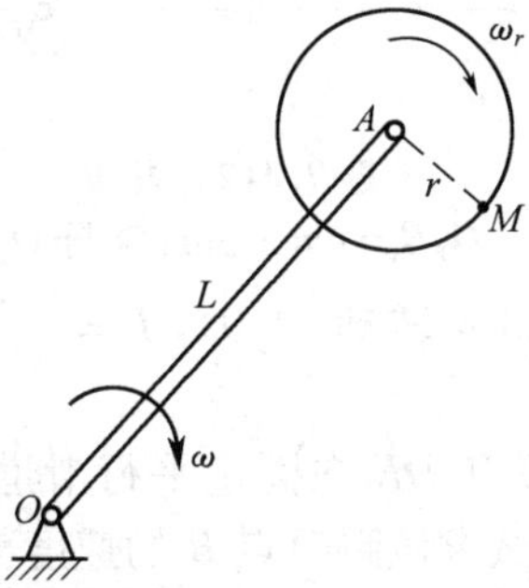

题 7.1(6) 图

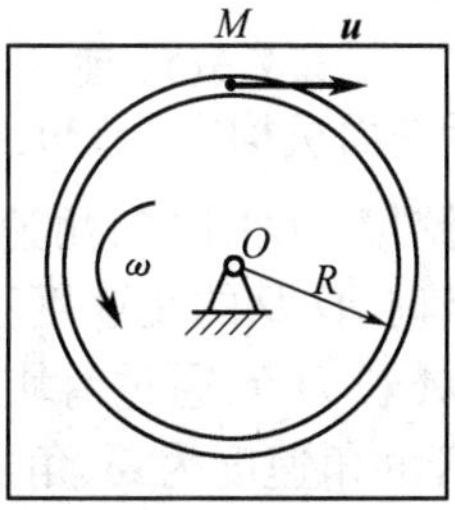

题 7.1(7) 图

7.2　填空题

(1) 图示平面机构中，$OA = 10$ cm，$\omega = 2$ rad/s。若以 CB 为动系，则在图示位置滑块 A 的相对速度 v_r = ________；牵连速度 v_e = ________。

(2) 系统按 $s = a + b\sin\omega t$ 且 $\varphi = \omega t$（其中 a,b,ω 均为常量）的规律运动，杆长 L，若取小球 A 为动点，物体 B 为动坐标，则牵连速度 v_e = ________；相对速度 v_r = ________（方向均须由图表示）。

(3) 点的合成运动中，科氏加速度产生的原因是________；一圆柱以 ω 转动，动点 M 沿柱体母线以 $\boldsymbol{v}_r$ 向上运动，则科氏加速度的大小为________，方向用图表示。

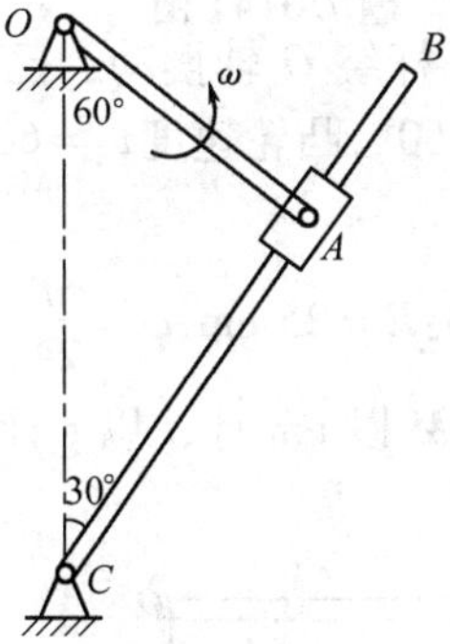

题 7.2(1) 图

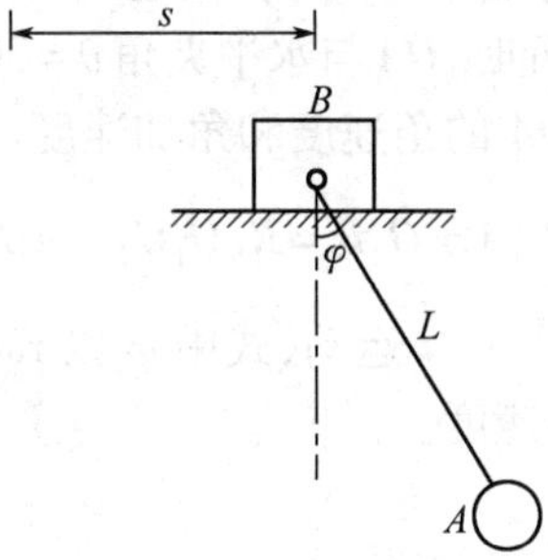

题 7.2(2) 图

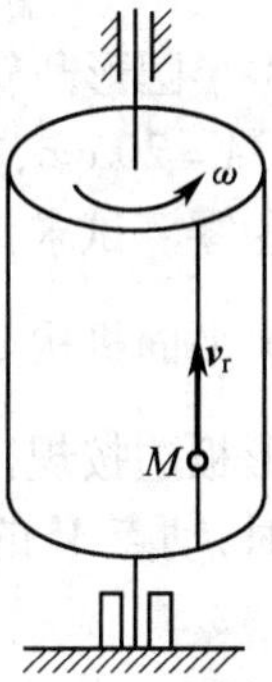

题 7.2(3) 图

7.3　计算题

(1) 平面机构如图所示。曲柄 OA 绕 O 轴转动，带动直角杆 CB 沿铅垂方向运动。已知：$OA = R$，在图示位置 $\varphi = 60^\circ$ 时角速度为 ω。试求该瞬时 CB 杆上 B 点的速度。

(2) 直角杆 OAB 可绕 O 轴转动，圆弧形杆 CD 固定，小环 M 套在两杆上。已知 $OA = R = 20$ cm，$AM = 20(1 - \cos\frac{\pi}{2}t)$，$AM$ 以 cm 计，t 以 s 计。试求 $t = 1$ s 时：①小环 M 的绝对速度；②OAB 杆的角速度。

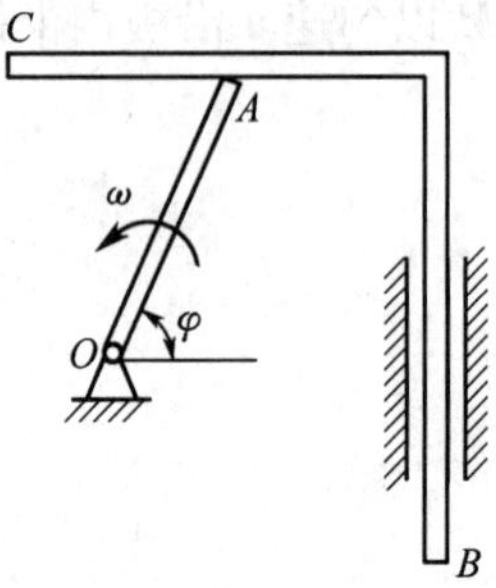

题 7.3(1) 图

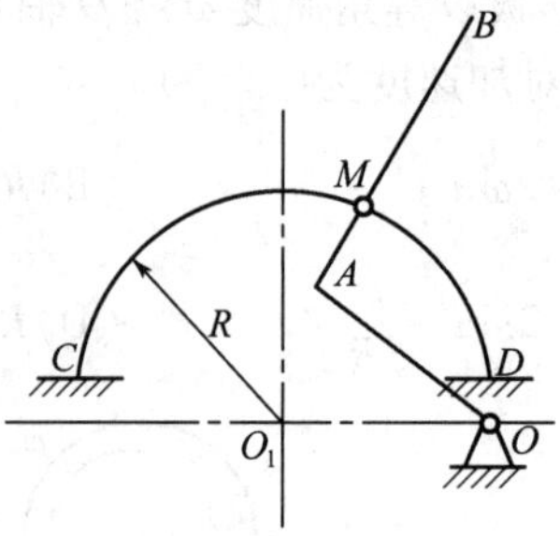

题 7.3(2) 图

(3) 在图示平面机构中,已知:$OO_1 = AB$,$OA = O_1B = r = 3$ cm,摇杆 O_2D 在 D 点与套在 AE 杆上的套筒铰接。OA 以匀角速度 $\omega_O = 2$ rad/s 转动,$O_2D = L = 3\sqrt{3}$ cm。试求:当 $\theta = 60°$,$\varphi = 30°$ 时,O_2D 的角速度和角加速度。

(4) 曲柄 OA 长为 R,通过滑块 A 使导杆 BC 和 DE 在固定平行滑道内上下滑动,当 $\varphi = 30°$ 时,OA 杆的角速度为 ω、角加速度为 α。试求该瞬时点 B 的速度与加速度。

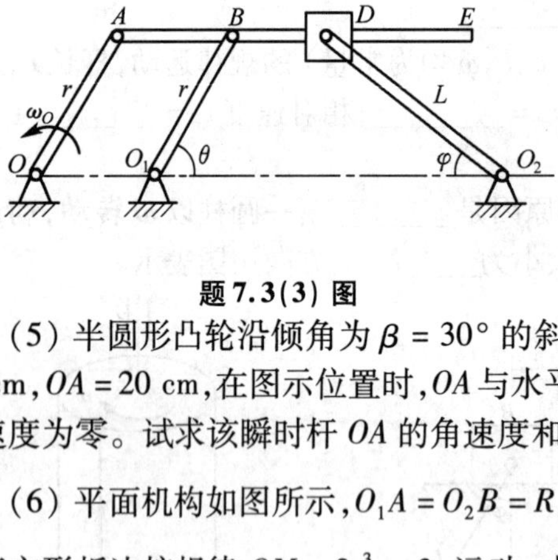

题 7.3(3) 图

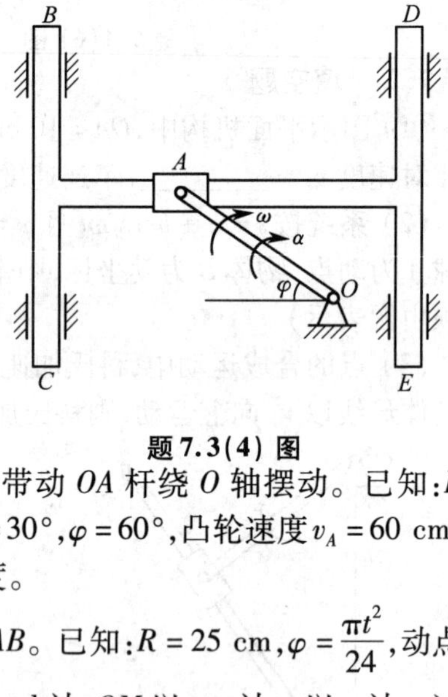

题 7.3(4) 图

(5) 半圆形凸轮沿倾角为 $\beta = 30°$ 的斜面运动,带动 OA 杆绕 O 轴摆动。已知:$R = 10$ cm,$OA = 20$ cm,在图示位置时,OA 与水平夹角 $\theta = 30°$,$\varphi = 60°$,凸轮速度 $v_A = 60$ cm/s,加速度为零。试求该瞬时杆 OA 的角速度和角加速度。

(6) 平面机构如图所示,$O_1A = O_2B = R$,$O_1O_2 = AB$。已知:$R = 25$ cm,$\varphi = \dfrac{\pi t^2}{24}$,动点 M 沿正方形板边按规律 $OM = 2t^3 + 3t$ 运动,式中 φ 以 rad 计,OM 以 cm 计,t 以 s 计。试求 $t = 2$ s 时,动点 M 的速度和加速度。

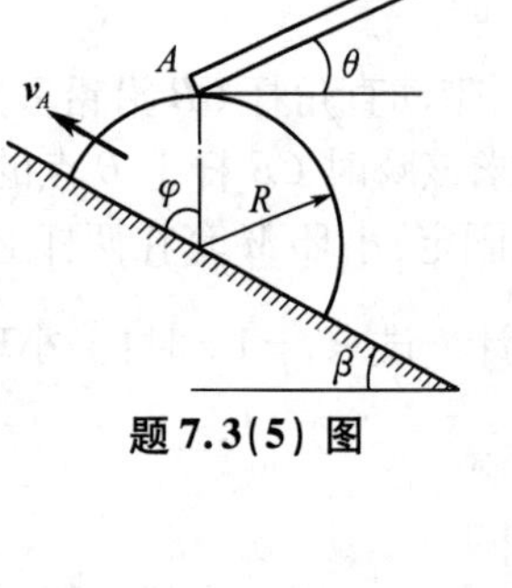

题 7.3(5) 图

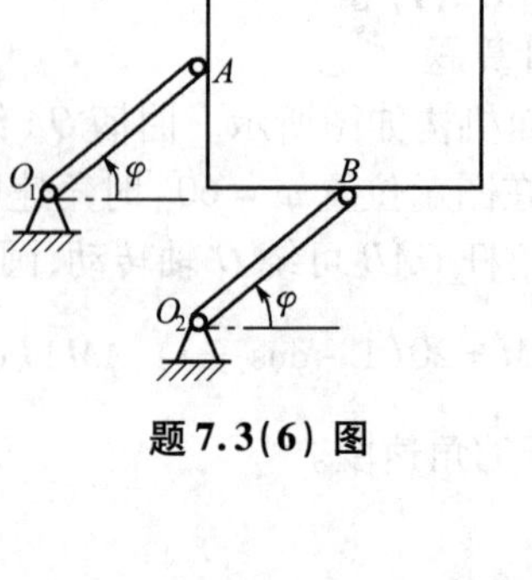

题 7.3(6) 图

(7) 图示铰接四边形机构中，$O_1A = O_2B = 100$ mm，又 $O_1O_2 = AB$，杆 O_1A 以等角速度 $\omega = 2$ rad/s 绕轴 O_1 转动。杆 AB 上有一套筒 C，此套筒与杆 CD 铰接。机构的各部件都在同一铅直面内。求当 $\varphi = 60°$ 时，杆 CD 的速度和加速度。

(8) 小车沿水平方向向右作加速运动，其加速度 $a = 0.493$ m/s^2。在小车上有一轮绕 O 轴转动，转动的规律为 $\varphi = t^2$（t 以 s 计，φ 以 rad 计）。当 $t = 1$ s 时，轮缘上点 A 的位置如图所示。如轮的半径 $r = 0.2$ m，求此时点 A 的绝对加速度。

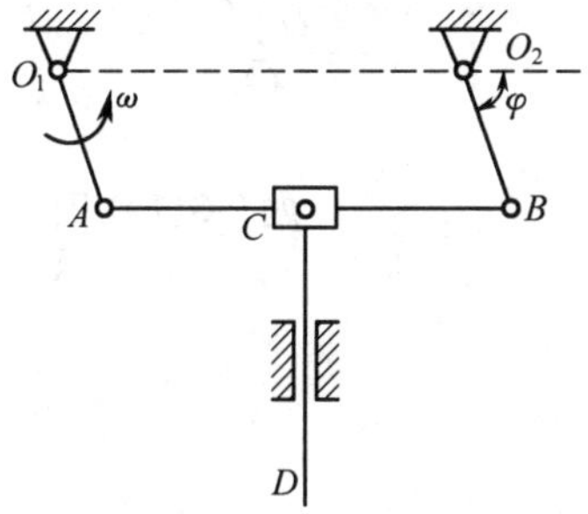

题 7.3(7) 图

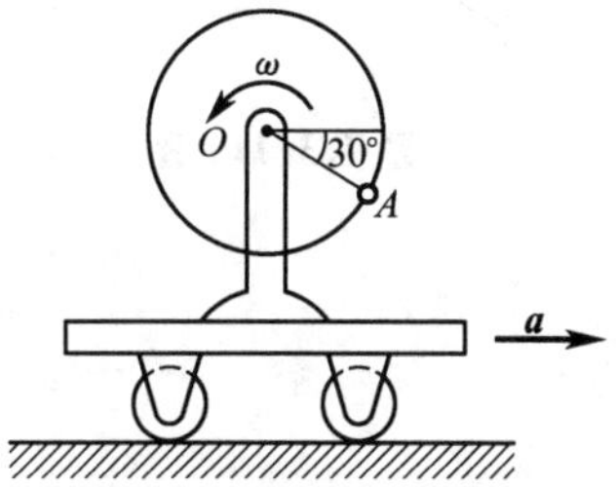

题 7.3(8) 图

(9) 图示偏心轮摇杆机构中，摇杆 O_1A 借助弹簧压在半径为 R 的偏心轮 C 上。偏心轮 C 绕轴 O 往复摆动，从而带动摇杆绕轴 O_1 摆动。当 $OC \perp OO_1$ 时，轮 C 的角速度为 ω，角加速度为零，$\theta = 60°$。求此时摇杆 O_1A 的角速度和角加速度。

(10) 图示圆盘绕 AB 轴转动，其角速度 $\omega = 2t$ rad/s。点 M 沿圆盘直径离开中心向外缘运动，其运动规律为 $OM = 40t^2$ mm。半径 OM 与 AB 轴间成60°角。求当 $t = 1$ s时点 M 的绝对加速度的大小。

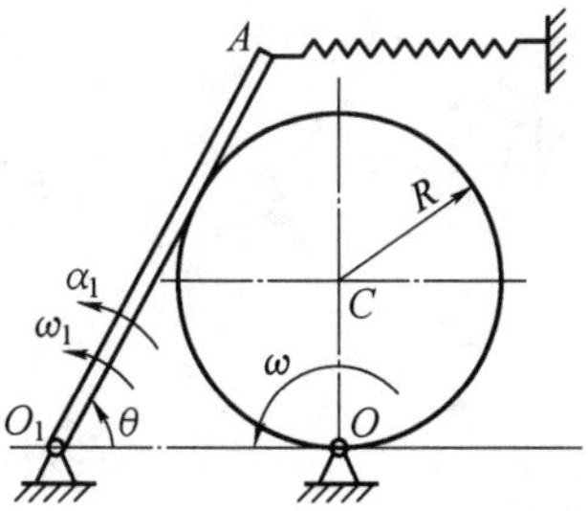

题 7.3(9) 图

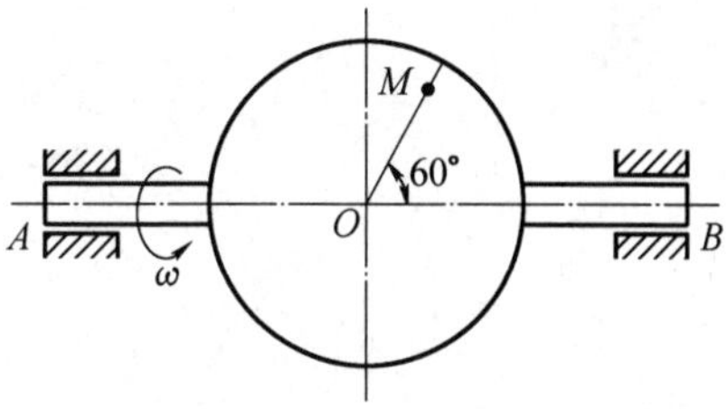

题 7.3(10) 图

(11) 图示直角曲杆 OBC 绕 O 轴转动，使套在其上的小环 M 沿固定直杆 OA 滑动。已知：$OB = 0.1$ m，OB 与 BC 垂直，曲杆的角速度 $\omega = 0.5$ rad/s，角加速度为零。求当 $\varphi = 60°$ 时，小环 M 的速度和加速度。

(12) 牛头刨床机构如图所示，已知 $O_1A = 200$ mm，角速度 $\omega_1 = 2$ rad/s，角加速度 $\alpha_1 = 0$。求图示位置滑枕 CD 的速度和加速度。

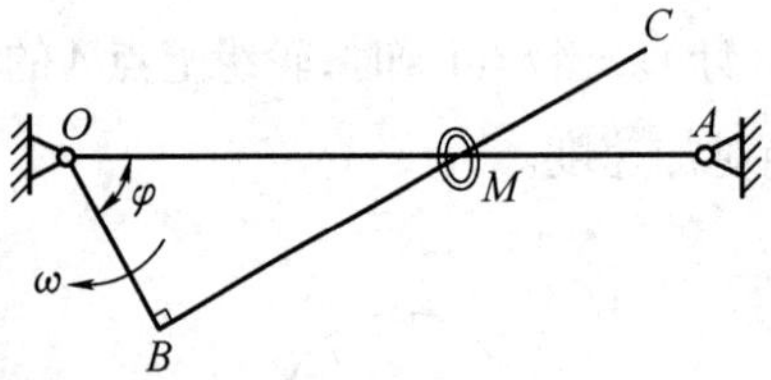

题 7.3(11) 图

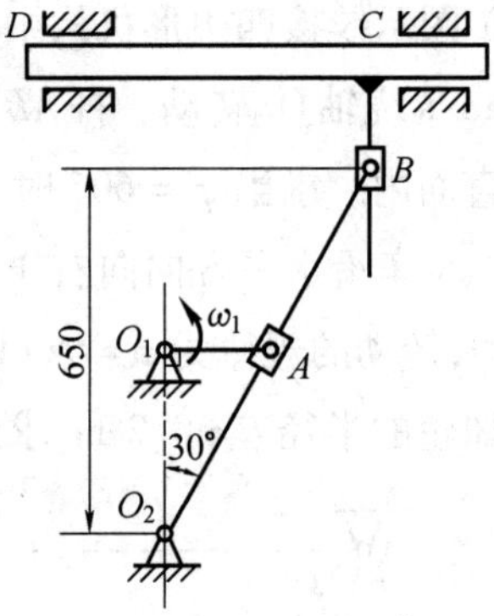

题 7.3(12) 图

第 8 章　刚体的平面运动

前面我们研究了刚体的两种简单运动,即平行移动和定轴转动。今天我们要在此基础上研究刚体的一种较复杂的运动 —— 刚体的平面运动。

8.1　刚体平面运动的概念与运动分解

8.1.1　平面运动的概念

图 8.1 为一曲柄滑块机构,分析一下各构件的运动。曲柄 OA 绕 O 轴做定轴转动,滑块 B 沿铅垂滑道做平动。现在我们分析一下连杆 AB 的运动。我们发现它的运动既不是我们以前讲过的刚体的平动,也不是定轴转动,而是一种比较复杂的运动。我们看连杆 AB 的运动有什么特点,在连杆 AB 的运动过程中,其上任意一点到某一固定平面的距离始终保持不变。

图 8.2 为一沿直线轨道滚动的车轮,它的运动不同于我们以前讲过的刚体的平行移动和定轴转动,而是一种比较复杂的运动。在运动过程中,它也有这样的特点,其上任意一点到某一固定平面的距离始终保持不变。

定义:当刚体运动时,刚体内任意一点到某一固定平面的距离始终保持不变,刚体的这种运动称为平面运动。

做平面运动刚体上的各点都在平行于某一固定平面的平面内运动。可以看出,当刚体作平面运动时,刚体上任一点都在某一个平面内运动。由此特点,可以把问题的研究加以简化。

如图 8.3 所示,设平面 Ⅰ 为某一固定平面,作定平面 Ⅱ 与平面 Ⅰ 平行并与刚体相交成一平面图形 S。当刚体做平面运动时,平面图形 S 始终保持在定平面 Ⅱ 内运动。在平面图形 S 内任取一点 A,过 A 点作一直线与平面图形 S 垂直,即与平面 Ⅰ 垂直。此直线与

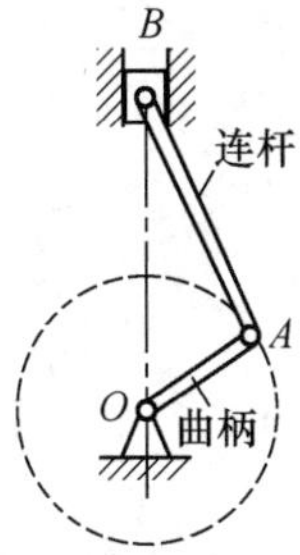

图 8.1

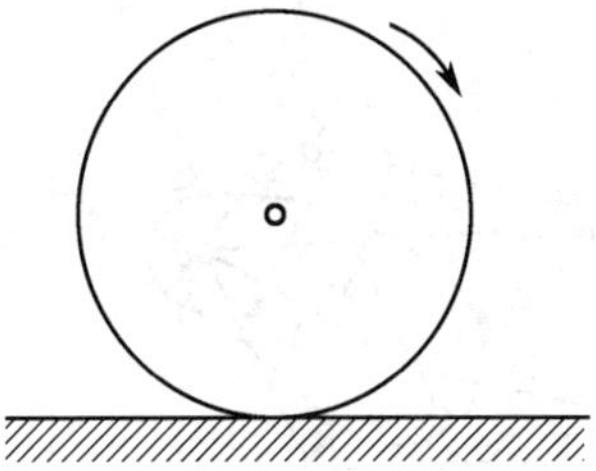

图 8.2

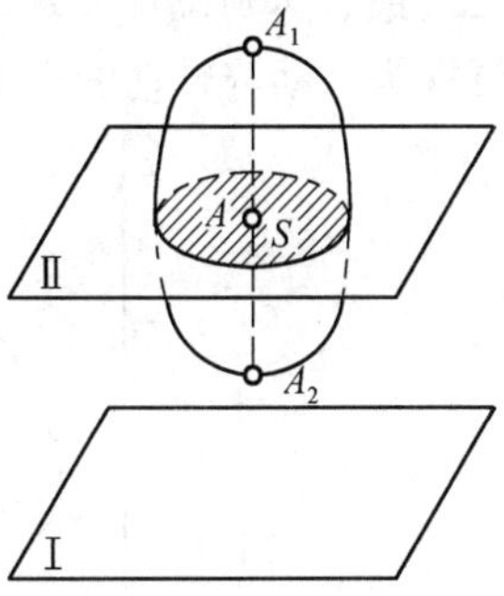

图 8.3

刚体上、下边界分别交于A_1,A_2两点。当刚体做平面运动时,直线A_1A_2做平动。因此直线上各点都具有相同的运动。因此我们可以用平面图形上A点的运动代表全部直线A_1A_2的运动。同理,我们还可以取平面图形上其他的点,过这些点作直线与S垂直,这样平面图形S内各点的运动即可代表全部刚体的运动。于是,我们得到这样的结论:刚体的平面运动可以简化为平面图形在其自身平面内的运动来研究。

8.1.2　平面图形的运动方程

由于平面图形在其平面上的位置完全可由图形内任一线段$O'M$的位置来确定。而要确定此线段在平面内的位置,只需确定线段上任一点O'的位置和线段$O'M$与固定坐标轴Ox间的夹角φ即可(如图8.4所示)。

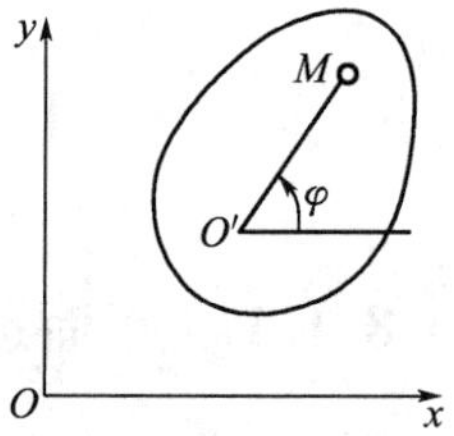

图8.4

当平面图形在其自身平面内运动时,则线段$O'M$的位置也随之改变,点O'的坐标和φ角都是时间的函数,即

$$\begin{cases} x_{O'} = f_1(t) \\ y_{O'} = f_2(t) \\ \varphi = f_3(t) \end{cases} \tag{8.1}$$

此式即为平面图形的运动方程。

如果图形中点O'固定不动,则平面图形的运动为刚体绕定轴转动。如果线段$O'M$的方位不变(即φ角不变)则平面图形做平动。由此容易想到,平面图形的运动应可以分解为平动和转动。

8.1.3　平面图形运动的合成与分解

如图8.5所示,在平面图形上任取两点A,B,并作这两点连线。此直线AB的位置可以代表平面图形的位置。设图形初始位置为Ⅰ,做平面运动后的位置为Ⅱ。现在我们证明平面图形总可以使之经过一次平动和一次定轴转动,由位置Ⅰ达到位置Ⅱ。以直线AB及$A'B'$分别表示图形在位置Ⅰ及位置Ⅱ的情形。显然当直线从位置AB变到位置$A'B'$时可视为由两步完成,第一步是先使直线AB平行移动到位置$A'B''$,然后再绕A'转一个角$\Delta\varphi$,最后达到位置$A'B'$。这就说明,平面运动可分解为平动和转动,也就是说,平面运动可视为平动与转动的合成运动。

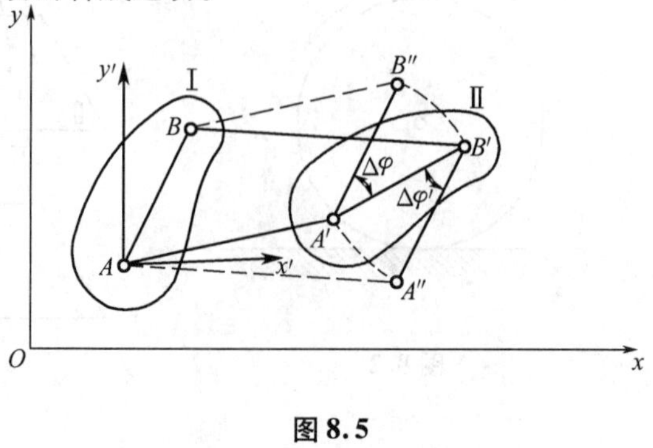

图8.5

为了描述图形的运动，在定平面内选取静系 xOy，并在图形上任选一点 A 作为基点，再以基点 A 为原点取动系 $x'Ay'$，并使动坐标轴的方向永远与静坐标轴的方向保持平行。于是我们即可将平面运动视为随同以基点 A 为原点的动坐标系 $x'Ay'$ 的平动（牵连运动）与绕基点 A 的转动（相对运动）的合成运动。根据平动的特点，得知基点 A 的运动即可代表刚体的平动部分，而绕基点 A 的转动代表刚体的转动部分。所以，平面运动可视为随同基点的平动和绕基点的转动的合成运动。

前面我们说过，图形内基点 A 的选取是任意的，平面图形内的任一点都可取为基点。由于所选取的基点不同，图形平动的速度及加速度都不相同，但图形对于不同基点转动的角速度及角加速度都是一样的。

现证明如下：当选取不同的基点 A 和 B 时，则平动的位移 $\overrightarrow{AA'}$ 和 $\overrightarrow{BB'}$ 显然是不同的，自然平动的速度及加速度也不相同；但对于绕不同基点转过的角位移 $\Delta\varphi$ 与 $\Delta\varphi'$ 的大小及转向总是相同的，即 $\Delta\varphi = \Delta\varphi'$。

根据 $\omega = \dfrac{d\varphi}{dt}$，$\omega' = \dfrac{d\varphi'}{dt}$ 及 $\alpha = \dfrac{d\omega}{dt}$，$\alpha' = \dfrac{d\omega'}{dt}$，故知 $\omega = \omega'$，$\alpha = \alpha'$。

这就是说，在任一瞬时，图形绕其平面内任何点转动的角速度及角加速度都相同。以后将角速度及角加速度直接称为平面图形的角速度和角加速度，而不必指明对哪一点的角速度及角加速度。

8.2　用基点法和投影法求平面图形内各点速度

上节里已经说明，平面图形在其平面内的运动可视为随同基点的平动与绕基点的转动的合成运动。现在我们利用这个关系来研究图形内各点的速度。

8.2.1　基点法

如图 8.6 所示，设在图形内任取一点 A 作为基点，已知该点的速度为 $\boldsymbol{v}_A$，图形的角速度为 ω。因为牵连运动为平动，所以图形上任一点 B 的牵连速度为 $\boldsymbol{v}_e = \boldsymbol{v}_A$。而 B 点对于 A 点的相对速度就是以 A 为中心的圆周运动的速度，其大小为 $v_r = v_{BA} = AB \cdot \omega$，其方向与半径 AB 垂直，与 ω 方向一致。由速度合成定理，则 B 点的绝对速度的矢量表达式为

$$\boldsymbol{v}_B = \boldsymbol{v}_A + \boldsymbol{v}_{BA} \tag{8.2}$$

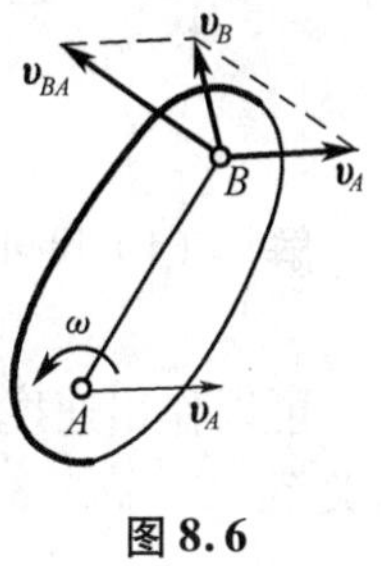

图 8.6

这就是说，平面图形内任一点的速度等于基点的速度与该点随图形绕基点转动的速度的矢量和。

这就是平面运动的速度合成法，又称基点法。这一方法是求平面运动图形内任一点速度的基本方法。

8.2.2　速度投影法

由以上所述可以看出图形内任意两点的速度具有简单的关系。设平面图形内任意两

点 A,B 的速度分别为 $\boldsymbol{v}_A,\boldsymbol{v}_B$。选取点 A 为基点，以 $\boldsymbol{v}_{BA}$ 表示 B 点相对于 A 点的相对速度，则有

$$\boldsymbol{v}_B=\boldsymbol{v}_A+\boldsymbol{v}_{BA}$$

其中相对速度大小为 $v_{BA}=AB\omega$，方向垂直于 AB，指向与 ω 方向一致。现将 A,B 两点的速度 $\boldsymbol{v}_A$ 及 $\boldsymbol{v}_B$ 投影于 AB 连线上，因为 $\boldsymbol{v}_{BA}$ 总是垂直于 AB，显然其在此连线 AB 上的投影等于零。所以知 A,B 两点的速度在其连线上的投影相同，即

$$[\boldsymbol{v}_A]_{AB}=[\boldsymbol{v}_B]_{AB} \tag{8.3}$$

此即为速度投影定理。可表述为在任一瞬时，平面图形上任意两点的速度在这两个点连线轴上的投影相等。

应该指出，这个定理不但适用于刚体的平面运动而且能适用于刚体的任何运动。因为 A 和 B 是刚体上的两点，它们之间的距离应保持不变，所以两点的速度在 AB 方向的分量必须相同，否则，线段 AB 不是伸长就是缩短。应用这个定理求解平面图形内任一点的速度有时非常方便。

例 8.1 椭圆规尺的 A 端以速度 $\boldsymbol{v}_A$ 沿 x 轴的负向运动。如图 8.7 所示，$AB=l$，试求 B 端的速度以及尺 AB 的角速度。

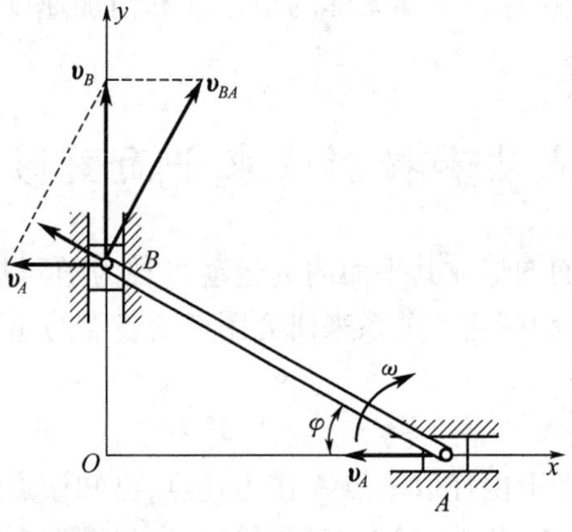

图 8.7

解 (1) 尺 AB 做平面运动，由速度合成法得

$$\boldsymbol{v}_B=\boldsymbol{v}_A+\boldsymbol{v}_{BA}$$

可以作出速度平行四边形，作图时应注意使 $\boldsymbol{v}_B$ 在平行四边形的对角线上。由图中几何关系

$$v_B=v_A\cot\varphi,\quad v_{BA}=\frac{v_A}{\sin\varphi}$$

但另一方面

$$v_{BA}=AB\cdot\omega$$

此处 ω 是尺 AB 的角速度，由此得

$$\omega=\frac{v_{BA}}{AB}=\frac{v_A}{l\sin\varphi}$$

(2) 投影法：因为已知 $\boldsymbol{v}_A$ 大小、方向，$\boldsymbol{v}_B$ 方向，所以可以应用速度投影定理。

$[\boldsymbol{v}_A]_{AB} = [\boldsymbol{v}_B]_{AB}$，因为 $v_A\cos\varphi = v_B\sin\varphi$，所以 $v_B = v_A\cot\varphi$。

但应用速度投影定理，求不出尺 AB 的角速度。

例 8.2　图 8.8 所示机构中，摆杆 OC 在铅直面内绕 O 轴转动，摆杆上套一可沿之滑动的套筒 AB。在套筒 AB 上用铰链连接滑块 A，这个滑块可沿铅直的槽 DE 滑动。已知 $\omega = 2\ \mathrm{rad/s}$，$h = 10\ \mathrm{cm}$，$AB = 20\ \mathrm{cm}$，求当 $\varphi = 30°$ 时点 B 的速度。

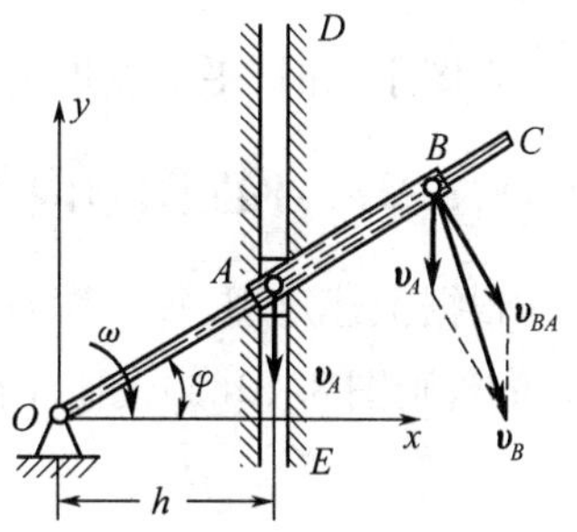

图 8.8

解　套筒 AB 做平面运动，其角速度与杆 OC 的角速度相同即为 ω。为求点 B 的速度，须先求出点 A 的速度。取坐标轴如图所示。

点 A 的坐标为 $\begin{cases} x_A = h \\ y_A = h\tan\varphi \end{cases}$，点 A 的速度为 $v_A = \dfrac{\mathrm{d}y_A}{\mathrm{d}t} = \dfrac{h}{\cos^2\varphi}\dfrac{\mathrm{d}\varphi}{\mathrm{d}t}$，因为 $\dfrac{\mathrm{d}\varphi}{\mathrm{d}t} = -\omega$，所以 $v_A = \dfrac{-h\omega}{\cos^2\varphi}$。

当 $\varphi = 30°$ 时，$v_A = -26.7\ \mathrm{cm/s}$（负号表示速度方向与 y 轴相反）。

当然，我们也可用研究点的合成运动的方法求出点 A 的速度。

现在求套筒 AB 上点 B 的速度。因为套筒作平面运动，于是有 $\boldsymbol{v}_B = \boldsymbol{v}_A + \boldsymbol{v}_{BA}$，而 $v_{BA} = AB\cdot\omega = 40\ \mathrm{cm/s}$，作出速度平行四边形，注意 $\boldsymbol{v}_B$ 应为平行四边形对角线，解得

$$v_B = \sqrt{v_A^2 + v_{BA}^2 + 2v_Av_{BA}\cos\varphi} = 64.5\ \mathrm{cm/s}$$

方向如图。

8.3　用瞬心法求平面图形内各点速度

求平面图形上点的速度的方法，除了上节课介绍的基点法、投影法以外，还有瞬心法。

8.3.1　定理

一般情况下，在每一瞬时，平面图形内，都唯一存在一个速度为零的点。

证明：设有一个平面图形 S，取图形上的点 A 为基点，它的速度为 $\boldsymbol{v}_A$，图形的角速度为 ω，转向如图 8.9 所示。则图形上任一点 M 的速度可按下式计算：

$$\boldsymbol{v}_M = \boldsymbol{v}_A + \boldsymbol{v}_{MA}$$

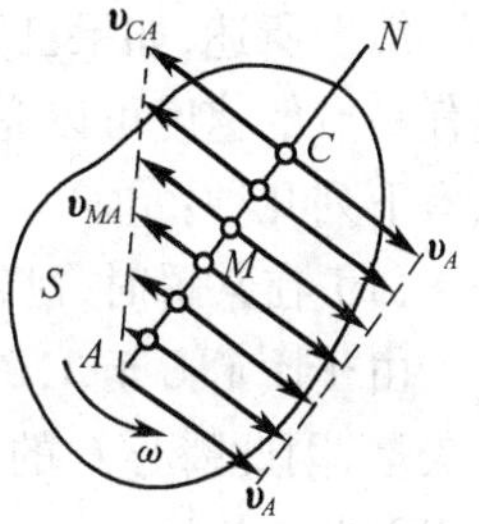

图 8.9

如果点 M 在 $\boldsymbol{v}_A$ 的垂线 AN 上（由 $\boldsymbol{v}_A$ 到 AN 的转向与图形的转向一致）由图中看出 $\boldsymbol{v}_A$ 和 $\boldsymbol{v}_{MA}$ 在同一直线上而方向相反，故 $\boldsymbol{v}_M$ 的大小为

$$v_M = v_A - AM\omega$$

由上式可知,随着点 M 在垂线 AN 上的位置不同,$\boldsymbol{v}_M$ 的大小也不同,那么总可以找到一点 C,这点的瞬时速度等于零。如令 $AC=\dfrac{v_A}{\omega}$,则 $v_C=v_A-AC\omega=0$,于是定理得到证明。

在图示瞬时,平面图形内速度等于零的点称为瞬时速度中心或简称为瞬心。

8.3.2　平面图形内各点的速度及其分布

根据上述定理,每一瞬时在图形内找到速度等于零的一点 C,即 $v_C=0$。选取点 C 作为基点,则图 8.10(a) 图形内各点速度为

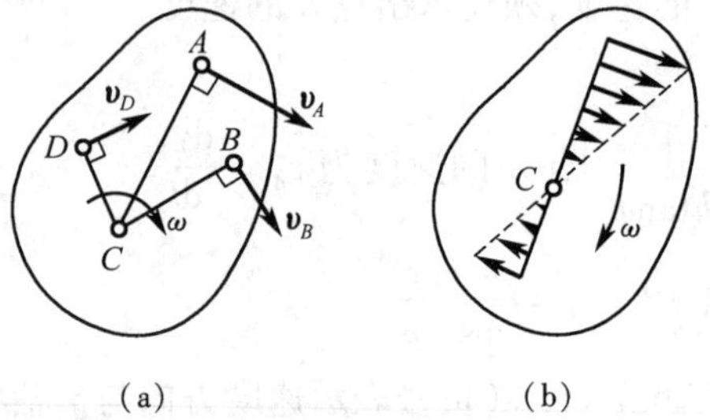

图 8.10

$$\boldsymbol{v}_A=\boldsymbol{v}_C+\boldsymbol{v}_{AC}=\boldsymbol{v}_{AC},\quad \boldsymbol{v}_B=\boldsymbol{v}_C+\boldsymbol{v}_{BC}=\boldsymbol{v}_{BC},\quad \boldsymbol{v}_D=\boldsymbol{v}_C+\boldsymbol{v}_{DC}=\boldsymbol{v}_{DC}$$

由此得结论:平面图形内任一点的速度等于该点随图形绕瞬心转动的速度。

由于平面图形绕任意点转动的角速度都相等,因此图形绕速度瞬心 C 转动的角速度等于图形绕基点 A 转动的角速度,即 $\omega_C=\omega_A=\omega$,于是有

$$v_A=v_{AC}=AC\cdot\omega,\quad v_B=v_{BC}=BC\cdot\omega,\quad v_D=v_{DC}=DC\cdot\omega$$

由此可见,图形内各点速度的大小与该点到速度瞬心的距离成正比,速度的方向垂直于该点到速度瞬心的连线,指向图形转动的一方,如图 8.10(b) 所示。

平面图形上各点速度在某瞬时的分布情况,与图形绕定轴转动时各点速度的分布情况类似。于是,平面图形的运动可看成绕速度瞬心的瞬时转动。

应该强调指出,刚体做平面运动时,在每一瞬时,图形内必有一点成为速度瞬心。但是,在不同的瞬时,在图形内是以不同的点作为瞬心的。

综上所述,如果已知平面图形在某一瞬时的速度瞬心位置和角速度,则在该瞬时图形内任一点的速度可以完全确定。在解题时,根据机构的几何条件,确定速度瞬心位置的方法有下列几种:

(1) 在某瞬时,已知图 8.11 上任意两点 A 和 B 的速度的方向。

由于瞬心 C 至 A,B 两点的连线 CA 及 CB 应分别垂直于这两点的速度矢量,因此瞬心 C 的位置应在与 $\boldsymbol{v}_A$ 及 $\boldsymbol{v}_B$ 两线分别垂直的两直线 AC 及 BC 的交点上。

$$\omega=\frac{v_A}{AC}=\frac{v_B}{BC}$$

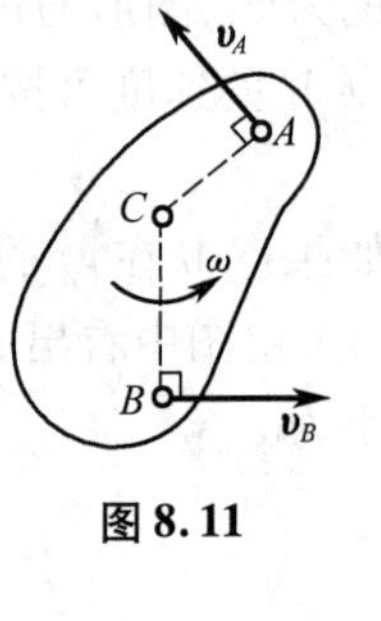

图 8.11

在特殊情况下,若 A,B 两点的速度 $\boldsymbol{v}_A$ 与 $\boldsymbol{v}_B$ 互相平行但 AB 连线不

与 $\boldsymbol{v}_A$ 或 $\boldsymbol{v}_B$ 的方向垂直，此时 $\omega=\frac{v_A}{\infty}=\frac{v_B}{\infty}=0$。

图形的速度瞬心在无限远处。在该瞬时，图形上各点的速度分布如同图形做平动时的情形一样，故称瞬时平动，此时 $\boldsymbol{v}_A=\boldsymbol{v}_B$，即瞬时速度相等，但瞬时加速度不同，即 $\boldsymbol{a}_A\neq\boldsymbol{a}_B$，如图8.12所示。

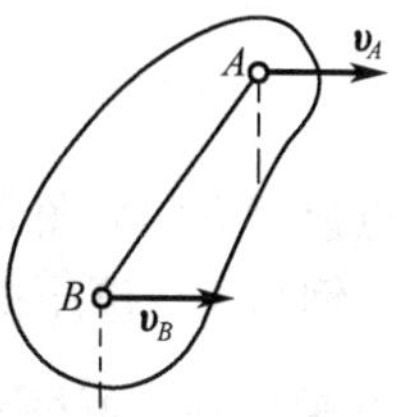

图8.12

(2) 在某瞬时，已知图8.13上两点 A 和 B 的速度相互平行且其方向均与 AB 连线垂直。

在 $\boldsymbol{v}_A$ 与 $\boldsymbol{v}_B$ 指向相同的情形下，速度瞬心 C 必定在连线 AB 与速度矢 $\boldsymbol{v}_A$ 及 $\boldsymbol{v}_B$ 端点连线的交点上。

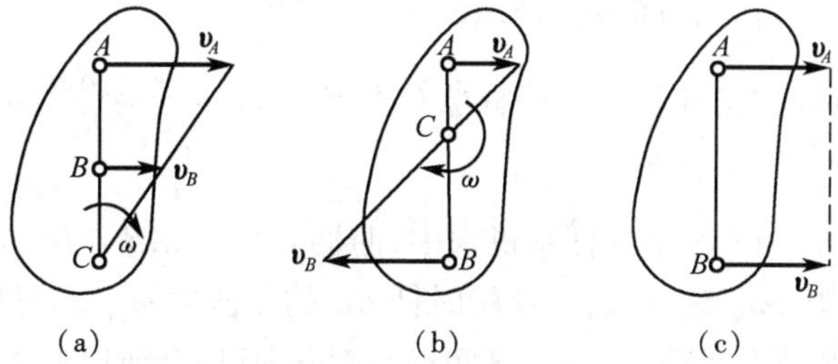

图8.13

当 $\boldsymbol{v}_A$ 与 $\boldsymbol{v}_B$ 的指向相反时，作 AB 连线，再作通过两速度端点的连线，则这两条连线的交点 C 即为速度瞬心。

在特殊情形下，若 $\boldsymbol{v}_A$ 与 $\boldsymbol{v}_B$ 的大小相等且指向相同，则速度瞬心的位置将在无穷远处。在此情形下，平面图形做瞬时平动。

(3) 已知平面图形在另一固定平面(或曲面上)做无滑动滚动时(纯滚动)，图形与固定面的接触点 C 就是图形的速度瞬心。因为在这一瞬时，点 C 相对于地面的速度为零，显然它的绝对速度也等于零。

车轮沿直线滚动的过程中，轮缘上各点相继与地面接触而成为车轮在不同瞬时的速度瞬心，如图8.14所示。

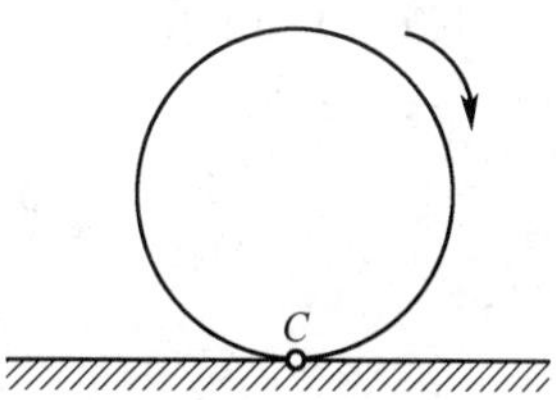

图8.14

例8.3　车厢的轮子沿直线轨道滚动而无滑动，如图8.15所示。已知轮心 O 的速度为 $\boldsymbol{v}_O$，内外圆半径分别为 r，R，求轮上 A_1，A_2，A_3，A_4 各点的速度。

解　研究轮的平面运动。

应用瞬心法，由于轮做纯滚动，所以与地面接触点 C 为瞬心。令 ω 为轮子的角速度，则 $\omega=\frac{v_O}{r}$，方向如图8.15所示。各点速度分别计算如下：

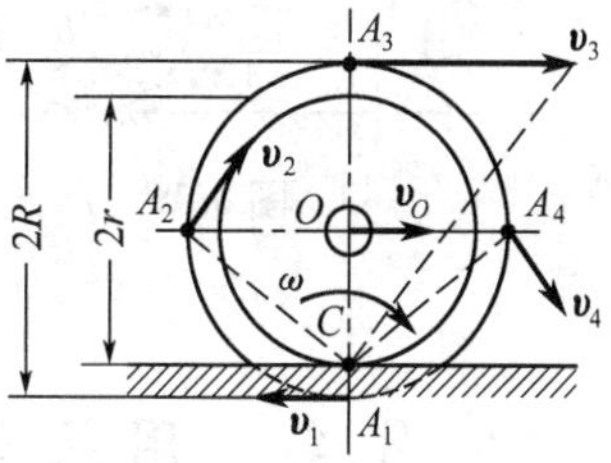

图8.15

$$v_1=A_1C\omega=(R-r)\frac{v_O}{r}$$

$$v_2=A_2C\omega=\frac{\sqrt{R^2+r^2}}{r}v_O$$

$$v_3 = A_3C\omega = (R + r)\frac{v_O}{r}$$

$$v_4 = A_4C\omega = \frac{\sqrt{R^2 + r^2}v_O}{r}$$

各点速度方向如图 8.15 所示。

例 8.4　滚压机构的滚子沿水平面滚动而不滑动。已知曲柄 $OA = R$,以匀角速度 ω 绕 O 轴转动。连杆 $AB = l$,滚子半径 $r = \dfrac{R}{2}$,求当 OA 处于铅垂位置时滚子 B 的角速度。

解　研究 AB 杆平面运动。因为 v_A,v_B 方向平行,所以杆 AB 做瞬时平动,因此 $v_B = v_A$。又因为 $v_A = R\omega$,所以 $v_B = R\omega$,方向如图 8.16 所示。

研究轮 B 平面运动,轮 B 与地面接触点 C 为瞬心 $\omega_B = \dfrac{v_B}{r} = \dfrac{R\omega}{R/2} = 2\omega$,转向如图 8.16 所示。

例 8.5　已知图 8.17 所示的杆系机构中,曲柄 $OA = r$,$AB = BD = BE = l$,图示瞬时 $\alpha = \beta = 30°$,$AB \perp BD$,ω_O 为常数,求该瞬时杆 BE 的角速度 ω_{BE} 和滑块 E 速度 $\boldsymbol{v}_E$。

解　研究杆 AB 平面运动,因为 A,B 两点速度方向已知,所以杆 AB 瞬心在 C_1 处。有

$$v_A = r\omega_0,\quad \omega_{AB} = \frac{v_A}{AC_1} = \frac{r\omega_0}{l/\cos\alpha} = \frac{r\omega_0\cos 30°}{l},\quad v_B = BC_1\omega_{AB} = \frac{1}{2}r\omega_0$$

研究 BE 杆平面运动。因为 $\boldsymbol{v}_B$,$\boldsymbol{v}_E$ 方向已知,所以 BE 杆瞬心应在 C_2 处。则有

$$\omega_{BE} = \frac{v_B}{BC_2} = \frac{r\omega_0}{\sqrt{3}l}, v_E = C_2E\omega_{BE} = \frac{1}{2}r\omega_0\tan 30° = \frac{r\omega_0}{2\sqrt{3}}$$

方向如图 8.17 所示。

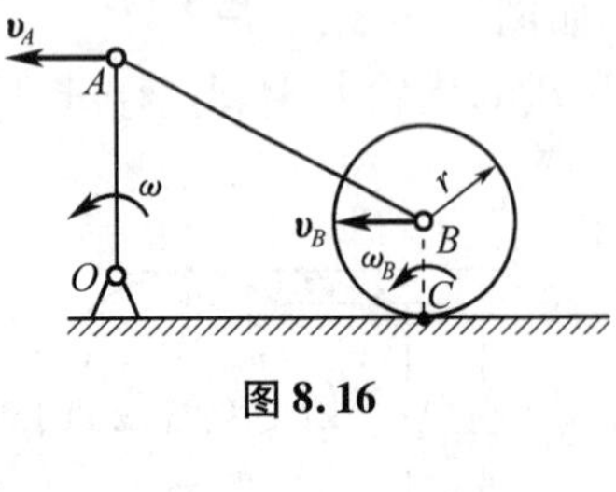

图 8.16

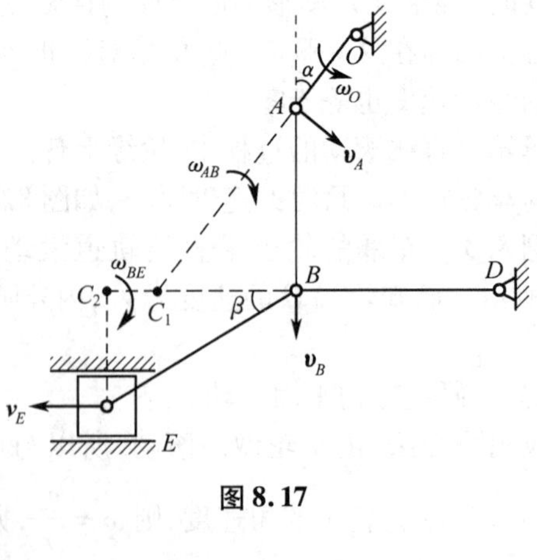

图 8.17

8.4　用基点法求平面图形内各点的加速度

讨论了平面图形中各点速度的求法以后,现在讨论平面图形中各点的加速度求法。根据前面所述,平面图形 S 的运动可分解为两部分:(1) 随同基点 A 的平动(牵连运

动);(2) 绕基点 A 的转动(相对运动)。于是,平面图形内任一点 B 的运动也由两个运动合成,它的加速度可以用加速度合成定理求出。因为牵连运动为平动,所以点 B 的绝对加速度等于牵连加速度与相对加速度的矢量和,如图 8.18 所示。

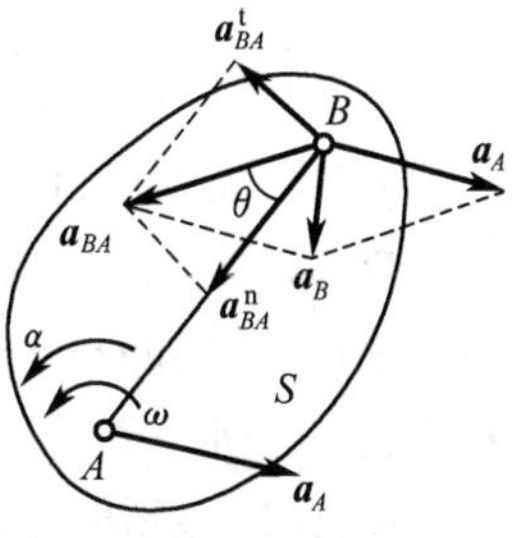

图 8.18

由于牵连运动为平动,点 B 的牵连加速度等于基点 A 的加速度 $\boldsymbol{a}_A$,而点 B 的相对加速度 $\boldsymbol{a}_{BA}$ 则是该点随图形绕基点 A 转动的加速度。相对加速度由切向加速度与法向加速度两部分组成,切向加速度大小为:$a_{BA}^{t} = AB\alpha$,方向与线段 AB 垂直,并与角加速度 α 方向一致。式中 α 看作角加速度的绝对值。

法向加速度大小为:$a_{BA}^{n} = AB\omega^2$,方向指向基点 A。于是相对加速度大小为:$a_{BA} = AB\sqrt{\omega^4 + \alpha^2}$,当图形做加速转动时,$\boldsymbol{a}_{BA}^{t}$ 与 $\boldsymbol{v}_{BA}$ 同向,当图形作减速转动时,$\boldsymbol{a}_{BA}^{t}$ 与 $\boldsymbol{v}_{BA}$ 反向。相对加速度 $\boldsymbol{a}_{BA}$ 与 AB 的夹角 θ,可由下式求出:$\tan\theta = \dfrac{a_{BA}^{t}}{a_{BA}^{n}}$,在同一瞬时,对于图形内所有各点来说,这个角度是一样的。由加速度合成定理可得如下公式:

$$\boldsymbol{a}_B = \boldsymbol{a}_A + \boldsymbol{a}_{BA}^{t} + \boldsymbol{a}_{BA}^{n} \tag{8.4}$$

即平面图形内任一点的加速度等于基点的加速度与该点随图形绕基点转动的切向加速度和法向加速度的矢量和。

上式为一个矢量方程,4 个加速度矢共有 8 个要素,需知其中 6 个,才能求出其余 2 个未知的要素。但是,由于 $\boldsymbol{a}_{BA}^{t}$ 与 $\boldsymbol{a}_{BA}^{n}$ 的方向总是已知的,所以只要知道其余 4 个要素即可。

例 8.6　如图 8.19 所示,车轮沿直线滚动。已知车轮半径为 R,轮心 O 的速度、加速度分别为 $\boldsymbol{v}_O$,$\boldsymbol{a}_O$。设车轮与地面接触无相对滑动。求车轮上 C 点的加速度。

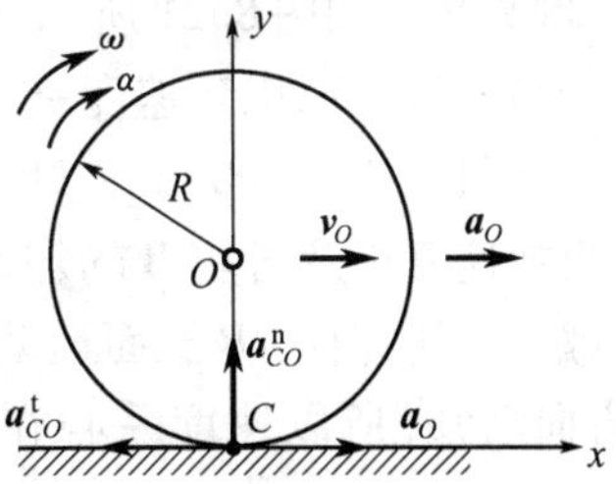

图 8.19

解　研究轮 O。因为车轮做纯滚动,所以速度瞬心在 C 点。

$v_O = R\omega$,所以车轮的角速度 $\omega = \dfrac{v_O}{R}$

车轮的角加速度 α 等于角速度对时间的一阶导数。

$\alpha = \dfrac{d\omega}{dt} = \dfrac{1}{R}\dfrac{dv_O}{dt} = \dfrac{a_O}{R}$(因为轮心 O 做直线运动,所以它的速度 $\boldsymbol{v}_O$ 对时间的一阶导数 $\dfrac{dv_O}{dt}$ 等于这一点的加速度,即 $a_O = \dfrac{dv_O}{dt}$)

车轮做平面运动。取轮心 O 为基点,则 C 点加速度为

$$\boldsymbol{a}_C = \boldsymbol{a}_O + \boldsymbol{a}_{CO}^{n} + \boldsymbol{a}_{CO}^{t},\quad a_{CO}^{t} = R\alpha = a_O,\quad a_{CO}^{n} = R\omega^2 = \frac{v_O^2}{R}$$

矢量式两边向 x,y 轴投影。

$$a_{Cx} = a_O - a_O = 0,\quad a_{Cy} = a_{CO}^{n} = \frac{v_O^2}{r}$$

所以，$a_C = a_{CO}^{\mathrm{n}} = \dfrac{v_O^2}{r}$，方向沿 y 轴正向指向轮心。

例8.7　如图8.20所示，曲柄 OA 以匀角速度 ω_O 绕 O 轴转动，通过连杆 AB 带动圆柱沿水平地面做无滑动的滚动。已知 $OA = r, AB = l$，圆轮半径为 R，O 点和 B 点在同一水平线上。在图示瞬时，曲柄 OA 处于铅垂位置，试求该瞬时轮心 B 点的速度、加速度以及轮边缘 D 点的速度。

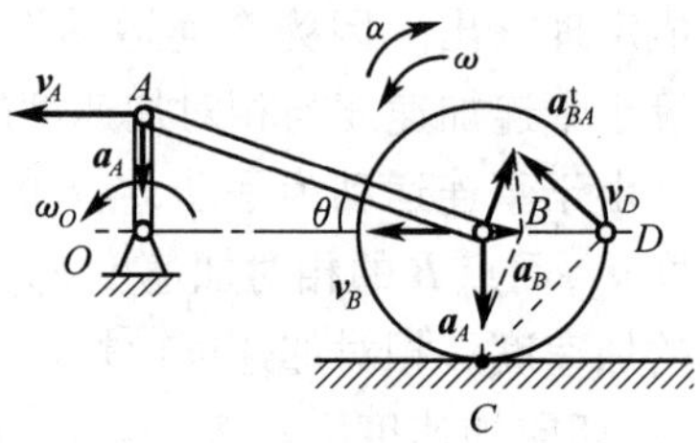

图 8.20

解　研究 AB 杆平面运动。因为 A,B 两点速度方向平行，所以杆 AB 做瞬时平动。所以 $\boldsymbol{v}_B = \boldsymbol{v}_A$，即 $v_B = v_A = r\omega_O$。

研究轮 B 平面运动，速度瞬心在 C 点。

因为 $v_B = R\omega_B$，所以 $\omega_B = \dfrac{v_B}{R} = \dfrac{r}{R}\omega_O$，$v_D = \sqrt{2}R\omega_B = \sqrt{2}r\omega_O$，方向如图 8.20 所示。

研究杆 AB 平面运动。因为 A 点加速度已知，所以以 A 点为基点研究 B 点加速度。有

$$\boldsymbol{a}_B = \boldsymbol{a}_A + \boldsymbol{a}_{BA}^{\mathrm{t}} + \boldsymbol{a}_{Ba}^{\mathrm{n}}$$

已知 ω_O 为常数，所以 $a_A = a_A^{\mathrm{n}} = r\omega_0^2$，方向如图。杆 AB 做瞬时平动，$\omega_{AB} = 0$ 但 $\alpha_{AB} \neq 0$，所以 $a_{BA}^{\mathrm{n}} = AB\omega_{AB}^2 = 0$，$a_B = a_A\tan\theta = r\omega_O^2\dfrac{r}{\sqrt{l^2 - r^2}} = \dfrac{r^2\omega_O^2}{\sqrt{l^2 - r^2}}$，方向水平向右。

例8.8　如图8.21所示，曲柄连杆机构中，曲柄长 $OA = 20$ cm，以角速度 $\omega = 10$ rad/s 绕 O 轴转动。连杆长 $AB = 100$ cm，求图示瞬时连杆的角速度、角加速度以及滑块 B 的加速度。

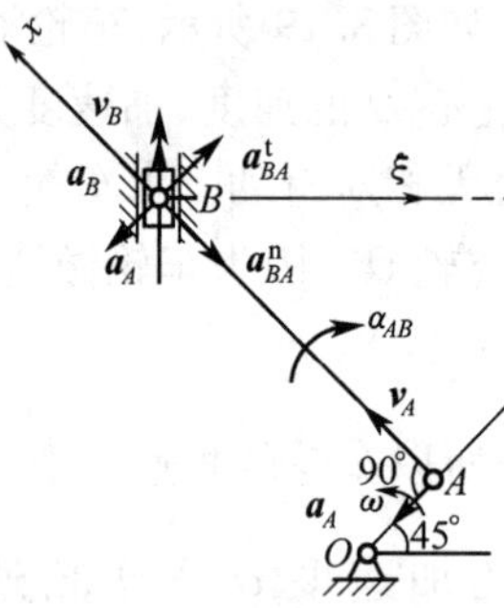

图 8.21

解　研究杆 AB 平面运动。因为 A,B 两点速度方向已知，所以速度瞬心在 C 点。$v_A = AC\omega_{AB}$，$v_A = OA \cdot \omega$，$\omega_{AB} = \dfrac{v_A}{AC} = \dfrac{OA\omega}{AC} = 2$ rad/s，转向如图 8.21 所示。

以 A 为基点，则 B 点加速度为

$$\boldsymbol{a}_B = \boldsymbol{a}_A + \boldsymbol{a}_{BA}^{\mathrm{t}} + \boldsymbol{a}_{BA}^{\mathrm{n}}, a_A = a_A^{\mathrm{n}} = OA\omega^2, a_{BA}^{\mathrm{n}} = AB\omega_{AB}^2$$

矢量式两边向 ξ 轴投影：$0 = -a_A\cos 45° + a_{BA}^{\mathrm{t}}\cos 45° + a_{BA}^{\mathrm{n}}\cos 45°$，$a_{BA}^{\mathrm{t}} = 1\ 600\ \mathrm{cm/s^2} = 16\ \mathrm{m/s^2}$，$\alpha_{AB} = \dfrac{a_{BA}^{\mathrm{t}}}{AB} = 16\ \mathrm{rad/s^2}$，转向如图 8.21 所示。

矢量式两边向 x 轴投影：$a_B\cos 45° = -a_{BA}^{\mathrm{n}}$，$a_B = -4\sqrt{2}\ \mathrm{m/s^2}$，方向与图示方向相反（铅垂向下）。

8.5　运动学综合应用

工程中的机构都是由数个物体组成的,各物体间通过连接点而传递运动。为分析机构的运动,首先要分清各物体都做什么运动,要计算有关联结点的速度和加速度。

为分析某点的运动,如能找出其位置与时间的函数关系,则可直接建立运动方程,用解析方法求其运动全过程的速度和加速度。当难以建立点的运动方程或只对机构某些瞬时位置的运动参数感兴趣时,可根据刚体各种不同运动的形式,确定此刚体的运动与其上一点运动的关系,并常用合成运动或平面运动的理论来分析相关的两个点在某瞬时的速度和加速度的联系。

平面运动理论用来分析同一平面运动刚体上两个不同点间的速度和加速度联系。当两个刚体相接触而有相对滑动时,则需用合成运动的理论分析这两个不同刚体上相重合一点的速度和加速度联系。两物体间有相互运动,虽不接触,其重合点的运动也符合合成运动的关系。

复杂的机构中,可能同时有平面运动和点的合成运动问题,应注意分别分析,综合应用有关理论。有时同一问题可用不同的方法分析,应经过分析、比较后选用较简便的方法求解。

下面通过例题说明这些方法的综合应用。

例 8.9　如图 8.22 所示,平面机构的曲柄 OA 长为 $2a$,以角速度 ω_O 绕 O 轴转动,在图示位置时,$AB = BO$ 并且 $\angle OAD = 90°$,求此时套筒 D 相对于杆 BC 的速度。

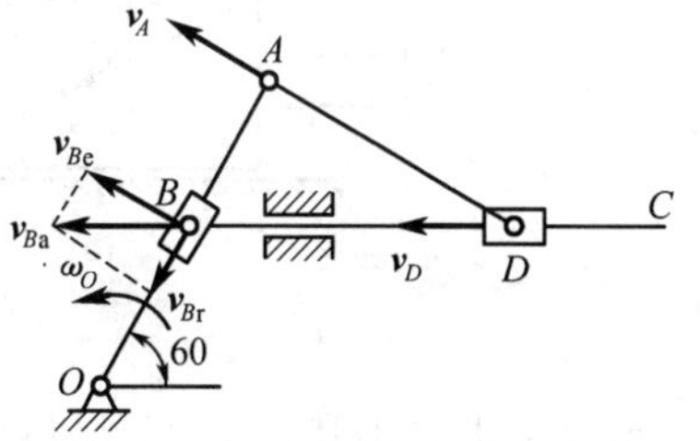

图 8.22

解　以滑块上 B 点为动点,动系与杆 OA 固连。

$$\boldsymbol{v}_{Ba} = \boldsymbol{v}_{Be} + \boldsymbol{v}_{Br},\quad v_{Be} = OB\omega_O = a\omega_O$$

$$v_{Ba} = \frac{v_{Be}}{\sin 60°} = \frac{2a\omega_O}{\sqrt{3}},\quad v_{BC} = v_{Ba} = \frac{2a\omega_O}{\sqrt{3}}$$

研究 AD 杆平面运动。

$$v_A = OA\omega_O = 2a\omega_O$$

应用投影法

$$[\boldsymbol{v}_A]_{AD} = [\boldsymbol{v}_D]_{AD},\quad v_A = v_D\cos 30°,\quad v_D = \frac{v_A}{\cos 30°} = \frac{4a\omega_0}{\sqrt{3}}$$

$$v_{Dr} = v_D - v_{BC} = \frac{2a\omega_0}{\sqrt{3}}$$

方向水平向左。

例 8.10　如图 8.23(a) 所示,在水平面上运动的直角三角块的倾角为30°,速度为 $\boldsymbol{v}$,加速度为 $\boldsymbol{a}$,半径为 R 的轮 A 在三角块上做纯滚动,杆 AB 在铅直导槽中滑动。求轮 A 的角速度、角加速度和杆 AB 的速度、加速度。

解　(1) 刚体平面运动解法。

轮做平面运动,轮上点 C 相对三角块无滑动,轮上点 C 的速度和三角块的速度相同。取轮上点 C 为基点,求轮心 A 的速度,有

$$\boldsymbol{v}_A = \boldsymbol{v}_C + \boldsymbol{v}_{AC}$$

速度平行四边形如图 8.23(b) 所示,式中

$$\boldsymbol{v}_C = \boldsymbol{v}$$

则杆 AB 的速度和轮 A 的角速度为

$$v_{AB} = v_A = v_C \tan 30° = \frac{\sqrt{3}}{3}v, \quad \omega_A = \frac{v_{AC}}{R} = \frac{2\sqrt{3}\,v}{3R}$$

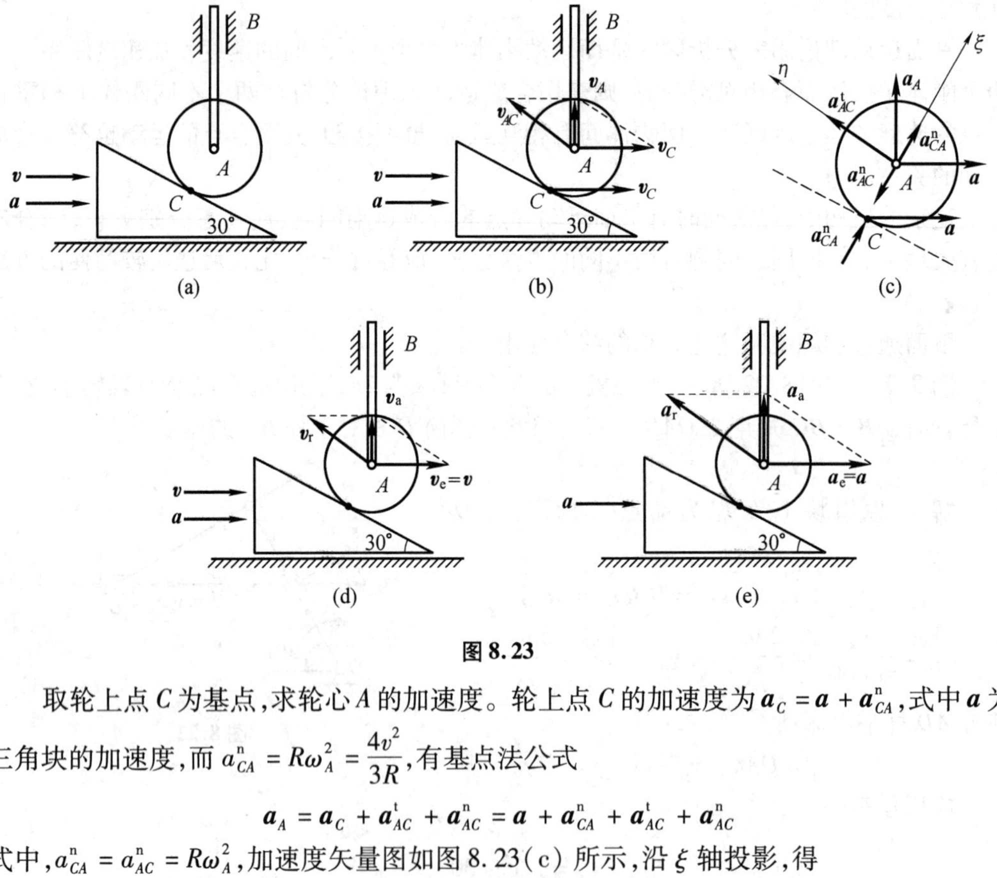

图 8.23

取轮上点 C 为基点,求轮心 A 的加速度。轮上点 C 的加速度为 $\boldsymbol{a}_C = \boldsymbol{a} + \boldsymbol{a}_{CA}^{n}$,式中 $\boldsymbol{a}$ 为三角块的加速度,而 $a_{CA}^{n} = R\omega_A^2 = \dfrac{4v^2}{3R}$,有基点法公式

$$\boldsymbol{a}_A = \boldsymbol{a}_C + \boldsymbol{a}_{AC}^{t} + \boldsymbol{a}_{AC}^{n} = \boldsymbol{a} + \boldsymbol{a}_{CA}^{n} + \boldsymbol{a}_{AC}^{t} + \boldsymbol{a}_{AC}^{n}$$

式中,$a_{CA}^{n} = a_{AC}^{n} = R\omega_A^2$,加速度矢量图如图 8.23(c) 所示,沿 ξ 轴投影,得

$$a_A \cos 30° = a\cos 60°$$

解得杆 AB 的加速度为

$$a_{AB} = a_A = \frac{\sqrt{3}}{3}a$$

沿 η 轴投影得

$$a_A \sin 30° = a_{AC}^{t} - a\cos 30°$$

解得 $a_{AC}^{t} = \dfrac{2\sqrt{3}}{3}a$,则轮 A 的角加速度为

$$\alpha_A = \frac{2\sqrt{3}}{3R}a$$

(2) 点的合成运动解法。

以轮心 A 点为动点,动系建于三角物块上,牵连运动为平动,由点的速度合成定理

$$\boldsymbol{v}_a = \boldsymbol{v}_A = \boldsymbol{v}_e + \boldsymbol{v}_r$$

速度平行四边形如图 8.23(d) 所示,式中

$$\boldsymbol{v}_e = \boldsymbol{v}$$

可解得杆 AB 的速度和轮 A 的角速度为

$$v_{AB} = v_A = v_a = \frac{\sqrt{3}}{3}v,\quad \omega_A = \frac{v_r}{R} = \frac{2\sqrt{3}v}{3R}$$

根据牵连运动为平动时点的加速度合成定理有

$$\boldsymbol{a}_a = \boldsymbol{a}_A = \boldsymbol{a}_e + \boldsymbol{a}_r$$

加速度矢量图如图 8.23(e) 所示,式中

$$a_e = a$$

可解得杆 AB 的加速度和轮 A 的角加速度为

$$a_{AB} = a_A = a_a = \frac{\sqrt{3}}{3}a,\quad \alpha_A = \frac{a_r}{R} = \frac{2\sqrt{3}}{3R}a$$

例 8.11　在图 8.24(a) 所示平面机构中,杆 AC 在导轨中以匀速 $\boldsymbol{v}$ 平移,通过铰链 A 带动杆 AB 沿导套 O 运动,导套 O 与杆 AC 距离为 l。图示瞬时杆 AB 与杆 AC 夹角为 $\varphi = 60°$,求此瞬时杆 AB 的角速度和角加速度。

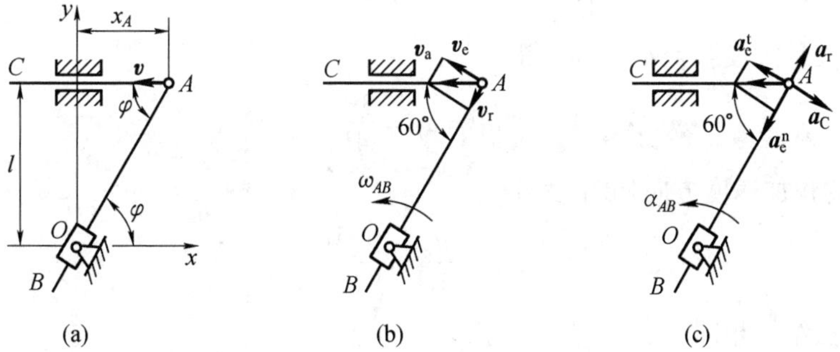

图 8.24

解　(1) 解析法(坐标法)求解。

以点 O 为坐标原点,建立如图 8.24(a) 所示的直角坐标系。由图可知

$$x_A = l\cot\varphi$$

将其两端对时间求导,并注意到$\frac{dx_A}{dt} = -v$,得

$$\frac{d\varphi}{dt} = \frac{v}{l}\sin^2\varphi$$

将其再对时间求导,得

$$\ddot{\varphi}=\frac{v\dot{\varphi}}{l}\sin 2\varphi=\frac{v^2}{l^2}\sin^2\varphi\sin 2\varphi$$

则当 $\varphi=60°$ 时,杆 AB 的角速度和角加速度为

$$\omega_{AB}=\dot{\varphi}=\frac{3v}{4l},\quad \alpha_{AB}=\ddot{\varphi}=\frac{3\sqrt{3}v^2}{8l^2}$$

(2) 点的合成运动方法求解。

以杆 AC 上 A 点为动点,动系固结在导套 O 上,牵连运动为绕 O 轴的转动,加速度矢量图如图 8.24(b) 所示。由

$$\boldsymbol{v}_a=\boldsymbol{v}_e+\boldsymbol{v}_r=\boldsymbol{v}$$

可解得

$$v_e=v_a\sin 60°=\frac{\sqrt{3}}{2}v,\quad v_r=v_a\cos 60°=\frac{v}{2}$$

由于杆 AB 在导套 O 中滑动,因此杆 AB 与导套 O 具有相同的角速度及角加速度。其角速度为

$$\omega_{AB}=\frac{v_e}{AO}=\frac{3v}{4l}$$

由于点 A 为匀速直线运动,故其绝对加速度为零。点 A 的相对运动为沿导套 O 的直线运动,因此 $\boldsymbol{a}_r$ 沿杆 AB 方向,根据牵连运动为转动时点的加速度合成定理,有

$$\boldsymbol{a}_a=\boldsymbol{a}_e^t+\boldsymbol{a}_e^n+\boldsymbol{a}_r+\boldsymbol{a}_c=0$$

式中科氏加速度 $a_c=2\omega_e v_r=\dfrac{3v^2}{4l}$,加速度矢量图如图 8.24(c) 所示。

将上述矢量式投影到 $\boldsymbol{a}_e^t$ 方向,得

$$a_e^t=a_c=\frac{3v^2}{4l}$$

杆 AB 的角加速度方向如图,大小为

$$\alpha_{AB}=\frac{a_e^t}{AO}=\frac{3\sqrt{3}v^2}{8l^2}$$

两种解法结果相同。

例 8.12 图 8.25(a) 所示平面机构,滑块 B 可沿杆 OA 滑动。杆 BE 与 BD 分别于滑块 B 铰接,BD 杆可沿水平导轨运动。滑块 E 以匀速 $\boldsymbol{v}$ 沿铅直导轨向上运动,杆 BE 长为 $\sqrt{2}l$。图示瞬时杆 OA 铅直,且与杆 BE 夹角为45°。求该瞬时杆 OA 的角速度和角加速度。

解 杆 BE 做平面运动,其速度瞬心为点 O,如图 8.25(a) 所示,因此杆 BE 的角速度为

$$\omega_{BE}=\frac{v}{OE}=\frac{v}{l}$$

所以滑块 B 的速度为

$$v_B=\omega_{BE}OB=v$$

以 E 点为基点,点 B 的加速度为

$$\boldsymbol{a}_B = \boldsymbol{a}_E + \boldsymbol{a}_{BE}^{\mathrm{n}} + \boldsymbol{a}_{BE}^{\mathrm{t}}$$

加速度矢量图如图 8.25(a) 所示。由于点 E 做匀速直线运动，故 $a_E = 0$。$\boldsymbol{a}_{BE}^{\mathrm{n}}$ 的大小为

$$a_{BE}^{\mathrm{n}} = BE\omega_{BE}^2 = \frac{\sqrt{2}v^2}{l}$$

将加速度矢量式投影到沿 BE 方向的轴上，得

$$a_B \cos 45° = a_{BE}^{\mathrm{n}}$$

可得

$$a_B = \frac{a_{BE}^{\mathrm{n}}}{\cos 45°} = \frac{2v^2}{l}$$

上面用刚体平面运动方法求得了滑块 B 的速度和加速度。由于滑块 B 可以沿杆 OA 滑动，因此应运用点的合成运动方法求杆 OA 的角速度及角加速度。

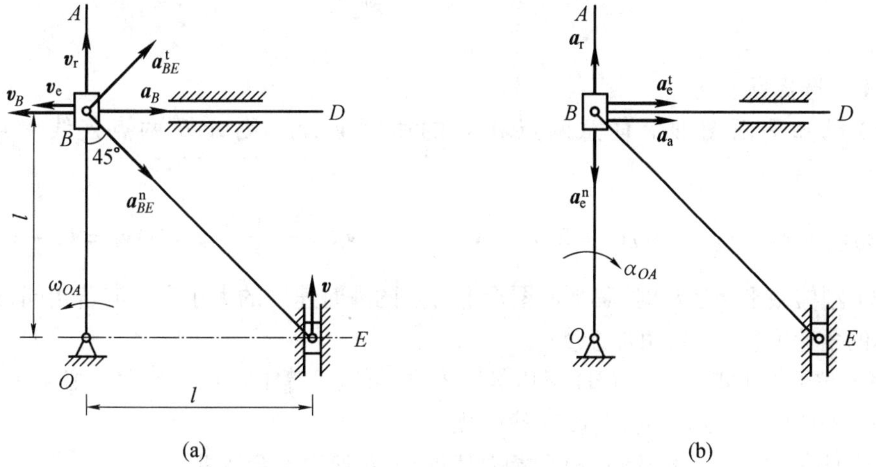

图 8.25

以滑块 B 为动点，动系固结在杆 OA 上，点的速度合成定理为

$$\boldsymbol{v}_{\mathrm{a}} = \boldsymbol{v}_{\mathrm{e}} + \boldsymbol{v}_{\mathrm{r}}$$

式中，$\boldsymbol{v}_{\mathrm{a}} = \boldsymbol{v}_B$，牵连速度 $\boldsymbol{v}_{\mathrm{e}}$ 是杆 OA 上与滑块 B 重合那一点的速度，其方向垂直于 OA，因此与 $\boldsymbol{v}_{\mathrm{a}}$ 同向，相对速度 $\boldsymbol{v}_{\mathrm{r}}$ 沿杆 OA，即垂直于 $\boldsymbol{v}_{\mathrm{a}}$。则有

$$\boldsymbol{v}_{\mathrm{a}} = \boldsymbol{v}_{\mathrm{e}}, \quad \boldsymbol{v}_{\mathrm{r}} = 0$$

即

$$\boldsymbol{v}_{\mathrm{e}} = \boldsymbol{v}_B = \boldsymbol{v}$$

于是得杆 OA 的角速度为

$$\omega_{OA} = \frac{v_{\mathrm{e}}}{OB} = \frac{v}{l}$$

其转向如图 8.25(b) 所示。

根据牵连运动为转动时点的加速度合成定理，有

$$\boldsymbol{a}_{\mathrm{a}} = \boldsymbol{a}_{\mathrm{e}}^{\mathrm{t}} + \boldsymbol{a}_{\mathrm{e}}^{\mathrm{n}} + \boldsymbol{a}_{\mathrm{r}} + \boldsymbol{a}_{\mathrm{c}}$$

式中，$\boldsymbol{a}_{\mathrm{a}} = \boldsymbol{a}_B$，牵连加速度的法向分量 $a_{\mathrm{e}}^{\mathrm{n}} = OB\omega_{OA}^2 = \dfrac{v^2}{l}$，相对加速度 a_{r} 沿 OA 方向，因为此

瞬时 $v_r=0$,故 $a_c=0$。各加速度矢量图如图 8.25(b) 所示。将上述矢量式投影到与相对加速度 $\boldsymbol{a}_r$ 垂直的 BD 线上,可得

$$a_a = a_e^t$$

因此

$$a_e^t = a_B = \frac{2v^2}{l}$$

杆 OA 的角加速度为

$$\alpha_{OA} = \frac{a_e^t}{OB} = \frac{2v^2}{l^2}$$

角加速度转向如图 8.25(b) 所示。

习　　题

8.1　选择题

(1) 已知平面图形上任意两点 A,B 的速度 $\boldsymbol{v}_A,\boldsymbol{v}_B$,则 A,B 两点连线中点的速度$\boldsymbol{v}_C$ =(　　)。

(A)$\boldsymbol{v}_C=\boldsymbol{v}_A+\boldsymbol{v}_B$　(B)$\boldsymbol{v}_C=2(\boldsymbol{v}_A+\boldsymbol{v}_B)$　(C)$\boldsymbol{v}_C=\dfrac{\boldsymbol{v}_A+\boldsymbol{v}_B}{2}$　(D)$\boldsymbol{v}_C=\boldsymbol{v}_A-\boldsymbol{v}_B$

(2) 刚体做平面运动时,其平面图形上各点的瞬时速度的大小和方向若相同,则该瞬时刚体的角速度(　　),角加速度(　　)。

(A) 必须等于零　(B) 可以等于零,也可以不等于零　(C) 必须不等于零

(3) 刚体做平面运动时,若改变基点,则(　　)。

(A) 刚体内任一点的牵连速度、相对速度、绝对速度都会改变

(B) 刚体内任一点的牵连速度、相对速度都会改变,而绝对速度不会改变

(C) 刚体内任一点的牵连速度会改变,而相对速度、绝对速度不会改变

(D) 刚体内任一点的牵连速度、相对速度、绝对速度都不会改变

(4) 两个几何尺寸相同、绕线方向不同的绕线轮,在绳的拉力下沿平直固定轨道作纯滚动,设绳端的速度都是 $\boldsymbol{v}$,在图(a)、图(b) 两种情况下,轮的角速度及轮心的速度分别用 ω_1,v_{C1} 与 ω_2,v_{C2} 表示,则(　　)。

(A)$\omega_1=\omega_2$ 转向相同,$v_{C1}=v_{C2}$　(B)$\omega_1<\omega_2$ 转向相同,$v_{C1}<v_{C2}$

(C)$\omega_1>\omega_2$ 转向相反,$v_{C1}>v_{C2}$　(D)$\omega_1<\omega_2$ 转向相反,$v_{C1}<v_{C2}$

(5) 图示机构中,已知 $O_1A=O_2B$,当 $O_1A//O_2B$ 时,O_1A 杆与 O_2B 杆的角速度、角加速度分别为 ω_1,α_1 与 ω_2,α_2,则该瞬时(　　)。

(A)$\omega_1=\omega_2,\alpha_1=\alpha_2$　(B)$\omega_1\neq\omega_2,\alpha_1=\alpha_2$

(C)$\omega_1=\omega_2,\alpha_1\neq\alpha_2$　(D)$\omega_1\neq\omega_2,\alpha_1\neq\alpha_2$

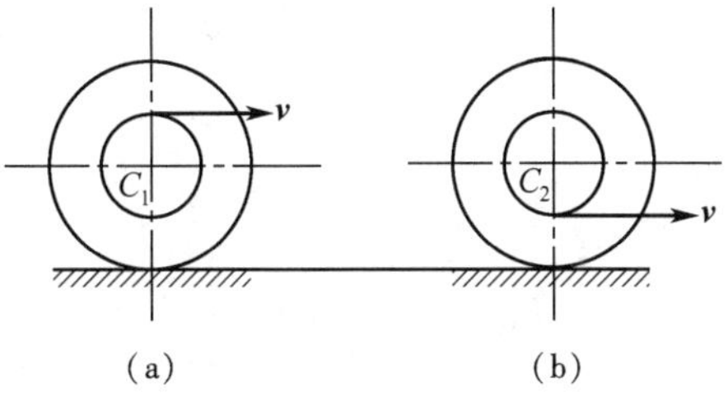

题 8.1(4) 图

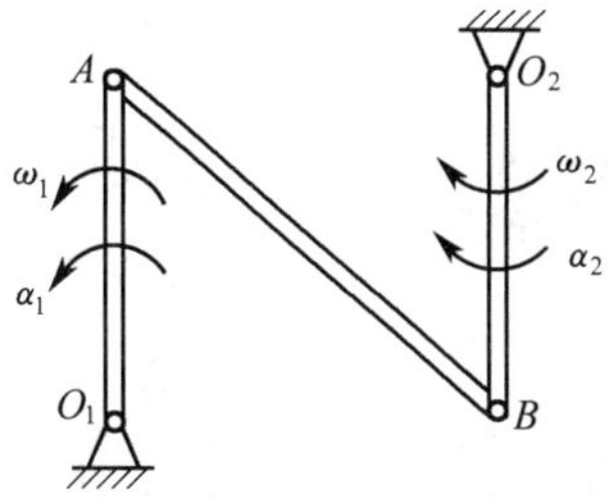

题 8.1(5) 图

8.2　填空题

(1) AB 为机车上的连杆,已知 $AB \mathrel{\underline{\parallel}} O_1O_2$,机车沿直线轨道运动,轮心速度 $\boldsymbol{v}$ 不变(轮 O_1,O_2 做纯滚动),试画出 AB 杆上 M 点速度与加速度的方向。

(2) 已知在曲柄连杆机构中 $OA=r$、$AB=L$,当 OA 与 AB 成一水平直线时,杆 OA 有角速度 ω,则连杆 AB 的角速度的大小为__________;AB 中点 C 的速度的大小为__________。

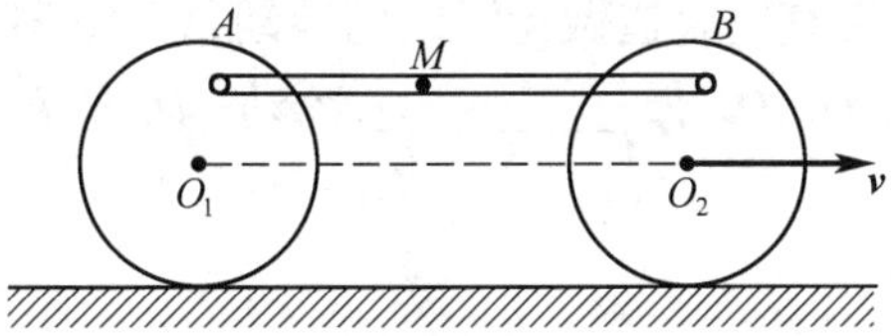

题 8.2(1) 图

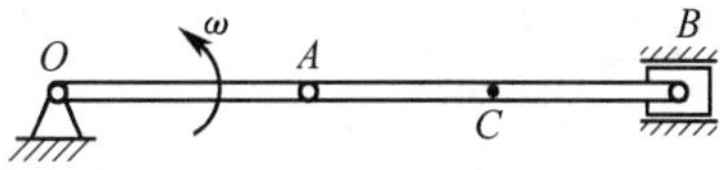

题 8.2(2) 图

(3) 刚体做平面运动,其平面图形内两点 A,B 相距 $L=0.2$ mm,两点的加速度垂直 AB 连线、转向相反、大小均为 2 $\mathrm{m/s^2}$。则该瞬时图形的角速度 $\omega=$__________,转向__________。

(4) 刚体做平面运动,某瞬时平面图形的角速度为 ω,A,B 是平面图形上任意两点,设 $AB=L$,今取 mn 垂直 AB,则 A,B 两点的绝对速度在 mn 轴上的投影的差值为______。

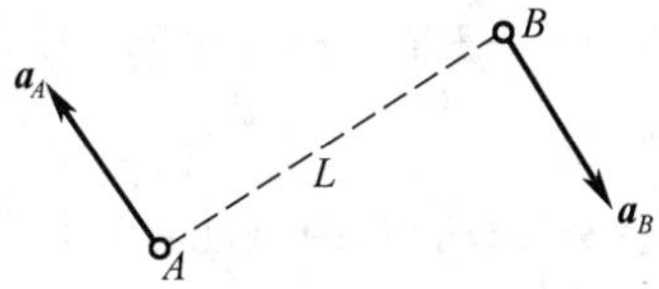

题 8.2(3) 图

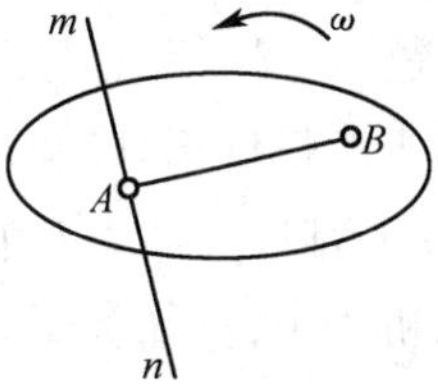

题 8.2(4) 图

(5) 试画出曲柄连杆机构在图示不同瞬时,连杆 AB 上各点的速度分布图。

(6) 试画出图示两种情况下,杆 BC 中点 M 的速度方向。

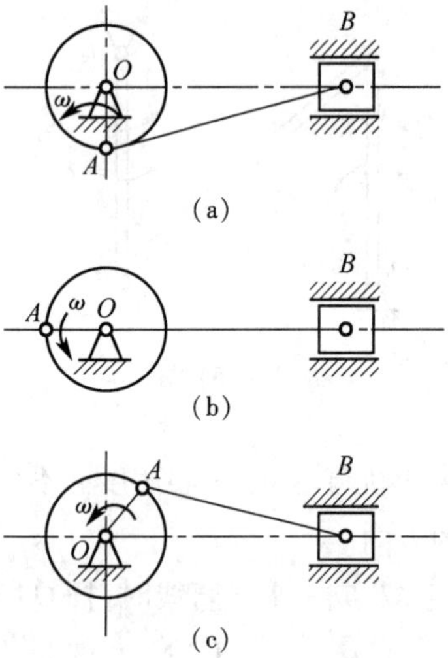

题 8.2(5) 图

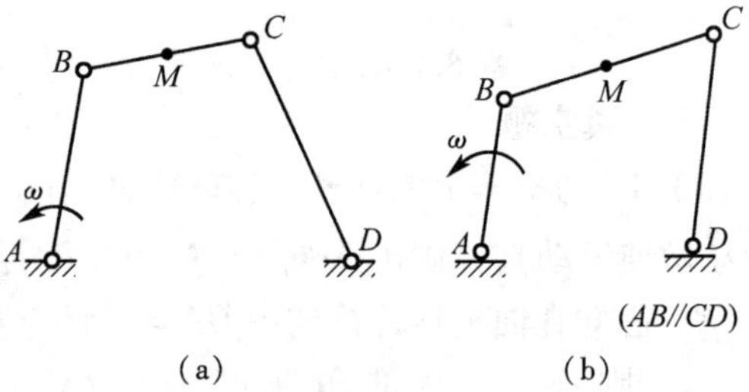

题 8.2(6) 图

(7) 在图示蒸汽机车驱动系统中,轮 O_1,O_2 沿直线轨道做无滑动的滚动,则 AB 杆做__________运动;BC 杆做__________运动;轮 O_1,O_2 做__________运动;活塞 E 做__________运动。

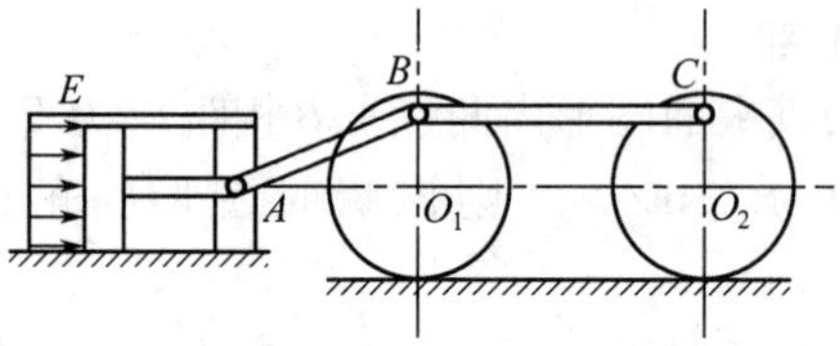

题 8.2(7) 图

8.3　计算题

(1) 在图示平面机构中,已知:匀角速度 ω,$AA_1 = BB_1 = r$,且曲柄 $AA_1 \parallel BB_1$,$DE = l$。试求图示 $\varphi = 60°$ 的瞬时,滑块 E 的速度和加速度。

(2) 在图示机构中,已知:$OA = R$,匀角速度 ω_O,$AB = l$,纯滚动轮半径为 r。试求当 OA 处于水平,且 $\varphi = 30°$ 时:①AB 杆的角速度 ω_{AB};② 圆轮的角速度 ω_B 及角加速度 α_B。

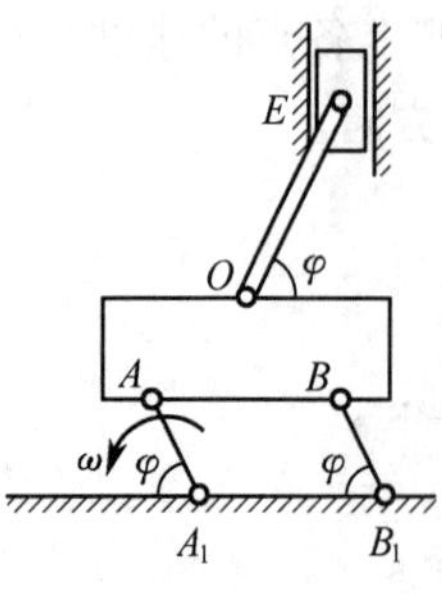

题 8.3(1) 图

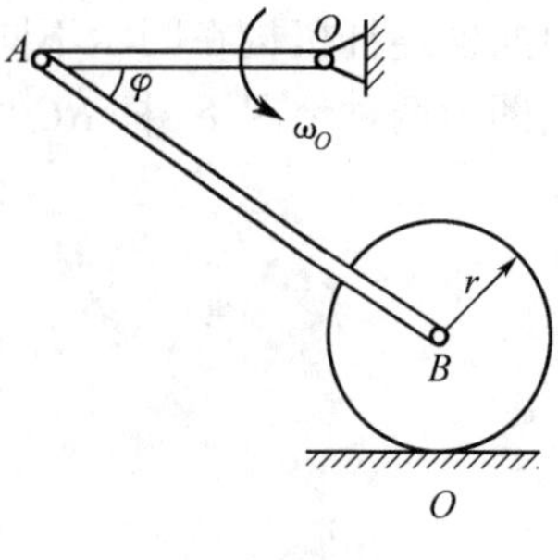

题 8.3(2) 图

(3) 平面机构如图所示。已知：$OA=r$，$AB=4r$，$BC=2r$。在图示位置时，$\varphi=60°$，OA 的角速度为 ω、角加速度为零，AB 水平且垂直于 BC。试求该瞬时：① 滑块 C 的速度和加速度；②BC 杆的角速度和角加速度。

(4) 平面机构如图所示，滑块 C 沿水平滑道运动。已知：行星轮 A 做纯滚动，$OA=36\ \text{cm}$，$r=16\ \text{cm}$，$AB=12\ \text{cm}$，$BC=30\ \text{cm}$。在图示位置时，OA 杆铅垂，角速度 $\omega=2\ \text{rad/s}$、角加速度为零，AB 处于水平。试求该瞬时滑块 C 的速度和加速度。

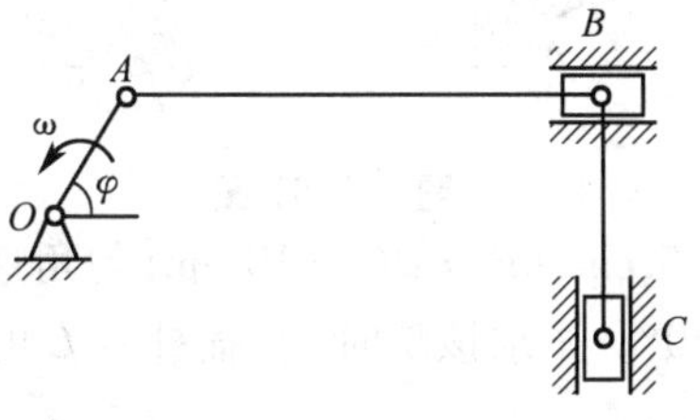

题 8.3(3) 图

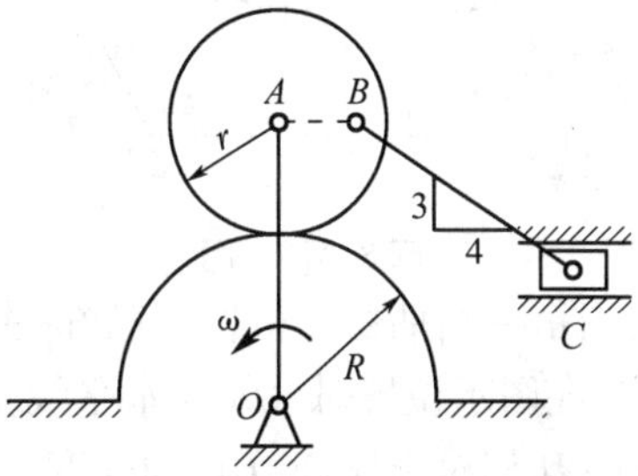

题 8.3(4) 图

(5) 平面机构如图所示。已知：$OA=r$，$BD=2r$，O_1 为 BD 杆的中点。在图示位置时，$\varphi=\theta=60°$，OA 杆的角速度为 ω、角加速度为零，$OA\perp AB$，$BD\perp DE$，OB 恰好处于水平。试求该瞬时滑块 E 的速度和加速度。

(6) 在图示平面机构中，已知：$BC=5\ \text{cm}$，$AB=10\ \text{cm}$，A 点以匀速度 $v_A=10\ \text{cm/s}$ 沿水平面运动，方向向右；在图示瞬时，$\theta=30°$，BC 杆处于铅垂位置。试求该瞬时：①B 点的加速度；②AB 杆的角加速度；③AB 杆中点 D 的加速度。

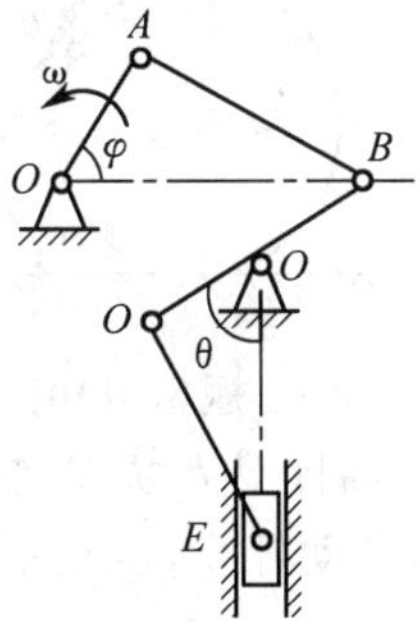

题 8.3(5) 图

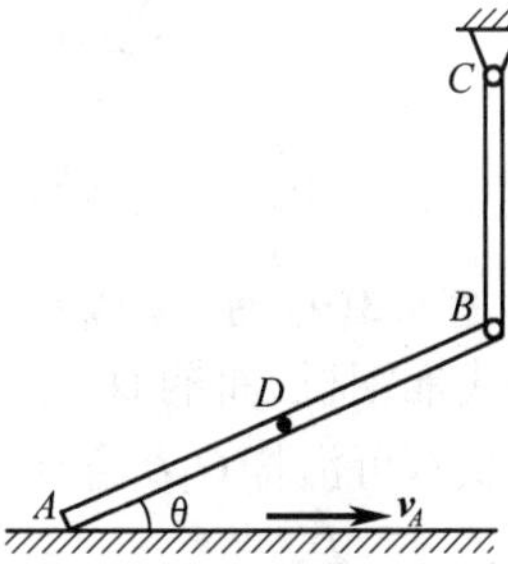

题 8.3(6) 图

(7) 在曲柄齿轮椭圆规中，齿轮 A 和曲柄 O_1A 固结为一体，齿轮 C 和齿轮 A 半径均为 r 并互相啮合，如图所示。图中 $AB=O_1O_2$，$O_1A=O_2B=0.4\ \text{m}$。O_1A 以恒定的角速度 ω 绕轴 O_1 转动，$\omega=0.2\ \text{rad/s}$。M 为轮 C 上一点，$CM=0.1\ \text{m}$。在图示瞬时，CM 为铅垂，求此时 M 点的速度和加速度。

(8) 在图示机构中，曲柄 OA 长为 r，绕 O 轴以等角速度 ω_O 转动，$AB=6r$，$BC=3\sqrt{3}r$。求图示位置时，滑块 C 的速度和加速度。

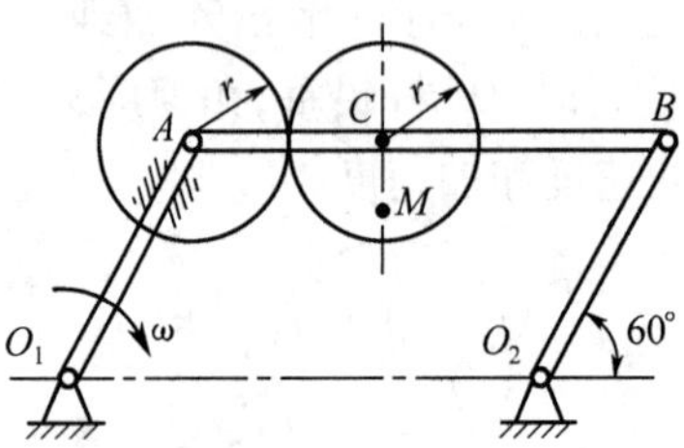

题 8.3(7) 图

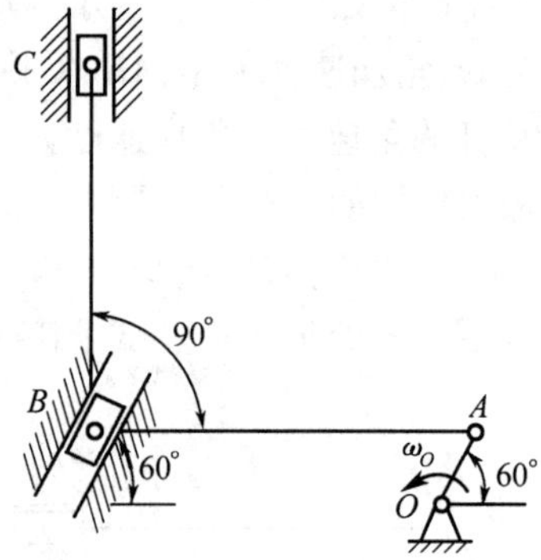

题 8.3(8) 图

(9) 图示一曲柄摇杆机构。已知:曲柄 $OA = 5$ cm,$AB = BD = 10$ cm,匀角速度 $\omega = 10$ rad/s。在图示位置时,OA 与水平线垂直,$\theta = 60°$。试求该瞬时:① 摇杆 O_1C 的角速度 ω_1;② 滑块 D 相对于摇杆 O_1C 的速度 v_r。

(10) 如图所示,轮 O 在水平面上滚动而不滑动,轮心以匀速 $v_O = 0.2$ m/s 运动。轮缘上固连销钉 B,此销钉在摇杆 O_1A 的槽内滑动,并带动摇杆绕 O_1 轴转动。已知:轮的半径 $R = 0.5$ m,在图示位置时,AO_1 是轮的切线,摇杆于水平面间的交角为60°。求摇杆在该瞬时的角速度和角加速度。

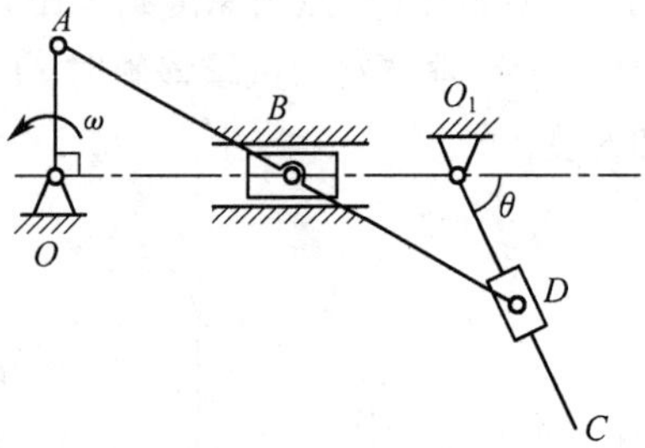

题 8.3(9) 图

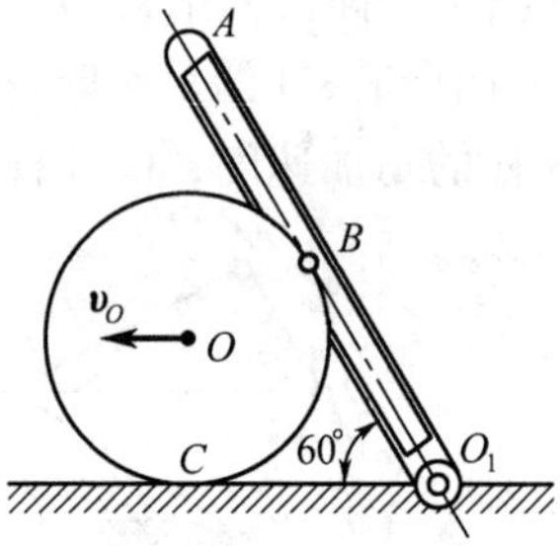

题 8.3(10) 图

(11) 轻型杠杆式推钢机,曲柄 OA 借连杆 AB 带动摇杆 O_1B 绕 O_1 轴摆动,杆 EC 以铰链与滑块 C 相连,滑块 C 可沿杆 O_1B 滑动;摆杆摆动时带动杆 EC 推动钢材,如图所示。已知 $OA = r, AB = \sqrt{3}r, O_1B = \frac{2}{3}l$($r = 0.2$ m, l = 1 m),$\omega_{OA} = \frac{1}{2}$rad/s,$\alpha_{OA} = 0$。在图示位置时,$BC = \frac{4}{3}l$。求:① 滑块 C 的绝对速度和相对于摇杆 O_1B 的速度;② 滑块 C 的绝对加速度和相对于摇杆 O_1B 的加速度。

(12) 图示滑块 A,B,C 以连杆 AB,AC 相铰接。滑块 B,C 在水平槽中相对运动的速度恒为 $\dot{s} = 1.6$ m/s。求当 $x = 50$ mm 时,滑块 B 的速度和加速度。

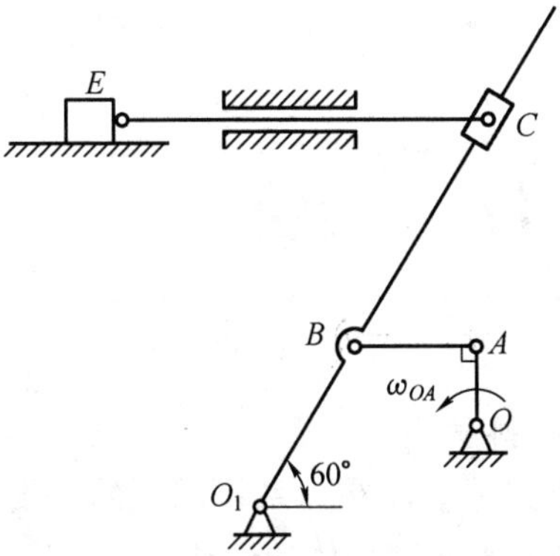

题 8.3(11) 图

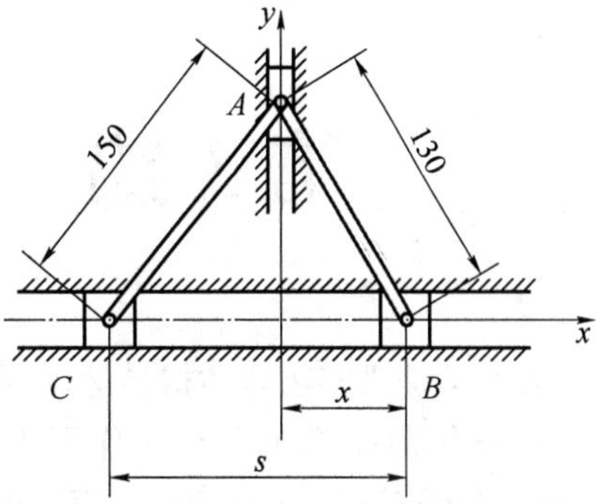

题 8.3(12) 图

第3编　动　力　学

动力学是研究物体的机械运动与作用力之间关系的科学。

在静力学中，我们分析了作用于物体上的力，并研究了物体在力系作用下的平衡问题，但没有研究物体的运动。在运动学中仅从几何的观点来研究物体的运动，但未涉及产生运动的原因，也就是不讨论作用于物体上的力。可以看出，这两部分没有直接的联系。在动力学中不仅研究物体的运动，而且进一步要研究物体产生运动的原因，也就是研究物体的运动与作用于物体上的力两者之间的关系，把静力学与运动学所研究的问题统一在动力学中，建立物体机械运动的普遍规律。

在动力学中，把所考察的物体分为质点和质点系来研究。质点是具有一定质量而几何形状及尺寸大小可以忽略不计的物体。质点系是由几个或无限个相互有联系的质点所组成的系统。我们常见的固体、流体、气体，由几个物体组成的机构等都是质点系，刚体是质点系的一种特殊情形，其中任意两个质点间的距离保持不变，也称为不变的质点系。

在动力学中，我们一般先研究一个单独质点的运动规律，然后将所得到的结果加以推演，即可得到质点系的运动规律。质点系动力学是概括了机械运动中最一般的规律。

在动力学中所研究的问题比较广泛，但是所要研究的基本问题可归纳为两类：(1) 已知物体的运动情况，求作用于物体上的力；(2) 已知作用于物体上的力，求物体的运动情况。工程实际中所遇到的动力学问题往往比较复杂，涉及的知识面也比较广泛。这里研究的动力学只是了解和处理这些问题的基础。

第9章　动力学基本定律

9.1　动力学基本定律

质点动力学的基础是三个基本定律,这些定律是牛顿在总结前人,特别是伽利略研究成果的基础上提出来的,称为牛顿三定律。这三条定律描述了动力学最基本的规律,是古典力学体系的核心,它适用于宏观、低速的物体。

第一定律(惯性定律)

任何质点如不受力作用,则将保持其原来静止的或匀速直线运动的状态。

这个定律说明了任何物体都具有保持静止或匀速直线运动状态的特性,物体的这种保持运动状态不变的固有的属性称为惯性。第一定律阐述了物体做惯性运动的条件,故又称为惯性定律。

实际上不受力的物体是不存在的。由静力学可知,如作用于质点的力系为平衡力系,则该力系与零等效。因此,受平衡力系作用的质点将永远保持静止或做匀速直线运动,即质点处于平衡状态。

综上所述,质点不受力作用或受平衡力系作用时将保持运动状态不变。由此可知,质点如受到不平衡力系的作用,则其运动状态一定改变。作用于物体的力与物体运动状态改变的定量关系将由第二定律给出。

第二定律

质点的质量与加速度的乘积,等于作用于质点的力的大小,加速度的方向与力的方向相同。即

$$m\boldsymbol{a} = \boldsymbol{F} \tag{9.1}$$

本式为第二定律的数学表达式,它是质点动力学的基本方程,建立了质点的加速度、质量与作用力之间的定量关系。若质点同时受几个力作用,则力 $\boldsymbol{F}$ 应理解为这些力的合力。这个定律给出了质点运动的加速度与其所受力之间的瞬时关系,说明作用力并不直接决定质点的速度,力对于质点运动的影响是通过加速度表现出来的,速度的方向可完全不同于作用力的方向。

同时,本定律说明质点的加速度不仅取决于作用力而且与质点的质量有关。若使不同的质点获得同样的加速度,质量较大的质点则需要较大的力。这就表明质点的质量越大,运动状态越不容易改变,也就是质点的惯性越大。因此,质量是质点惯性大小的度量量。

由上可知,物体机械运动状态的改变,不仅决定于作用于物体的力,同时也与物体的惯性有关。

在地球表面,任何物体都受重力 $\boldsymbol{P}$ 的作用,在重力作用下得到的加速度称为重力加速

度,用 $\boldsymbol{g}$ 表示,则由第二定律有:

$$\boldsymbol{P} = m\boldsymbol{g} \quad 或 \quad m = \frac{\boldsymbol{P}}{\boldsymbol{g}}$$

注意:质量和质量是两个不同的概念,质量是物体惯性大小的度量,在古典力学中是一个不变的常量。而质量是地球对于物体的引力的大小,在地面各处的重力加速度值略有不同,一般取为9.80米/秒^{2}因此,物体的质量是随地域不同而变的量,并且只是在地面附近的空间内才有意义。

在国际单位制(SI)中,长度、质量和时间的单位是基本单位,分别取为m(米)、kg(千克)和s(秒);力的单位是导出单位。质量为1 kg的质点,获得1 m/s^{2}的加速度时,作用于该质点的力为1 N(单位名称:牛顿),即

$$1\ \text{N} = 1\ \text{kg} \times 1\ \text{m/s}^2$$

在精密仪器工业中,也用厘米克秒制(CGS)。在厘米克秒制中,长度、质量和时间是基本单位,分别取为cm(厘米)、g(克)和s(秒),力是导出单位。1 g质量的质点,获得的加速度为1 cm/s^{2}时,作用于质点的力为1 dyn(达因),即

$$1\ \text{dyn} = 1\ \text{g} \times 1\ \text{cm/s}^2$$

牛顿和达因的换算关系为

$$1\ \text{N} = 10^5\ \text{dyn}$$

第三定律(作用与反作用定律)

两个物体间的作用力与反作用力总是大小相等,方向相反,沿着同一直线,且同时分别作用在这两个物体上。

这一定律就是静力学的公理4,但应注意,它不仅适用于平衡的物体,而且也适用于任何运动的物体。

必须指出,质点动力学的3个基本定律是在观察天体运动和生产实践中的一般机械运动的基础上总结出来的,因此只在一定范围内适用。3个定律适用的参考系称为惯性参考系。在一般的工程问题中,把固定于地面的坐标系或相对于地面做匀速直线平移的坐标系作为惯性参考系,可以得到相当精确的结果。在研究人造卫星的轨迹、洲际导弹的弹道等问题时,地球自转的影响不可忽略,应选取以地心为原点,3轴指向3个恒星的坐标系作为惯性参考系。在研究天体的运动时,地心运动的影响也不可忽略,需取太阳为中心,3轴指向3个恒星的坐标系作为惯性参考系。在本书中,如无特别说明,我们均取固定在地球表面的坐标系为惯性参考系。

以牛顿3定律为基础的力学,称为古典力学(又称经典力学)。在古典力学中,认为质量是不变的量,空间和时间是"绝对的",与物体的运动无关。近代物理已经证明,质量、时间和空间都与物体运动的速度有关,但当物体的运动速度远小于光速时,物体的运动对于质量、时间和空间的影响是微不足道的,对于一般工程中的机械运动问题,应用古典力学都可得到足够精确的结果。

9.2 质点运动的微分方程

现在研究由动力学基本方程建立质点的运动微分方程,应用运动微分方程解决质点

动力学的两类基本问题。

9.2.1　用矢径形式表示的质点的运动微分方程

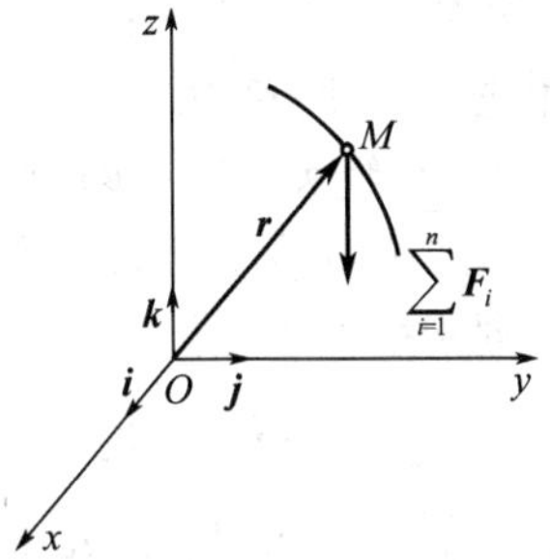

图 9.1

设质量为 m 的自由质点 M 在变力的合力 $\sum_{i=1}^{n}\boldsymbol{F}_i$ 作用下运动，根据动力学基本方程

$$m\boldsymbol{a} = \sum_{i=1}^{n}\boldsymbol{F}_i$$

由运动学知

$$\boldsymbol{a} = \frac{\mathrm{d}\boldsymbol{v}}{\mathrm{d}t} = \frac{\mathrm{d}^2\boldsymbol{r}}{\mathrm{d}t^2}$$

代入上式，则有

$$m\frac{\mathrm{d}^2\boldsymbol{r}}{\mathrm{d}t^2} = \sum_{i=1}^{n}\boldsymbol{F}_i \tag{9.2}$$

此即为矢量形式的质点运动微分方程。

9.2.2　用直角坐标形式表示的质点的运动微分方程

设矢径 $\boldsymbol{r}$ 在直角坐标轴上的投影分别为 x,y,z，力 $\boldsymbol{F}_i$ 在轴上的投影分别为 F_{xi},F_{yi},F_{zi}，则上式投影到直角坐标轴上，则得

$$m\frac{\mathrm{d}^2x}{\mathrm{d}t^2} = \sum_{i=1}^{n}F_{xi},\quad m\frac{\mathrm{d}^2y}{\mathrm{d}t^2} = \sum_{i=1}^{n}F_{yi},\quad m\frac{\mathrm{d}^2z}{\mathrm{d}t^2} = \sum_{i=1}^{n}F_{zi} \tag{9.3}$$

即得直角坐标形式的质点运动微分方程。

9.2.3　用自然坐标形式表示的质点的运动微分方程

由点的运动学知，点的全加速度 $\boldsymbol{a}$ 在 $\boldsymbol{\tau}$ 与 $\boldsymbol{n}$ 形成的密切面内，点的加速度在副法线上的投影等于零，即

$$\boldsymbol{a} = a_t\boldsymbol{\tau} + a_n\boldsymbol{n} \qquad a_b = 0$$

所以

$$ma_t = m\frac{\mathrm{d}v}{\mathrm{d}t} = \sum_{i=1}^{n}F_{\tau i},\quad ma_n = m\frac{v^2}{\rho} = \sum_{i=1}^{n}F_{ni},\quad ma_b = \sum_{i=1}^{n}F_{bi} = 0 \tag{9.4}$$

此即为自然坐标形式的质点运动微分方程。

用投影形式的质点运动微分方程解决质点动力学问题是个基本方法。在解决实际问题时，要注意根据问题的条件作受力分析和运动分析。至于运算，对第一类基本问题 —— 已知运动求力，是比较简单的，问题的求解归结为确定质点的加速度，代入质点运动微分方程中，即可求得所求力。对第二类问题 —— 已知力求运动是解微分方程或求积分的问题，每积分一次，需要确定一个积分常数。积分常数根据已知条件确定（如运动的初始条件，即 $t=0$ 时质点的坐标值和速度值确定）。

第一类问题(已知运动,求力)

例9.1　已知小球重G,用绳索AB,AC拉住,绳与铅垂线之间夹角为α,求(1) AC绳拉力$\boldsymbol{F}_1$;(2) 当AB绳突然剪断瞬时,AC绳拉力$\boldsymbol{F}_1$。

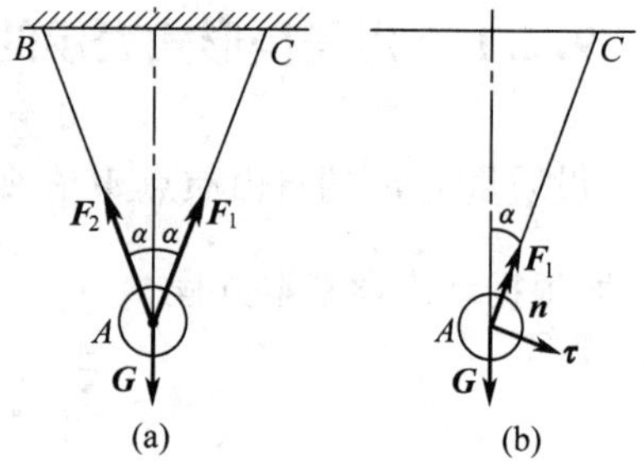

图9.2

解　(1) 研究小球。受力分析:$\boldsymbol{G}$,$\boldsymbol{F}_1$,$\boldsymbol{F}_2$。

列平衡方程:

$$\sum F_x = 0, \ -F_2\sin\alpha + F_1\sin\alpha = 0$$

$$\sum F_y = 0, F_1\cos\alpha + F_2\cos\alpha - G = 0$$

解得$F_1 = F_2 = \dfrac{G}{2\cos\alpha}$。

(2) 研究小球。受力分析:$\boldsymbol{G}$,$\boldsymbol{F}_1$。运动分析:单摆运动。本题为平面问题,应用质点运动微分方程自然坐标形式,自然坐标如图9.2所示。

$$ma_t = m\frac{\mathrm{d}v}{\mathrm{d}t} = \sum F_{\tau i}, \quad ma_n = m\frac{v^2}{\rho} = \sum F_{ni}$$

$$v_0 = 0, \quad \frac{G}{g}\frac{v_0^2}{l} = F_1 - G\cos\alpha = 0$$

得

$$F_1 = G\cos\alpha$$

$$\frac{G}{g}a_t = G\sin\alpha, \quad a_t = g\sin\alpha, a_n = 0$$

例9.2　有一圆锥摆,如图9.3所示。质量$m = 0.1$ kg的小球系于长$l = 30$ cm的绳上,绳的另一端系在固定点O,并与铅直线成$\theta = 60°$角,如小球在水平面内做匀速圆周运动。求小球的速度$\boldsymbol{v}$及绳的张力$\boldsymbol{F}$的大小。

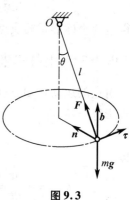

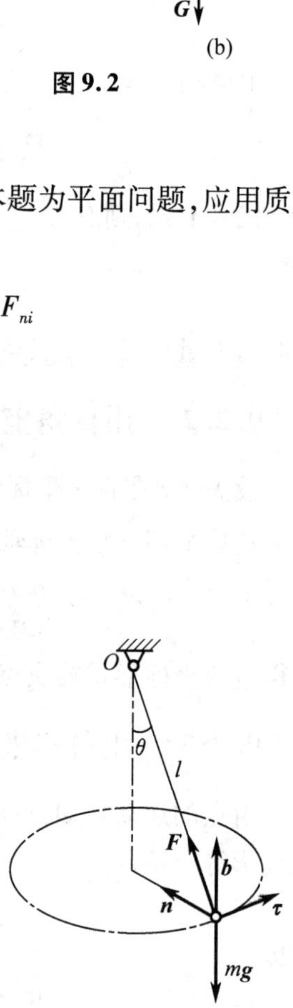

图9.3

解　研究小球。受力分析:重力$m\boldsymbol{g}$,绳拉力$\boldsymbol{F}$。

运动分析:小球在水平面内做匀速圆周运动。

建立图示自然轴系,应用自然坐标形式的质点运动微分方程。

$$m\frac{\mathrm{d}v}{\mathrm{d}t} = \sum F_\tau, \quad m\frac{\mathrm{d}v}{\mathrm{d}t} = 0, \quad m\frac{v^2}{\rho} = \sum F_n, \quad m\frac{v^2}{l\sin\alpha} = F\sin\theta$$

$$0 = \sum F_b, \quad F\cos\theta - mg = 0$$

解得:$F = \dfrac{mg}{\cos\theta} = 1.96$ N,$v = \sqrt{\dfrac{Fl\sin^2\theta}{m}} = 2.1$ m/s。

第二类问题(已知力,求运动)

例9.3　物体自高h处以速度$\boldsymbol{v}_0$水平抛出,空气阻力可视为与速度的一次方成正比,即$\boldsymbol{R} = -km\boldsymbol{v}$,其中$m$为物体的质量,$\boldsymbol{v}$为物体的速度,$k$为常系数。求物体的运动方程和轨迹方程。

解　研究小球。

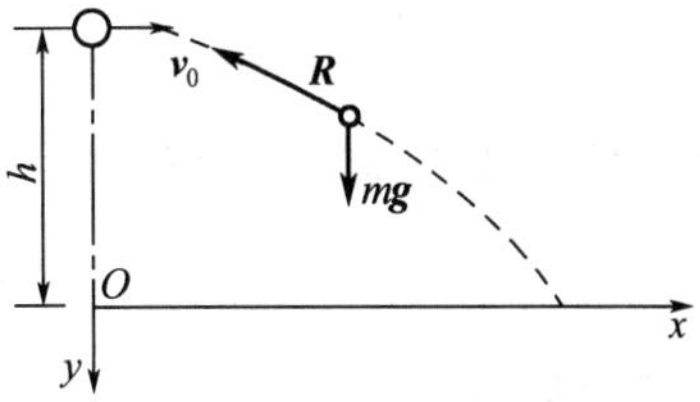

图 9.4

受力分析:重力 $m\boldsymbol{g}$,空气阻力 $\boldsymbol{R}$。

运动分析:小球做平抛运动,建立坐标系 Oxy。

应用质点动力学微分方程

$$m\ddot{x} = \sum F_x, \quad m\ddot{y} = \sum F_y$$

即 $m\ddot{x} = -km\dot{x}, m\ddot{y} = mg - km\dot{y}$; 也就是 $\ddot{x} = -k\dot{x}, \ddot{y} = g - k\dot{y}$。

由 $\ddot{x} = -k\dot{x}$,得 $\frac{\mathrm{d}\dot{x}}{\mathrm{d}t} = -k\dot{x}$,即 $\int_{v_0}^{\dot{x}} \frac{\mathrm{d}\dot{x}}{\dot{x}} = \int_0^t -k\mathrm{d}t$

$$\ln\dot{x}\Big|_{v_0}^{\dot{x}} = -kt\Big|_0^t, \quad \ln\frac{\dot{x}}{v_0} = -kt, \dot{x} = v_0 \mathrm{e}^{-kt}$$

分离变量得

$$\int_0^x \mathrm{d}x = \int_0^t v_0 \mathrm{e}^{-kt}\mathrm{d}t$$

$$x = -\frac{v_0}{k}\mathrm{e}^{-kt}\Big|_0^t = \frac{v_0}{k}(1 - \mathrm{e}^{-kt}) \tag{a}$$

由 $\ddot{y} = g - k\dot{y}$ 分离变量得

$$\int_0^{\dot{y}} \frac{\mathrm{d}\dot{y}}{g - k\dot{y}} = \int_0^t \mathrm{d}t, \quad \frac{1}{k}\ln(g - k\dot{y})\Big|_0^{\dot{y}} = -t, \quad \frac{g - k\dot{y}}{g} = \mathrm{e}^{-kt}, \quad \dot{y} = \frac{g}{k}(1 - \mathrm{e}^{-kt})$$

再积分得

$$h - y = \frac{g}{k}t + \frac{g}{k^2}\mathrm{e}^{-kt} - \frac{g}{k^2}$$

$$y = h - \frac{g}{k}t + \frac{g}{k^2}(1 - \mathrm{e}^{-kt}) \tag{b}$$

由(a) 及(b) 式消去 t 得

$$y = h - \frac{g}{k^2}\ln\frac{v_0}{v_0 - kx} - \frac{gx}{kv_0}$$

例 9.4　垂直于地面向上发射一物体,求该物体在地球引力作用下的运动速度,并求第二宇宙速度。不计空气阻力及地球自转的影响。

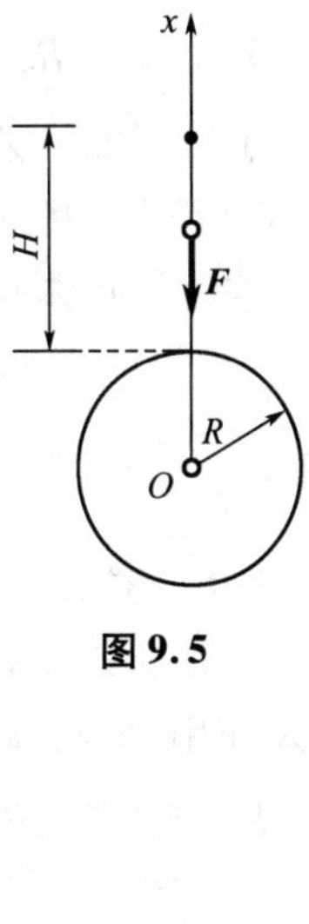

图 9.5

解　选地心 O 为坐标原点,x 轴铅垂向上。将物体视为质点,根据牛顿万有引力定律,它在任意位置 x 处受到地球的引力 $\boldsymbol{F}$,方向指向地心 O,大小为 $F = G_0\frac{mM}{x^2}$,式中 G_0 为万有引力常数,m 为物体的质量,M 为地球的质量,x 为物体至地心的距离。由于物体在地球表面对所受到的引力即为重力,故有

$$mg = G_0\frac{mM}{R^2}$$

所以

$$G_0 = \frac{gR^2}{M}$$

因此物体的运动微分方程为

$$m\frac{\mathrm{d}^2x}{\mathrm{d}t^2} = -F = -\frac{mgR^2}{x^2}$$

将上式改写为

$$mv_x\frac{\mathrm{d}v_x}{\mathrm{d}x} = -\frac{mgR^2}{x^2}$$

分离变量得

$$mv_x\mathrm{d}v_x = -mgR^2\frac{\mathrm{d}x}{x^2}$$

如设物体在地面开始发射的速度为 $\boldsymbol{v}_0$，在空中任意位置 x 处的速度为 $\boldsymbol{v}$，对上式进行积分得

$$\int_{v_0}^{v} mv_x dv_x = \int_{\mathrm{R}}^{x} -mgR^2\frac{\mathrm{d}x}{x^2}$$

得

$$\frac{1}{2}mv^2 - \frac{1}{2}mv_0^2 = mgR^2\left(\frac{1}{x} - \frac{1}{R}\right)$$

所以物体在任意位置时的速度为

$$v = \sqrt{(v_0^2 - 2gR) + \frac{2gR^2}{x}}$$

可见物体的速度将随 x 的增加而减少。

若 $v_0^2 < 2gR$，则物体在某一位置 $x = R + H$ 处速度将减小为零，此后物体将往回落下，H 为以初速 $\boldsymbol{v}_0$ 向上发射所能达到的最大高度。将 $x = R + H$ 及 $v = 0$ 代入上式，可得

$$H = \frac{Rv_0^2}{2gR - v_0^2}$$

若 $v_0^2 > 2gR$，则不论 x 为多大，甚至为无限大时，速度 $\boldsymbol{v}$ 都不会减小为零。因此欲使物体向上发射而一去不复返时必须具有的最小初速度为 $v_0 = \sqrt{2gR}$，如以 $g = 9.80\ \mathrm{m/s^2}$，$R = 6\ 370\ \mathrm{km}$ 代入，则得 $v_0 = 11.2\ \mathrm{km/s}$。

这就是物体脱离地球引力范围所需的最小初速度，称为第二宇宙速度。

习　　题

9.1　选择题

(1) 质量为 m 的物体自高 H 处水平抛出，运动中受到与速度一次方成正比的空气阻力 $\boldsymbol{R}$ 作用，$\boldsymbol{R} = -km\boldsymbol{v}$，$k$ 为常数。则其运动微分方程为(　　)。

(A) $m\ddot{x} = -km\dot{x}, m\ddot{y} = -km\dot{y} - mg$　　(B) $m\ddot{x} = km\dot{x}, m\ddot{y} = km\dot{y} - mg$

(C) $m\ddot{x} = -km\dot{x}, m\ddot{y} = km\dot{y} - mg$　　(D) $m\ddot{x} = km\dot{x}, m\ddot{y} = -km\dot{y} + mg$

(2) 已知物体的质量为 m,弹簧的刚度为 k,原长为 L_0,静伸长为 δ_{st},则对于以弹簧静伸长末端为坐标原点、铅直向下的坐标 Ox,重物的运动微分方程为(　　)。

(A) $m\ddot{x} = mg - kx$　　(B) $m\ddot{x} = kx$

(C) $m\ddot{x} = -kx$　　(D) $m\ddot{x} = mg + kx$

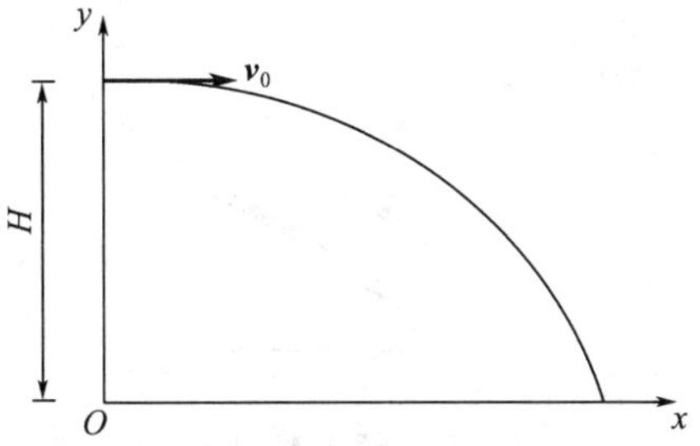

题 9.1(1) 图

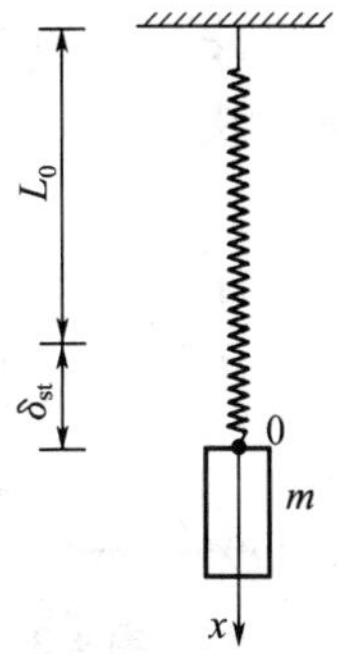

题 9.1(2) 图

(3) 在某地以相同大小的初速度($v_1 = v_2$) 而发射角不同斜抛两个质量相同的小球,若空气阻力不计,对选定的坐标系 Oxy,两小球的运动微分方程(　　),运动的初条件(　　),落地时速度的大小(　　),落地时速度的方向(　　)。

(A) 相同　　(B) 不同

(4) 距地面 H 的质点 M,具有水平初速度 $\boldsymbol{v}_0$,则该质点落地时的水平距离 L 与(　　)成正比。

(A) H　　(B) $\sqrt{H}$　　(C) H^2　　(D) H^3

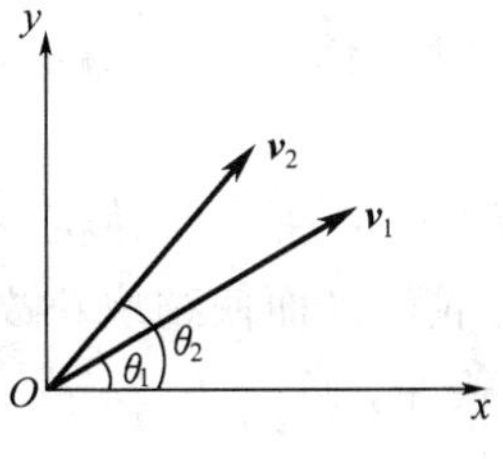

题 9.1(3) 图

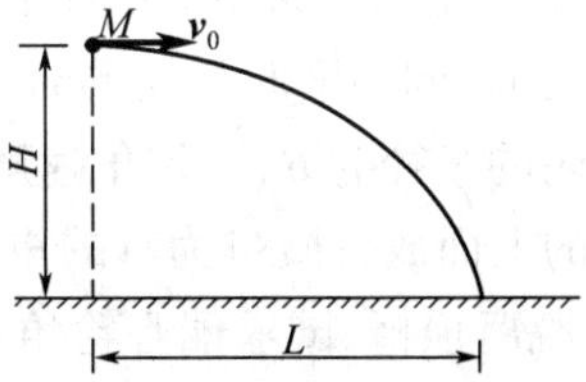

题 9.1(4) 图

9.2　填空题

(1) 在图示的角坐标下,当 $\varphi = \varphi_0$ 时将摆锤 M 由静止释放,则在该释放瞬时摆锤的加速度为__________。

(2) 质量为 m 的质点受到两个已知力 $\boldsymbol{F}_1$ 及 $\boldsymbol{F}_2$ 的作用($F_2 > F_1$),产生一定的加速度,在给定的图示的坐标系下,其运动微分方程为__________。

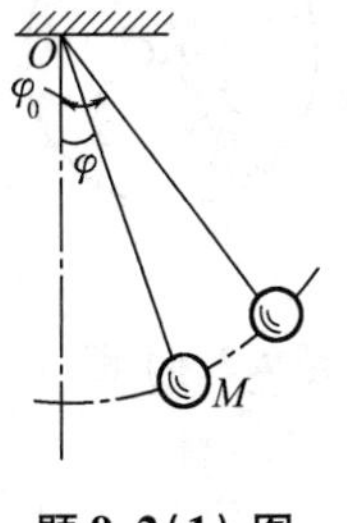

题 9.2(1) 图

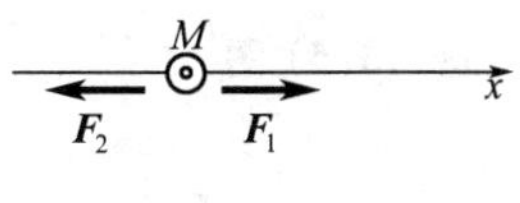

题 9.2(2) 图

9.3　计算题

(1) 质量为 m 的物块置于倾角为 α 的三棱柱体上,柱体以匀加速度 $\boldsymbol{a}$ 向左运动,设物块与柱体斜面间的动摩擦系数为 f,求物块对斜面的压力。

(2) 质量为2 kg的滑块在力 $\boldsymbol{F}$ 作用下沿杆 AB 运动,杆 AB 在水平面内绕 A 点转动。已知 $\varphi = 0.5t$, $L = t$ (φ, L, t 的单位分别为 rad, m, s) 滑块与杆 AB 之间的动摩擦系数为0.1,求 $t = 2$ s 时力 $\boldsymbol{F}$ 的大小。

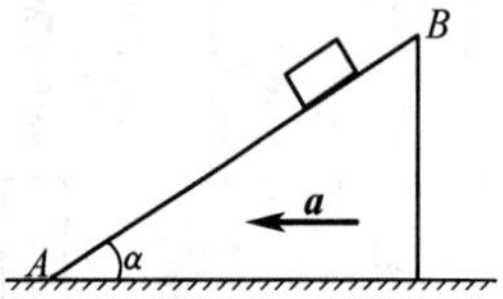

题 9.3(1) 图

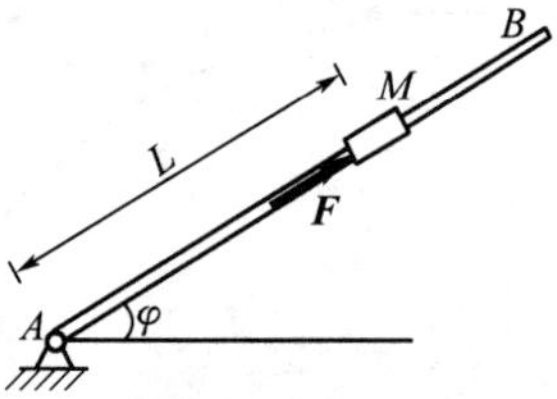

题 9.3(2) 图

(3) 在重为 P 牛的物体上,加上一沿铅直方向的力,使物体从静止开始向上运动,开始时已知该力为 Q 牛,以后按离开始位置每升高 1 米减少 k 牛的规律递减,求物体能达到的最大速度和最大高度。

(4) 两物体 A, B,质量相等,叠置在倾角 $\theta = 15°$ 的斜面上,已知 A, B 间的动摩擦系数 $f_1 = 0.1$, B 物体与斜面的动摩擦系数 $f_2 = 0.2$,系统由静止释放。试求 A, B 两物体的加速度。

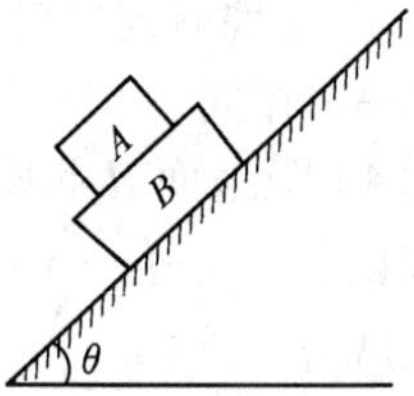

题 9.3(4) 图

(5) 图示 A, B 两物体的质量分别为 m_1 与 m_2,两者间用一绳子连接,此绳跨过一滑轮,滑轮半径为 r。如在开始时,两物体的高度差为 h,而且 $m_1 > m_2$,不计滑轮质量。求由静止释放后,两物体达到相同高度时所需的时间。

(6) 偏心轮的半径为 R,以匀角速度 ω 绕 O 轴转动;圆心在 C 点,偏心距 $OC = e$,如图所示。顶杆 A 的上面放置质量为 m 的重物 B,由于偏心轮转动而使物块 B 做上下运动。为使物块 B 不致脱离顶杆,试求偏心轮角速度应满足的条件。

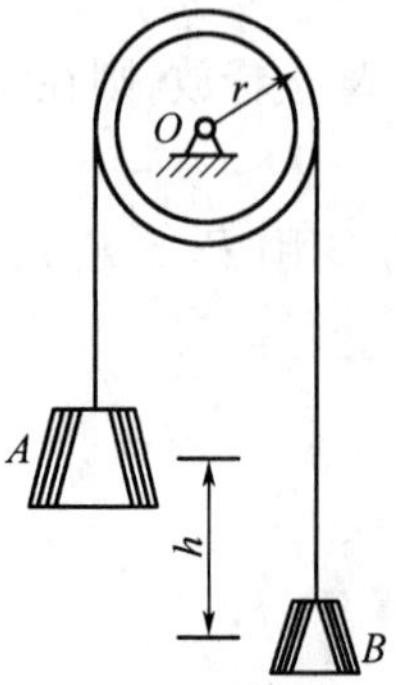

题 9.3(5) 图

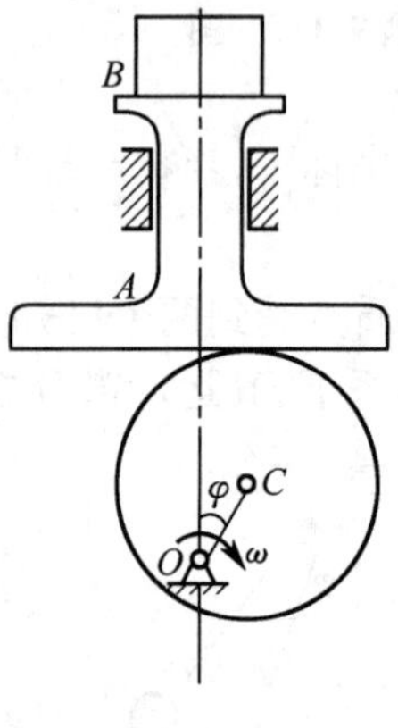

题 9.3(6) 图

第 10 章　动 量 定 理

应用质点运动微分方程,是解决动力学问题的基本方法,但是在许多实际问题中,由微分方程求积分有时会遇到困难,而质点系的动力学问题需要列出质点系中每一个质点的运动微分方程,并根据约束情况确定各质点间相互作用力和运动方面的关系,列出补充方程,然后求解这些方程,其困难则更为显著。为了进一步解决动力学问题,现在我们开始研究动力学普遍定理,包括动量定理、动量矩定理和动能定理。

动力学普遍定理建立了各个重要物理量间的联系,这有利于进一步认识机械运动的普遍规律。在应用普遍定理解决实际问题时,不但运算方法简便,而且还给出明确的物理概念,便于更深入地了解机械运动的性质。

本章研究动量定理,这个定理建立了质点(或质点系)的动量与作用于质点(或质点系)上的力和力的冲量之间的关系。

10.1　质点的动量定理

10.1.1　质点的动量

质点的动量是表征质点机械运动强度的一种度量。这个量不但与质点的速度有关,而且也与质点的惯性有关,即与质点的质量有关。因此,质点的动量可由质点的质量与其速度的乘积来表示。若质点的质量为 m,某瞬时的速度为 $\boldsymbol{v}$,则在该瞬时质点的动量为 $m\boldsymbol{v}$。动量是矢量,它与速度 $\boldsymbol{v}$ 的方向相同。在国际单位制中,动量的单位为kg · m/s。

10.1.2　力的冲量

经验告诉我们,一个物体在力的作用下引起的物体的机械运动变化,不仅与力的大小和方向有关,而且还与力作用时间的长短有关。例如,人们推车厢沿铁轨运动,当推力大于摩擦阻力时,经过一段时间,可使车厢得到一定的速度;如果用机车牵引车厢,那么只需很短的时间便能达到人推车厢的速度。因此,我们用力与作用时间的乘积来衡量力在这段时间内积累的作用。作用力与作用时间的乘积称为力的冲量,冲量为矢量,它的方向与力的方向相同。

如果作用力 $\boldsymbol{F}$ 是恒量,作用时间为 t,则力的冲量为

$$\boldsymbol{I} = \boldsymbol{F} \cdot t \tag{10.1}$$

如果作用力 $\boldsymbol{F}$ 是变量,应将力的作用时间分成无数微小的时间间隔 $\mathrm{d}t$,在每段微小的时间间隔 $\mathrm{d}t$ 内,作用力可看作不变量。在微小时间间隔 $\mathrm{d}t$ 内,力 $\boldsymbol{F}$ 的冲量称为元冲量,即

$$\mathrm{d}\boldsymbol{I} = \boldsymbol{F} \cdot \mathrm{d}t$$

如果力是时间的函数,则力 $\boldsymbol{F}$ 在作用时间 t 内的冲量为

$$\boldsymbol{I} = \int_0^t \boldsymbol{F} \cdot \mathrm{d}t \tag{10.2}$$

单位：在国际单位制中，冲量的单位为：牛顿 · 秒(N · s)

因为$[\boldsymbol{I}] = [\boldsymbol{F}][t] = [m][\boldsymbol{a}][t] = [m][\boldsymbol{v}]$，可见冲量与动量的量纲是相同的。

10.1.3 质点的动量定理

质点的动量定理建立了质点的动量变化与作用于质点上的力的冲量的关系。

设质点的质量为 m，作用力为 $\boldsymbol{F}$，根据牛顿第二定律有：$m\boldsymbol{a} = \boldsymbol{F}$，又因为 $\boldsymbol{a} = \dfrac{\mathrm{d}\boldsymbol{v}}{\mathrm{d}t}$，于是 $m\dfrac{\mathrm{d}\boldsymbol{v}}{\mathrm{d}t} = \boldsymbol{F}$，因为 m 是常数，上式可写成

$$\mathrm{d}(m\boldsymbol{v}) = \boldsymbol{F}\mathrm{d}t = \mathrm{d}\boldsymbol{I} \tag{10.3}$$

此即为质点动量定理的微分形式，即质点动量的增量等于作用于质点上的力的元冲量。

若以 $\boldsymbol{v}_1$，$\boldsymbol{v}_2$ 分别表示质点在瞬时 t_1 和 t_2 的速度，将上式在时间间隔$(t_2 \sim t_1)$内积分，则有

$$m\boldsymbol{v}_2 - m\boldsymbol{v}_1 = \int_{t_1}^{t_2} \boldsymbol{F}\mathrm{d}t = \boldsymbol{I} \tag{10.4}$$

上式为质点动量定理的有限形式，即在某一时间间隔内，质点动量的变化等于作用于质点的力在同一时间内的冲量。

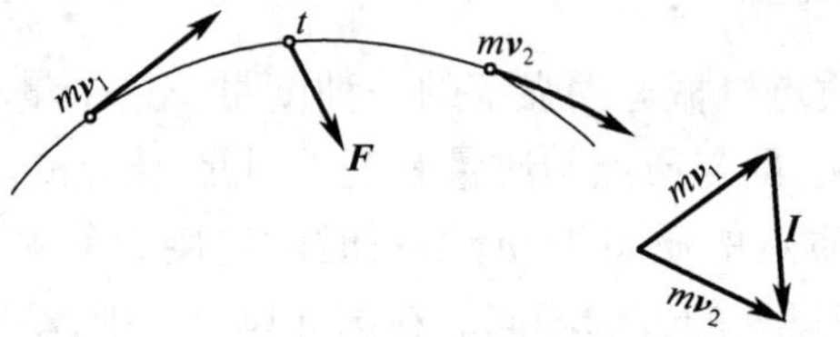

图 10.1

如质点沿曲线运动，由于在运动过程中力的不断作用，使质点的运动状态不断地变化。设在运动开始和终了的瞬时，质点的动量分别为 $m\boldsymbol{v}_1$，$m\boldsymbol{v}_2$，应用动量定理，可以直接求解在这段时间内作用力的冲量 $\boldsymbol{I}$，而不必考虑质点在这个过程中运动状态是如何变化的。

注意：动量定理是矢量形式，在应用时，常常取在直角坐标轴上的投影形式，即

$$\begin{aligned} mv_{2x} - mv_{1x} &= \int_{t_1}^{t_2} F_x \mathrm{d}x = I_x \\ mv_{2y} - mv_{1y} &= \int_{t_1}^{t_2} F_y \mathrm{d}y = I_y \\ mv_{2z} - mv_{1z} &= \int_{t_1}^{t_2} F_z dz = I_z \end{aligned} \tag{10.5}$$

如果在质点上作用有 n 个力，则以上式子中的力 $\boldsymbol{F}$ 应理解为这些力的合力。

10.1.4　质点的动量守恒定律

如果在质点的运动过程中,作用力 $\boldsymbol{F}$ 恒等于零,则由动量定理可知

$$m\boldsymbol{v}_2 = m\boldsymbol{v}_1 = \text{常矢量} \tag{10.6}$$

即若作用于质点上的力恒等于零,则该质点的动量保持不变。显然,此时质点将做匀速直线运动或处于静止状态。

若作用于质点上的力在 x 轴上的投影恒等于零,即 $F_x = 0$。

则由上式知

$$mv_{2x} = mv_{1x} = \text{常量} \tag{10.7}$$

即质点在 x 轴方向运动的速度保持不变。

例 10.1　锤的质量 $m = 3\ 000$ kg,从高度 $h = 1.5$ m 处自由下落到受锻压的工件上,工件发生变形,历时 $t = 0.01$ s,求锤对于工件的平均压力。

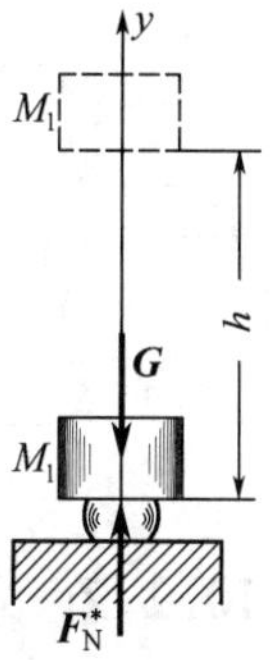

图 10.2

解法 1　研究重锤。受力分析:重力 $\boldsymbol{G}$,平均反力 $\boldsymbol{F}_N^*$。

作用在锤上的力有重力 $\boldsymbol{G}$ 和锤与锻件接触后锻件的反力。但锻件的反力是变力,在极短的时间间隔 t 内迅速变化,我们用平均反力 $\boldsymbol{F}_N^*$ 来代替。

运动分析:开始时自由落体,与锻件接触后做减速运动。应用动量定理

$$m\boldsymbol{v}_2 - m\boldsymbol{v}_1 = \int_{t_1}^{t_2} \boldsymbol{F}\mathrm{d}t = \boldsymbol{I}$$

取铅直轴 y 向上为正,则知 $v_{0y} = 0, mv_{0y} = 0, v_y = 0, mv_y = 0$

$$0 - 0 = I_y,\quad I_y = -Gt_1 + F_N^* t,\quad t_1 = \sqrt{\frac{2H}{g}} + t$$

所以

$$I_y = -G\left(\sqrt{\frac{2h}{g}} + t\right) + F_N^* t = 0$$

所以

$$F_N^* = G\left(\sqrt{\frac{2h}{g}} + t\right)/t = 1\ 656\ \text{kN}$$

锤对工件的平均压力等于平均反力的大小 F_N^*,也为 1 656 kN。

解法 2　初瞬时取 t 刚与锻件接触瞬时,则

$$v_{0y} = -\sqrt{2gh},\quad v_y = 0$$

所以

$$mv_{0y} = -m\sqrt{2gh}, mv_y = 0$$

$$0 + m\sqrt{2gh} = (-G + F_N^*)t$$

$$F_N^* = \frac{m\sqrt{2gh}}{t} + G = 1\ 656\ \text{kN}$$

同样可得上述结果。

10.2　质点系的动量定理

10.2.1　质点系的动量

质点系内各质点动量的矢量和称为质点系的动量。假设一质点系由 n 个质点组成，则此质点系的动量为

$$\boldsymbol{p} = m_1\boldsymbol{v}_1 + m_2\boldsymbol{v}_2 + \cdots + m_n\boldsymbol{v}_n = \sum_{i=1}^{n} m_i\boldsymbol{v}_i \tag{10.8}$$

质点系的动量也为矢量。

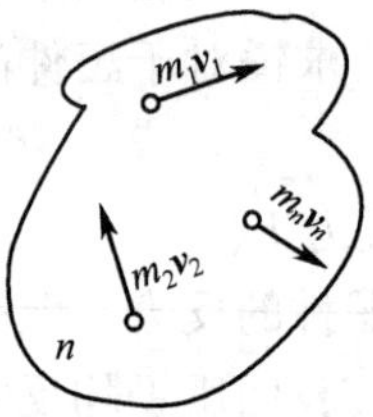

图 10.3

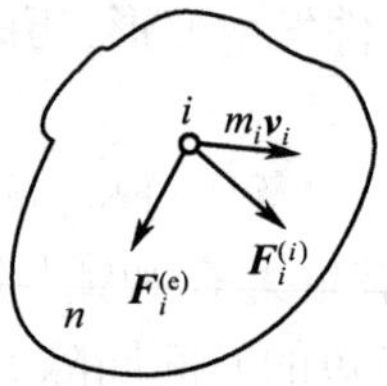

图 10.4

10.2.2　质点系的动量定理

设质点系由 n 个质点组成，第 i 个质点的质量为 m_i，速度为 $\boldsymbol{v}_i$，外界物体对该质点作用的力为 $\boldsymbol{F}_i^{(e)}$，称为外力；质点系内其他质点对该质点作用的力为 $\boldsymbol{F}_i^{(i)}$ 称为内力。则由质点的动量定理可得

$$\mathrm{d}(m_i\boldsymbol{v}_i) = (\boldsymbol{F}_i^{(e)}\mathrm{d}t + \boldsymbol{F}_i^{(i)})\mathrm{d}t = \boldsymbol{F}_i^{(e)}\mathrm{d}t + \boldsymbol{F}_i^{(i)}\mathrm{d}t \tag{10.9}$$

因为质点系内有几个质点，所以这样的方程共有 n 个，将 n 个方程两边分别相加得

$$\sum_{i=1}^{n}\mathrm{d}(m_i\boldsymbol{v}_i) = \sum_{i=1}^{n}\boldsymbol{F}_i^{(e)}\mathrm{d}t + \sum_{i=1}^{n}\boldsymbol{F}_i^{(i)}\mathrm{d}t \tag{10.10}$$

因为质点系内质点间相互作用的内力总是大小相等、方向相反的成对出现，相互抵消，因此内力冲量的矢量和等于零，即 $\sum_{i=1}^{n}\boldsymbol{F}_i^{(i)}\mathrm{d}t = 0$。

又因为 $\sum_{i=1}^{n}\mathrm{d}(m_i\boldsymbol{v}_i) = \mathrm{d}\left[\sum_{i=1}^{n}(m_i\boldsymbol{v}_i)\right] = \mathrm{d}\boldsymbol{p}$ 是质点系动量的增量，而外力元冲量的矢量和为 $\sum_{i=1}^{n}\boldsymbol{F}_i^{(e)}\mathrm{d}t = \sum_{i=1}^{n}\mathrm{d}\boldsymbol{I}_i^{(e)}$，于是得质点系动量定理的微分形式为

$$\mathrm{d}\boldsymbol{p} = \sum_{i=1}^{n}\boldsymbol{F}_i^{(e)}\mathrm{d}t = \sum_{i=1}^{n}\mathrm{d}\boldsymbol{I}_i^{(e)} \tag{10.11}$$

即质点系动量的增量等于作用于质点系的外力元冲量的矢量和。

上式也可写成

$$\frac{\mathrm{d}\boldsymbol{p}}{\mathrm{d}t} = \sum_{i=1}^{n}\boldsymbol{F}_i^{(e)} \tag{10.12}$$

即质点系的动量对时间的导数,等于作用于质点系的外力的矢量和。

设 $t=0$ 时质点系的动量为 $\boldsymbol{p}_0$,在时刻 t 质点系的动量为 $\boldsymbol{p}$,则积分上式,得

$$\int_{p_0}^{p}\mathrm{d}\boldsymbol{p}=\int_0^t\sum_{i=1}^{n}\boldsymbol{F}_i^{(e)}\mathrm{d}t=\sum_{i=1}^{n}\int_0^t\boldsymbol{F}_i^{(e)}\mathrm{d}t=\sum_{i=1}^{n}\boldsymbol{I}_i^{(e)}$$

即

$$\boldsymbol{p}-\boldsymbol{p}_0=\sum_{i=1}^{n}\boldsymbol{I}_i^{(e)} \tag{10.13}$$

上式为质点系动量定理的有限形式。即在某一时间间隔内,质点系动量的改变量等于在这段时间内作用于质点系外力冲量的矢量和。

注意:质点系的动量定理指出,质点系的内力不能改变质点系的动量。

质点系的动量定理为矢量形式,在应用时应取投影形式:

$$\frac{\mathrm{d}p_x}{\mathrm{d}t}=\sum_{i=1}^{n}F_{x_i}^{(e)},\quad \frac{\mathrm{d}p_y}{\mathrm{d}t}=\sum_{i=1}^{n}F_{y_i}^{(e)},\quad \frac{\mathrm{d}p_z}{\mathrm{d}t}=\sum_{i=1}^{n}F_{z_i}^{(e)} \tag{10.14}$$

$$p_x-p_{0x}=\sum_{i=1}^{n}I_{x_i}^{(e)},\quad p_y-p_{0y}=\sum_{i=1}^{n}I_{y_i}^{(e)},\quad p_z-p_{0z}=\sum_{i=1}^{n}I_{z_i}^{(e)} \tag{10.15}$$

10.2.3　质点系动量守恒定律

如果作用于质点系的外力的矢量和恒等于零,即 $\sum_{i=1}^{n}\boldsymbol{F}_i^{(e)}=0$ 时,则由动量定理微分形式有:$\frac{\mathrm{d}\boldsymbol{p}}{\mathrm{d}t}=\sum_{i=1}^{n}\boldsymbol{F}_i^{(e)}=0$,即 $\boldsymbol{p}=\sum_{i=1}^{n}m_i\boldsymbol{v}_i=\boldsymbol{p}_0=$ 常矢量,这就表明,若作用于质点系的外力的矢量和恒等于零时,则该质点系的动量保持不变,此即为质点系的动量守恒定律。

如果所有作用于质点系的外力在 x 轴上投影的代数和等于零,即 $\sum_{i=1}^{n}F_{x_i}^{(e)}=0$,则由上式有 $\frac{\mathrm{d}p_x}{\mathrm{d}t}=0$,$p_x=p_{ox}=\sum_{i=1}^{n}m_iv_{ix}=$ 常量,即如果作用于质点系的外力在某一轴上的投影的代数和恒等于零,则质点系的动量在这坐标轴上的投影保持不变。

还需指出:对于极为短促的力学过程,即时间间隔 $t=(t_2-t_1)$ 趋近于零的情况,如质点系所受的外力为普通力(如重力,摩擦力等),其大小为有限值,则外力冲量的矢量和为 $\sum_{i=1}^{n}\boldsymbol{I}_i^{(e)}=\sum_{i=1}^{n}\int_{t_1}^{t_2}\boldsymbol{F}_i^{(e)}\mathrm{d}t=\sum_{i=1}^{n}\boldsymbol{F}_{im}^{(e)}t\to 0$,式中 $\boldsymbol{F}_{im}^{(e)}$ 为 $\boldsymbol{F}_i^{(e)}$ 在时间间隔 t 内的平均值。因此,过程在始末时质点系的动量不变,即 $\boldsymbol{p}_2=\boldsymbol{p}_1$,对这类过程仍可应用动量守恒定律,如碰撞问题。

质点系动量守恒现象很多,例如在静水上有一只不动的小船,人与船一起组成一个质点系,如不计水的阻力,则当人从船头向船尾走去的同时,船身一定向前移动。

子弹与枪体组成质点系,在射击前动量等于零,当火药在枪膛内爆炸时,作用于子弹的压力为内力,它使子弹获得向前的动量,同时气体压力使枪体获得向后的动量(反坐现象),由于在水平方向没有外力,因此在这个方向总动量恒保持为零。

由以上两例可见,内力虽不能改变质点系的动量,但是可以改变质点系中各质点的动量。

例10.2　图10.5所示水流流经变截面弯管的示意图。设流体是不可压缩的,流动是

稳定的。求管壁的附加动约束力。

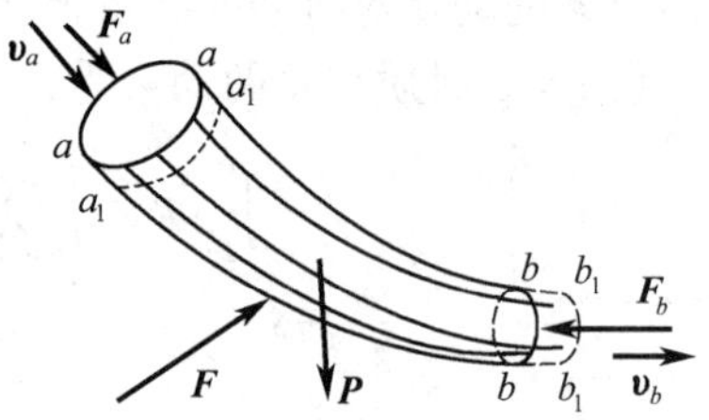

图 10.5

解　从管中取出所研究的两个截面 aa 与 bb 之间的流体作为质点系。经过时间 $\mathrm{d}t$ 这一部分流体流到两个截面 a_1a_1 与 b_1b_1 之间。令 q_v 为流体在单位时间内流过截面的体积流量，ρ 为密度，则质点系在时间 $\mathrm{d}t$ 内流过截面的质量为 $\mathrm{d}m = q_v\rho\mathrm{d}t$。

在时间间隔 $\mathrm{d}t$ 内质点系动量的变化为

$$\boldsymbol{p} - \boldsymbol{p}_0 = \boldsymbol{p}_{a_1b_1} - \boldsymbol{p}_{ab} = (\boldsymbol{p}_{bb_1} + \boldsymbol{p}_{a_1b}) - (\boldsymbol{p}_{a_1b} + \boldsymbol{p}_{aa_1})$$

因为管内流动是稳定的，有 $\boldsymbol{p}_{a_1b} = \boldsymbol{p}_{a_1b}$，于是 $\boldsymbol{p} - \boldsymbol{p}_0 = \boldsymbol{p}_{bb_1} - \boldsymbol{p}_{aa_1}$。

$\mathrm{d}t$ 为极小，可认为在截面 aa 与 a_1a_1 之间各质点的速度相同，设为 $\boldsymbol{v}_a$，截面 b_1b_1 与 bb 之间各质点的速度相同，设为 $\boldsymbol{v}_b$，于是得

$$\boldsymbol{p} - \boldsymbol{p}_0 = q_v\rho\mathrm{d}t(\boldsymbol{v}_b - \boldsymbol{v}_a)$$

作用于质点系上的外力有：均匀分布于体积 $aabb$ 内的重力 $\boldsymbol{P}$，管壁对于此质点系的作用力 $\boldsymbol{F}$，以及两截面 aa 和 bb 上受到的相邻流体的压力 $\boldsymbol{F}_a$ 和 $\boldsymbol{F}_b$。

将动量定理应用于所研究的质点系，则有

$$q_v\rho\mathrm{d}t(\boldsymbol{v}_b - \boldsymbol{v}_a) = (\boldsymbol{P} + \boldsymbol{F}_a + \boldsymbol{F}_b + \boldsymbol{F})\mathrm{d}t$$

消去时间 $\mathrm{d}t$ 得

$$q_v\rho(\boldsymbol{v}_b - \boldsymbol{v}_a) = \boldsymbol{P} + \boldsymbol{F}_a + \boldsymbol{F}_b + \boldsymbol{F}$$

若将管壁对于流体约束力 $\boldsymbol{F}$ 分为 $\boldsymbol{F}'$ 和 $\boldsymbol{F}''$ 两部分：$\boldsymbol{F}'$ 为与外力 $\boldsymbol{P}$、$\boldsymbol{F}_a$ 和 $\boldsymbol{F}_b$ 相平衡的管壁静约束力，$\boldsymbol{F}''$ 为由于流体的动量发生变化而产生的附加动约束力。则 $\boldsymbol{F}'$ 满足平衡方程：$\boldsymbol{P} + \boldsymbol{F}_a + \boldsymbol{F}_b + \boldsymbol{F}' = 0$，而附加动约束力由下式确定：$\boldsymbol{F}'' = q_v\rho(\boldsymbol{v}_b - \boldsymbol{v}_a)$。

设截面 aa 和 bb 的面积分别为 A_a 和 A_b，由不可压缩流体的连续性定律知：$q_v = A_av_a = A_bv_b$，因此，只要知道流速和曲管的尺寸，即可求得附加动约束力。流体对管壁的附加动作用力大小等于此附加动约束力，但方向相反。

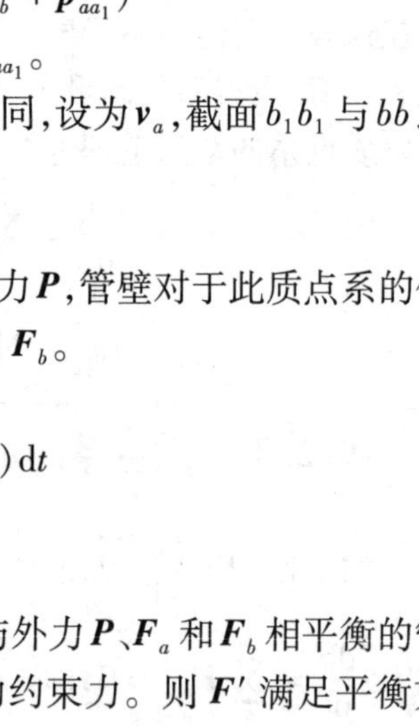

图 10.6

图 10.6 为一水平的等截面直角弯管。当流体被迫改变流动方向时，对管壁施加有附加的作用力，它的大小等于管壁对流体作用的附加动约束力，即

$$F''_x = q_v\rho(v_2 - 0) = \rho A_2v_2^2;F''_y = q_v\rho(0 + v_1) = \rho A_1v_1^2$$

由此可见，当流速很高或管子截面积很大时，附加动压力很大，在管子的弯头处应该安装支座。

例 10.3　已知质量为 m 的人在静止放置在光滑水平面上的板上相对于板以速度 $\boldsymbol{u}$ 行走，板的质量为 M。求人经过 t 秒后，人的绝对速度 $\boldsymbol{v}_a$ 及板的速度 $\boldsymbol{v}_1$。

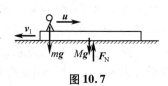

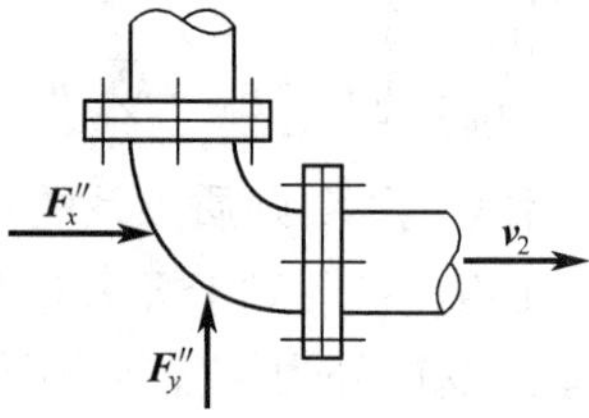

图 10.7

解　研究人与板组成的质点系。受力如图 10.7。

$\sum F_x^{(e)} = 0$，所以 $p_{0x} = p_x$，开始时静止，$p_{0x} = 0$。

$p_x = m(u - v_1) - Mv_1$，由动量守恒定理，$m(u - v_1) - Mv_1 = 0$。

得板的速度 $v_1 = \dfrac{mu}{m+M}$。

所以人的绝对速度 $v_a = u - v_1 = \dfrac{Mu}{m+M}$，板的速度 $v_1 = \dfrac{mu}{m+M}$。

10.3　质心运动定理

10.3.1　质量中心

设有 n 个质点所组成的质点系，质点系中任一质点 i 的质量为 m_i，其矢径为 $\boldsymbol{r}_i$。定义各质点的质量之和为整个质点系的质量，即 $m = \sum m_i$，则由矢径 $\boldsymbol{r}_C = \dfrac{\sum m_i \boldsymbol{r}_i}{m}$ 所确定的几何点 C 称为质点系的质量中心（简称质心）。

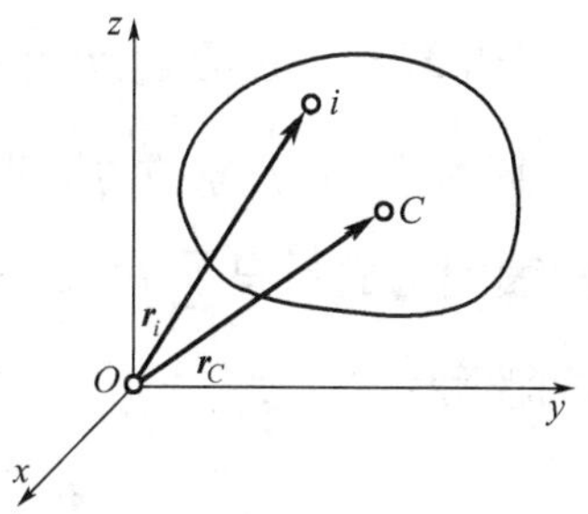

图 10.8

将上述矢量式两边向 3 个直角坐标轴上投影，便可得到质心的位置坐标为

$$x_C = \frac{\sum m_i x_i}{m}, \quad y_C = \frac{\sum m_i y_i}{m}, \quad z_C = \frac{\sum m_i z_i}{m} \tag{10.16}$$

若将上述 3 式等号右边的分子与分母同乘以重力加速度 $\boldsymbol{g}$，则上式变成重心的坐标公式。可见，在均匀重力场中，质点系的质心与重心相重合，因此，可通过静力学中所介绍的求重心的方法，找出质心的位置。

但应注意：质心与重心是两个不同的概念，质心完全取决于质点系中各质点质量大小及其位置的分布情况，而与所受的力无关，它是表征质点系质量分布的概念之一。重心是在质点系受重力作用时才存在，它是质点系中各质点所受的重力组成的平行力系的中心。所以质心比重心具有更广泛的意义。

当质点系运动时，它的质心一般也在空间运动。将上式对时间 t 取一阶导数，则得

$$m \frac{\mathrm{d}\boldsymbol{r}_C}{\mathrm{d}t} = \sum_{i=1}^{n} m_i \frac{\mathrm{d}\boldsymbol{r}_i}{\mathrm{d}t}$$

即

$$m\boldsymbol{v}_C = \sum_{i=1}^{n} m_i \boldsymbol{v}_i = \boldsymbol{p}$$

即

$$\boldsymbol{p} = \sum_{i=1}^{n} m_i \boldsymbol{v}_i = m\boldsymbol{v}_C \tag{10.17}$$

这表明：若质点系的全部质量均集中于质心 C，则质心的动量即等于质点系的动量。

如已知质点系的质量 m 及质心的速度 $\boldsymbol{v}_C$，由上式即可求出质点系的动量。上式为计算质点系特别是刚体的动量提供了简便的方法。

下面看两个求质点系动量的小例子。

(1) 沿直线轨迹滚动的均质圆盘,如图10.9(a)所示。质量为 m, 轮心速度为 $\boldsymbol{v}_C$, 则圆盘的动量 $\boldsymbol{p} = m\boldsymbol{v}_C$, 方向水平向右。

(2) 均质杆 OA 质量为 m,杆长为 l,绕 O 轴以角速度 ω 匀速转动,如图 10.9(b) 所示。则 $v_C = \dfrac{l}{2}\omega$,杆件动量的大小 $p = mv_C = \dfrac{1}{2}lm\omega$,方向如图 10.9(b) 所示。

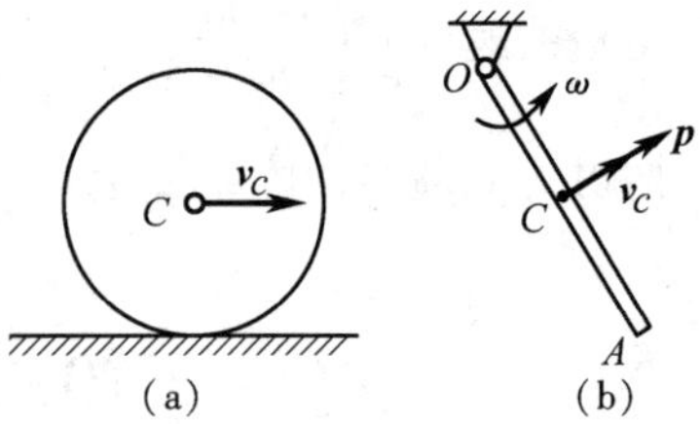

图 10.9

10.3.2　质心运动定理

因为任何质点系的动量都等于质点系的质量与质心速度的乘积,因此动量定理的微分形式可写成$\dfrac{\mathrm{d}\boldsymbol{p}}{\mathrm{d}t} = \sum_{i=1}^{n} \boldsymbol{F}_i^{(e)}$,$\boldsymbol{p} = m\boldsymbol{v}_C$,所以$\dfrac{\mathrm{d}}{\mathrm{d}t}(m\boldsymbol{v}_C) = \sum_{i=1}^{n} \boldsymbol{F}_i^{(e)}$,对于质量不变的质点系,上式可改写为

$$m\frac{\mathrm{d}\boldsymbol{v}_C}{\mathrm{d}t} = \sum_{i=1}^{n} \boldsymbol{F}_i^{(e)} \quad 或 \quad m\boldsymbol{a}_C = \sum_{i=1}^{n} \boldsymbol{F}_i^{(e)} \tag{10.18}$$

上式中 $\boldsymbol{a}_C$ 为质心的加速度。上式表明,质点系的质量与质心加速度的乘积等于作用于质点系的外力的矢量和,此即为质心运动定理。

在形式上,质心运动定理与质点的动力学基本方程 $m\boldsymbol{a} = \sum \boldsymbol{F}$ 完全相似。因此,质心运动定理也可叙述如下:质点系质心的运动可以看成为一个质点的运动,可假设把整个质点系的质量集中于这一点,作用于质点系的外力也都集中于这一点。

例如在爆破山石时,土石碎块向各处飞落。在尚无碎石落地之时,所有土石碎块组成一质点系,它们的质心运动与一个抛射体(质点)的运动一样,这个质点的质量等于质点系的全部质量,作用在这个质点上的力是质点系中各质点重力的总和。由质心运动轨迹,可以在采取定向爆破时,预先估计大部分土石碎块堆积的地方,如图 10.10 所示。

由质心运动定理可知,质点系的内力不影响质心的运动,只有外力才能改变质心的运动。例如,在汽车的发动机中,气体的压力是内力,虽然这个力是汽车行驶的原动力,但是它不能使汽车的质心运动,那么汽车依靠什么外力启动呢? 原来汽车发动机中的气体压力推动汽缸内的活塞,经过一套机构,将力矩传给主动轮(后轮),若车轮与地面的接触面足够粗糙,那么地面对车轮作用的静滑动摩擦力($\boldsymbol{F}_A - \boldsymbol{F}_B$) 就是使汽车的质心改变运动状态的外力。如果地面光滑或 $\boldsymbol{F}_A$ 克服不了汽车前进的阻力 $\boldsymbol{F}_B$,那么车轮将在原处转动,汽车不能前进,如图 10.11 所示。

质心运动定理为矢量形式,在应用时应取其投影形式。在直角坐标轴上投影为

$$ma_{Cx} = m\ddot{x}_C = \sum F_x^{(e)}, \quad ma_{Cy} = m\ddot{y}_C = \sum F_y^{(e)}, \quad ma_{Cz} = m\ddot{z}_C = \sum F_z^{(e)} \tag{10.19}$$

在自然轴上的投影为

$$ma_{Ct} = m\frac{\mathrm{d}v_C}{\mathrm{d}t} = \sum F_\tau^{(e)}, \quad ma_{Cn} = m\frac{v_C^2}{\rho} = \sum F_n^{(e)}, \quad ma_{Cb} = 0 = \sum F_b^{(e)} \tag{10.20}$$

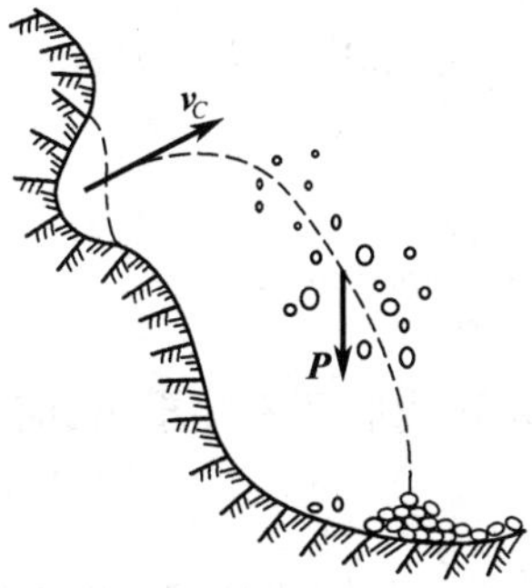

图 10.10

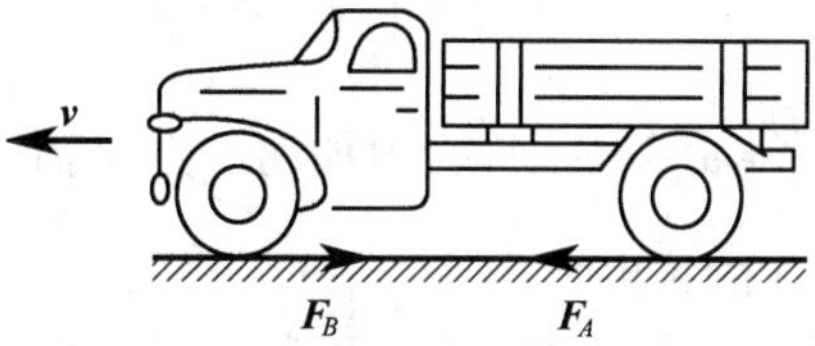

图 10.11

10.3.3　质心运动守恒

由质心运动定理可知,如果作用于质点系的外力的矢量和恒等于零,即 $\sum_{i=1}^{n} \boldsymbol{F}_i^{(e)} = 0$,则 $\frac{\mathrm{d}\boldsymbol{v}_C}{\mathrm{d}t} = 0$,即 $\boldsymbol{v}_C$ 为常矢量。若开始静止,则质心位置始终保持不变;如果作用于质点系的所有外力在某轴上投影的代数和恒等于零,即 $\sum_{i=1}^{n} F_x^{(e)} = 0$,则知 v_{Cx} = 常量。若开始速度投影等于零,则质心沿该轴的坐标保持不变。

以上结论,称为质心运动守恒定律。

例 10.4　电动机的外壳固定在水平基础上,定子重 P,转子重 Q,如图 10.12 所示。转子的轴通过定子的质心 O_1,但由于制造误差,转子的质心 O_2 到 O_1 的距离为 e。已知转子匀速转动,角速度为 ω,开始时 O_1O_2 水平。求基础的支座反力。

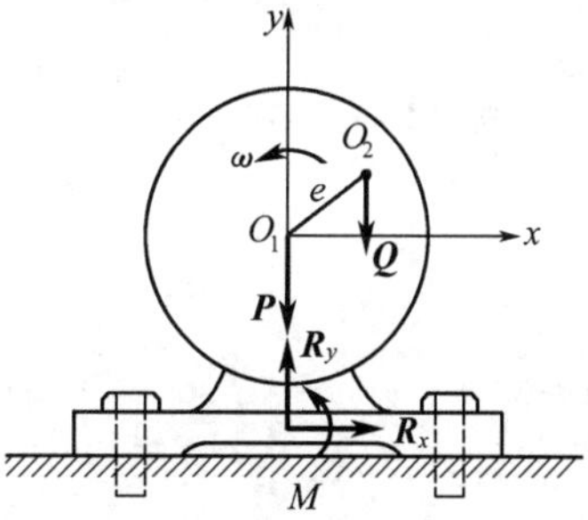

图 10.12

解　研究整个系统。受力分析:定子重力 $\boldsymbol{P}$,转子重力 $\boldsymbol{Q}$,基础反力 $\boldsymbol{R}_x$,$\boldsymbol{R}_y$ 和反力偶 M。求质点系整个系统的质心。

$$x_C = \frac{\sum m_i x_i}{m}, \quad y_C = \frac{\sum m_i y_i}{m}, \quad x_C = \frac{Px_1 + Qx_2}{P + Q}, \quad y_C = \frac{Py_1 + Qy_2}{P + Q}$$

因为 $x_1 = y_1 = 0, x_2 = e\cos\omega t, y_2 = e\sin\omega t$。

所以

$$x_C = \frac{pe\cos\omega t}{P + Q}, \quad y_C = \frac{pe\sin\omega t}{P + Q}, \quad \ddot{x}_C = \frac{-\omega^2 pe}{P + Q}\cos\omega t, \quad \ddot{y}_C = \frac{-\omega^2 pe}{P + Q}\sin\omega t$$

应用质心运动定理

$$m\boldsymbol{a}_C = \sum_{i=1}^{n} \boldsymbol{F}_i^{(e)}$$

$$ma_{Cx} = m\ddot{x}_C = \sum F_x^{(e)}, \quad ma_{Cy} = m\ddot{y}_C = \sum F_y^{(e)}$$

所以

$$\frac{P+Q}{g}\left(-\frac{Qe\omega^2}{P+Q}\cos\omega t\right)=R_x,\quad \frac{P+Q}{g}\left(-\frac{Qe\omega^2}{P+Q}\sin\omega t\right)=R_y-P-Q$$

得

$$R_x=-\frac{Q}{g}e\omega^2\cos\omega t,\quad R_y=P+Q-\frac{Q}{g}e\omega^2\sin\omega t$$

其中$\frac{Q}{g}e\omega^2\sin\omega t$称为附加动反力,其中约束反力偶 M 我们还不能求出,应用到后面讲的知识才能解出。

例 10.5　均质曲柄长 $AB=r$,质量为 m_1,以匀角速度 ω 绕轴 A 转动。整个构件 BCD 的质量为 m_2,质心在点 C。在活塞上作用一水平恒力 $\boldsymbol{F}$,不计各处摩擦和滑块 B 的质量。求作用在曲柄轴 A 处的最大水平分力 $\boldsymbol{F}_{x\max}$。

解　研究整个系统。水平方向受力分析如图 10.13,求系统质心坐标。

$$x_C=\left[m_1\frac{r}{2}\cos\omega t+m_2(b+r\cos\omega t)\right]/(m_1+m_2)$$

$$y_C=\left[m_1\frac{r}{2}\sin\omega t+m_2\times 0\right]/(m_1+m_2)$$

$$a_{Cx}=\ddot{x}_C=\frac{-r\omega^2}{m_1+m_2}\left(\frac{m_1}{2}+m_2\right)\cos\omega t$$

$$ma_{Cx}=m\ddot{x}_C=\sum F_x^{(e)},\ (m_1+m_2)\left[\frac{-r\omega^2}{m_1+m_2}\left(\frac{m_1}{2}+m_2\right)\cos\omega t\right]=F_x-F$$

得

$$F_x=F-\frac{r\omega^2}{g}\left(\frac{m_1}{2}+m_2\right)\cos\omega t$$

显然

$$F_{x\max}=F+r\omega^2\left(\frac{m_1}{2}+m_2\right)$$

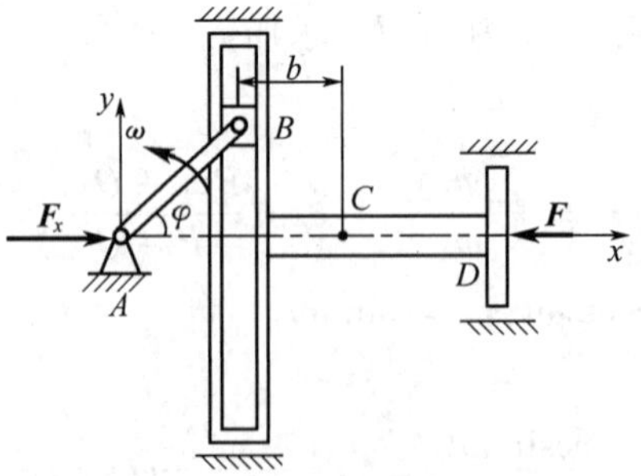

图 10.13

例 10.6　如图 10.14 所示,在静止的小船上,一人自船头走向船尾,设人重 P,船重 Q,船长 l,不计水的阻力,求船的位移。

解　研究船与人组成的整体,因不计水的阻力,所以有 $\sum F_x^{(e)}=0$,又因为系统开始时静止,所以系统质心在水平轴上的坐标 $x_C=$ 常量,取图示坐标轴,则

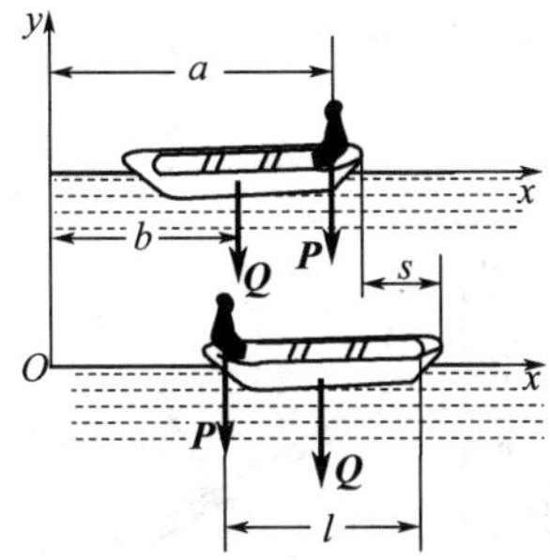

图 10.14

$$x_{C1}=\frac{Pa+Qb}{P+Q},\quad x_{C2}=\frac{P(a+s-l)+Q(b+s)}{P+Q}$$

因为 $x_{C1}=x_{C2}$,解得 $s=\dfrac{Pl}{P+Q}$,所以船的位移为$\dfrac{Pl}{P+Q}$。

习　　题

10.1　选择题

(1) 边长为 L 的均质正方形平板,位于铅垂平面内并置于光滑水平面上,如图所示,若给平板一微小扰动,使其从图示位置开始倾倒,平板在倾倒过程中,其质心 C 点的运动轨迹是(　　)。

(A) 半径为 $L/2$ 的圆弧　　(B) 抛物线

(C) 椭圆曲线　　(D) 铅垂直线

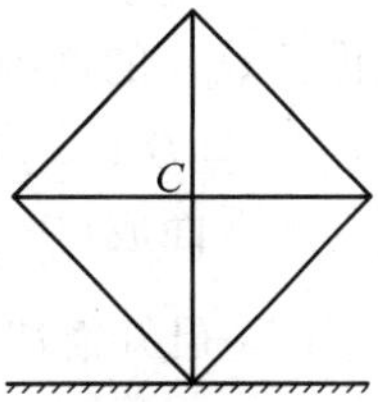

题 10.1(1) 图

(2) 人重 P,车重 Q,置于光滑水平地面上,人可在车上运动,系统开始时静止。则不论人采用何种方式(走、跑) 从车头运动到车尾,车的(　　)。

(A) 位移是不变的　　(B) 速度是相同的

(C) 质心位置是不变的　　(D) 末加速度是相同的

(3) 船 A 重 P,以速度 $\boldsymbol{v}$ 航行。重 Q 的物体 B 以相对于船的速度 $\boldsymbol{u}$ 空投到船上,设 $\boldsymbol{u}$ 与水平面成60°角,且与 $\boldsymbol{v}$ 在同一铅直平面内。若不计水的阻力,则两者共同的水平速度大小为(　　)。

(A) $(Pv+0.5Qu)/(P+Q)$

(B) $(Pv+Qu)/(P+Q)$

(C) $((P+Q)v+0.5Qu)/(P+Q)$

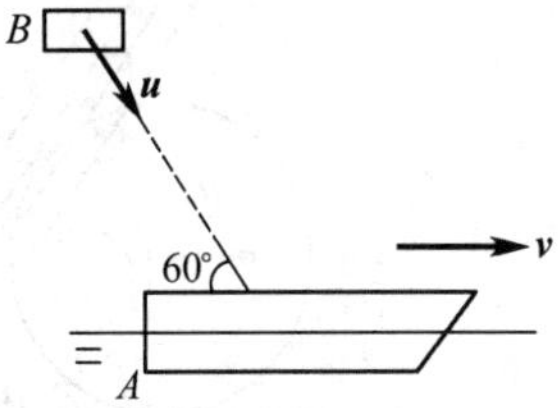

题 10.1(3) 图

(4) 系统在某一运动过程中,作用于系统的所有外力的冲量和的方向与系统在此运动过程中(　　) 的方向相同。

(A) 力　　(B) 动量　　(C) 力的改变量　　(D) 动量的改变量

10.2　填空题

(1) 已知 $OA//BO_1$,$OA=BO_1$,$O_3M=r$,O_3G 杆绕 O_3 轴转动的角速度为 ω,则 MD 杆的动量的大小为 $p=$ __________。请将动量方向标在图上。

(2) 已知匀质杆 AB 长为 l,质量为 m,$v_A=v$,则杆的动量的大小为 $p=$ __________。请将动量方向标在图上。

(3) 已知质点 m 的质量 $M=2\ \text{kg}$，$v_r=40\ \text{m/s}$，$\omega=2\ \text{rad/s}$，$r=20\ \text{m}$，则质点 m 动量的大小为 $p=$ ________。

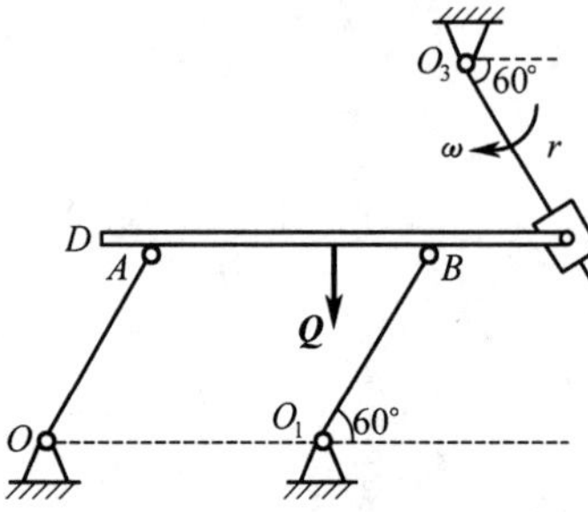

题 10.2(1) 图

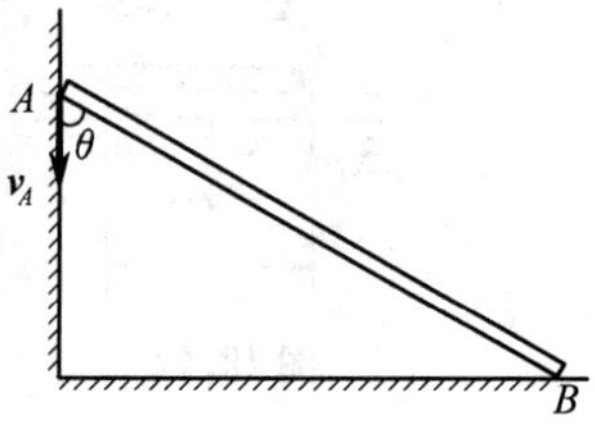

题 10.2(2) 图

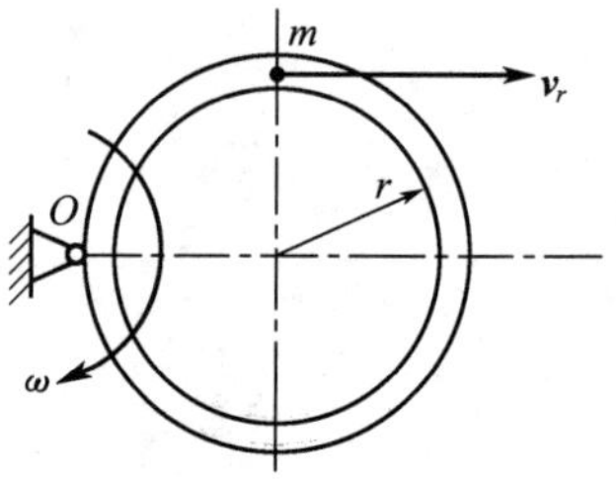

题 10.2(3) 图

10.3　计算题

(1) 一人站在车上，车以速度 $\boldsymbol{v}_1$ 前进，如图示。设人的质量为 m_1，车子的质量为 m_2，如人以相对于车的速度 $\boldsymbol{v}_r$ 向后跳下，求此时车的速度 $\boldsymbol{v}_2$，假定路面水平且光滑。

题 10.3(1) 图

(2) 质量为 $m_1=6\ \text{kg}$，半径为 $R=0.5\ \text{m}$ 的均质轮 O 沿水平面滚动而不滑动，销钉 B 固定在轮缘上，此销钉可在摇杆 O_1A 的槽内滑动，并带动摇杆绕 O_1 轴摆动。已知摇杆 O_1A 的质量 $m_1=4\ \text{kg}$，质心在 C 点，且 $O_1C=\sqrt{3}/4\ \text{m}$。在图示位置时，$O_1A$ 是轮的切线。轮心的速度 $v_O=0.2\ \text{m/s}$。摇杆与水平面成 $60°$ 夹角，求此时系统的动量。(不计销钉 B 的质量)

(3) 已知滑块 B 的质量为 m_1，按规律 $s=a+b\sin\dfrac{1}{2}\pi t$ 沿水平直线做简谐振动(a，b 为常数)。均质细杆长 L，质量为 m_2，绕滑块 B 上 O 点转动，其转动方向 $\varphi=\dfrac{1}{2}\pi t$。求 $t=1$ 秒时该系统动量的大小。

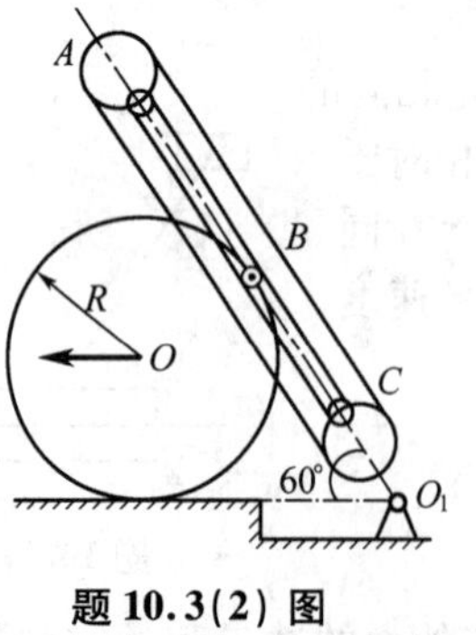

题 10.3(2) 图

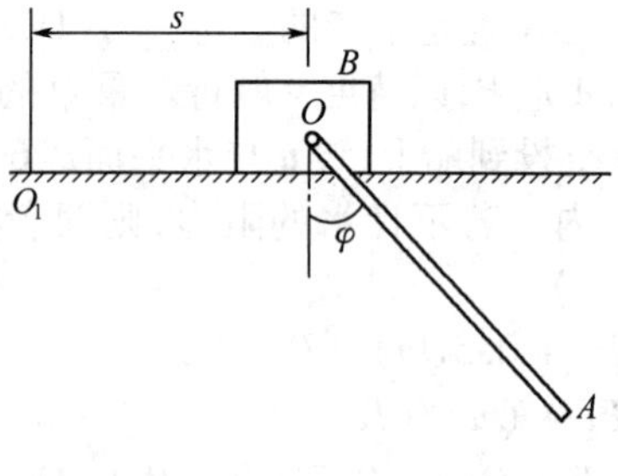

题 10.3(3) 图

(4) 水平面上放一均质三棱柱 A。在 A 上又放一均质小三棱柱 B，两三棱柱的横截面皆为直角三角形。已知三棱柱 A 的质量为 B 的 5 倍，即 $m_A=5m_B$，设三棱柱和水平面都是光滑的。试求当 B 沿 A 滑下接触到水平面时 A 所移动的距离。

(5) 均质曲柄 OD 长 L，质量 m；均质连杆 AB 长 $2L$，质量 $2\ \text{m}$；滑块 A，B 质量各为 m。设某瞬时曲柄绕 O 轴转动的角速度为 ω，试求当曲柄与水平线成角 φ 时系统的动量。

(6) 小车 A 重 Q，下悬一摆，摆按规律 $\varphi=\varphi_0\cos kt$ 摆动。设摆锤 B 重 P，摆长 L，摆杆的质量及各处摩擦均忽略不计。试求小车的运动方程。

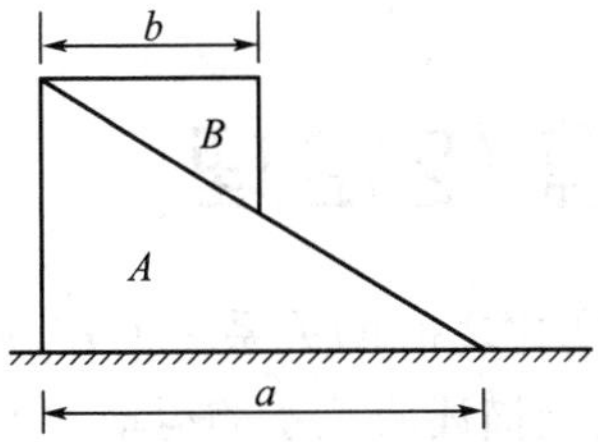

题 10.3(4) 图

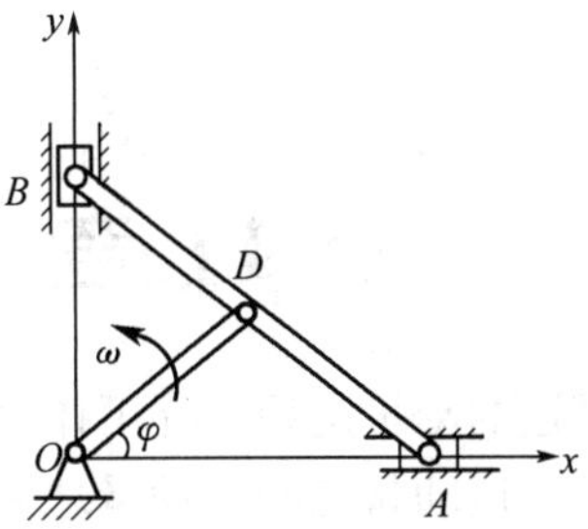

题 10.3(5) 图

(7) 质量$m_1 = 0.2$ kg的子弹以速度$v_0 = 500$ m/s射入平板车上质量为$m_2 = 20$ kg的物块A内,平板车质量为$m_3 = 16$ kg,可在固定水平面上自由运动。设开始时车和物块是静止的。若子弹射入后,物块A在平板车上滑动0.4 s后,才与车面相对静止。求①物块和小车最后的速度;②车面与物块A相互作用的摩擦力的平均值。车与地面间摩擦力忽略不计。

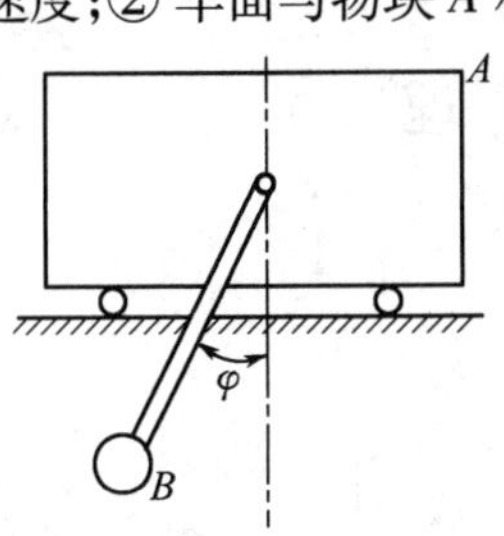

题 10.3(6) 图

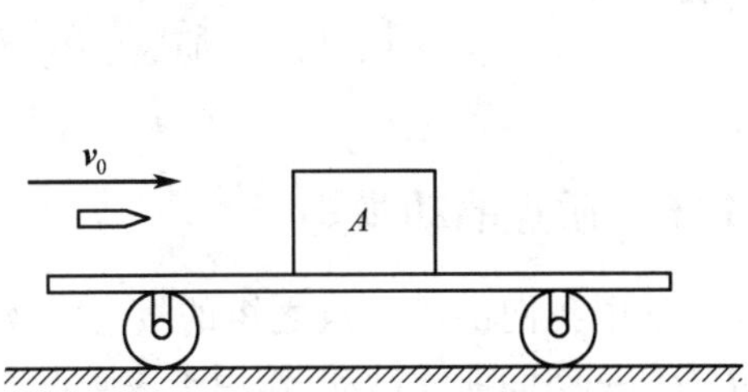

题 10.3(7) 图

(8) 重为W_1的物块A,沿三棱体D的光滑斜面下降,同时借一绕过滑轮C的绳子使重为W_2的物块B运动。三棱体D重为W_3,斜面与水平面成α角,如略去绳子和滑轮的质量,求三棱体D给凸出部分E的压力及给地面的压力(设三棱体与地面间没有摩擦)。

(9) 均质曲柄OA,长$L = 1$ m,质量$m_1 = 3$ kg;滑块A的质量$m_2 = 0.5$ kg;滑道与连杆BD的质量$m_3 = 4$ kg。当$\varphi = 30°$时,杆OA绕O轴转动的角速度$\omega = 5$ rad/s,角加速度$\alpha = 1$ rad/s^2,转向如图示。试求此瞬时O轴处的铅直反力。

(10) 图示互相垂直的墙和地面都是光滑的,重为W、长为L的均质杆由铅直位置开始下滑到图示位置时,杆的角速度为$\omega = \sqrt{3g(1 - \sin\theta)/L}$,且杆始终在与墙面垂直的铅直平面内运动。试求此时杆端A,B的反力。

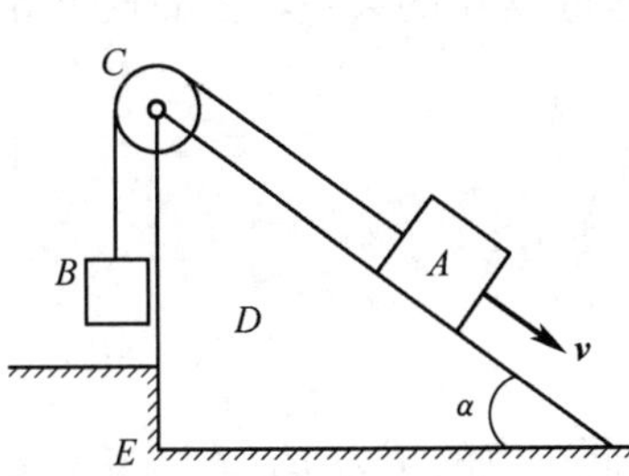

题 10.3(8) 图

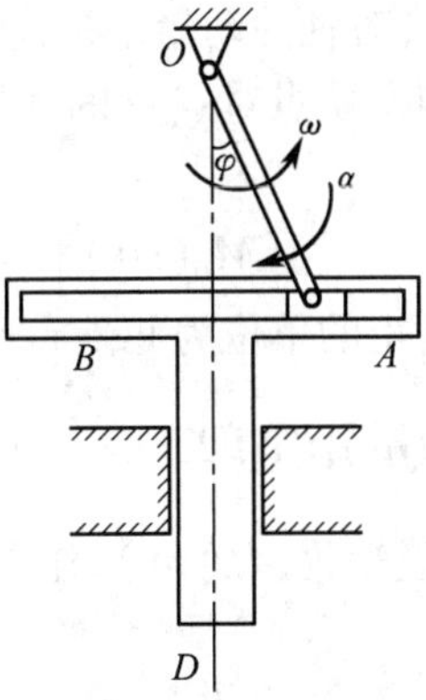

题 10.3(9) 图

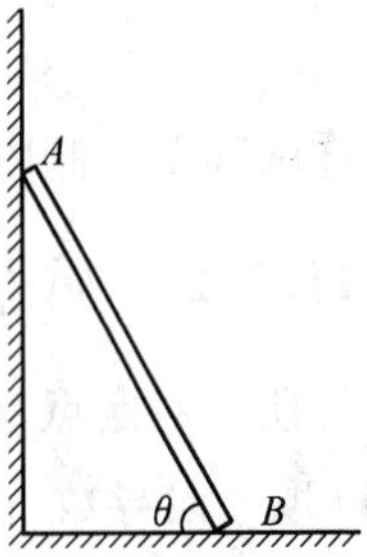

题 10.3(10) 图

第 11 章　动量矩定理

前一章阐述的动量定理建立了作用力与动量变化之间的关系。但是，质点系的动量只是描述质点系运动状态的运动量之一，它不能完全描述质点系的运动状态。例如，一对称的圆轮绕不动的质心转动时，无论圆轮转动的快慢如何，它的动量恒等于零。由此可见，质点系的动量不能描述质点系相对于质心的运动状态，动量定理也不能阐明这种运动的规律，而必须用其他理论来解决这个问题。动量矩定理正是描述质点系相对于某一定点（或定轴）或质心的运动状态的理论。

11.1　质点的动量矩定理

11.1.1　质点的动量矩

在静力学中我们讲述了点之矩的概念。例如一质点 M 沿任一空间曲线运动，作用于该质点上的力为 $\boldsymbol{F}$，质点 M 的矢径为 $\boldsymbol{r}$，质量为 m，则

$$\boldsymbol{M}_O(\boldsymbol{F}) = \boldsymbol{r} \times \boldsymbol{F}$$

令某瞬时该质点的动量为 $m\boldsymbol{v}$，仿照力对点之矩的定义，定义质点 M 的动量 $m\boldsymbol{v}$ 对于点 O 的矩为

$$\boldsymbol{M}_O(m\boldsymbol{v}) = \boldsymbol{r} \times m\boldsymbol{v} \tag{11.1}$$

称为质点对于点 O 的动量矩。动量矩为矢量，其大小也可以用由动量 $m\boldsymbol{v}$ 与矢径 $\boldsymbol{r}$ 所构成的 ΔOMD 面积的两倍来表示，其方向符合右手规则（如图 11.1 所示）。

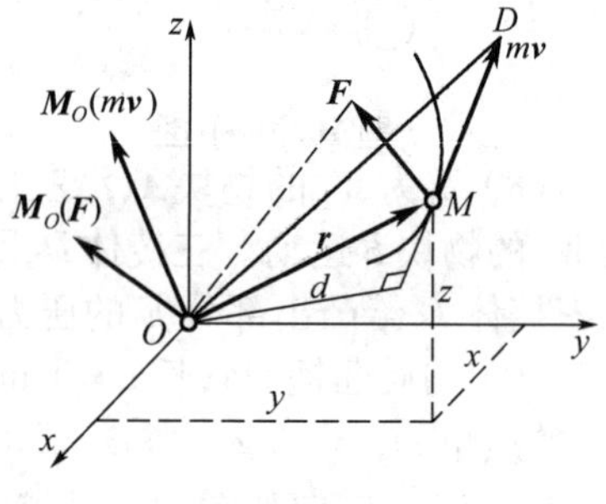

图 11.1

质点动量 $m\boldsymbol{v}$ 在 xOy 平面内的投影 $(m\boldsymbol{v})_{xy}$ 对于点 O 的矩，定义为质点动量对于 z 轴之矩，简称对于 z 轴的动量矩，对轴的动量矩是代数量。仿照静力学中力对点的矩与力对通过该点的轴之矩的关系，则有质点对点 O 的动量矩在通过 O 点的某一轴上的投影等于质点的动量对该轴之矩，即

$$[\boldsymbol{M}_O(m\boldsymbol{v})]_z = M_z(m\boldsymbol{v}) \tag{11.2}$$

在国际单位制中，动量矩的单位为 $\mathrm{kg \cdot m^2/s}$。

11.1.2　质点的动量矩定理

设质点对定点 O 的动量矩为 $\boldsymbol{M}_O(m\boldsymbol{v})$，作用力 $\boldsymbol{F}$ 对同一点的矩为 $\boldsymbol{M}_O(\boldsymbol{F})$，将动量矩对时间 t 取一阶导数，得

$$\frac{\mathrm{d}}{\mathrm{d}t}[\boldsymbol{M}_O(m\boldsymbol{v})] = \frac{\mathrm{d}}{\mathrm{d}t}(\boldsymbol{r} \times m\boldsymbol{v}) = \frac{\mathrm{d}\boldsymbol{r}}{\mathrm{d}t} \times m\boldsymbol{v} + \boldsymbol{r} \times \frac{\mathrm{d}(m\boldsymbol{v})}{\mathrm{d}t} \tag{11.3}$$

由质点动量定理可知$\frac{\mathrm{d}}{\mathrm{d}t}(m\boldsymbol{v})=\boldsymbol{F}$，又因为$\frac{\mathrm{d}\boldsymbol{r}}{\mathrm{d}t}=\boldsymbol{v}$，所以上式可写为

$$\frac{\mathrm{d}}{\mathrm{d}t}\boldsymbol{M}_O(m\boldsymbol{v})=\boldsymbol{v}\times m\boldsymbol{v}+\boldsymbol{r}\times\boldsymbol{F}=\boldsymbol{M}_O(\boldsymbol{F})$$

即

$$\frac{\mathrm{d}}{\mathrm{d}t}\boldsymbol{M}_O(m\boldsymbol{v})=\boldsymbol{M}_O(\boldsymbol{F}) \tag{11.4}$$

此即为质点的动量矩定理。即质点对某定点的动量矩对时间的一阶导数等于作用力对同一点的力矩。

上式为矢量形式，将该式投影到直角坐标轴上，并将对点的动量矩与对轴的动量矩的关系式代入，得

$$\frac{\mathrm{d}}{\mathrm{d}t}M_x(m\boldsymbol{v})=M_x(\boldsymbol{F}),\quad \frac{\mathrm{d}}{\mathrm{d}t}M_y(m\boldsymbol{v})=M_y(\boldsymbol{F}),\quad \frac{\mathrm{d}}{\mathrm{d}t}M_z(m\boldsymbol{v})=M_z(\boldsymbol{F}) \tag{11.5}$$

即质点对某定轴的动量矩对时间的一阶导数等于作用力对于同一轴的力矩。

11.1.3　质点动量矩守恒定律

如果作用于质点的力对于某定点 O 的矩恒等于零，即 $\boldsymbol{M}_O(\boldsymbol{F})=0$，则由上式可知，质点的动量对于固定点 O 之矩保持不变，即 $\boldsymbol{M}_O(m\boldsymbol{v})=\boldsymbol{r}\times m\boldsymbol{v}=$ 常矢量。

如果作用于质点的力对于某定轴的矩恒等于零，即 $M_x(\boldsymbol{F})=0$，则知质点对该轴的动量矩保持不变，即 $M_x(m\boldsymbol{v})=$ 常量

如果作用于质点的力的作用线恒通过某固定点 O，这种力称为有心力，该固定点 O 称为力心。例如太阳对于行星的引力和地球对于人造卫星的引力等。若质点 M 在力心为 O 的有心力 $\boldsymbol{F}$ 作用下运动，根据质点的动量矩守恒定律得

$$\boldsymbol{M}_O(m\boldsymbol{v})=\boldsymbol{r}\times m\boldsymbol{v}=\text{常矢量}$$

这就表明：

(1) 质点的矢径 $\boldsymbol{r}$ 与速度 $\boldsymbol{v}$ 所组成的平面在空间的方位不变，即质点在经过 O 点的平面内运动。

(2) 质点对 O 点的动量矩大小保持不变，即 $|\boldsymbol{M}_O(m\boldsymbol{v})|=mvd=$ 常量，其中 d 为 O 点至矢量 $m\boldsymbol{v}$ 的垂直距离。

质点的动量矩定理建立了质点的动量矩与力矩之间的关系，实际上是质点的运动微分方程。因此这个定理可以处理质点动力学的两类基本问题，即已知作用于质点的力矩或力求质点的运动；或已知质点的运动求作用于质点的力矩或力。至于质点的动量矩守恒定律，只能用到对于某一点或某一轴的力矩恒为零的情形，所处理的问题一般是已知质点在某一状态下的运动要素求在另一状态下的运动要素（速度、位置坐标）。

例 11.1　图 11.2 为一单摆（数学摆），摆锤重为 P，悬线长为 l。如给摆锤以初位移或初速度（统称初扰动），它就在经过 O 点的铅垂平面内摆动。求此单摆在微小摆动时的运动规律。

解　取直角坐标系如图 11.2 所示，在任意瞬时 t，摆锤 M 的速度为 $\boldsymbol{v}$，摆的偏角为 φ，则其对于 z 轴的动量矩为

$$M_z(m\boldsymbol{v}) = \frac{P}{g}vl = \frac{P}{g}l^2\omega = \frac{P}{g}l^2\frac{\mathrm{d}\varphi}{\mathrm{d}t}$$

作用于摆锤的力有重力$\boldsymbol{P}$和绳的约束反力$\boldsymbol{F}_\mathrm{T}$，$\boldsymbol{F}_\mathrm{T}$始终通过悬挂点$O$而与$z$轴相交，它对于$z$轴之矩恒等于零，因此对于$z$轴的力矩为

$$M_z(\boldsymbol{F}) = -Pl\sin\varphi$$

式中负号表示力矩的正负恒与偏角φ的正负相反，由质点的动量矩定理得

$$\frac{\mathrm{d}}{\mathrm{d}t}\left(\frac{P}{g}l^2\frac{\mathrm{d}\varphi}{\mathrm{d}t}\right) = -Pl\sin\varphi$$

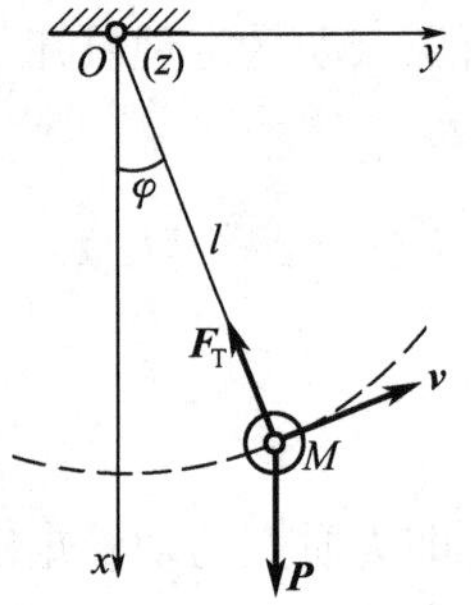

图 11.2

或

$$\frac{\mathrm{d}^2\varphi}{\mathrm{d}t^2} + \frac{g}{l}\sin\varphi = 0$$

此即为单摆的运动微分方程。当摆动不大即偏角很小时，可取$\sin\varphi \approx \varphi$，于是上式变为

$$\frac{\mathrm{d}^2\varphi}{\mathrm{d}t^2} + \frac{g}{l}\varphi = 0$$

此微分方程的解为

$$\varphi = A\sin\left(\sqrt{\frac{g}{l}}t + \alpha\right)$$

其中A和α为积分常数，取决于初始条件。可见单摆的微幅摆动为简谐运动，振动的周期为$T = 2\pi\sqrt{\dfrac{l}{g}}$，而与初始条件无关。

例 11.2 如图 11.3 所示，行星M沿椭圆轨道绕太阳运行，太阳位于椭圆的焦点S处，如图 11.3 所示。已知椭圆的长半轴为a，偏心率为e，即$OS = ae$，行星在A点的速度为$\boldsymbol{v}_1$，求行星行至B点时的速度$\boldsymbol{v}_2$。

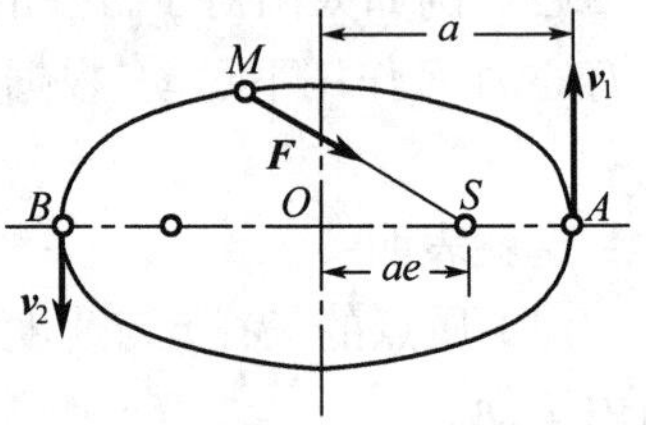

图 11.3

解 行星M在任一瞬时所受的力就是太阳的引力$\boldsymbol{F}$，该力为有心力，力心即为焦点S。根据质点的动量矩守恒定律，则知行星对于S点的动量矩保持不变。设行星的质量为m，在A，B两点的速度与椭圆长轴垂直，并且

$$SA = a - ae = a(1-e),\ SB = a + ae = a(1+e)$$

于是得到

$$mv_1a(1-e) = mv_2a(1+e)$$

由此求出行星至B点时的速度为$v_2 = \dfrac{1-e}{1+e}v_1$。

11.2　质点系的动量矩定理

11.2.1　质点系的动量矩

质点系对某固定点 O 的动量矩等于该质点系内各质点对同一点 O 的动量矩的矢量和，即 $\boldsymbol{L}_O = \boldsymbol{M}_O(m_1\boldsymbol{v}_1) + \boldsymbol{M}_O(m_2\boldsymbol{v}_2) + \cdots + \boldsymbol{M}_O(m_n\boldsymbol{v}_n)$ 得

$$\boldsymbol{L}_O = \sum_{i=1}^{n} \boldsymbol{M}_O(m_i\boldsymbol{v}_i) \tag{11.6}$$

质点系对某轴 z 的动量矩等于该质点系内各质点对同一 z 轴动量矩的代数和，即

$$\boldsymbol{L}_z = \sum_{i=1}^{n} M_z(m_i\boldsymbol{v}_i) \tag{11.7}$$

$$[\boldsymbol{L}_O]_z = [\sum_{i=1}^{n} \boldsymbol{M}_O(m_i\boldsymbol{v}_i)]_z = \sum_{i=1}^{n}[\boldsymbol{M}_O(m_i\boldsymbol{v}_i)]_z = \sum_{i=1}^{n} M_z(m_i\boldsymbol{v}_i) = L_z$$

即

$$[\boldsymbol{L}_O]_z = L_z \tag{11.8}$$

也就是质点系对某点 O 的动量矩在通过该点的 z 轴上的投影等于质点系对该轴的动量矩。

刚体平移时，可将全部质量集中于质心，作为一个质点计算其动量矩。

刚体绕定轴转动是工程中最常见的一种运动情况，下面我们计算其对于转轴 z 的动量矩，如图 11.4 所示。

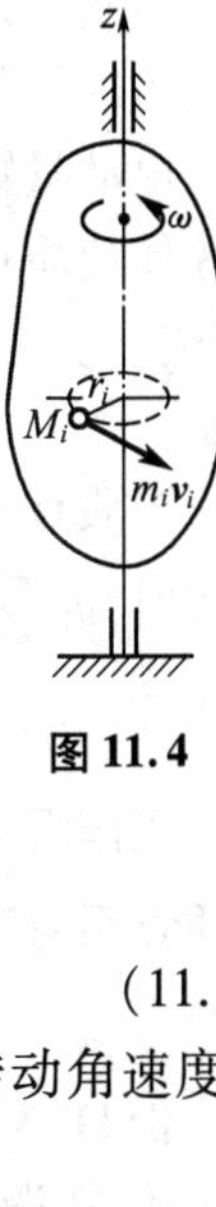

图 11.4

刚体内任一点 M_i 对 z 轴的动量矩为

$$M_z(m_i\boldsymbol{v}_i) = m_i v_i r_i = m_i r_i^2 \omega$$

整个刚体对于 z 轴的动量矩为

$$L_z = \sum M_z(m_i\boldsymbol{v}_i) = \sum m_i r_i^2 \omega = \omega \sum m_i r_i^2$$

令 $J_z = \sum m_i r_i^2$ 称为刚体对 z 轴的转动惯量，于是得

$$L_z = J_z \omega \tag{11.9}$$

即绕定轴转动刚体对其转轴的动量矩等于刚体对转轴的转动惯量与转动角速度的乘积。

11.2.2　质点系的动量矩定理

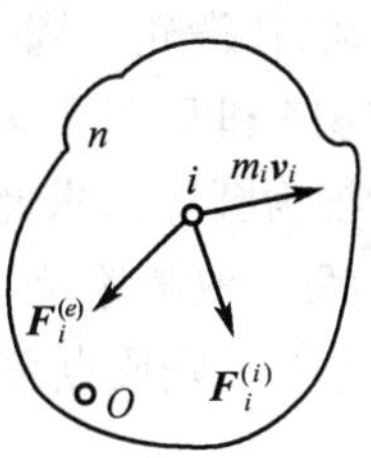

图 11.5

如图 11.5 所示，设质点系内有 n 个质点，作用于每个质点的力分为内力 $\boldsymbol{F}_i^{(i)}$ 和外力 $\boldsymbol{F}_i^{(e)}$，根据质点的动量矩定理有

$$\frac{\mathrm{d}}{\mathrm{d}t}\boldsymbol{M}_O(m_i\boldsymbol{v}_i) = \boldsymbol{M}_O(\boldsymbol{F}_i^{(i)}) + \boldsymbol{M}_O(\boldsymbol{F}_i^{(e)})$$

这样的方程共有 n 个，n 个方程两边相加得

$$\sum \frac{\mathrm{d}}{\mathrm{d}t}\boldsymbol{M}_O(m_i\boldsymbol{v}_i) = \sum \boldsymbol{M}_O(\boldsymbol{F}_i^{(i)}) + \sum \boldsymbol{M}_O(\boldsymbol{F}_i^{(e)})$$

上式右端第一项为作用于质点系的内力对于点 O 的矩的矢量和,第二项为质点系的外力对于点 O 的矩的矢量和。由于内力总是大小相等,方向相反地成对出现,因此有:

$$\sum \boldsymbol{M}_O(\boldsymbol{F}_i^{(i)}) = 0$$

上式左端为

$$\sum \frac{\mathrm{d}}{\mathrm{d}t}\boldsymbol{M}_O(m_i\boldsymbol{v}_i) = \frac{\mathrm{d}}{\mathrm{d}t}\sum \boldsymbol{M}_O(m_i\boldsymbol{v}_i) = \frac{\mathrm{d}}{\mathrm{d}t}\boldsymbol{L}_O$$

于是得

$$\frac{\mathrm{d}}{\mathrm{d}t}\boldsymbol{L}_O = \sum \boldsymbol{M}_O(\boldsymbol{F}_i^{(e)}) \tag{11.10}$$

即质点系对于某定点 O 的动量矩对于时间的一阶导数等于作用于质点系的外力对于同一点的矩的矢量和。

上式为矢量式,在应用时,取其投影式:

$$\frac{\mathrm{d}}{\mathrm{d}t}L_x = \sum M_x(\boldsymbol{F}_i^{(e)}),\quad \frac{\mathrm{d}}{\mathrm{d}t}L_y = \sum M_y(\boldsymbol{F}_i^{(e)}),\quad \frac{\mathrm{d}}{\mathrm{d}t}L_z = \sum M_z(\boldsymbol{F}_i^{(e)}) \tag{11.11}$$

即质点系对于某定轴的动量矩对时间的一阶导数,等于作用于质点系的外力对同一轴的矩的代数和。

由动量矩定理可知,质点系的内力不能改变质点系的动量矩,只有作用于质点系的外力才能使质点系的动量矩发生变化。

11.2.3　质点系的动量矩守恒定律

当质点系不受外力作用,或作用于质点系的所有外力对于某定点之矩的矢量和恒等于零时,即 $\sum \boldsymbol{M}_O(\boldsymbol{F}_i^{(e)}) = 0$,则质点系对于该点的动量矩保持不变,即

$$\boldsymbol{L}_O = \sum \boldsymbol{M}_O(m_i\boldsymbol{v}_i) = \text{常矢量}$$

当作用于质点系的所有外力对于某定轴 z 之矩的代数和恒等于零时,即 $\sum M_z(\boldsymbol{F}_i^{(e)}) = 0$,则质点系对于该轴的动量矩保持不变,即

$$L_z = \sum M_z(m_i\boldsymbol{v}_i) = \text{常量}$$

例 11.3　如图 11.6 所示,半径为 r,重为 G 的滑轮可绕定轴 O 转动,在滑轮上绕一柔软的绳子,其两端各系一重各为 P 和 Q 的重物 A 和 B,且 $P > Q$,设滑轮的质量均匀分布在圆周上(即将滑轮视为圆环),求此两重物的加速度和滑轮的角加速度。

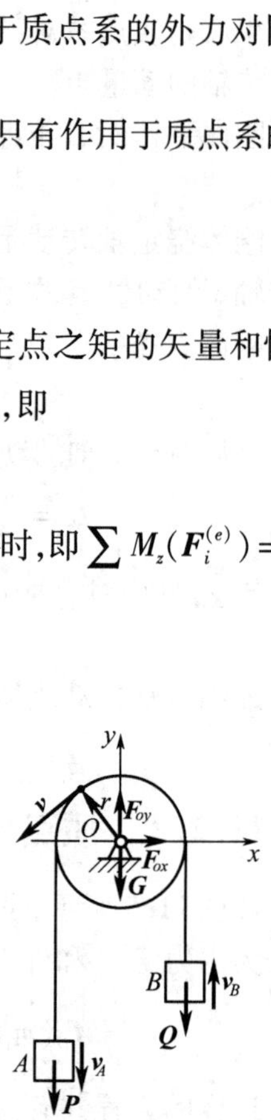

图 11.6

解　取滑轮及两重物为质点系,设重物速度的大小为 v,即 $v_A = v_B = v$,则质点系对于转轴 z 的动量矩为

$$L_z = \frac{P}{g}vr + \frac{Q}{g}vr + \sum \Delta m_i vr$$

式中,$\sum \Delta m_i vr$ 是滑轮的动量矩。因为在圆周上各点的 r 和 v 都

相同,因此

$$\sum \Delta m_i vr = \sum \Delta m_i(vr) = rv\frac{G}{g}$$

将这个关系式代入上式后则得 $L_z = \frac{vr}{g}(P+Q+G)$,作用于质点系的外力有重力 $\boldsymbol{P}$,$\boldsymbol{Q}$,$\boldsymbol{G}$ 和轴承反力 $\boldsymbol{F}_{Ox}$,$\boldsymbol{F}_{Oy}$,则所有外力对于转轴 z 之矩的代数和为

$$\sum M_z(\boldsymbol{F}_i^{(e)}) = Pr - Qr$$

由质点系的动量矩定理有

$$\frac{r}{g}(P+Q+G)\frac{\mathrm{d}v}{\mathrm{d}t} = r(P-Q)$$

于是两重物 A 和 B 的加速度为

$$a = \frac{\mathrm{d}v}{\mathrm{d}t} = \frac{P-Q}{P+Q+G}g$$

而滑轮的角加速度为

$$\alpha = \frac{a}{r} = \frac{P-Q}{P+Q+G}\cdot\frac{g}{r}$$

例 11.4　高炉运送矿石用的卷扬机如图 11.7 所示。已知鼓轮的半径为 R,转动惯量为 J,质量为 P_1,在铅直平面内绕水平的定轴 O 转动。物块的质量为 P_2,作用在鼓轮上的力矩为 M,轨道的倾角为 θ。设绳的质量和各处的摩擦均忽略不计。求物块的加速度 $\boldsymbol{a}$。

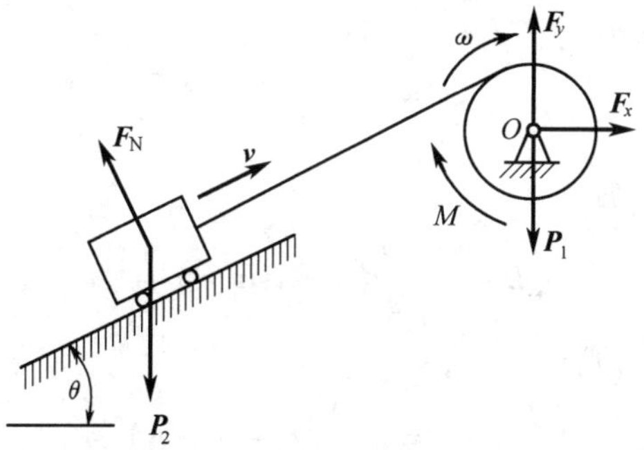

图 11.7

解　取物块与鼓轮组成质点系,视物块为质点,质点系通过 O 轴的动量矩为

$$L_O = J\omega + \frac{P_2}{g}vR$$

式中 J 为鼓轮对中心轴 O 的转动惯量,作用于质点系的外力除力偶 M,重力 $\boldsymbol{P}_1$ 和 $\boldsymbol{P}_2$ 外,尚有轴承 O 的反力 $\boldsymbol{F}_x$,$\boldsymbol{F}_y$,轨道对物块的约束反力 $\boldsymbol{F}_{\mathrm{N}}$,这些外力对 O 轴之矩的代数和为

$$\sum M_O(\boldsymbol{F}_i^{(e)}) = -M + P_2\sin\theta R$$

这里要用到力 $\boldsymbol{F}_{\mathrm{N}}$ 对 O 轴的矩等于力 $\boldsymbol{P}_2$ 沿斜面法线的分力对 O 轴的矩,但方向相反,因为 $F_{\mathrm{N}} = P_2\cos\theta$,二力对点 O 的距离相同。由动量矩定理得

$$\frac{\mathrm{d}}{\mathrm{d}t}\left(J\omega + \frac{P_2}{g}vR\right) = -M + P_2\sin\theta R$$

因为 $\omega=\dfrac{v}{R},\dfrac{\mathrm{d}v}{\mathrm{d}t}=a$，解得 $a=-\dfrac{M-P_2\sin\theta R}{Jg+P_2R^2}Rg$。

若 $M>P_2\sin\theta R$，则 $a<0$，物块加速度沿斜面向上，这是因为在计算本题时，力矩以逆时针转向为正，因此加速度必须取沿斜面向下为正。

例 11.5　如图 11.8 所示，水平杆 AB 长为 $2a$，可绕铅直轴 z 转动，其两端各用铰链与长为 l 的杆 AC 及 BD 相连，杆端各联结重为 P 的小球 C 和 D。起初两小球用细线联结，使杆 AC 及 BD 均为铅垂时系统绕 z 轴的角速度为 ω_0。如某时此细线拉断后，杆 AC 和 BD 各与铅垂线成 α 角。不计各杆及轴的质量，求此时系统的角速度 ω。

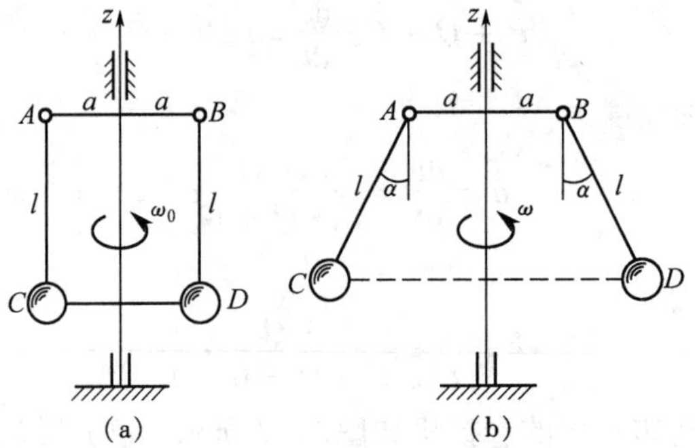

图 11.8

解　系统所受的外力有小球的重力及轴承处的反力，这些力对于转轴 z 之矩都等于零。根据质点系的动量矩守恒定律知，系统对于 z 轴的动量矩保持不变，即 $L_{z_1}=L_{z_2}$。

开始时系统的动量矩为

$$L_{z_1}=2\left(\frac{P}{g}a\omega_0\right)a=2\frac{P}{g}a^2\omega_0$$

细线拉断后的动量矩为

$$L_{z_2}=2\frac{P}{g}(a+l\sin\alpha)^2\omega$$

由于动量矩保持不变，则得

$$2\frac{P}{g}a^2\omega_0=2\frac{P}{g}(a+l\sin\alpha)^2\omega$$

由此求出断线后的角速度为 $\omega=\dfrac{a^2}{(a+l\sin\alpha)^2}\omega_0$，显然，此时的角速度 $\omega<\omega_0$。

11.3　刚体绕定轴转动微分方程

现把质点系的动量矩定理应用于刚体绕定轴转动的情形。

如图 11.9 所示，设刚体上作用了主动力 $\boldsymbol{F}_1,\boldsymbol{F}_2,\cdots,\boldsymbol{F}_n$ 和轴承约束反力 $\boldsymbol{F}_{\mathrm{N}_1},\boldsymbol{F}_{\mathrm{N}_2}$，这些力均为外力。已知刚体对于 z 轴的转动惯量为 J_z，角速度为 ω，于是刚体对于 z 轴的动量矩为 $L_z=J_z\omega$。根据质点系对于 z 轴的动量矩定理有

$$\frac{\mathrm{d}}{\mathrm{d}t}L_z=\frac{\mathrm{d}}{\mathrm{d}t}(J_z\omega)=\sum_{i=1}^{n}M_z(\boldsymbol{F}_i)+\sum_{i=1}^{2}M_z(\boldsymbol{F}_{\mathrm{N}_i})$$

由于轴承约束反力对于 z 轴的力矩等于零,于是有

$$\frac{\mathrm{d}}{\mathrm{d}t}(J_z\omega)=\sum M_z(\boldsymbol{F}_i)\text{ 或 }J_z\frac{\mathrm{d}\omega}{\mathrm{d}t}=\sum M_z(\boldsymbol{F}_i)\qquad(11.12)$$

改写上式为

$$J_z\alpha=\sum M_z(\boldsymbol{F}_i)\qquad(11.13)$$

或

$$J_z\frac{\mathrm{d}^2\varphi}{\mathrm{d}t^2}=\sum M_z(\boldsymbol{F}_i)\qquad(11.14)$$

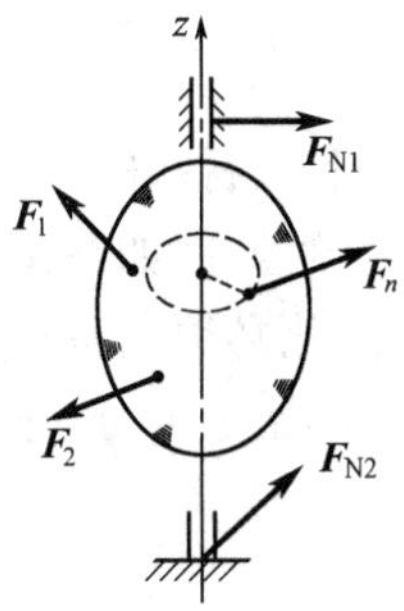

图 11.9

以上各式均称为刚体绕定轴转动微分方程。即刚体对定轴的转动惯量与角加速度的乘积,等于作用于刚体的主动力对该轴的矩的代数和。

由以上可知:

(1) 如果作用于刚体的主动力对转轴的矩的代数和不等于零,则刚体的转动状态一定发生变化。

(2) 如果作用于刚体的主动力对转轴的矩的代数和等于零,则刚体做匀速转动。如果主动力对转轴的矩的代数和为恒量,则刚体做匀变速转动。

(3) 在一定的时间间隔内,当主动力对转轴的矩一定时,刚体的转动惯量越大,转动状态变化越小,转动惯量越小,转动状态变化越大。这就是说,刚体的转动惯量的大小表现了刚体转动状态改变的难易程度。因此说,转动惯量是刚体转动时惯性的度量。

若把刚体的定轴转动微分方程与质点的运动微分方程即 $J_z\alpha=\sum M_z(\boldsymbol{F})$ 与 $m\boldsymbol{a}=\sum\boldsymbol{F}$ 加以对照,可见,它们的形式完全相似。因此,刚体的转动微分方程可以解决刚体绕定轴转动的两类动力学问题,即:

(1) 已知刚体的转动规律,求作用于刚体的主动力;

(2) 已知作用于刚体的主动力,求刚体的转动规律。

例 11.6　如图 11.10 所示,已知滑轮半径为 R,转动惯量为 J,带动滑轮的胶带拉力为 $\boldsymbol{F}_1$ 和 $\boldsymbol{F}_2$。求滑轮的角加速度。

解　根据刚体绕定轴的转动微分方程有

$$J\alpha=(F_1-F_2)R$$

于是得

$$\alpha=\frac{(F_1-F_2)R}{J}$$

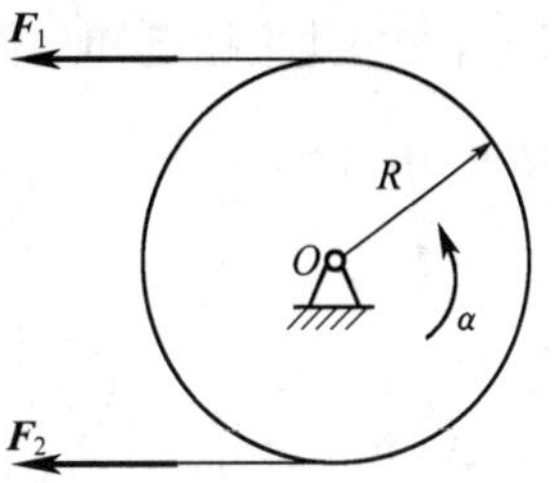

图 11.10

由上式可见,只有当定滑轮为匀速转动(包括静止)或虽非匀速转动,但可忽略滑轮的转动惯量时,跨过定滑轮的胶带拉力才是相等的。

例 11.7　图 11.11 中物理摆(或称为复摆)的质量为 m,C 为其质心,摆对悬挂点的转动惯量为 J_O。求该物理摆做微幅摆动时的运动规律。

解　根据刚体绕定轴的转动微分方程有

$$J_O\frac{d^2\varphi}{dt^2}=-mga\sin\varphi$$

上式右端的负号表示重力矩的代数值与偏角 φ 的代数值总是异号，例如在图示位置时，偏角 φ 为正值，而力矩应取负值，因此必须在 $mga\sin\varphi$ 前冠一负号。又因为刚体做微幅摆动，有 $\sin\varphi\approx\varphi$，于是方程变为

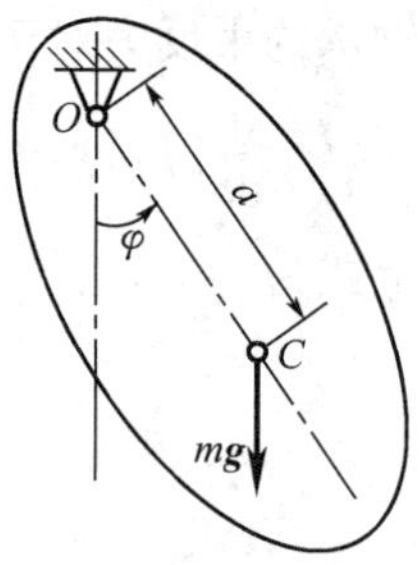

图 11.11

$$J_O\frac{d^2\varphi}{dt^2}=-mga\varphi$$

即

$$\frac{d^2\varphi}{dt^2}+\frac{mga}{J_O}\varphi=0$$

解方程得

$$\varphi=\varphi_0\sin\left(\sqrt{\frac{mga}{J_O}}t+\alpha\right)$$

其中 φ_0 为角振幅，α 为初相位，摆动周期为 $T=2\pi\sqrt{\frac{J_O}{mga}}$，在工程实际中，常用上式通过测定零件（如曲柄，连杆等）的摆动周期计算其转动惯量。

例 11.8 如图 11.12 所示，飞轮重 P，对轴 O 的转动惯量为 J_O，以角速度 ω_0 绕轴 O 转动。制动时，闸块给轮以正压力 $\boldsymbol{Q}$。已知闸块与轮之间的动滑动摩擦系数为 f，轮的半径为 R，轴承的摩擦忽略不计。求制动所需的时间 t。

解 以轮为研究对象。作用于轮上的力除 $\boldsymbol{Q}$ 外，还有摩擦力 $\boldsymbol{F}$，重力 $\boldsymbol{P}$ 和轴承约束反力。根据刚体的定轴转动微分方程有

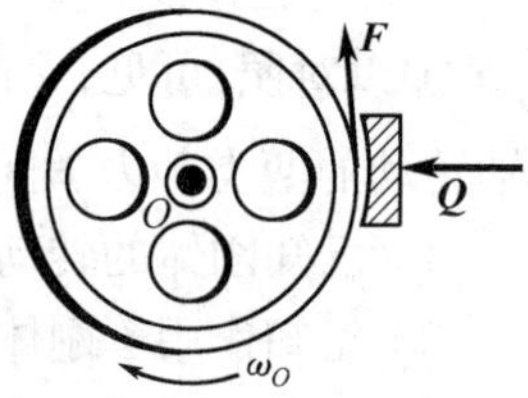

图 11.12

$$J_O\frac{d\omega}{dt}=FR=fF_NR=fQR$$

积分上式，并根据已知条件确定积分上、下限，得 $\int_{-\omega_0}^{0}J_0d\omega=\int_0^t fQRdt$，由此解得

$$t=\frac{J_O\omega_0}{fQR}$$

11.4 刚体对轴的转动惯量

刚体的转动惯量是刚体转动时惯性的度量，它等于刚体各质点的质量与质点到轴的垂直距离平方的乘积之和，即

$$J_z=\sum_{i=1}^{n}m_ir_i^2$$

如果刚体的质量连续分布，则转动惯量的表达式可写成积分的形式

$$J_z = \int_m r^2 \mathrm{d}m$$

由上式可见,转动惯量为一恒正标量,其值决定于轴的位置、刚体的质量及其分布,而与运动状态无关。

在工程实际中,常常根据工作需要来确定转动惯量的大小。下面先阐述刚体转动惯量的计算方法。

11.4.1　按照公式计算转动惯量

这是最基本的方法,下面举例说明计算的步骤。

1. 均质细直杆对于 z 轴的转动惯量

如图 11.13,设杆在单位长度内的质量为 ρ_l,取杆上一微段 $\mathrm{d}x$,其质量为 $m = \rho_l \mathrm{d}x$,则此杆对于 z 轴的转动惯量为

$$J_z = \int_0^l (\rho_l \mathrm{d}x) x^2 = \frac{1}{3}\rho_l l^3$$

杆的质量 $m = \rho_l l$,于是

$$J_z = \frac{1}{3}ml^2 \tag{11.15}$$

2. 均质薄圆环对于中心轴的转动惯量

如图 11.14,将圆环沿圆周分成许多微段,设每段的质量为 m_i,由于这些微段到中心轴的距离都等于半径 R,所以圆环对于中心轴 z 的转动惯量为

$$J_z = \sum m_i R^2 = R^2 \sum m_i = mR^2 \tag{11.16}$$

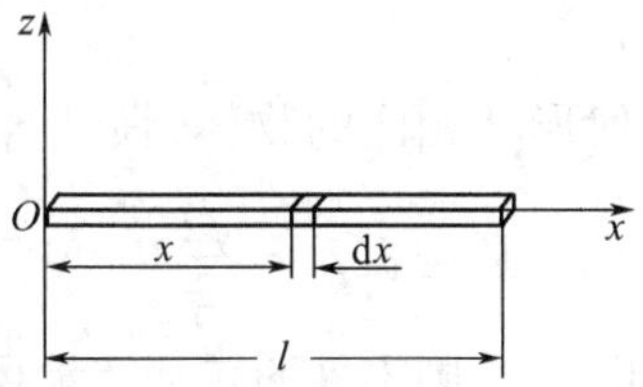

图 11.13

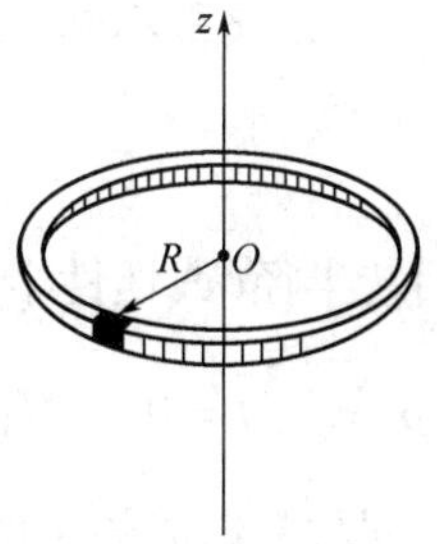

图 11.14

3. 均质薄圆板对于中心轴的转动惯量

如图 11.15 所示,设圆板的半径为 R,质量为 m,将圆板分成无数同心的细圆环,任一圆环的半径为 r_i,宽度为 $\mathrm{d}r_i$,则圆板的质量为

$$m_i = 2\pi r_i \mathrm{d}r_i \rho$$

式中 $\rho = \dfrac{m}{\pi R^2}$ 是均质圆板的单位面积的质量。圆板对于中心轴的转动惯量为

$$J_z = \int_0^R [(2\pi r_i \rho \mathrm{d}r_i) \cdot r^2] = 2\pi\rho \frac{R^4}{4}$$

即

$$J_z = \frac{1}{2}mR^2 \tag{11.17}$$

4. 均质薄圆板对于直径轴的转动惯量

如图 11.16 所示，薄圆板对于 x 轴和 y 轴的转动惯量分别为

$$J_x = \sum m_i y_i^2, J_y = \sum m_i x_i^2$$

由于均质圆板对于中心轴 Oz 是对称的，因此有 $J_x = J_y$。由于

$$J_z = \sum m_i r_i^2 = \sum m_i(x_i^2 + y_i^2) = \sum m_i x_i^2 + \sum m_i y_i^2 = J_x + J_y$$

于是得

$$J_x = J_y = \frac{1}{2}J_z = \frac{1}{4}mR^2 \tag{11.18}$$

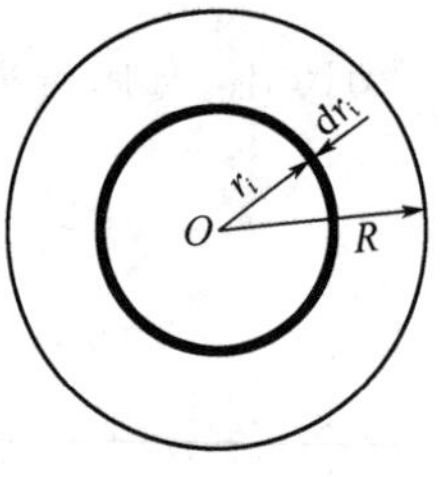

图 11.15

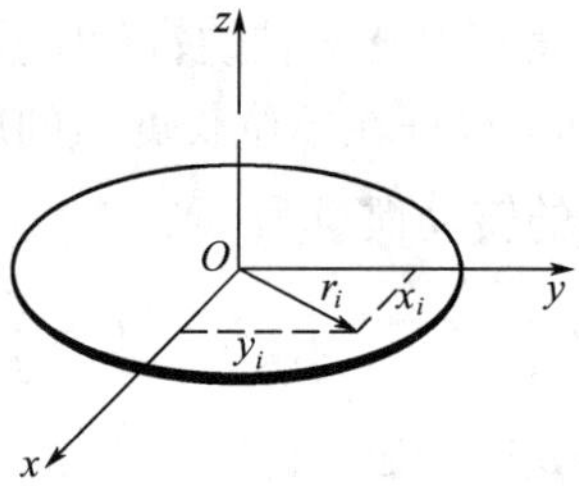

图 11.16

11.4.2　回转半径(或惯性半径)

由计算各种零件的转动惯量可见，转动惯量与质量的比值仅与零件的几何形状和尺寸有关，例如：细直杆 $\frac{J_z}{m} = \frac{1}{3}l^2$；均质圆环 $\frac{J_z}{m} = R^2$；均质圆板 $\frac{J_z}{m} = \frac{1}{2}R^2$。因此，几何形状相同而材料不同(密度或比重不同)的零件，上列比值是相同的，令

$$\rho_z = \sqrt{\frac{J_z}{m}} \tag{11.19}$$

称之为回转半径(或惯性半径)，则对于几何形状相同的物体，惯性半径是一定的。例如：细直杆 $\rho_z = \frac{\sqrt{3}}{3}l = 0.577l$；均质圆环 $\rho_z = R$；均质圆板 $\rho_z = \frac{\sqrt{2}}{2}R = 0.707R$。

对于用不同材料制成的零件，若已知惯性半径 ρ_z，则零件的转动惯量可按下式计算：

$$J_z = m\rho_z^2 \tag{11.20}$$

即物体的转动惯量等于该物体的质量与惯性半径平方的乘积。上式表明，如果把物体的质量全部集中于一点，并令该质点对于 z 轴的转动惯量等于物体的转动惯量，则质点到 z 轴的垂直距离就是惯性半径。

常用零件的惯性半径可通过查阅有关的机械工程手册得到。

11.4.3　平行轴定理

刚体对于任一轴的转动惯量，等于刚体对于通过质心并与该轴平行的轴的转动惯量，加上刚体的质量与两轴间距离平方的乘积，即

$$J_z = J_{zC} + md^2$$

证明　如图 11. 17 所示，设点 C 为刚体的质心。刚体对于通过质心 C 的 z_1 轴的转动惯量为 J_{zC}，刚体对于平行于该轴的另一轴 z 的转动惯量为 J_z，两轴间距离为 d。分别以 C，O 两点为原点，作直角坐标轴系 $Cx_1y_1z_1$ 和 $Oxyz$，不失一般性，可令轴 y 与轴 y_1 重合，由图可得

$$J_{zC} = \sum m_i r_1^2 = \sum m_i(x_1^2 + y_1^2),J_z = \sum m_i r^2 = \sum m_i(x^2 + y^2)$$

因为 $x = x_1, y = y_1 + d$，于是

$$J_z = \sum m_i[x_1^2 + (y_1 + d)^2] = \sum m_i(x_1^2 + y_1^2) + 2d\sum m_i y_1 + d^2\sum m_i$$

由质心坐标公式

$$y_C = \frac{\sum m_i y_1}{\sum m_i}$$

当坐标原点取在质心 C 时，$y_C = 0$，$\sum m_i y_1 = 0$，又有 $\sum m_i = m$，于是得 $J_z = J_{zC} + md^2$，定理证毕。

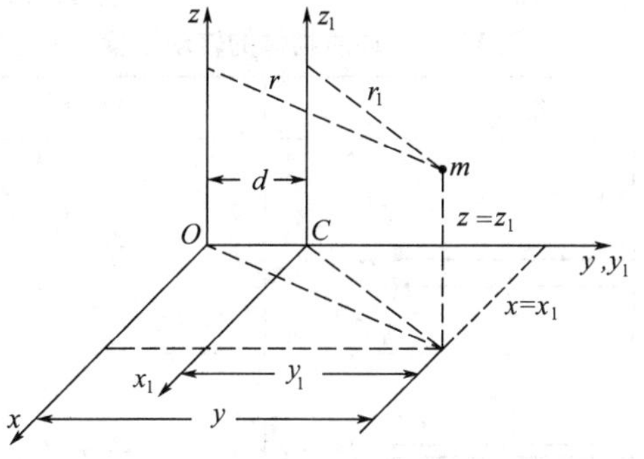

图 11. 17

由平行轴定理可知，刚体对于诸平行轴，以通过质心的轴的转动惯量为最小。

例 11. 9　钟摆简化如图 11. 18 所示。已知均质细杆和均质圆盘的质量分别为 m_1 和 m_2，杆长为 l，圆盘直径为 d。求摆对于通过悬挂点 O 的与纸面垂直的轴的转动惯量。

解　摆对于轴 O 的转动惯量

$$J_O = J_{O杆} + J_{O盘}$$

式中，$J_{O杆} = \frac{1}{3}m_1 l^2$。

设 J_C 为圆盘对于中心 C 的转动惯量，则

$$J_{O盘} = J_C + m_2\left(l + \frac{d}{2}\right)^2 = \frac{1}{2}m_2\left(\frac{d}{2}\right)^2 + m_2\left(l + \frac{d}{2}\right)^2 = m_2\left(\frac{3}{8}d^2 + l^2 + ld\right)$$

于是得

$$J_O = \frac{1}{3}m_1 l^2 + m_2\left(\frac{3}{8}d^2 + l^2 + ld\right)$$

工程中，对于几何形状复杂的物体，常用实验方法测定其转动惯量。

例如，欲求曲柄对于轴 O 的转动惯量，可将曲柄在轴 O 悬挂起来，并使其作微幅摆动，如图 11.19 所示。由前例有

$$T = 2\pi\sqrt{\frac{J_0}{mgl}}$$

式中，mg 为曲柄质量；l 为重心 C 到轴心 O 的距离。

测定 mg，l 和摆动周期 T，则曲柄对于轴 O 的转动惯量可按照 $J_O = \dfrac{T^2mgl}{4\pi^2}$ 计算。

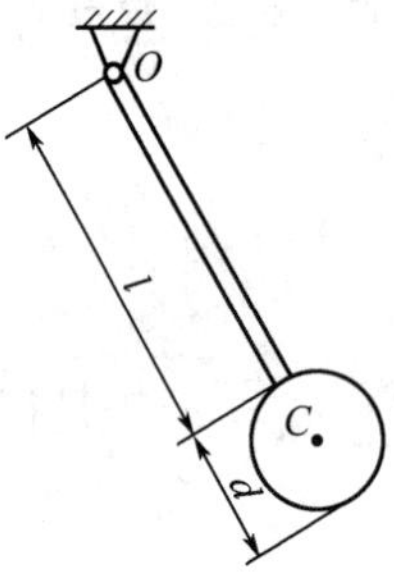

图 11.18

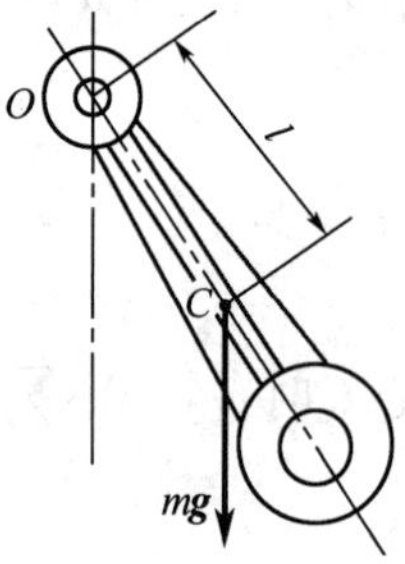

图 11.19

表 11.1　均质物体的转动惯量

形状	简图	转动惯量 J_z	回转半径 ρ_z
细杆	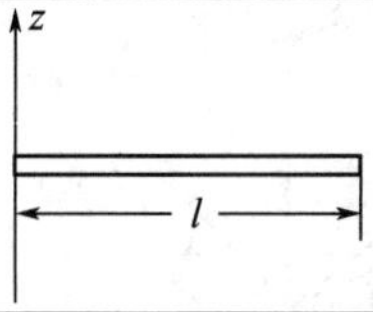	$\frac{1}{3}ml^2$	$\frac{\sqrt{3}}{3}l$
细杆	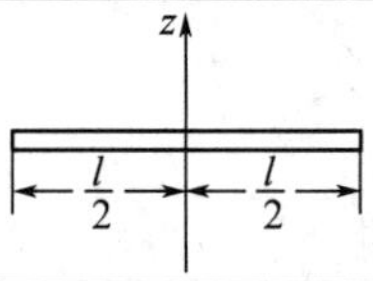	$\frac{1}{12}ml^2$	$\frac{\sqrt{3}}{6}l$
长方体	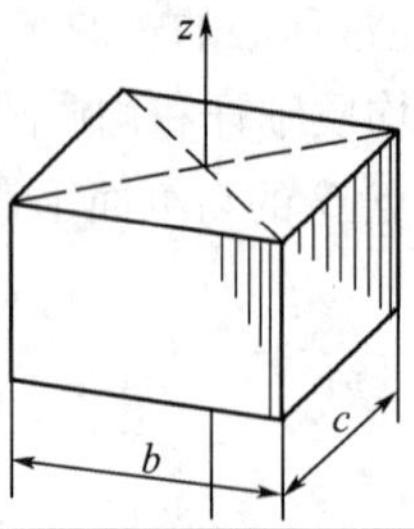	$\frac{1}{12}m(b^2+c^2)$	$\frac{1}{6}\sqrt{3(b^2+c^2)}$
薄壁圆筒	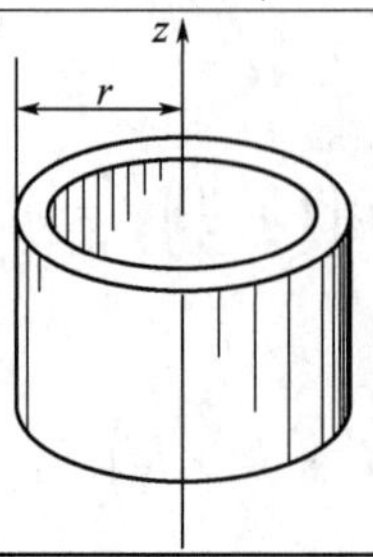	mr^2	r

表 11.1(续)

形状	简图	转动惯量 J_z	回转半径 ρ_z
圆柱	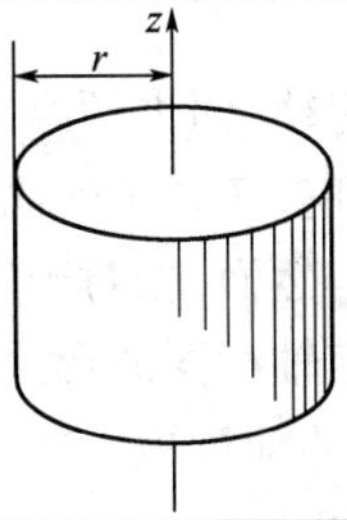	$\frac{1}{2}mr^2$	$\frac{\sqrt{2}}{2}r$
圆柱	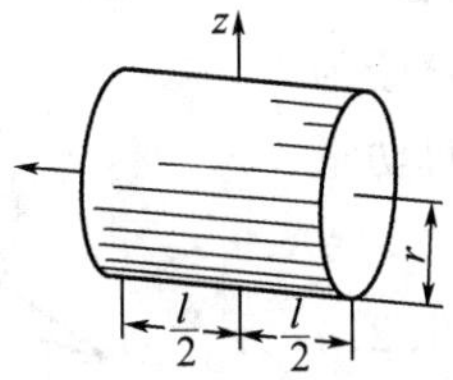	$\frac{1}{12}m(l^2+3r^2)$	$\frac{1}{6}\sqrt{3(l^2+3r^2)}$
薄壁球壳	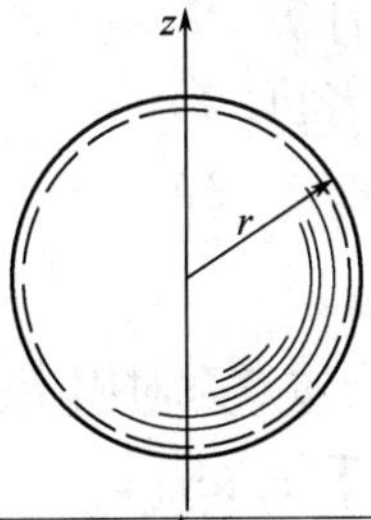	$\frac{2}{3}mr^2$	$\frac{\sqrt{6}}{3}r$
球	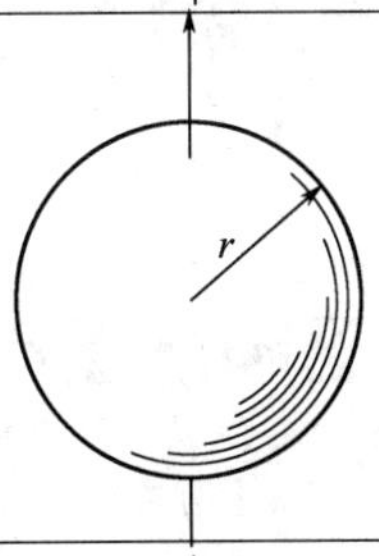	$\frac{2}{5}mr^2$	$\frac{\sqrt{10}}{5}r$
圆锥	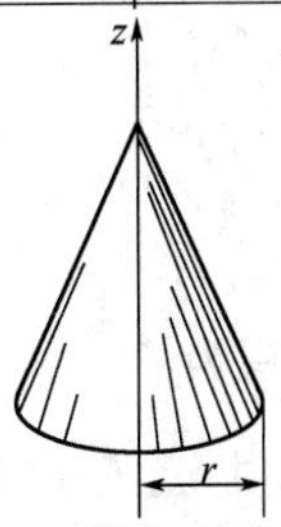	$\frac{3}{10}mr^2$	$\frac{\sqrt{30}}{10}r$
圆环	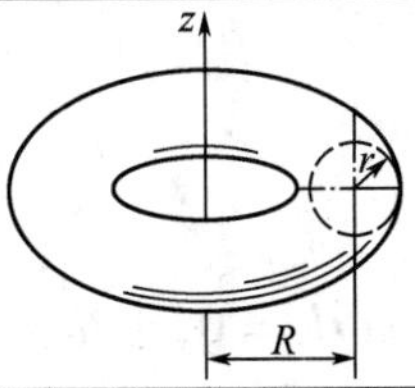	$m\left(R^2+\frac{3r^2}{4}\right)$	$\frac{1}{2}\sqrt{4R^2+3r^2}$

11.5　质点系相对于质心的动量矩定理

前面推导动量矩定理时，出发点是牛顿第二定律，而牛顿第二定律只在惯性参考系中成立，所以上面得到的动量矩定理也只适用于惯性参考系中的固定点和固定轴，对于一般的动点和动轴，动量矩定理具有比较复杂的形式。然而，相对于质点系的质心或通过质心的动轴，动量矩定理仍保持与相对于固定点和固定轴相同的形式，称此为质点系相对于质心的动量矩定理。本节就推导质点系相对于质心的动量矩定理。

以质心 C 为原点，取一平移参考系如图 11.20 所示。在此平移参考系内，任一质点 m_i 的相对矢径为 $\boldsymbol{r}'_i$、相对速度为 $\boldsymbol{v}_{ir}$，令质点系相对于其质心 C 的动量矩为

$$\boldsymbol{L}_C = \sum \boldsymbol{M}_C(m_i\boldsymbol{v}_{ir}) = \sum \boldsymbol{r}'_i \times m_i\boldsymbol{v}_{ir} \quad (11.21)$$

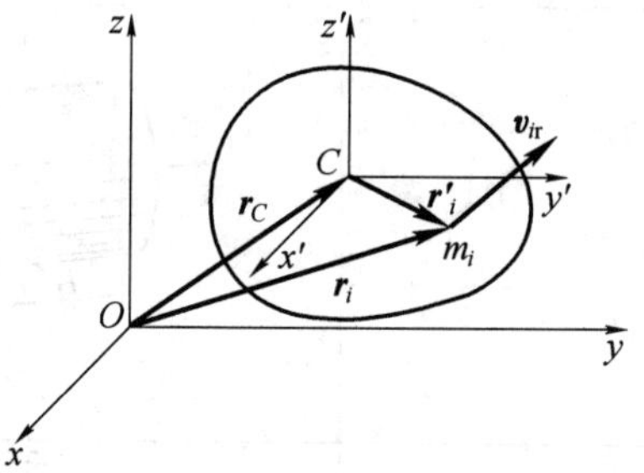

图 11.20

实际上，以质点的相对速度或以其绝对速度计算质点系对于质心的动量矩，其结果是相等的（读者可自行推证）。即

$$\boldsymbol{L}_C = \sum \boldsymbol{r}'_i \times m_i\boldsymbol{v}_{ir} = \sum r'_i \times m_i\boldsymbol{v}_i$$

质点 m_i 对固定点 O 的矢径为 $\boldsymbol{r}_i$、绝对速度为 $\boldsymbol{v}_i$，则质点系对固定点 O 的动量矩为

$$\boldsymbol{L}_O = \sum \boldsymbol{M}_O(m_i\boldsymbol{v}_i) = \sum \boldsymbol{r}_i \times m_i\boldsymbol{v}_i$$

由图 11.20 可见

$$\boldsymbol{r}_i = \boldsymbol{r}_C + \boldsymbol{r}'_i$$

于是

$$\boldsymbol{L}_O = \sum (\boldsymbol{r}_C + \boldsymbol{r}'_i) \times m_i\boldsymbol{v}_i = \boldsymbol{r}_C \times \sum m_i\boldsymbol{v}_i + \sum \boldsymbol{r}'_i \times m_i\boldsymbol{v}_i$$

根据点的速度合成定理，有

$$\boldsymbol{v}_i = \boldsymbol{v}_C + \boldsymbol{v}_{ir}$$

根据质点系动量的计算公式可知

$$\sum m_i\boldsymbol{v}_i = m\boldsymbol{v}_C$$

式中，m 为质点系的总质量；$\boldsymbol{v}_C$ 为其质心 C 的速度。

代入上两式，质点系对于固定点 O 的动量矩可写为

$$\boldsymbol{L}_O = \boldsymbol{r}_C \times m\boldsymbol{v}_C + \sum \boldsymbol{r}'_i \times m_i\boldsymbol{v}_C + \sum \boldsymbol{r}'_i \times m_i\boldsymbol{v}_{ir}$$

上式最后一项就是 $\boldsymbol{L}_C$，而由质心坐标公式可得

$$\sum m_i\boldsymbol{r}'_i = m\boldsymbol{r}'_C$$

式中，$\boldsymbol{r}'_C$ 为质心 C 对于动系 $Cx'y'z'$ 的矢径。

此处 C 为此动系的原点，显然 $\boldsymbol{r}'_C = 0$，即 $\sum m_i\boldsymbol{r}'_i = 0$，于是上式中间一项为零，所以可得

$$\boldsymbol{L}_O = \boldsymbol{r}_C \times m\boldsymbol{v}_C + \boldsymbol{L}_C \tag{11.22}$$

式(11.22)表明,质点系对任一点 O 的动量矩等于集中于系统质心的动量 $m\boldsymbol{v}_C$ 对于点 O 的动量矩再加上此系统对于质心 C 的动量矩 $\boldsymbol{L}_C$(为矢量和)。

质点系对于固定点 O 的动量矩定理可写为

$$\frac{\mathrm{d}\boldsymbol{L}_O}{\mathrm{d}t} = \frac{\mathrm{d}}{\mathrm{d}t}(\boldsymbol{r}_C \times m\boldsymbol{v}_C + \boldsymbol{L}_C) = \sum \boldsymbol{r}_i \times \boldsymbol{F}_i^{(e)}$$

展开上式括号,注意右端项中 $\boldsymbol{r}_i = \boldsymbol{r}_C + \boldsymbol{r}'_i$,于是上式化为

$$\frac{\mathrm{d}\boldsymbol{r}_C}{\mathrm{d}t} \times m\boldsymbol{v}_C + \boldsymbol{r}_C \times \frac{\mathrm{d}}{\mathrm{d}t}m\boldsymbol{v}_C + \frac{\mathrm{d}\boldsymbol{L}_C}{\mathrm{d}t} = \sum \boldsymbol{r}_C \times \boldsymbol{F}_i^{(e)} + \sum \boldsymbol{r}'_i \times \boldsymbol{F}_i^{(e)}$$

因为

$$\frac{\mathrm{d}\boldsymbol{r}_C}{\mathrm{d}t} = \boldsymbol{v}_C, \quad \frac{\mathrm{d}\boldsymbol{v}_C}{\mathrm{d}t} = \boldsymbol{a}_C, \quad \boldsymbol{v}_C \times \boldsymbol{v}_C = 0, \quad m\boldsymbol{a}_C = \sum \boldsymbol{F}_i^{(e)}$$

于是上式成为

$$\frac{\mathrm{d}\boldsymbol{L}_C}{\mathrm{d}t} = \sum \boldsymbol{r}'_i \times \boldsymbol{F}_i^{(e)}$$

上式右端是外力对于质心的主矩,于是得

$$\frac{\mathrm{d}\boldsymbol{L}_C}{\mathrm{d}t} = \sum \boldsymbol{M}_C(\boldsymbol{F}_i^{(e)}) \tag{11.23}$$

即质点系相对于质心的动量矩对时间的导数,等于作用于质点系的外力对质心的主矩。这个结论称为质点系对于质心的动量矩定理。该定理在形式上与质点系对于固定点的动量矩定理完全一样。

11.6　刚体平面运动微分方程

由第 8 章内容可知,做平面运动刚体的位置,可由其基点的位置与刚体绕基点的转角确定。取质心 C 为基点,如图 11.21 所示,它的坐标为 x_C,y_C,设 D 为刚体上的任一点,CD 与 x 轴的夹角为 φ,则刚体的位置可由 x_C,y_C,φ 确定。刚体的运动分解为随质心的平动和绕质心的转动两部分。

图 11.21 中 $Cx'y'$ 为固连于质心 C 的平移参考系,平面运动刚体相对于此动系的运动就是绕质心 C 的转动,则刚体对质心 C 的动量矩为

$$L_C = J_C\omega \tag{11.24}$$

式中,J_C 为刚体对质心 C 且与平面图形垂直的轴的转动惯量,ω 为其角速度。

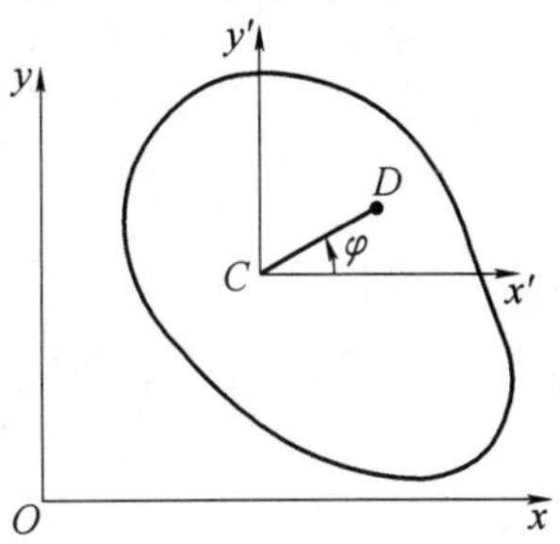

图 11.21

设在刚体上作用的外力可向质心所在的平面简化为一平面任意力系 $\boldsymbol{F}_1$,$\boldsymbol{F}_2$,$\cdots$,$\boldsymbol{F}_n$,则应用质心运动定理描述刚体随质心的平动,用相对于质心的动量矩定理描述刚体绕质心 C 的转动,可得

$$m\boldsymbol{a}_C = \sum \boldsymbol{F}_i^{(e)}, \quad \frac{\mathrm{d}}{\mathrm{d}t}(J_C\omega) = J_C\alpha = \sum M_C(\boldsymbol{F}_i^{(e)}) \tag{11.25}$$

其中 m 为刚体质量，$\boldsymbol{a}_C$ 为质心加速度，$\alpha = \frac{\mathrm{d}\omega}{\mathrm{d}t}$ 为刚体角加速度。上式也可写成

$$m\frac{\mathrm{d}^2\boldsymbol{r}_C}{\mathrm{d}t^2} = \sum \boldsymbol{F}_i^{(e)}, \quad J_C\frac{\mathrm{d}^2\varphi}{\mathrm{d}t^2} = \sum M_C(\boldsymbol{F}_i^{(e)}) \tag{11.26}$$

以上两式称为刚体的平面运动微分方程。在应用时，前一式取其投影式。

下面举例说明刚体的平面运动微分方程的应用。

例 11.10　半径为 r、质量为 m 的均质圆轮沿水平直线滚动，如图 11.22 所示。设轮的惯性半径为 ρ_C，作用于圆轮的力偶矩为 M。求轮心的加速度。如果圆轮对地面的静摩擦因数为 f_S，问力偶矩 M 必须符合什么条件方不致使圆轮滑动？

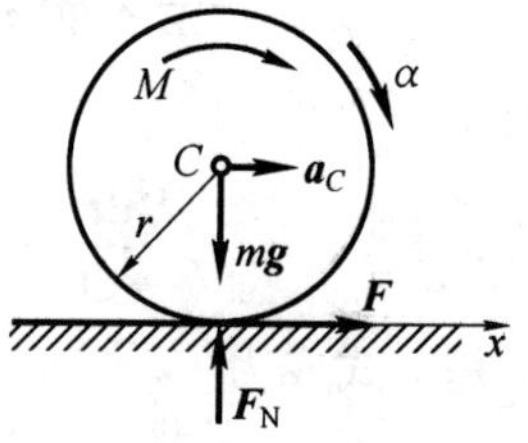

图 11.22

解　研究圆轮，受力如图 11.22 所示。

根据刚体平面运动微分方程可列出如下 3 个方程

$$ma_{Cx} = F$$

$$ma_{Cy} = F_N - mg$$

$$m\rho_C^2 = M - Fr$$

式中，M 和 α 均以顺时针转向为正。因为 $a_{Cy} = 0$，故 $a_{Cx} = a_C$。

根据圆轮滚而不滑的条件，有 $a_C = r\alpha$。以此式与上列 3 个方程联立求解，得

$$F = ma_C, \quad F_N = mg$$

$$a_C = \frac{Mr}{m(\rho_C^2 + r^2)}, \quad M = \frac{F(r^2 + \rho_C^2)}{r}$$

欲使圆轮滚动而不滑动，必须有 $F \leqslant f_S F_N$，或 $F \leqslant f_S mg$。于是得圆轮只滚不滑的条件为

$$M \leqslant f_S mg\frac{r^2 + \rho_C^2}{r}$$

例 11.11　图 11.23 所示质量为 m、长为 l 的均质直杆 AB，其一端放在光滑地板上，杆与铅垂方向的夹角 $\theta_0 = 30°$，杆由此位置无初速的倒下，求此瞬时，地面对杆的约束力。

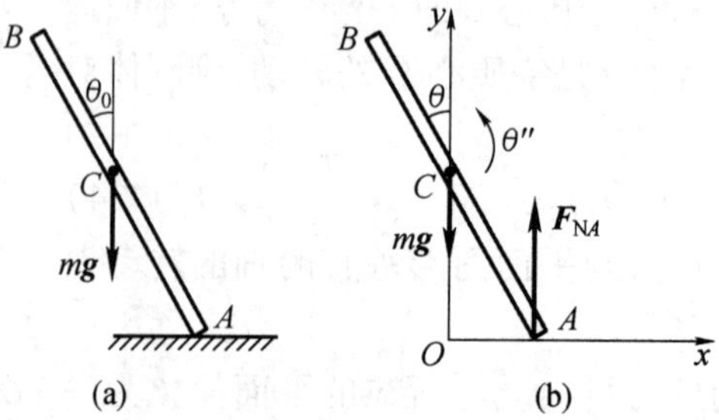

图 11.23

解　研究杆 AB，受力如图，杆做平面运动，把杆放在任意位置 θ 角，列出刚体平面运动微分方程

$$m\frac{d^2x_C}{dt^2}=0 \tag{a}$$

$$m\frac{d^2y_C}{dt^2}=F_{NA}-mg \tag{b}$$

$$J_C\frac{d^2\theta}{dt^2}=F_{NA}\frac{l}{2}\sin\theta \tag{c}$$

3 个方程中有 4 个未知量,为此还需要补充一方程,从图中可看出

$$y_C=\frac{l}{2}\cos\theta$$

对时间求一阶和二阶导数,有

$$\frac{dy_C}{dt}=-\frac{l}{2}\frac{d\theta}{dt}\sin\theta$$

$$\frac{d^2y_C}{dt^2}=-\frac{l}{2}\frac{d^2\theta}{dt^2}\sin\theta-\frac{l}{2}\left(\frac{d\theta}{dt}\right)^2\cos\theta \tag{d}$$

在 $\theta=30°$ 时,$\frac{d\theta}{dt}=0$,有$\frac{d^2y_C}{dt^2}=-\frac{l}{4}\frac{d^2\theta}{dt^2}$,把此式和式(b),(c)联立求解,得初瞬时,地板对杆的约束力为

$$F_{NA}=\frac{4}{7}mg$$

习　　题

11.1　选择题

(1) 刚体的质量 m,质心为 C,对定轴 O 的转动惯量为 J_O,对质心的转动惯量为 J_C,若转动角速度为 ω,则刚体对 O 轴的动量矩为 L_O 等于(　　)。

(A) $mv_c\cdot OC$　　(B) $J_O\omega$　　(C) $J_C\omega$　　(D) $J_O\omega^2$

(2) 已知刚体质心 C 到相互平行的 z',z 轴的距离分别为 a,b,刚体的质量为 m,对 z 轴的转动惯量为 J_z,则 J'_z 的计算公式为(　　)。

(A) $J'_z=J_z+m(a+b)^2$　　(B) $J'_z=J_z+m(a^2-b^2)$　　(C) $J'_z=J_z-m(a^2-b^2)$

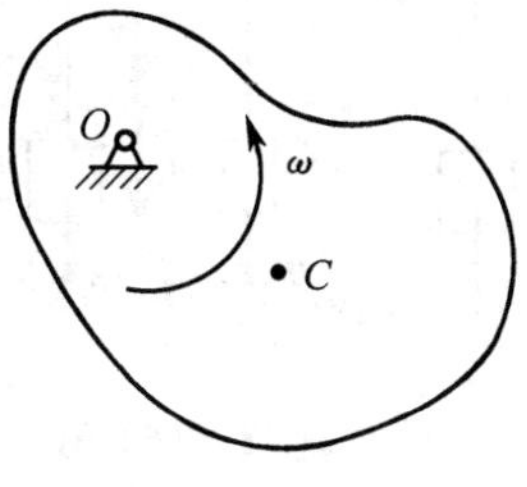

题 11.1(1) 图

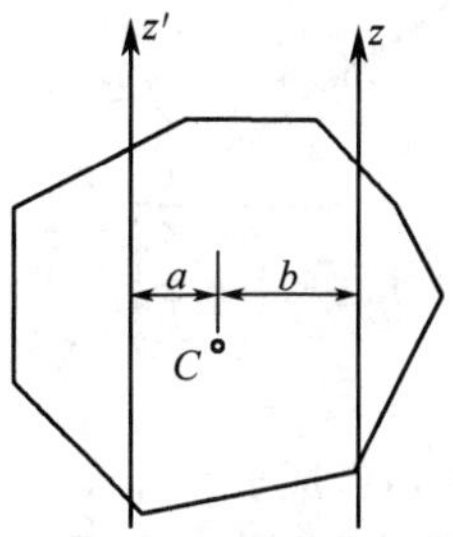

题 11.1(2) 图

(3) 圆盘可绕 O 轴转动,图示瞬时有角速度 ω。质量为 m 的小球 M 沿圆盘径向运动,当 $OM=s$ 时对于圆盘的速度为 v_r,则质点 M 对 O 轴的动量矩的大小为(　　)。

(A)0　　(B)$mv_r s$　　(C)$m\sqrt{v_r^2 + s^2\omega^2}r$　　(D)$ms^2\omega$

(4) 均质圆筒外半径 R_1，内半径 R_2，高 h，设圆筒的总质量为 M，则其绕 x 轴的转动惯量为(　　)。

(A) $\frac{1}{2}M(R_1^2 + R_2^2)$　　(B) $\frac{1}{2}M(R_1^2 + R_2^2)h$　　(C) $\frac{1}{2}M(R_1^2 - R_2^2)$

(D) $\frac{1}{2}M(R_1^2 - R_2^2)h$　　(E) $\frac{1}{4}M(R_1^2 + R_2^2)$

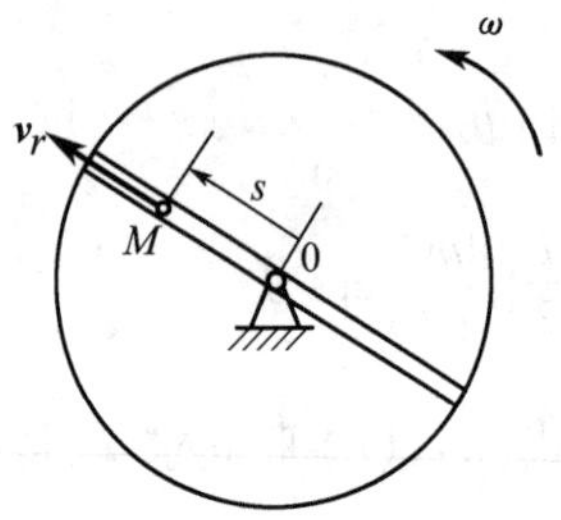

题 11.1(3) 图

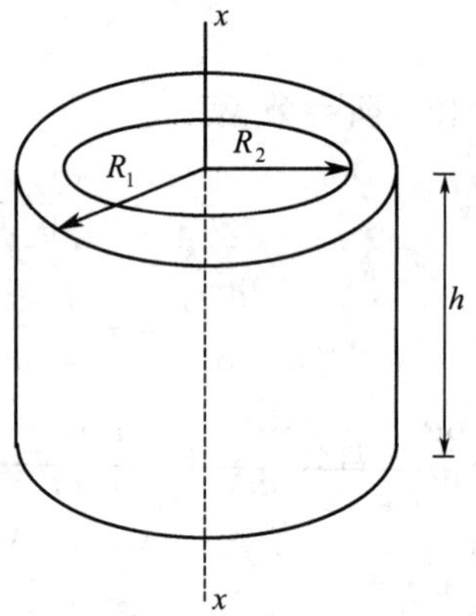

题 11.1(4) 图

(5) 小球 A 在重力作用下沿粗糙斜面下滚，角加速度为(　　)；当小球离开斜面后，角加速度为(　　)。

(A) 等于零　　(B) 不等于零　　(C) 不能确定

(6) 已知均质滑轮重 $Q = 200$ N，物块 A 重 $P_1 = 200$ N，B 重 $P_2 = 100$ N，拉力 $T_2 = 100$ N，系统从静止开始运动，任一瞬时图(a) 系统的物块 A 有加速度 $\boldsymbol{a}_1$，图(b) 系统的物块 A 有加速度 $\boldsymbol{a}_2$，则(　　)。

(A)$a_1 > a_2$　　(B)$a_1 < a_2$　　(C)$a_1 = a_2$

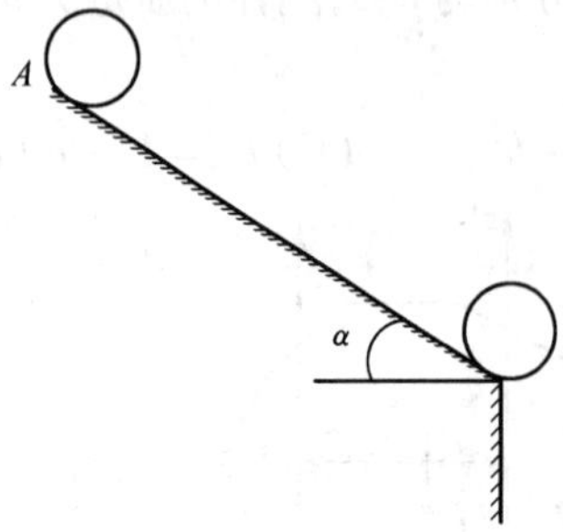

题 11.1(5) 图

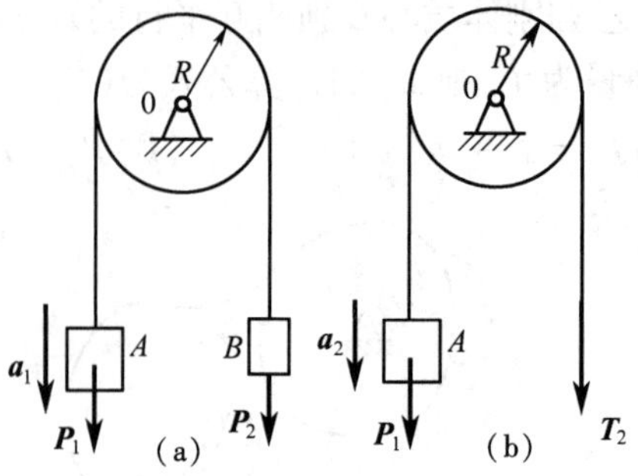

题 11.1(6) 图

(7) 一均质杆置于光滑水平面上，C 为其中点，初始静止，在图示各受力情况下，图(a) 杆做(　　)；图(b) 杆做(　　)；图(c) 杆做(　　)。

(A) 平动　　(B) 定轴转动　　(C) 平面运动

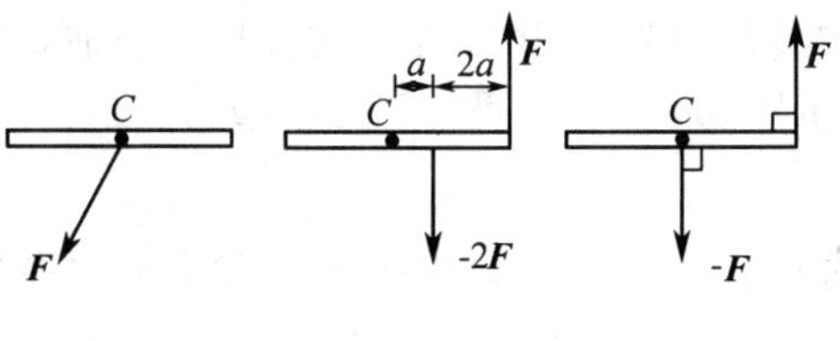

题 11.1(7) 图

11.2 填空题

(1) 无重杆 OA 长为 l,A 端固连一质量为 m 的质点,如图所示,当杆 OA 位于铅垂位置时,弹簧刚度为 k 的水平弹簧为原长,弹簧到 O 点距离为 a,则杆在铅垂位置做微小振动的运动微分方程为__________。

(2) 长为 l 质量为 m 的两直杆焊接成丁字形,如图所示。设杆的质量是均匀分布的,则该杆对轴 O 的转动惯量为__________。

(3) 图示行星轮系中行星轮2由杆系 OA 带动绕太阳轮1(固定)转动,当 OA 的角速度为 ω 时,质量为 m 的匀质轮 2 对 O 轴的动量矩 L_O = __________。

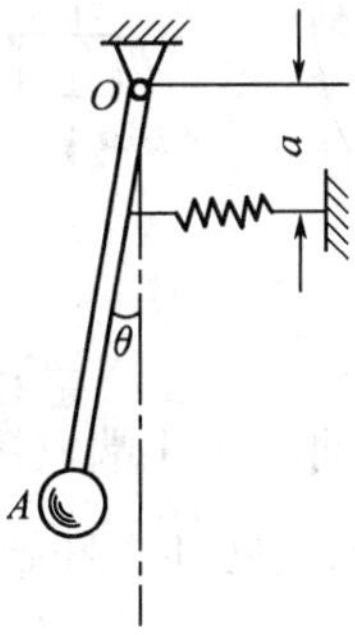

题 11.2(1) 图

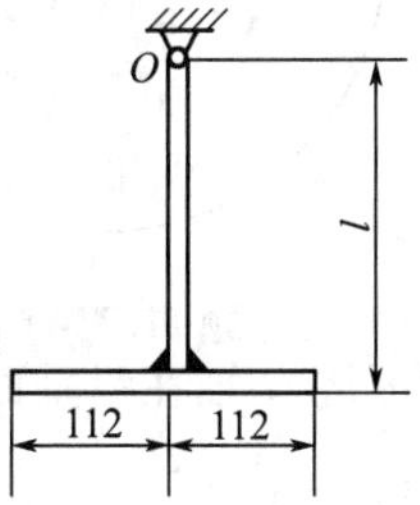

题 11.2(2) 图

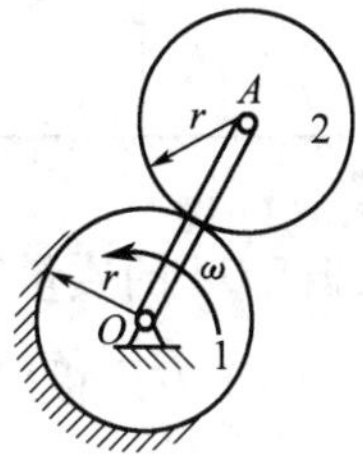

题 11.2(3) 图

11.3 计算题

(1) 两匀质圆盘,半径为 r,质量均为 m,用长为 $2L$、质量为 M 的杆连接如图所示,其中一盘与杆固结,另一盘与杆用光滑铰在盘心铰连,某时刻杆转动的角速度为 ω,求系统该时刻对 O 轴的动量矩。

(2) 绳索跨过滑轮,右边挂一质量为 m 的重物 B,左边有一质量亦为 m 的人,若人从静止开始以相对绳索 $\boldsymbol{u}$ 的速度从 A 点向上爬,求重物 B 的速度。滑轮和绳索的质量以及轴承处的摩擦均不计。

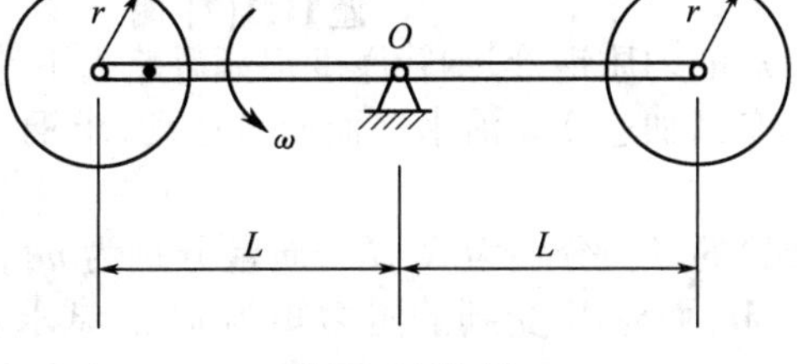

题 11.3(1) 图

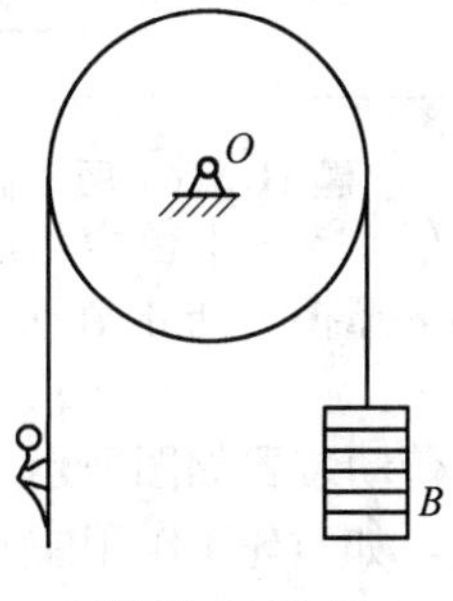

题 11.3(2) 图

(3) 匀质圆轮 A，B 的质量均为 m，半径为 r，对各自质心轴 O_1，O_2 的回转半径均为 ρ。轮 A 以匀角速度 ω 绕 O_1 轴转动，以不可伸长的绳带动轮 B 在斜面上做纯滚动。求系统对 O_1 轴的动量矩。

(4) 匀质圆盘半径为 r，质量为 P。在距中心 $\frac{1}{2}r$ 处有一直线导槽 MN。质量为 $\frac{1}{4}P$ 的质点相对于圆盘以匀速率 u 沿导槽运动。初始时质点在 M 处，圆盘以角速度 ω_1 绕铅垂中心轴 Oz 在水平面内转动。求质点运动到导槽中点 O_1 时圆盘的角速度 ω_2。设摩擦阻力及导槽尺寸均不计。

(5) 机构如图，已知：物 A 重 P_1，物 B 重 P_2，鼓轮内外半径为 r，R，鼓轮对于 O 的转动惯量为 J_o，$P_1R > P_2r$，且物 A 以速度 $\boldsymbol{v}_1$ 向下运动。试求：① 任意瞬时系统的动量；② 任意瞬时系统对 O 轴的动量矩；③ 鼓轮转动的角加速度。

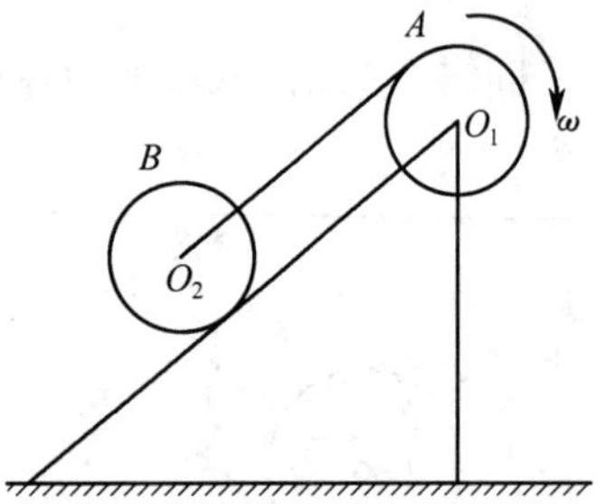

题 11.3(3) 图

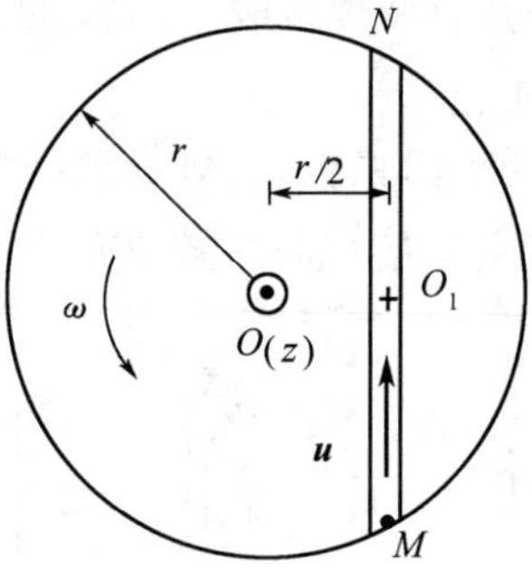

题 11.3(4) 图

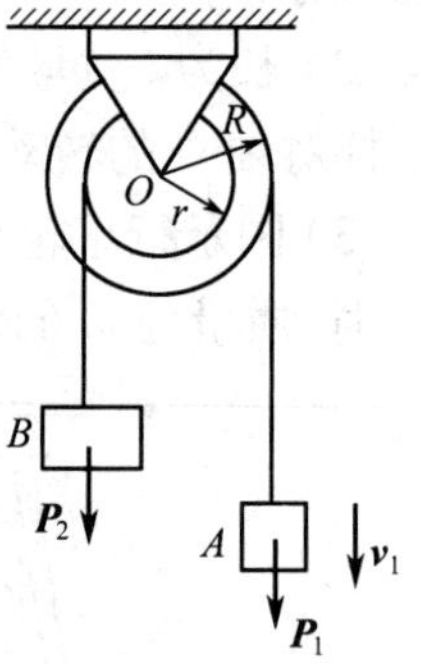

题 11.3(5) 图

(6) 匀质细杆 OA 的质量为 m，可绕 O 轴在铅垂面内转动。在 A 端铰接一个边长 $h = \frac{1}{3}L$，质量也为 m 的正方形板。该板可绕其中心 A 点在铅垂面内转动。开始时将方形板托住，使 OA 杆处于水平位置，然后突然放开，则系统将自静止开始运动。不计轴承摩擦，试求在放开的瞬时：① 杆 OA 的角加速度；② 轴承 O 的反力。

(7) 如图所示，两均质摩擦圆轮质量各为 P_1，P_2，在同一平面内分别以角速度 ω_{01} 及 ω_{02} 转动，用离合器使两轮接触，试求两轮无相对滑动后的角速度 ω_1 和 ω_2。

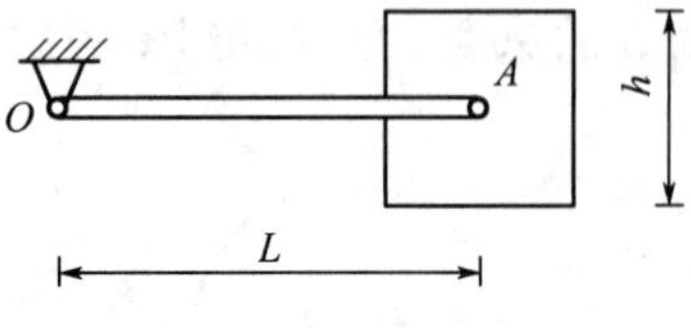

题 11.3(6) 图

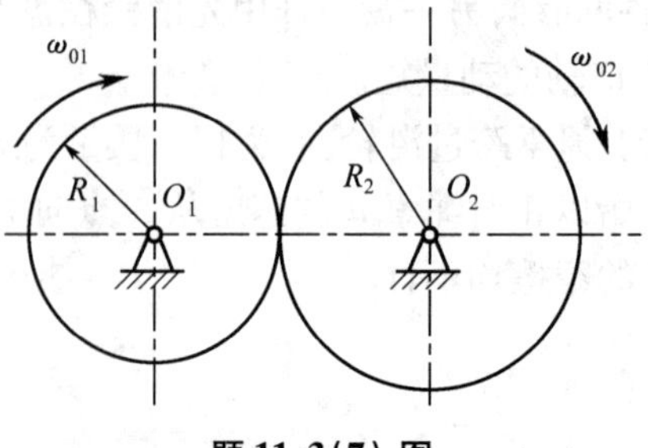

题 11.3(7) 图

(8) 小车上放一半径为 r，质量为 m 的匀质钢管，钢管厚度很薄可略去不计，钢管与车面间有足够的摩擦力防止滑动。今小车以加速度 $\boldsymbol{a}$ 沿水平面向右运动，求钢管中心 O 点的加速度。

(9) 带传动装置如图所示。两带轮的半径分别为 R_1，R_2，质量分别为 m_1，m_2，都可看作均质圆盘。如对轮 I 作用主动转矩 M，而轮 II 受到的阻力矩为 M'。试求轮 I 的角加速度。

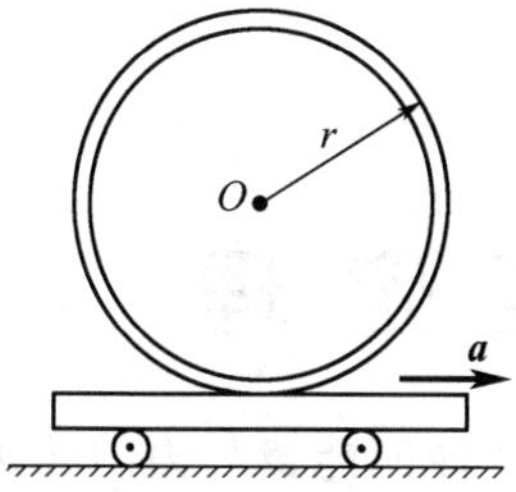

题 11.3(8) 图

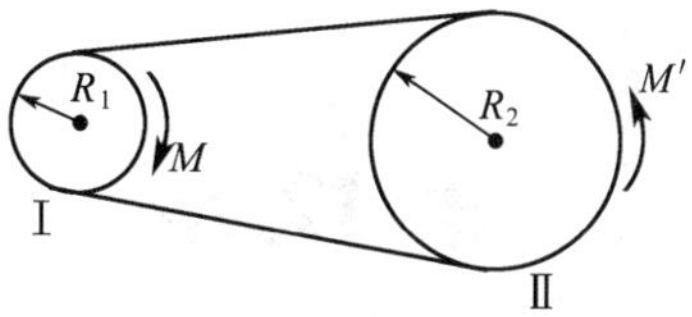

题 11.3(9) 图

(10) 绞车提升质量为 m 的重物，如图所示。主动轴上作用有转矩 M。已知主动轴转子和从动轴转子对各自轴线的转动惯量分别为 J_1 和 J_2，传动比 $k=\dfrac{z_2}{z_1}$，卷筒半径为 R。略去绳重及轴承摩擦，试求重物的加速度。

(11) 重物 A 质量为 m_1，系在绳子上，绳子跨过不计质量的固定滑轮 D，并绕在鼓轮 B 上，如图所示。由于重物下降，带动了轮 C，使它沿水平轨道只滚不滑。设鼓轮半径为 r，轮 C 的半径为 R，两者固连在一起，总质量为 m_2，对于其水平轴 O 的回转半径为 ρ。求重物 A 的加速度。

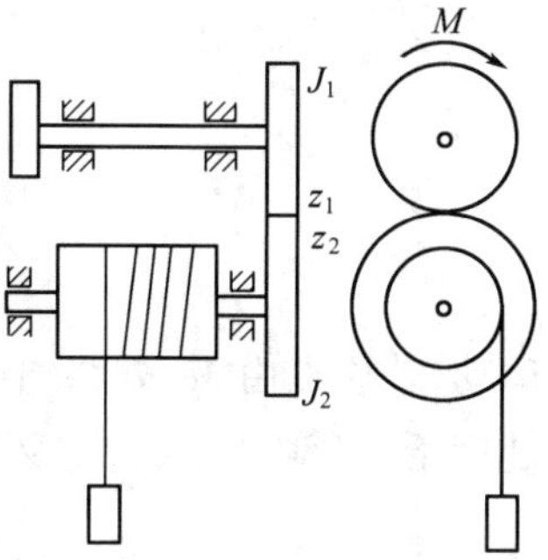

题 11.3(10) 图

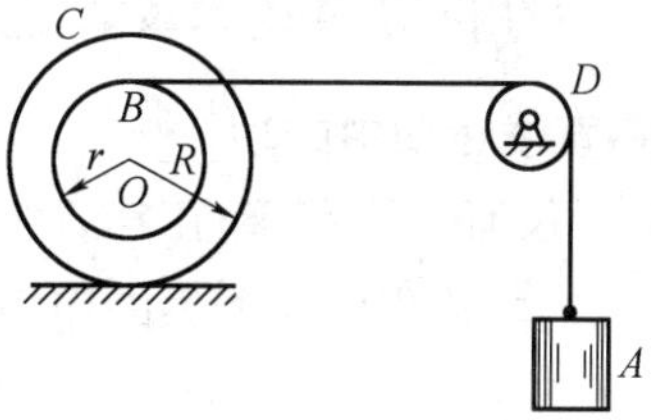

题 11.3(11) 图

(12) 均质圆柱体 A 的质量为 m，在外圆上绕以细绳，绳的一端 B 固定不动，如图所示。当 BC 铅垂时圆柱下降，其初速为零。求当圆柱体的轴心降落了高度 h 时轴心的速度和绳子的张力。

(13) 图示均质杆 AB 长为 l，放在铅垂平面内，杆的一端 A 靠在光滑的铅垂墙上，另一端 B 放在光滑的水平地板上，并与水平面成 φ_0 角。此后，杆由静止状态倒下。求：① 杆在任意位置时的角速度和角加速度；② 当杆脱离墙时，此杆与水平面所夹的角。

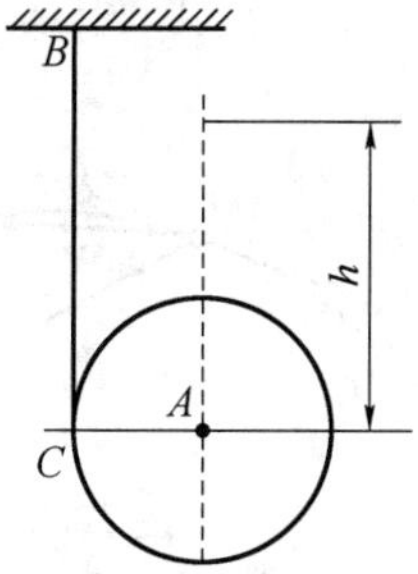

题 11.3(12) 图

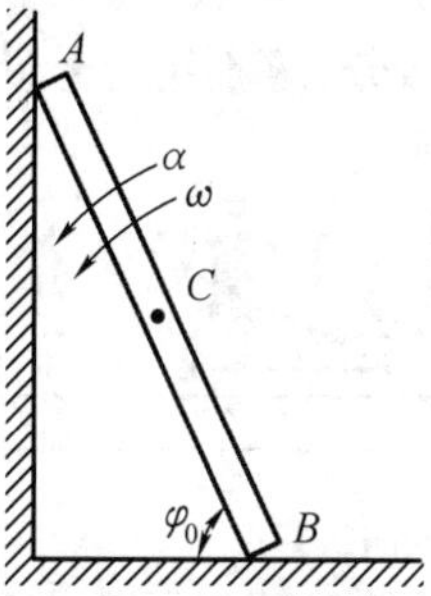

题 11.3(13) 图

第 12 章　动 能 定 理

今天我们从能量的角度来研究物体的运动,建立物体的能量与力的功两者之间的定量关系。从物理学的发展可知,能量是自然界各种形式运动的度量,而功是能量从一种形式转化为另一种形式的过程中所表现出来的量。例如自由落体时重力的功表现为势能转化为动能,摩擦力的功表现为动能转化为热能等。所以,动能定理是通过动能与功的关系来表达机械运动与其他运动形式的能量之间的传递和转化的规律,它是能量守恒定律的一个重要特例。

在机械运动中,功是度量力在一段路程上对物体作用的积累效应,力作功的结果使物体的机械能(包括动能和势能)发生变化。

12.1　力　的　功

12.1.1　力的功的概念及表达式

1. 常力在直线运动中的功

如图 12.1,设有一质点 M,在常力作用下沿直线运动,若质点由 M_1 处移到 M_2 处的路程为 s,力 $\boldsymbol{F}$ 在这段路程内所积累的作用效应用力的功度量,以 W 表示,并定义为

$$W = F\cos\varphi \cdot s \tag{12.1}$$

式中,φ 为力 $\boldsymbol{F}$ 与直线位移方向之间的夹角;s 为质点经过的路程。

当 $\varphi < 90°$ 时,$W > 0$;当 $\varphi > 90°$ 时,$W < 0$;当 $\varphi = 90°$ 时 $W = 0$,因此,功是代数量。在前一种情况下,我们称力做正功,在后一种情况下,称力做负功。

2. 变力在曲线运动中的功

如图 12.2,设质点 M 在任意力 $\boldsymbol{F}$ 作用下沿曲线运动。这时,应将质点走过的路程分成许多微小弧段,每一小段弧长 ds 可视为直线位移,力 $\boldsymbol{F}$ 在这微小位移中可视为常力,它做的功称为力的元功,以 δW 表示。于是有 $\delta W = F\cos\theta \mathrm{d}s$(因为力 $\boldsymbol{F}$ 的元功不一定能表示为某一函数 W 的全微分,故不用符号 d 而用 δ)。

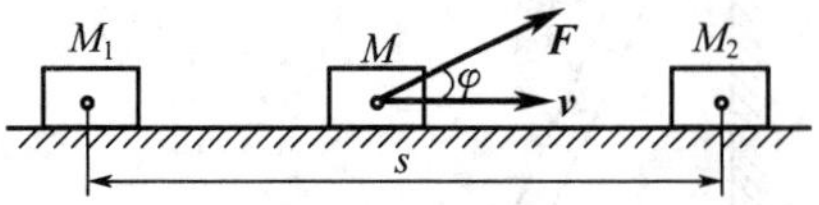

图 12.1

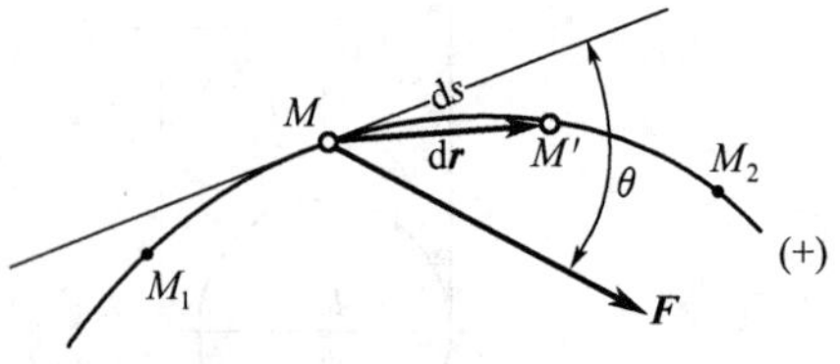

图 12.2

力在全路程上做的功等于元功之和,即

$$W = \int_0^s F\cos\theta \mathrm{d}s \tag{12.2}$$

设 d$\boldsymbol{r}$ 为质点的微小位移,由运动学可知矢径的变化 d$\boldsymbol{r}$ 与弧坐标的变化 ds 两者大小相等,则上式可改写为

$$\delta W = \boldsymbol{F} \cdot \mathrm{d}\boldsymbol{r} \tag{12.3}$$

$$W = \int_{M_1}^{M_2} \boldsymbol{F} \cdot \mathrm{d}\boldsymbol{r} \tag{12.4}$$

由上式可知,当力始终与质点位移垂直时,该力不做功。

如图 12.3,若取固结于地面的直角坐标系为质点运动的参考系,$\boldsymbol{i}$,$\boldsymbol{j}$,$\boldsymbol{k}$ 为三轴的单位矢量,则

$$\boldsymbol{F} = F_x\boldsymbol{i} + F_y\boldsymbol{j} + F_z\boldsymbol{k}$$

$$\mathrm{d}\boldsymbol{r} = \mathrm{d}x\boldsymbol{i} + \mathrm{d}y\boldsymbol{j} + \mathrm{d}z\boldsymbol{k}$$

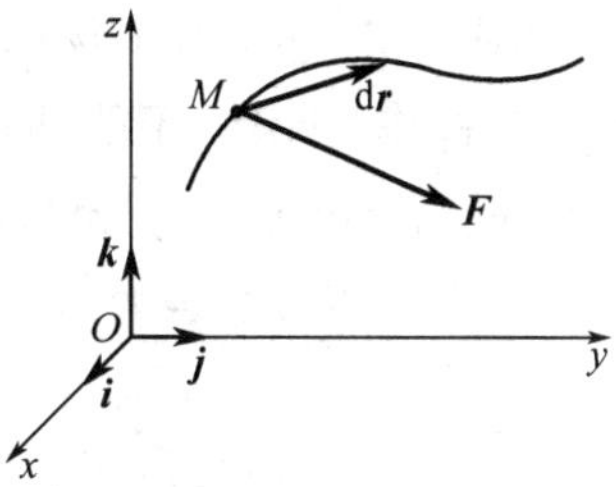

图 12.3

将以上两式代入式中得作用力在质点从 M_1 到 M_2 的运动过程中所做的功为

$$W_{12} = \int_{M_1}^{M_2} (F_x \mathrm{d}x + F_y \mathrm{d}y + F_z \mathrm{d}z) \tag{12.5}$$

此式为功的解析表达式。功的量纲为 $[W] = [F][L]$,在国际单位制中,功的单位为焦耳(J)。

3. 质点系内力的功

如图 12.4,设 i 和 j 为质点系中两个质点,$\boldsymbol{F}_i$ 和 $\boldsymbol{F}_j$ 是沿两点连线的相互作用力,$\boldsymbol{F}_i = -\boldsymbol{F}_j$。又设 i,j 两点的矢径分别为 $\boldsymbol{r}_i$,$\boldsymbol{r}_j$,显然有 $\boldsymbol{r}_j = \boldsymbol{r}_i + \boldsymbol{r}_{ij}$,微分位移的关系为 $\mathrm{d}\boldsymbol{r}_j = \mathrm{d}\boldsymbol{r}_i + \mathrm{d}\boldsymbol{r}_{ij}$,于是一对内力 $\boldsymbol{F}_i$ 与 $\boldsymbol{F}_j$ 的元功之和为

$$\delta W_i = \boldsymbol{F}_i \cdot \mathrm{d}\boldsymbol{r}_i + \boldsymbol{F}_j \cdot \mathrm{d}\boldsymbol{r}_j = -\boldsymbol{F}_j \cdot \mathrm{d}\boldsymbol{r}_i + \boldsymbol{F}_j \cdot (\mathrm{d}\boldsymbol{r}_i + \mathrm{d}\boldsymbol{r}_{ij}) = \boldsymbol{F}_j \cdot \mathrm{d}\boldsymbol{r}_{ij} \tag{12.6}$$

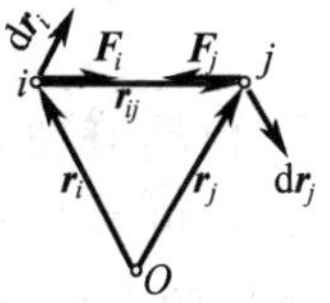

图 12.4

上式表明,质点系内力的元功与内力的大小和受每一对内力作用的两点之间距离的改变量有关,而与两点间的距离的大小无关。一般情况下,质点系中受内力作用的两点之间的距离是变化的,因此内力的功一般不为零。然而对于刚体,内力功必为零,因为刚体内任意两点之间的距离是不变的。

关于内力的功的计算,需针对具体问题作具体分析。

4. 约束反力的功

约束反力的功与约束力的规律与运动本身有关,一般不一定为零。但有些约束反力的功或所作元功之和等于零,即 $\sum \boldsymbol{F}_{\mathrm{N}_i} \cdot \mathrm{d}\boldsymbol{r}_i = 0$,这种约束称为理想约束。

常见的理想约束有以下几种:

(1) 光滑接触面。

如图 12.5,光滑接触面的约束反力 $\boldsymbol{F}_{\mathrm{N}}$ 沿约束面的法线方向,反力作用点的微分位移 d$\boldsymbol{r}$ 沿切线方向,所以约束反力的功等于零。

(2) 光滑铰链。

如图 12.6,两个物体用光滑铰链连接,它们在连接处相互作用的约束反力 $\boldsymbol{F}_{\mathrm{N}}$ 与 $\boldsymbol{F}'_{\mathrm{N}}$,按作用与反作用定律有 $\boldsymbol{F}_{\mathrm{N}} = -\boldsymbol{F}'_{\mathrm{N}}$,它们

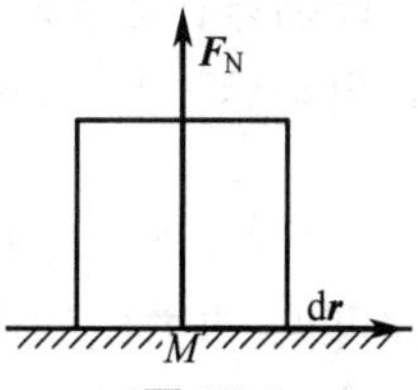

图 12.5

在微分位移 d$\boldsymbol{r}$ 上所做元功之和为零。

$$\sum \delta W = \boldsymbol{F}_N \cdot \mathrm{d}\boldsymbol{r} + \boldsymbol{F}'_N \cdot \mathrm{d}\boldsymbol{r} = (\boldsymbol{F}_N + \boldsymbol{F}'_N) \cdot \mathrm{d}\boldsymbol{r} = 0$$

(3) 链杆(二力杆)。

如图 12.7,连接两个物体的链杆,其两端的约束反力是共线、反向、等值的,即 $\boldsymbol{F}_1 = -\boldsymbol{F}_2$,链杆作为刚体,不能伸长和缩短,所以,两端沿两铰链连线方向的微分位移相等。即 $\mathrm{d}r_1\cos\varphi_1 = \mathrm{d}r_2\cos\varphi_2$,链杆的约束力 $\boldsymbol{F}_1$ 与 $\boldsymbol{F}_2$ 在微分位移 d$\boldsymbol{r}_1$ 与 d$\boldsymbol{r}_2$ 上的元功之和为零。

$$\sum \delta W = \boldsymbol{F}_1 \cdot \mathrm{d}\boldsymbol{r}_1 + \boldsymbol{F}_2 \cdot \mathrm{d}\boldsymbol{r}_2 = F_1\mathrm{d}r_1\cos\varphi_1 - F_2\mathrm{d}r_2\cos\varphi_2 = 0$$

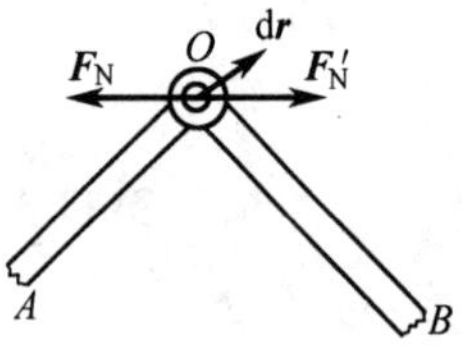

图 12.6

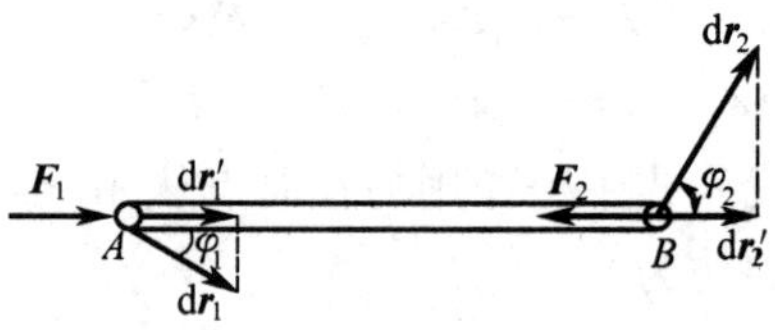

图 12.7

(4) 不可伸长的柔索。

如图 12.8,两端与质点 A,B 相连的柔索,柔索作用于两个质点的力分别为 $\boldsymbol{F}_1$ 与 $\boldsymbol{F}_2$,$F_1 = F_2$,因为柔索不可伸长,所以两质点沿柔索方向的微分方程相等,即

$$\mathrm{d}r_1\cos\varphi_1 = \mathrm{d}r_2\cos\varphi_2$$

于是 $\boldsymbol{F}_1$ 和 $\boldsymbol{F}_2$ 在微分位移 d$\boldsymbol{r}_1$ 与 d$\boldsymbol{r}_2$ 上的元功之和为零。根据以上方法可知:固定铰支座、球形铰链、可动支座、轴承、蝶铰链等都是理想约束。

(5) 纯滚动情况。

刚体在粗糙面上滚动无滑动,接触点 C 是刚体的瞬心。由于瞬心的微分位移 d$\boldsymbol{r}_C = 0$,所以约束反力(法向反力 $\boldsymbol{F}_N$ 与摩擦力 $\boldsymbol{F}_S$)的元功之和为零,如图 12.9。

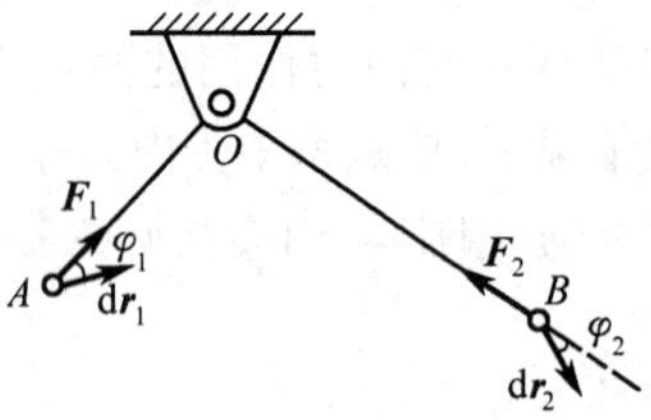

图 12.8

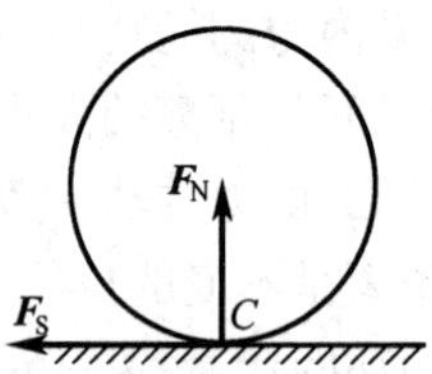

图 12.9

12.1.2 常见力的功

1. 重力的功

设物体在运动时只受到重力作用,重心的轨迹如图 12.10 所示的曲线 $\widehat{M_1M_2}$。重力 $m\boldsymbol{g}$ 在直角坐标轴上的投影为 $F_x = 0$,$F_y = 0$,$F_z = -mg$,则

$$W_{12} = \int_{z_1}^{z_2} -mg\mathrm{d}z = mg(z_1 - z_2) \tag{12.7}$$

由此可见,重力做的功仅与重心 C 在运动开始和末了位置的高度差 $(z_1 - z_2)$ 有关,与轨迹的形状无关。当 $z_1 > z_2$ 时,重力做正功,当 $z_1 < z_2$ 时,重力做负功。

2. 弹性力的功

设物体受到弹性力的作用,作用点A的轨迹为图12.11所示曲线$\widehat{A_1A_2}$。设弹簧的自然长度为l_0,求点A由A_1至A_2时,弹性力$\boldsymbol{F}$所做的功。

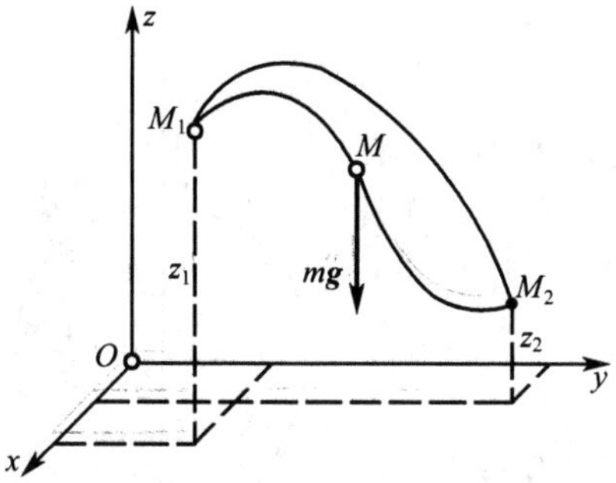

图 12.10

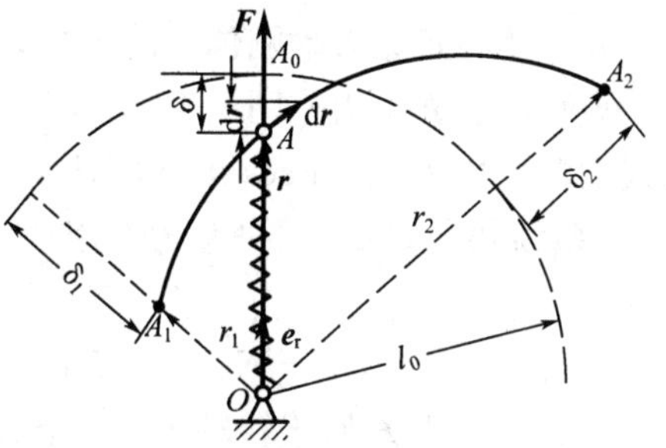

图 12.11

在弹簧的弹性极限内,弹性力的大小与其变形量δ成正比,即$F = k\delta$,力的方向总是指向自然位置(即弹簧未变形时端点的位置A_0)。比例系数k称为刚性系数或弹簧系数,即使弹簧单位变形所需的力,其单位是牛顿/米(N/m)。

以点O为原点,点A的矢径为$\boldsymbol{r}$。令沿矢径方向的单位矢量为$\boldsymbol{e}_r$,弹簧的自然长度为l_0,则弹性力$\boldsymbol{F} = -k(r - l_0)\boldsymbol{e}_r$,当弹簧伸长时,$r > l_0$,力$\boldsymbol{F}$与$\boldsymbol{e}_r$的方向相反;当弹簧被压缩时,$r < l_0$,力$\boldsymbol{F}$与$\boldsymbol{e}_r$的方向一致。应用式(12.4),点$A$由$A_1$到$A_2$时,弹性力做功为

$$W_{12} = \int_{A_1}^{A_2} \boldsymbol{F} \cdot \mathrm{d}\boldsymbol{r} = \int_{A_1}^{A_2} -k(r - l_0)\boldsymbol{e}_r \cdot \mathrm{d}\boldsymbol{r}$$

因为

$$\boldsymbol{e}_r \cdot \mathrm{d}\boldsymbol{r} = \frac{\boldsymbol{r}}{r} \cdot \mathrm{d}\boldsymbol{r} = \frac{1}{2r}(\boldsymbol{r} \cdot \boldsymbol{r}) = \mathrm{d}r$$

所以

$$W_{12} = \int_{r_1}^{r_2} -k(r - l_0)\mathrm{d}r = \frac{k}{2}\left[(r_1 - l_0)^2 - (r_2 - l_0)^2\right]$$

或

$$W = \frac{k}{2}(\delta_1^2 - \delta_2^2) \tag{12.8}$$

上述推导中轨迹$\widehat{A_1A_2}$可以是空间任意曲线。由此可见,弹性力作的功只与弹簧在初始和末了位置的变形量δ有关,与力作用点的轨迹形状无关。由上式可知,当$\delta_1 > \delta_2$时弹性力做正功,当$\delta_1 < \delta_2$时,弹性力做负功。

3. 动摩擦力的功

当质点受到摩擦力作用时,因为动摩擦力$\boldsymbol{F}$的方向恒与质点运动方向相反,根据动摩擦定律$F = fF_N$,其中f为动摩擦系数,$\boldsymbol{F}_N$为法向反力,则摩擦力的功

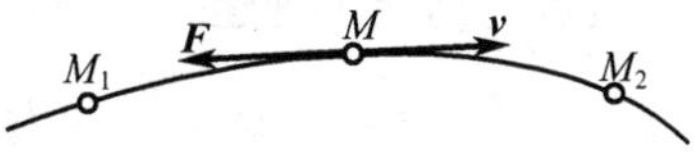

图 12.12

$$W = \int_{\widehat{M_1M_2}} F_t \mathrm{d}s = -\int_{\widehat{M_1M_2}} fF_N \mathrm{d}s \tag{12.9}$$

由此可见,动摩擦力的功恒为负值,它不仅取决于质点的起止位置,且与质点的运动路程有关。

在特殊情况下,若 F_N = 常量,则 $W = -fF_N s$,其中 s 为质点运动所经路径 $\widehat{M_1M_2}$ 的曲线长度。

4. 作用在定轴转动刚体上的力的功

设作用力 $\boldsymbol{F}$ 与力作用点 A 处的切线之间的夹角为 θ,则力 $\boldsymbol{F}$ 在切线上的投影为 $F_t = F\cos\theta$,当刚体绕定轴转动时,转角 φ 与弧长 s 的关系为 $ds = Rd\varphi$,式中 R 为作用点 A 到轴的垂距。力 $\boldsymbol{F}$ 的元功为

$$\delta W = \boldsymbol{F}\cdot d\boldsymbol{r} = F_t ds = F_t R d\varphi$$

因为 $F_t R$ 等于力 $\boldsymbol{F}$ 对于转轴 z 的力矩 M_z,于是上式可改写为

$$\delta W = M_z d\varphi \tag{12.10}$$

力矩在刚体转动过程中做的功为

$$W = \int_{\varphi_1}^{\varphi_2} M_z d\varphi \tag{12.11}$$

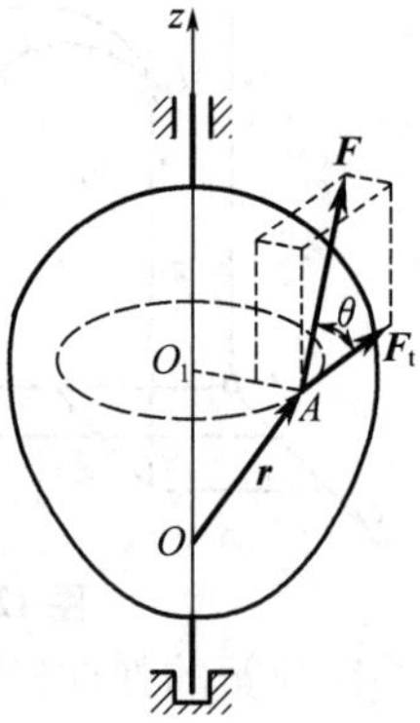

图 12.13

当 M_z = 常数时,$W = M_z(\varphi_2 - \varphi_1)$。

如果作用在刚体上的是力偶,则力偶所做的功仍可用上式计算,其中 M_z 为力偶矩矢在 z 轴上的投影。

12.2 质点的动能定理

12.2.1 质点的动能

设质点的质量为 m,速度为 $\boldsymbol{v}$,则质点的动能为 $\frac{1}{2}mv^2$,动能是标量,恒取正值(包括零)。

动能的量纲为 $[T] = [m][\boldsymbol{v}]^2 = [F][L]$,可见,动能与功的量纲相同。在国际单位制中,动能的单位为焦耳(J)。

动能与动量都是表征机械运动的量,前者与质点速度的平方成正比,后者与质点速度的一次方成正比,是一个矢量,它们是机械运动的两种度量。

12.2.2 质点的动能定理

质点的动能定理建立了质点的动能与作用力的功的关系。取质点的运动微分方程的矢量形式为 $m\boldsymbol{a} = \boldsymbol{F}$ 或 $m\frac{d\boldsymbol{v}}{dt} = \boldsymbol{F}$,在方程两边点乘以 $d\boldsymbol{r}$,得

$$m\frac{d\boldsymbol{v}}{dt}\cdot d\boldsymbol{r} = \boldsymbol{F}\cdot d\boldsymbol{r}$$

又因为 $\frac{d\boldsymbol{r}}{dt} = \boldsymbol{v}$,于是上式可写成

$$mv\mathrm{d}v = \boldsymbol{F} \cdot \mathrm{d}\boldsymbol{r} \quad 或 \quad \mathrm{d}\left(\frac{1}{2}mv^2\right) = \delta W \tag{12.12}$$

此即为质点动能定理的微分形式，即质点动能的增量等于作用在质点上力的元功。积分上式，得

$$\int_{v_1}^{v_2} \mathrm{d}\left(\frac{1}{2}mv^2\right) = \int_{M_1}^{M_2} \delta W = W_{12}$$

或

$$\frac{1}{2}mv_2^2 - \frac{1}{2}mv_1^2 = W_{12} \tag{12.13}$$

这就是质点动能定理的积分形式，在质点运动的某个过程中，质点动能的改变量等于作用于质点的力做的功。

由上可知，力做正功，质点动能增加，力做负功，质点动能减小。

动能定理提供了速度 $\boldsymbol{v}$、力 $\boldsymbol{F}$ 与路程 s 之间的数量关系式，可用来求解这三个量中的一个未知量。

例 12.1　一不计尺寸的套筒质量为 $m = 1$ kg，初始位于图 12.14 所示的位置 A，以初速度 $v_A = 1.5$ m/s 沿半径为 $R = 0.2$ m 圆弧形轨道滑下，弹簧的刚度系数 $k = 200$ N/m，原长 $l_0 = 0.2$ m。轨道光滑，位于铅垂面内。求套筒滑到位置 B 时的速度和套筒在此位置受到的轨道的约束力。

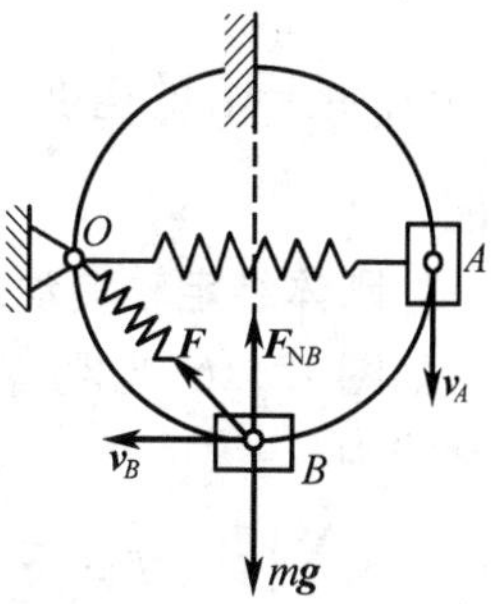

图 12.14

解　研究滑块。取 A,B 两位置为初、末两位置，作用于滑块上的力有重力 $m\boldsymbol{g}$，法向约束力 $\boldsymbol{F}_{\mathrm{N}}$，弹性力 $\boldsymbol{F}$。由质点的动能定理

$$\frac{1}{2}mv_B^2 - \frac{1}{2}mv_A^2 = W_F + W_{mg} + W_{F_{\mathrm{N}}}$$

$$W_F = \frac{k}{2}(\delta_1^2 - \delta_2^2) = \frac{k}{2}[R^2 - (\sqrt{2} - 1)^2R^2]\ , W_{F_{\mathrm{N}}} = 0, W_{mg} = mgR$$

代入上式得 $v_B = 3.58$ m/s。

滑块在 B 处受力如图 12.14，应用质点运动微分方程

$$ma_B^{\mathrm{n}} = \sum F_n, 即\ m\frac{v_B^2}{R} = F_{\mathrm{N}B} + F\cos 45° - mg$$

式中，$F = k\delta$，解得 $F_{\mathrm{N}B} = 62.2$ N。

12.3　质点系的动能定理

12.3.1　质点系的动能的概念与计算

质点系内各质点动能的算术和称为质点系的动能，即

$$T = \sum_{i=1}^{n} \frac{1}{2}m_iv_i^2 \tag{12.14}$$

它是表征整个质点系运动强度的一种度量。

如图 12.15 所示质点系有三个质点，它们的质量分别为 $m_1 = 2m_2 = 4m_3$。忽略绳的质

量并假设绳不可伸长，则三个质点的速度 $\boldsymbol{v}_1$，$\boldsymbol{v}_2$ 和 $\boldsymbol{v}_3$ 大小相同，都等于 v，而方向各异。计算质点系的动能不必考虑它们的方向，于是得

$$T = \frac{1}{2}m_1v_1^2 + \frac{1}{2}m_2v_2^2 + \frac{1}{2}m_3v_3^2 = \frac{7}{2}m_3v^2$$

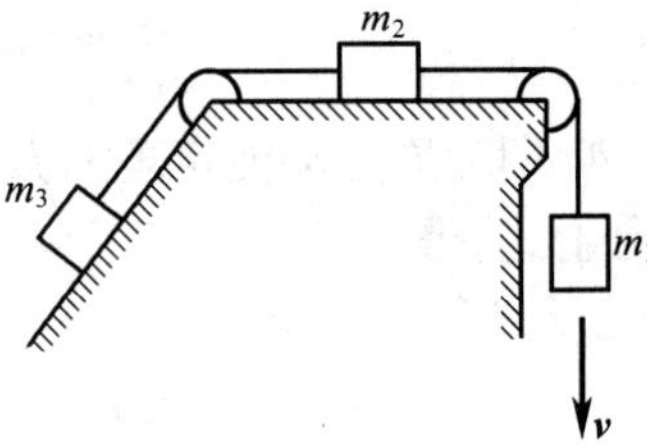

图 12.15

刚体是工程实际中常见的质点系，因此，刚体动能的计算有着重要的意义，随着刚体运动形式的不同，其动能的表达式也不同。

1. 刚体做平动的动能

当刚体做平动时，刚体内各点的速度都相同，即都等于质心的速度，于是得平动刚体的动能为

$$T = \sum_{i=1}^{n} \frac{1}{2}m_iv_i^2 = \frac{1}{2}v_C^2\sum_{i=1}^{n} m_i = \frac{1}{2}mv_C^2 \tag{12.15}$$

式中，v_C 是质心的速度；$m = \sum\limits_{i=1}^{n} m_i$ 是刚体的质量。因此平动刚体的动能等于其质心的动能。

2. 刚体绕定轴转动的动能

如图 12.16，当刚体绕定轴转动时，刚体内所有各点的角速度都相同，于是转动刚体的动能为

$$T = \sum_{i=1}^{n} \frac{1}{2}m_iv_i^2 = \sum_{i=1}^{n} \frac{1}{2}m_ir_i^2\omega^2 = \frac{1}{2}\omega^2\sum_{i=1}^{n} m_ir_i^2 = \frac{1}{2}\omega^2J_z$$

所以

$$T = \frac{1}{2}J_z\omega^2 \tag{12.16}$$

因此，绕定轴转动刚体的动能等于刚体对于转轴的转动惯量与角度平方乘积的一半。

3. 刚体做平面运动的动能

取刚体的质心 C 所在的平面图形，如图 12.17 示。设图形中点 P 是某瞬时的瞬心，ω 是平面图形绕瞬心转动的角速度，于是做平面运动的刚体的动能为

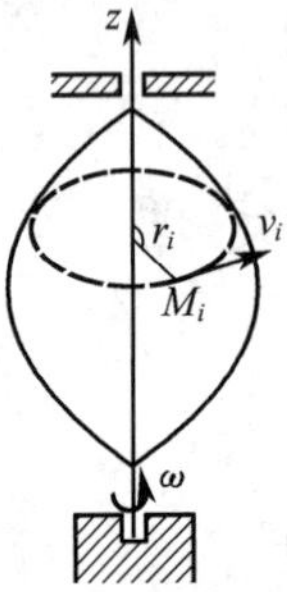

图 12.16

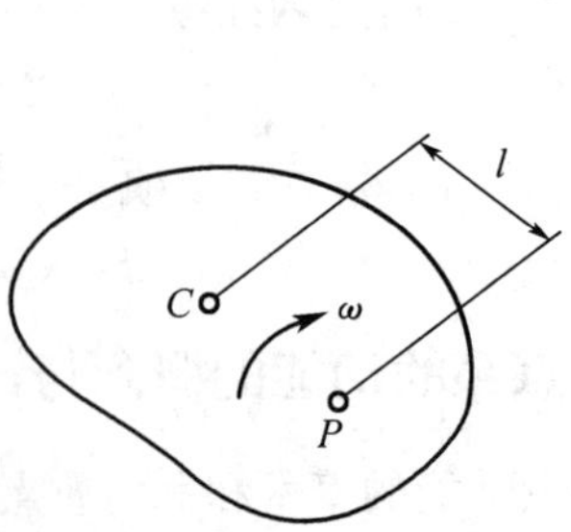

图 12.17

$$T = \frac{1}{2}J_P\omega^2$$

式中 J_P 是刚体对瞬时轴的转动惯量。因为在不同时刻，刚体以不同的点作为瞬心，因此

用上式计算动能很不方便。

设点 C 为刚体的质心，根据计算转动惯量的平行轴定理，有

$$J_P = J_C + ml^2$$

式中 m 为刚体的质量，代入计算动能的公式中，得

$$T = \frac{1}{2}(J_C + ml^2)\omega^2 = \frac{1}{2}J_C\omega^2 + \frac{1}{2}m(l\omega)^2$$

因 $\omega l = v_C$，绕瞬心转动的角速度等于绕质心转动的角速度，于是

$$T = \frac{1}{2}mv_C^2 + \frac{1}{2}J_C\omega^2 \tag{12.17}$$

即做平面运动的刚体的动能，等于随质心平动的动能与绕质心转动的动能的和。

其他运动形式的刚体，应按其速度分布计算该刚体的动能。

12.3.2　质点系的动能定理

设有 n 个质点所组成的质点系，如图 12.18。取质点系中任一质点 i，其质量为 m_i，速度为 $\boldsymbol{v}_i$，作用在该质点上所有的力合成为主动力 $\boldsymbol{F}_i$ 和约束反力 $\boldsymbol{F}_{Ni}$。根据质点的动能定理的微分形式有

$$\mathrm{d}\left(\frac{1}{2}m_i v_i^2\right) = \delta W_{iF} + \delta W_{iF_N}$$

式中，δW_{iF} 和 δW_{iF_N} 分别表示作用于这个质点的主动力和约束反力所做的元功。

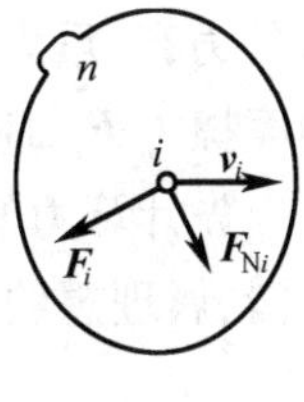

图 12.18

因为质点系有 n 个质点，对于每个质点都可列出一个方程，将 n 个方程相加，得

$$\sum_{i=1}^{n}\mathrm{d}\left(\frac{1}{2}m_i v_i^2\right) = \sum_{i=1}^{n}\delta W_{iF} + \sum_{i=1}^{n}\delta W_{iF_N}$$

或

$$\mathrm{d}\sum_{i=1}^{n}\left(\frac{1}{2}m_i v_i^2\right) = \mathrm{d}T = \sum_{i=1}^{n}\delta W_{iF} + \sum_{i=1}^{n}\delta W_{iF_N}$$

或

$$\mathrm{d}T = \sum_{i=1}^{n}\delta W_{iF} + \sum_{i=1}^{n}\delta W_{iF_N} \tag{12.18}$$

此即为质点系动能定理的微分形式：质点系动能的增量，等于作用于质点系所有主动力和约束反力的元功之和。

如果质点系具有理想约束，由于这些约束反力所作元功之和等于零，于是上式可写成

$$\mathrm{d}T = \sum_{i=1}^{n}\delta W_{iF} \tag{12.19}$$

即在理想约束的条件下，质点系动能的增量，等于作用于质点系所有主动力所做的元功之和。对上式积分，得

$$T_2 - T_1 = \sum_{i=1}^{n} W_{iF} \tag{12.20}$$

上式中 T_1 和 T_2 分别是质点系在某一段运动过程的起点和终点的动能，上式称为质点系动能定理的有限形式。即在理想约束的条件下，质点系在某一段运动过程中，起点和终点的动能的改变量，等于作用于质点系的主动力在这段过程中所做的功。

必须注意：作用于质点系的主动力既有外力也有内力，在许多情况下，质点系内力所做的功的和不等于零，内力的功和质点系中任意两质点之间的距离的改变量有关，而和两质点之间的距离无关。所以，在应用质点系的动能定理时，对于质点系的内力所做的功的和是否等于零，需根据具体情况具体分析。

注意：理想约束的约束力不做功，而质点系的内力做功之和并不一定等于零。

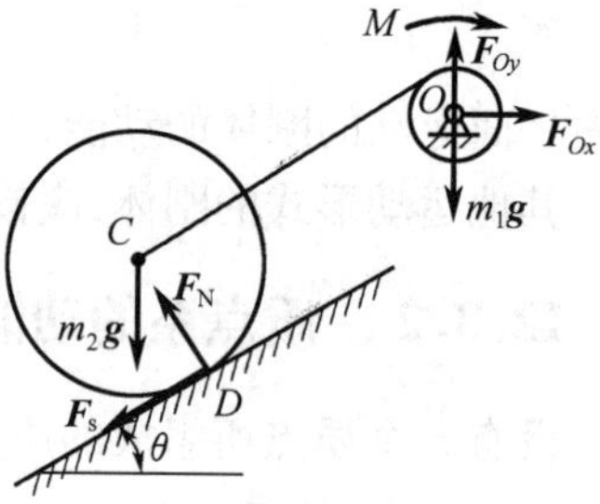

图 12.19

例 12.2　卷扬机如图 12.19 所示。鼓轮在不变力矩 M 的作用下将圆柱沿斜坡上拉，已知鼓轮的半径为 R_1，质量为 m_1，质量分布在轮缘上；圆柱的半径为 R_2，质量为 m_2，质量均匀分布。设斜坡的倾角为 θ，表面粗糙，使圆柱只滚不滑。系统从静止开始运动，求圆柱中心 C 经过路径 s 时的速度。

解　圆柱和鼓轮一起组成质点系。作用于该质点系的力有：重力 $m_1\boldsymbol{g}$ 和 $m_2\boldsymbol{g}$，外力矩 M，水平轴支反力 $\boldsymbol{F}_{Ox}$，$\boldsymbol{F}_{Oy}$，斜面对圆柱的作用力 $\boldsymbol{F}_N$ 和静摩擦力 $\boldsymbol{F}_s$，应用动能定理进行求解。

先计算力的功。因为 O 点没位移，力 $\boldsymbol{F}_{Ox}$，$\boldsymbol{F}_{Oy}$，$m_1\boldsymbol{g}$ 所做的功等于零；圆柱沿斜面只滚不滑，属理想约束，故约束反力 $\boldsymbol{F}_N$ 和静摩擦力 $\boldsymbol{F}_s$ 不做功，主动力所做的功计算如下：

$$W_{12} = M\varphi - m_2 gl\sin\theta$$

质点系的动能计算如下

$$T_1 = 0,\quad T_2 = \frac{1}{2}J_1\omega_1^2 + \frac{1}{2}m_2v_C^2 + \frac{1}{2}J_C\omega_2^2$$

其中

$$J_1 = m_1R_1^2,\quad J_2 = \frac{1}{2}m_2R_2^2,\quad \omega_1 = \frac{v_C}{R_1},\quad \omega_2 = \frac{v_C}{R_2},\quad \varphi = \frac{l}{R_1}$$

于是 $T_2 = \dfrac{v_C^2}{4}(2m_1 + 3m_2)$，由质点系的动能定理：$T_2 - T_1 = \sum W_{12}$ 得

$$\frac{v_C^2}{4}(2m_1 + 3m_2) = \frac{Ml}{R_1} - m_2gl\sin\theta$$

得

$$v_C = 2\sqrt{\frac{(M - m_2gR_1\sin\theta)s}{R_1(2m_1 + 3m_2)}}$$

要想求 $\boldsymbol{a}_C$，将 $\boldsymbol{v}_C$ 对时间 t 取一阶导数，则 $a_C = \dfrac{\mathrm{d}v_C}{\mathrm{d}t}$，将 s 视为变量，以 $v_C = \dfrac{\mathrm{d}s}{\mathrm{d}t}$ 代入即可。

例 12.3　图 12.20 所示滑道连杆机构，位于水平面内。已知曲柄 OA 的长度为 r，对转轴 O 转动惯量为 J_O，滑块 A 质量 G_1，滑道 BC 质量 G_2，滑块与滑道之间的摩擦力为 $\boldsymbol{F}$。今在

曲柄上作用一常力偶 M，开始时系统处于静止状态，不计其他各处摩擦。求曲柄转一周后的角速度。

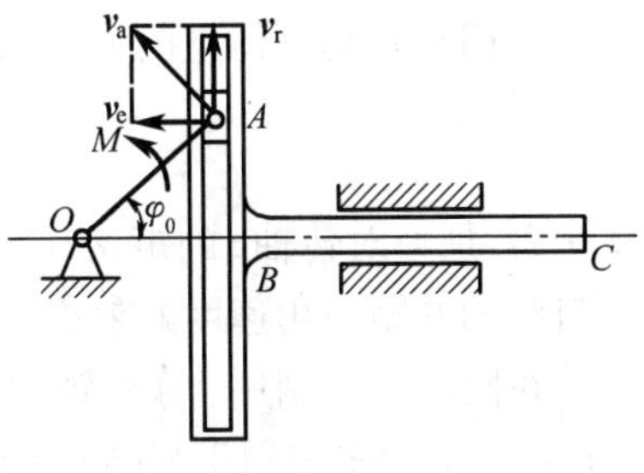

图 12.20

解　研究整个系统。初、末两位置动能为

$$T_1 = 0,\ T_2 = \frac{1}{2}J_O\omega^2 + \frac{1}{2}\frac{G_1}{g}(r\omega)^2 + \frac{1}{2}\frac{G_2}{g}(r\omega\sin\varphi_0)^2$$

说明：以滑块上 A 点为动点，滑道 BC 为动系，则

$$v_A = v_a = r\omega,\quad v_e = v_a\sin\varphi_0 = r\omega\sin\varphi_0,$$

$$v_{BC} = v_e = r\omega\sin\varphi_0$$

$$\sum W_{iF} = 2M\pi - 4F\cdot r$$

应用质点系的动能定理

$$T_2 - T_1 = \sum W_{iF}$$

$$\frac{1}{2}J_O\omega^2 + \frac{1}{2}\frac{G_1}{g}r^2\omega^2 + \frac{1}{2}\frac{G_2}{g}r^2\omega^2\sin^2\varphi_0 - 0 = 2M\pi - 4Fr$$

求解上式，解得

$$\omega = 2\sqrt{\frac{g(\pi M - 2Fr)}{J_Og + G_1r^2 + G_2r^2\sin^2\varphi_0}}$$

总结应用动能定理解题的步骤如下：

(1) 选取某质点系(或质点)作为研究对象；

(2) 选定应用动能定理的一段过程；

(3) 分析质点系的运动，计算选定过程起点和终点的动能；

(4) 分析作用于质点系的力，计算各力在选定过程中所做的功；

(5) 应用动能定理建立方程，求解未知量。

12.4　功率　功率方程　机械效率

12.4.1　功率

在工程实际中，不仅要知道一部机器能做多少功，更需要知道单位时间能做多少功，单位时间力所做的功称为功率，以 P 表示。功率的数学表达式为 $P = \frac{\delta W}{\mathrm{d}t}$，因为 $\delta W = \boldsymbol{F}\cdot\mathrm{d}\boldsymbol{r}$，因此功率可写成

$$P = \boldsymbol{F}\cdot\frac{\mathrm{d}\boldsymbol{r}}{\mathrm{d}t} = \boldsymbol{F}\cdot\boldsymbol{v} = F_t v \tag{12.21}$$

式中，$\boldsymbol{v}$ 是力 $\boldsymbol{F}$ 作用点的速度。

由此可见，功率等于切向力与力作用点速度的乘积。例如，用机床加工零件时，切削力越大，切削速度越高，则要求机床的功率越大。每台机床、每部机器能够输出的最大功率是一定的，因此用机床加工时，如果切削力较大，则必须选择较小的切削速度，使两者的乘积不超过机床能够输出的最大功率。又如汽车上坡时，由于需要较大的牵引力，这时驾

驶员一般选用低速挡,以求在发动机功率一定的条件下,产生最大的牵引力。

作用在转动刚体上的力的功率为

$$P = \frac{\delta W}{\mathrm{d}t} = M_z \frac{\mathrm{d}\varphi}{\mathrm{d}t} = M_z \omega \tag{12.22}$$

式中 M_z 是力对转轴 z 的矩, ω 是角速度。由此可知,作用于转动刚体上的力的功率等于该力对转轴的矩与角速度的乘积。

在国际单位制中,每秒钟力所做的功等于 1 J 时,其功率定为 1 W(瓦特)(1 W = 1 J/s)。工程中常用千瓦(kW) 做单位,1 kW = 10^3 W。

12.4.2 功率方程

功率方程建立了质点系的动能变化率与功率的关系。取质点系动能定理的微分形式,两端除以 dt,得

$$\frac{\mathrm{d}T}{\mathrm{d}t} = \sum_{i=1}^{n} \frac{\delta W_i}{\mathrm{d}t} = \sum_{i=1}^{n} P_i \tag{12.23}$$

上式称为功率方程,即质点系动能对时间的一阶导数,等于作用于质点系的所有力的功率的代数和。

功率方程常用来研究机器在工作时能量的变化和转化的问题。例如车床接上电源后,电场对电机转子作用的力做正功,使转子转动,电场力的功率称为输入功率。由于胶带传动、齿轮传动和轴承与轴之间都有摩擦,摩擦力做负功,使一部分机械能转化为热能;在传动系统中的零件也会相互碰撞,也要损失一部分功率,这些功率都取负值,称为无用功率或损耗功率。车床切削工件时,切削阻力对夹持在车床主轴上的工件做负功,这是车床加工零件必须付出的功率,称为有用功率或输出功率。

每部机器的功率都可分为上述三部分,在一般情形下,上式可写成

$$\frac{\mathrm{d}T}{\mathrm{d}t} = P_{输入} - P_{有用} - P_{无用} \text{ 或 } P_{输入} = P_{有用} + P_{无用} + \frac{\mathrm{d}T}{\mathrm{d}t} \tag{12.24}$$

即对系统输入的功率等于有用功率、无用功率和系统动能的变化率的和。

12.4.3 机械效率

任何一部机器在工作时,都需要从外界输入功率,同时由于一些机械能转化为热能、声能等,也白白地消耗一部分功率。在工程实际中,把有效功率(包括克服有用阻力的功率和使系统动能改变的功率) 与输入功率的比值称为机器的机械效率,用 η 表示,即

$$\eta = \frac{\text{有效功率}}{\text{输入功率}} \tag{12.25}$$

其中,有效功率 $= P_{有用} + \frac{\mathrm{d}T}{\mathrm{d}t}$。由上式可知,机械效率 η 表明机器对输入功率的有效利用程度,它是评定机器质量好坏的指标之一。显然,一般情况下, $\eta < 1$。

12.5　势力场　势能　机械能守恒定律

12.5.1　势力场

一物体在某空间内都受到一个大小和方向完全由所在位置确定的力作用,则这部分空间称为力场。例如物体在地球表面的任何位置都要受到一个确定的重力的作用,我们称地球表面的空间为重力场。又如星球在太阳周围的任何位置都要受到太阳的引力作用,引力的大小和方向决定于星球相对于太阳的位置,我们称太阳周围的空间为太阳引力场,等等。

如果物体在力场内运动,作用于物体的力所做的功只与力作用点的初始位置和终了位置有关,而与该点的轨迹形状无关,这种力场称为势力场,或保守力场。在势力场中,物体受到的力称为有势力或保守力。由本章 12.1 可知,重力、弹性力做的功都有这个特点,因此它们都是保守力。可以证明,万有引力也是保守力。于是重力场、弹性力场、万有引力场都是势力场。

12.5.2　势能

在势力场中,质点从点 M 运动到任选的点 M_0,有势力所做的功称为质点在点 M 相对于点 M_0 的势能。以 V 表示为

$$V = \int_{M}^{M_0} \boldsymbol{F} \cdot \mathrm{d}\boldsymbol{r} = \int_{M}^{M_0} (F_x \mathrm{d}x + F_y \mathrm{d}y + F_z \mathrm{d}z) \tag{12.26}$$

点 M_0 的势能等于零,我们称它为零势能点。在势力场中,势能的大小是相对于零势能点而言的。零势能点 M_0 可以任意选取,对于不同的零势能点,在势力场同一位置的势能可有不同的数值。

现在计算几种常见的势能。

1. 重力场中的势能

重力场中,以铅垂轴为 z 轴,z_0 处为零势能点。质点于 z 坐标处的势能 V 等于重力 $m\boldsymbol{g}$ 由 z 到 z_0 处所做的功,即

$$V = \int_{z}^{z_0} -mg\mathrm{d}z = mg(z - z_0) \tag{12.27}$$

2. 弹性力场中的势能

设弹簧的一端固定,另一端与物体连接,弹簧的刚度系数为 k。以变形量为 δ_0 处为零势能点,则变形量为 δ 处的弹簧势能 V 为

$$V = \frac{1}{2}k(\delta^2 - \delta_0^2) \tag{12.28}$$

如果取弹簧的自然位置为零势能点,则有 $\delta_0 = 0$,于是可得

$$V = \frac{1}{2}k\delta^2 \tag{12.29}$$

3. 万有引力场中的势能

设质量为 m_1 的质点受质量为 m_2 的物体的万有引力 $\boldsymbol{F}$ 作用，如图 12.21 所示。

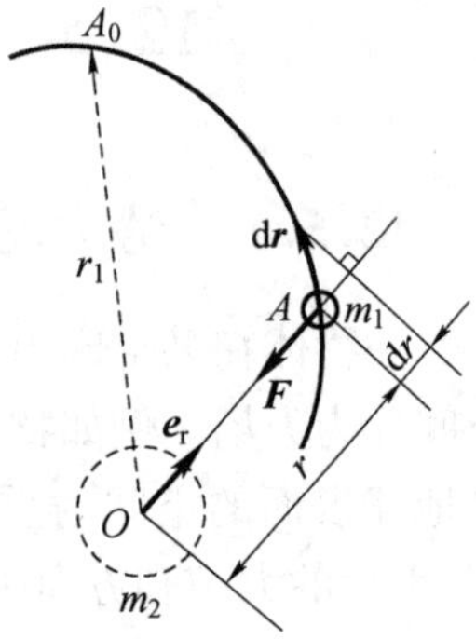

图 12.21

取点 A_0 为零势能点，则质点在点 A 的势能为

$$V=\int_A^{A_0}\boldsymbol{F}\cdot\mathrm{d}\boldsymbol{r}=\int_A^{A_0}-\frac{fm_1m_2}{r^2}\boldsymbol{e}_r\cdot\mathrm{d}\boldsymbol{r}$$

式中，f 为万有引力常数；$\boldsymbol{e}_r$ 是质点的矢径方向的单位矢量。

由图可见，$\boldsymbol{e}_r\cdot\mathrm{d}\boldsymbol{r}=\mathrm{d}r$ 为矢径 $\boldsymbol{r}$ 长度的增量。设 $\boldsymbol{r}_1$ 是零势能点的矢径，于是有

$$V=\int_r^{r_1}-\frac{fm_1m_2}{r^2}\mathrm{d}r=fm_1m_2\left(\frac{1}{r_1}-\frac{1}{r}\right) \qquad (12.30)$$

如果选取的零势能点在无穷远处，即 $r_1=\infty$，于是得

$$V=-\frac{fm_1m_2}{r} \qquad (12.31)$$

上述计算表明，万有引力做功只决定于质点运动的初始位置 A 和终了位置 A_0，与点的轨迹形状无关，万有引力场确为势力场。

如果质点系受到多个有势力作用，各有势力可有各自的零势能点。质点系的“零势能位置”是各质点都处于其零势能点的一组位置。质点系从某位置到其“零势能位置”的运动过程中，各有势力做功的代数和称为此质点系在该位置的势能。

例如质点系在重力场中，取各质点的 z 坐标为 $z_{10},z_{20},\cdots,z_{n0}$ 时为零势能位置；则质点系各质点的 z 坐标为 $z_1,z_2,\cdots,z_n$ 时的势能为

$$V=\sum m_ig(z_i-z_{i0})$$

与质点系重力做功式(12.7)相似，质点系重力势能可写为

$$V=mg(z_C-z_{C0}) \qquad (12.32)$$

式中，m 为质点系全部质量；z_C 为质心的 z 坐标；z_{C0} 为零势能位置质心的 z 坐标。

质点系在势力场中运动，有势力的功可用势能计算。设某个有势力作用点在质点系的运动过程中，从点 M_1 到点 M_2，如图 12.22 所示，则该力所做的功为 W_{12}。若另取一点 M_0，从 M_1 到 M_0，M_2 到 M_0 有势力所做的功分别为 W_{10} 和 W_{20}。因有势力的功与轨迹形状无关，因此可认为质点从点 M_1 经过点 M_2 到点 M_0，于是有势力的功为

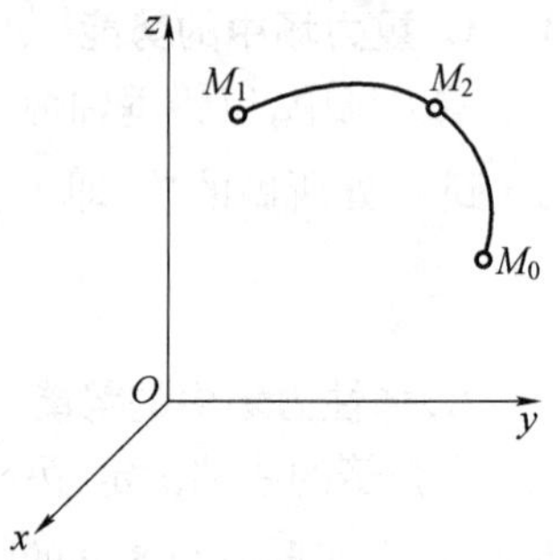

图 12.22

$$W_{10}=W_{12}+W_{20}$$

或

$$W_{12}=W_{10}-W_{20}$$

选取 M_0 为零势能点，则 M_1 和 M_2 处的势能分别等于这两点到零势能点所做的功，即

$$V_1=W_{10},\quad V_2=W_{20}$$

于是得

$$W_{12} = V_1 - V_2 \tag{12.33}$$

即有势力所做的功等于质点系在运动过程的初始与终了位置的势能的差。

容易证明:当质点系受数个有势力作用,在势力场中运动时,各有势力所做功的代数和等于质点系在运动过程的初始与终了位置的势能的差。

12.5.3　机械能守恒定律

质点系在某瞬时的动能与势能的代数和称为机械能。如果质点系在运动过程中只有有势力做功,则机械能保持不变,这一规律称为机械能守恒定律。

下面通过动能定理来推导机械能守恒定律。设质点系在运动过程的初始和终了瞬时的动能分别为 T_1 和 T_2,有势力在这过程中所做的功为 W_{12},根据动能定理有

$$T_2 - T_1 = W_{12}$$

在势力场中,有势力的功可用势能计算即

$$T_2 - T_1 = W_{12} = V_1 - V_2$$

移项后得

$$T_1 + V_1 = T_2 + V_2 \tag{12.34}$$

上式就是机械能守恒定律的数学表达式,即质点系仅在有势力的作用下运动,其机械能保持不变。这样的质点系称为保守系统。

如果质点系还受到非保守力作用,称为非保守系统。非保守系统的机械能是不守恒的。设保守力所做的功为 W_{12},非保守力所做的功为 W'_{12},由动能定理有

$$T_2 - T_1 = W_{12} + W'_{12}$$

因 $W_{12} = V_1 - V_2$,于是有

$$T_2 - T_1 = V_1 - V_2 + W'_{12}$$

或

$$(T_2 + V_2) - (T_1 + V_1) = W'_{12} \tag{12.35}$$

当质点系受到摩擦阻力等作用时,W'_{12} 是负功,质点系在运动过程中机械能减小,称为机械能消散;当质点系受到非保守力主动力作用时,如果 W'_{12} 是正功,则质点系在运动过程中机械能增加,一般说外界对系统输入了能量。

从广义的能量观点来看,无论什么系统,总能量是不变的,在质点系的运动过程中,机械能的增或减,只说明了在这个过程中机械能与其他形式的能量(如热能、电能等)有了相互转化而已。

下面举例说明机械能守恒定律的应用。

例 12.4　如图 12.23 所示的鼓轮 D 匀速转动,使绕在轮上钢索下端的重物以 $v = 0.5$ m/s 匀速下降,重物质量为 $m = 250$ kg。设当鼓轮突然被卡住时,钢索的刚度系数 $k = 3.35 \times 10^6$ N/m。求此后钢索的最大张力。

解　鼓轮匀速转动时,重物处于平衡状态,临卡住的前一瞬时钢索的伸长量 $\delta_{st} = \dfrac{mg}{k}$,钢索的张力

$$F = k\delta_{st} = mg = 2.45 \text{ kN}$$

当鼓轮被卡住后，由于惯性，重物将继续下降，钢索继续伸长，钢索的弹性力逐渐增大，重物的速度逐渐减小。当速度等于零时，弹性力达到最大值。

因重物只受重力和弹性力的作用，因此系统的机械能守恒。取重物平衡位置Ⅰ为重力和弹性力的零势能点，在Ⅱ位置处张力最大。则在Ⅰ，Ⅱ两位置系统的势能分别为

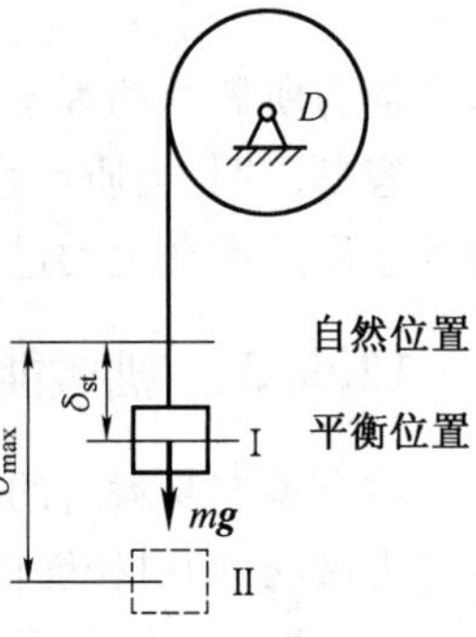

图 12.23

$$V_1 = 0$$

$$V_2 = \frac{k}{2}(\delta_{max}^2 - \delta_{st}^2) - mg(\delta_{max} - \delta_{st})$$

因 $T_1 = \frac{1}{2}mv^2, T_2 = 0$，由机械能守恒有

$$\frac{1}{2}mv^2 + 0 = 0 + \frac{k}{2}(\delta_{max}^2 - \delta_{st}^2) - mg(\delta_{max} - \delta_{st})$$

注意到 $k\delta_{st} = mg$，上式可改写为

$$\delta_{max}^2 - 2\delta_{st}\delta_{max} + \left(\delta_{st}^2 - \frac{v^2}{g}\delta_{st}\right) = 0$$

解得

$$\delta_{max} = \delta_{st}\left(1 \pm \sqrt{\frac{v^2}{g\delta_{st}}}\right)$$

因 δ_{max} 应大于 δ_{st}，因此上式应取正号。

钢索的最大张力为

$$F_{max} = k\delta_{max} = k\delta_{st}\left(1 + \sqrt{\frac{v^2}{g\delta_{st}}}\right) = mg\left(1 + \frac{v}{g}\sqrt{\frac{k}{m}}\right)$$

代入数据，求得

$$F_{max} = 16.9\ \text{kN}$$

由此可见，当鼓轮被突然卡住后，钢索的张力增大了 5.9 倍。

例 12.5　均质圆轮半径为 r，质量为 m，受到轻微扰动后，在半径为 R 的圆弧上往复滚动，如图 12.24 所示，设表面足够粗糙，使圆轮在滚动时无滑动。求质心 C 的运动规律。

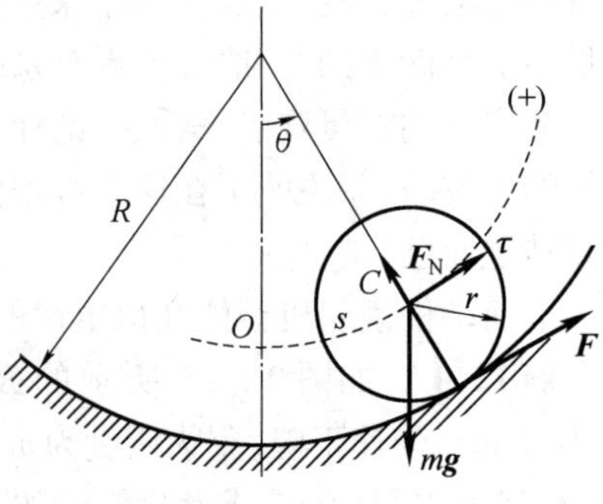

图 12.24

解　研究圆轮，其在曲面上做平面运动，受力有 $m\boldsymbol{g}, \boldsymbol{F}_N, \boldsymbol{F}$。由于所受约束为理想约束，所以约束反力 $\boldsymbol{F}_N$ 和 $\boldsymbol{F}$ 不做功，只有重力做功，因此系统机械能守恒。取质心的最低位置 O 为重力场零势能点，圆轮在任意位置的势能为

$$V = mg(R - r)(1 - \cos\theta)$$

同一瞬时的动能为

$$T = \frac{1}{2}mv_C^2 + \frac{1}{2}J_C\omega^2 = \frac{3}{4}mv_C^2$$

根据机械能守恒定律有

$$\frac{\mathrm{d}}{\mathrm{d}t}(T+V)=0$$

把 V 和 T 的表达式代入上式，求导数后得

$$mg(R-r)\sin\theta\frac{\mathrm{d}\theta}{\mathrm{d}t}+\frac{3}{2}mv_C\frac{\mathrm{d}v_C}{\mathrm{d}t}=0$$

因 $\frac{\mathrm{d}\theta}{\mathrm{d}t}=\frac{v_C}{R-r},\frac{\mathrm{d}v_C}{\mathrm{d}t}=\frac{\mathrm{d}^2s}{\mathrm{d}t^2}$，于是得

$$\frac{\mathrm{d}^2s}{\mathrm{d}t^2}+\frac{2}{3}g\sin\theta=0$$

当 θ 很小时，$\sin\theta\approx\theta=\frac{s}{R-r}$，于是得圆轮做微幅摆动时质心的运动微分方程为

$$\frac{\mathrm{d}^2s}{\mathrm{d}t^2}+\frac{2g}{3(R-r)}s=0$$

令 $\omega_0^2=\frac{2g}{3(R-r)}$，则上式成为

$$\frac{\mathrm{d}^2s}{\mathrm{d}t^2}+\omega_0^2s=0$$

此方程的解为

$$s=s_0\sin(\omega_0t+\beta)$$

式中，s_0 和 β 为两个常数，由运动起始条件确定。

如 $t=0$ 时，$s=0$，初速度为 v_0，于是

$$0=s_0\sin\beta,\quad v_0=s_0\omega_0\cos\beta$$

解得

$$\tan\beta=0,\quad\beta=0°,\quad s_0=\frac{v_0}{\omega_0}=v_0\sqrt{\frac{3(R-r)}{2g}}$$

最后得质心沿轨迹的运动方程

$$s=v_0\sqrt{\frac{3(R-r)}{2g}}\sin\left(\sqrt{\frac{2}{3}\frac{g}{(R-r)}}t\right)$$

本题也可运用功率方程求解，感兴趣的读者可自行求解。

12.6　动力学普遍定理的综合应用

质点和质点系的普遍定理包括动量定理、动量矩定理和动能定理。这些定理可分为两类：动量定理和动量矩定理属于一类，动能定理属于另一类。前者是矢量形式，后者是标量形式，两者都用来研究机械运动，而后者还用于研究机械运动与其他运动形式有能量转化的问题。

基本定理提供了解决动力学问题的一般方法，而在求解比较复杂的动力学问题时，往往用一个定理不可能解决全部问题，需要根据各定理的特点，联合运动。针对某个具体问

题,究竟用什么定理或用什么定理联合求解比较方便,具有很大的灵活性,不可能列出几条固定不变的选择原则,但一般说来,有以下几条规律可供参考:

(1) 在动能与功容易计算的情况下,利用动能定理的积分形式,可以较方便地求解速度和角速度的问题;

(2) 利用动能定理的积分形式,如果末了时刻的速度或角速度是任意位置的函数,则可以对时间求一阶导数求得加速度或角加速度;

(3) 利用动能定理往往可以取整个系统,在许多实际问题中约束反力不做功,这是用动能定理的方便之处,但却求不出这些约束力;

(4) 若系统中有刚体平移、刚体定轴转动,往往可拆分,可分别利用质心运动定理、刚体定轴转动微分方程求解;

(5) 一般涉及刚体的平移可以用动量定理,涉及转动可以用动量矩定理;

(6) 注意动量守恒、动量矩守恒定律的应用。

上面虽然列出了几条一般规律,但远不能概而全之。要真正做到较熟练地掌握普遍定理的综合应用,只有通过作一定数量的习题,不断总结经验,才能提高解题能力。

下面通过例题说明动力学普遍定理的综合应用问题。

例 12.6　冲击试验机的摆由摆杆和摆锤组成,如图 12.25 所示。摆杆 OA 长度为 l,质量为 m_1,可绕垂直于图面的固定轴 Oz 转动。杆的一端固连着摆锤 A,摆锤质量为 m_2,且 $m_1 = m_2 = m$。设摆杆可看作均质细杆,摆锤可看作质点。开始时,使摆 OA 静止在水平位置,然后释放令其自由摆动。试求摆在水平位置开始下摆以及摆达到铅垂位置这两个瞬时,摆的角速度、角加速度和轴承 O 的反力。

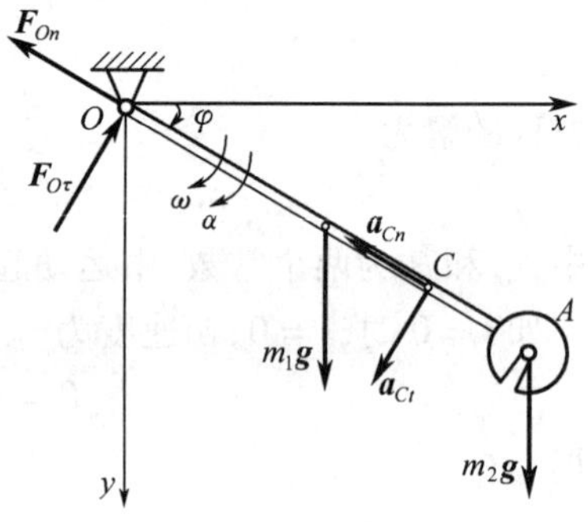

图 12.25

解　取 Ox 轴水平向右如图 12.25 所示。分析处在转角为 φ 的任意位置的摆 OA。在此瞬时,摆的受力情况和运动情况如图所示。

首先用动能定理求角速度。其初始时刻动能为 $T_1 = 0$,摆转过 φ 角时,动能为

$$T_2 = \frac{1}{2}J_z\omega^2 = \frac{1}{2}\left(\frac{4}{3}ml^2\right)\omega^2 = \frac{2}{3}ml^2\omega^2$$

在此过程中只有重力做功,其值为

$$\sum W_{12} = m_1 g\left(\frac{l}{2}\sin\varphi\right) + m_2 g(l\sin\varphi) = \frac{3}{2}mgl\sin\varphi$$

利用动能定理可得

$$\frac{2}{3}ml^2\omega^2 - 0 = \frac{3}{2}mgl\sin\varphi$$

解得

$$\omega = \frac{3}{2}\sqrt{\frac{g}{l}\sin\varphi} \tag{a}$$

接着用刚体定轴转动微分方程求角加速度。摆对转轴 Oz 的转动惯量为

$$J_z=\frac{1}{3}m_1l^2+m_2l^2=\frac{4}{3}ml^2$$

列刚体定轴转动微分方程

$$\left(\frac{4}{3}ml^2\right)\alpha=m_1g\left(\frac{l}{2}\cos\varphi\right)+m_2g(l\cos\varphi)=\frac{3}{2}mgl\cos\varphi$$

解得

$$\alpha=\frac{9g}{8l}\cos\varphi \tag{b}$$

最后用质心运动定理求轴承 O 的反力。

计算摆的质心 C 到转轴的距离

$$r_C=\frac{m_1\dfrac{l}{2}+m_2l}{m_1+m_2}=\frac{3}{4}l$$

质心的加速度有两个分量：切向分量 $a_{Ct}=r_C\alpha$，法向分量 $a_{Cn}=r_C\omega^2$。

应用投影形式的质心运动定理，得

$$-F_{On}+(m_1+m_2)g\sin\varphi=-(m_1+m_2)r_C\omega^2$$
$$-F_{O\tau}+(m_1+m_2)g\cos\varphi=(m_1+m_2)r_C\alpha$$

解得

$$F_{On}=\frac{43}{8}mg\sin\varphi,\quad F_{O\tau}=\frac{5}{16}mg\cos\varphi \tag{c}$$

利用式(a)、式(b)、式(c)，即可求得各特殊位置的对应值。

当摆在水平位置开始摆下时，$\varphi=0$。将此 φ 值代入式(a)、式(b)、式(c)得到 $\omega_0=0$，$\alpha_0=\dfrac{9g}{8l}$，$F_{On}=0$，$F_{O\tau}=\dfrac{5}{16}mg$，这时轴承反力铅直向上。

当摆运动到铅直位置时，$\varphi=90°$。类似可求得 $\omega_1=\dfrac{3}{2}\sqrt{\dfrac{g}{l}}$，$\alpha_1=0$，$F_{On}=\dfrac{43}{8}mg$，$F_{O\tau}=0$，这时轴承反力也是铅直向上。

例 12.7　均质细杆长 l、质量为 m，静止直立于光滑水平面上，如图 12.26。当杆受微小干扰而倒下时，求杆刚刚达到地面时的角速度、角加速度和地面约束反力。

解　由于地面光滑，直杆沿水平方向不受力，开始静止，所以质心 C 在水平方向位置坐标保持不变，即倒下过程中质心 C 将铅直下落。设杆左滑于任一角度 θ，如图 12.26(a)所示，P 为杆的瞬心，由运动学知，杆的角速度

$$\omega=\frac{v_C}{CP}=\frac{2v_C}{l\cos\theta}$$

此时杆的动能为

$$T=\frac{1}{2}mv_C^2+\frac{1}{2}J_C\omega^2=\frac{ml^2\omega^2}{24}(1+3\cos^2\theta)$$

初始动能为零，此过程中只有重力做功，由动能定理

$$\frac{ml^2\omega^2}{24}(1+3\cos^2\theta)=mg\frac{l}{2}(1-\sin\theta),\quad \omega=\sqrt{\frac{12g(1-\sin\theta)}{l(1+3\cos^2\theta)}}$$

当 $\theta=0$ 时，$\omega=\sqrt{\frac{3g}{l}}$。

杆刚达到地面时，受力及加速度如图 12.26(b) 所示，由刚体平面运动微分方程，得

$$ma_C=mg-F_N \tag{a}$$

$$J_C\alpha=\frac{1}{12}ml^2\alpha=F_N\frac{l}{2} \tag{b}$$

点 A 的加速度 $\boldsymbol{a}_A$ 为水平，由质心守恒知，$\boldsymbol{a}_C$ 应为铅垂，由运动学知

$$\boldsymbol{a}_C=\boldsymbol{a}_A+\boldsymbol{a}_{CA}^{n}+\boldsymbol{a}_{CA}^{t}$$

矢量式两边向铅垂方向投影，得

$$a_C=a_{CA}^{t}=\frac{l}{2}\alpha \tag{c}$$

式(a)、式(b) 及式(c) 联立，解出 $F_N=\frac{mg}{4}$，$\alpha=\frac{3g}{2l}$。

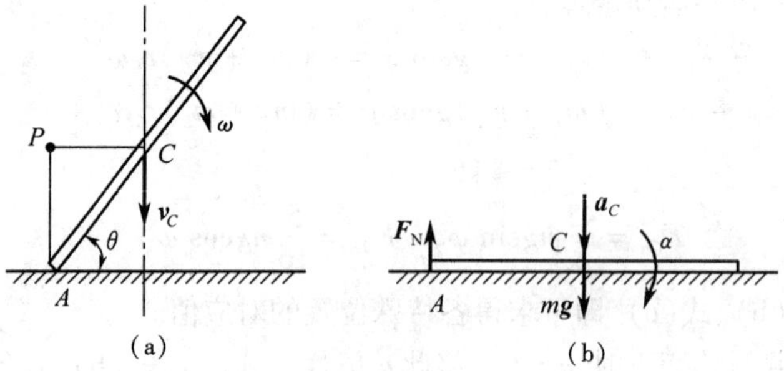

图 12.26

由此例可见，求解动力学问题，常要按运动学知识分析速度、加速度之间的关系；有时还要先判明是否属于动量或动量矩守恒情况。如果守恒，则要利用守恒条件给出的结果，才能进一步求解。

例 12.8　图 12.27 所示系统中，物块及两均质轮的质量均为 m，轮半径均为 R。滚轮上缘绕一刚度为 k 的无重水平弹簧，轮与地面间无滑动。现于弹簧的原长处自由释放重物，试求重物下降 h 时的速度、加速度以及滚轮与地面间的摩擦力。

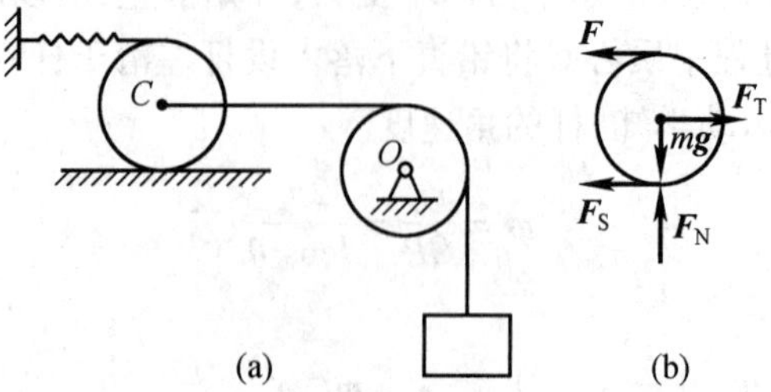

图 12.7

解　为求重物下降 h 时的速度、加速度,可用动能定理。系统初始动能为零,当物块有速度 $\boldsymbol{v}$ 时,两轮的角速度皆为 $\omega = v/R$,系统动能为

$$T = \frac{1}{2}mv^2 + \frac{1}{2}\frac{1}{2}mR^2\omega^2 + \frac{1}{2}(mv^2 + \frac{1}{2}mR^2\omega^2) = \frac{3}{2}mv^2$$

重物下降 h 时弹簧拉长 $2h$,重力和弹性力做功和为

$$W = mgh - \frac{1}{2}k(2h)^2 = mgh - 2kh^2$$

由动能定理

$$\frac{3}{2}mv^2 - 0 = mgh - 2kh^2 \tag{a}$$

解得重物的速度

$$v = \sqrt{\frac{2(mg - 2kh)h}{3m}}$$

为求重物加速度,可用动能定理的微分形式。上面式(a) 已给出速度 v 与下降距离 h 之间的函数关系,将式(a) 两端对时间求一阶导数,得

$$3mv\frac{\mathrm{d}v}{\mathrm{d}t} = (mg - 4kh)\frac{\mathrm{d}h}{\mathrm{d}t}$$

从而求得重物加速度

$$a = \frac{g}{3} - \frac{4kh}{3m}$$

为求地面摩擦力,可取滚轮为研究对象,如图 12.27(b) 所示,其中弹性力 $F = 2kh$。应用对质心 C 的动量矩定理,即

$$\frac{\mathrm{d}}{\mathrm{d}t}\left(\frac{1}{2}mR^2 \cdot \frac{v}{R}\right) = (F_\mathrm{S} - F)R \tag{b}$$

求得地面摩擦力

$$F_\mathrm{S} = F + \frac{1}{2}ma \tag{c}$$

代入 F 及 a 的值,得地面摩擦力

$$F_\mathrm{S} = \frac{mg}{6} + \frac{4}{3}kh$$

习　　题

12.1　选择题

(1) 两均质圆盘 A,B,质量相等,半径相同。置于光滑水平面上,分别受到 $\boldsymbol{F}$,$\boldsymbol{F}'$ 的作用,由静止开始运动。若 $F = F'$,则在运动开始以后的任一瞬时,两圆盘动能相比较是(　　)。

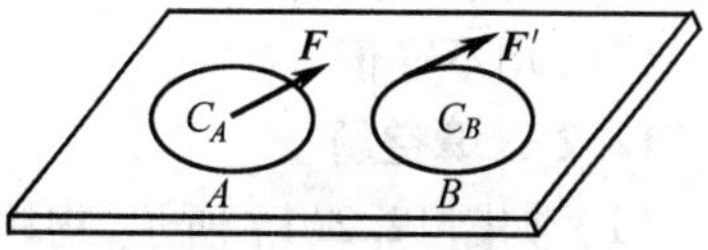

题 12.1(1) 图

(A)$T_A < T_B$　　(B)$T_A > T_B$

(C) $T_A = T_B$

(2) 质点做匀速圆周运动,则质点(　　)。

(A) 动量不变,动能也不变

(B) 对圆心的动量矩不变,动能也不变

(C) 动量、对圆心的动量矩和动能均不变

(3) 图示两均质轮的质量皆为 m,半径皆为 R,用不计质量的绳绕在一起,两轮角速度分别为 ω_1 和 ω_2,则系统动能为(　　)。

(A) $T = \frac{1}{2}\left(\frac{1}{2}mR^2\right)\omega_1^2 + \frac{1}{2}m(R\omega_2)^2$

(B) $T = \frac{1}{2}\left(\frac{1}{2}mR^2\right)\omega_1^2 + \frac{1}{2}\left(\frac{1}{2}mR^2\right)\omega_2^2$

(C) $T = \frac{1}{2}\left(\frac{1}{2}mR^2\right)\omega_1^2 + \frac{1}{2}(R\omega_2) + \frac{1}{2}\left(\frac{1}{2}mR^2\right)\omega_2^2$

(D) $T = \frac{1}{2}\left(\frac{1}{2}mR^2\right)\omega_1^2 + \frac{1}{2}m(R\omega_1 + R\omega_2)^2 + \frac{1}{2}\left(\frac{1}{2}mR^2\right)\omega_2^2$

(4) 质量相等的均质圆轮 A 与物块 B 无初速地沿具有相同倾角的斜面下落,如果图(a) 中的斜面粗糙,而图(b) 中的斜面光滑,则当下降同一高度 h 时两个物体的速度大小的关系为(　　)。

(A) $v_A = v_B$　　(B) $v_A > v_B$　　(C) $v_A < v_B$

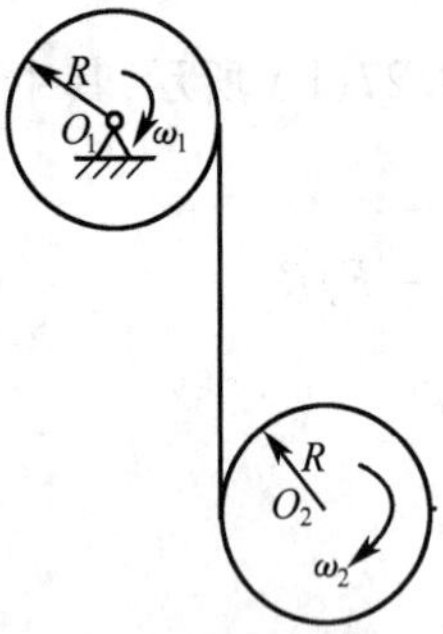

题 12.1(3) 图

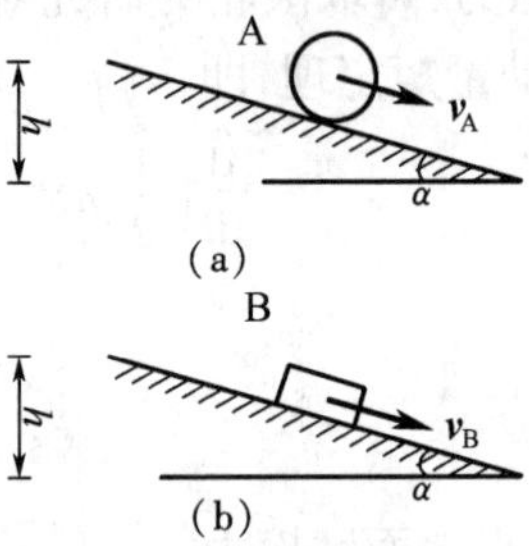

题 12.1(4) 图

(5) 图示三棱柱重 P,放在光滑的水平面上,重 Q 的均质圆柱体静止释放后沿斜面做纯滚动,则系统在运动过程中(　　)。

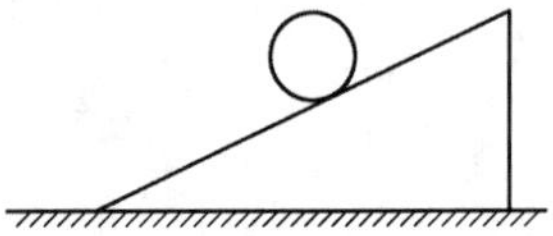

题 12.1(5) 图

(A) 动量守恒,机械能守恒

(B) 沿水平方向动量守恒,机械能守恒

(C) 沿水平方向动量守恒,机械能不守恒

(D) 均不守恒

12.2　填空题

(1) 如图 12.2(1) 所示,物块 M 和滑轮 A,B 的质量均为 P,弹簧的刚度系数为 k,在物块 M 离地面高度为 h 时,系统处于静止。现若给物块 M 以向下的初速度 $\boldsymbol{v}_0$,使其能到达地面,则当它到达地面时,作用于系统上所有力的功为 $W =$ ________。

（2）匀质杆 AB 质量为 m，长为 l，以角速度 ω 绕 A 轴转动，且 A 轴以速度 $\boldsymbol{v}$ 做水平运动，如图 12.2(2) 所示。设该瞬时位置 $\alpha = 60°$，则此时 AB 杆的动能 $T =$ ________。

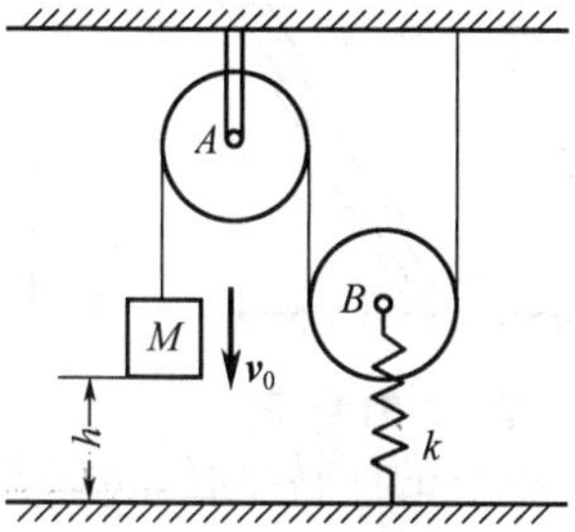

题 12.2(1) 图

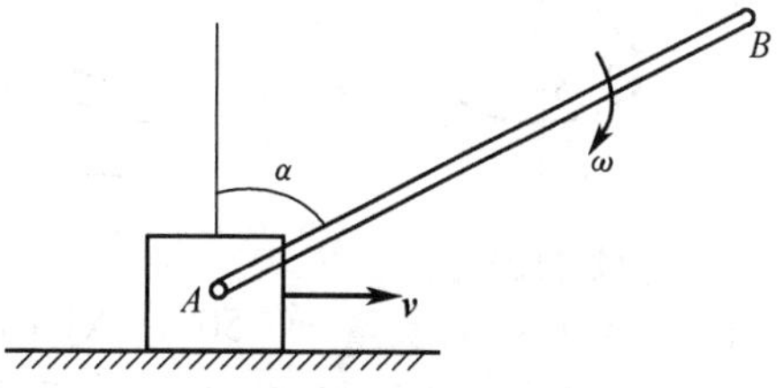

题 12.2(2) 图

（3）如题 12.2(3) 所示，坦克的履带重为 P，两轮共重 Q，车轮被看成匀质圆盘，半径均为 R，两轴间的距离为 πR。设坦克前进的速度为 $\boldsymbol{v}$。此系统的动能 $T =$ ________。

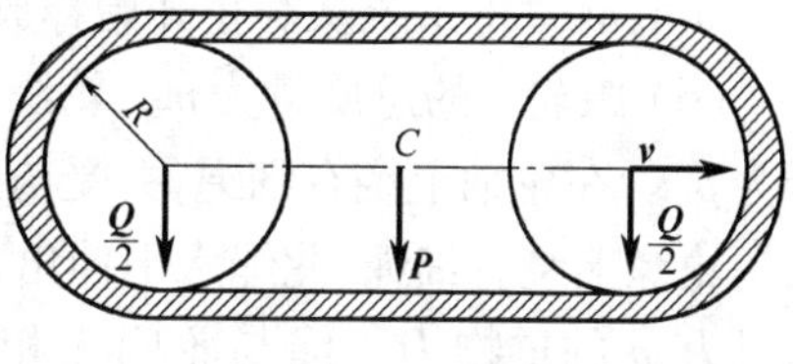

题 12.2(3) 图

12.3　计算题

（1）曲柄连杆机构如图，已知：$OA = AB = r$，ω 为常数，均质曲柄 OA 及连杆 AB 的质量均为 m，滑块 B 的质量为 $m/2$。图示位置时 AB 水平、OA 铅直，试求该瞬时系统的动能。

（2）① 在图示系统中，弹簧原长为$\sqrt{2}R$，弹簧常数为 k，小球重为 P，其尺寸不计。当小球从图示位置 M 沿粗糙固定圆弧面滚到位置 B 时，试求：滑动摩擦力的功 W_1，重力的功 W_2 及弹性力的功 W_3。

② 一质量为 m 的重物悬挂于弹簧常数为 k 的弹簧上，试求重物由平衡位置起再向下移动 Δ 时弹性力的功。

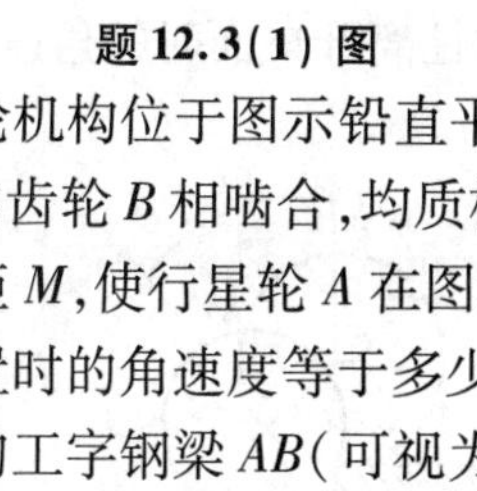

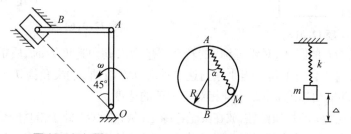

题 12.3(1) 图

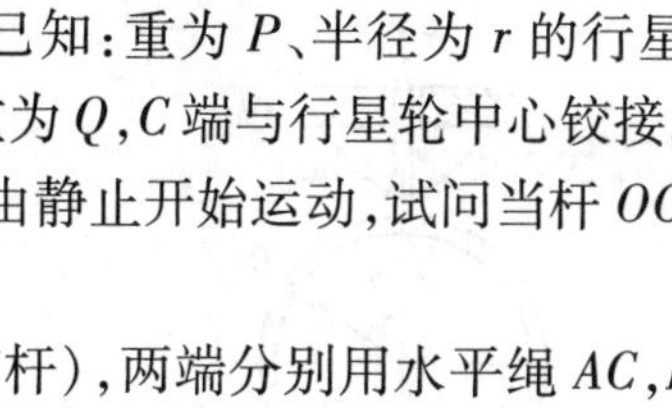

题 12.3(2) 图

（3）行星轮机构位于图示铅直平面内，已知：重为 P、半径为 r 的行星轮 A 与半径为 $R = 3r$ 的固定内齿轮 B 相啮合，均质杆 OC 重为 Q，C 端与行星轮中心铰接。今在 OC 杆上作用一常值转矩 M，使行星轮 A 在图示位置由静止开始运动，试问当杆 OC 由水平位置转至铅直向上位置时的角速度等于多少？

（4）一均匀工字钢梁 AB（可视为均质细杆），两端分别用水平绳 AC，BD 维持在图示平衡位置，若绳 BD 突然断裂，钢梁保持在铅直平面内运动，求 A 端运动至最低位置 A' 时的速度。钢梁 B 端与水平面间的摩擦略去不计。

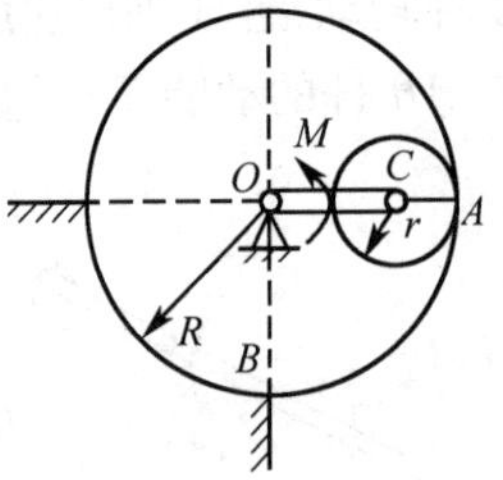

题 12.3(3) 图

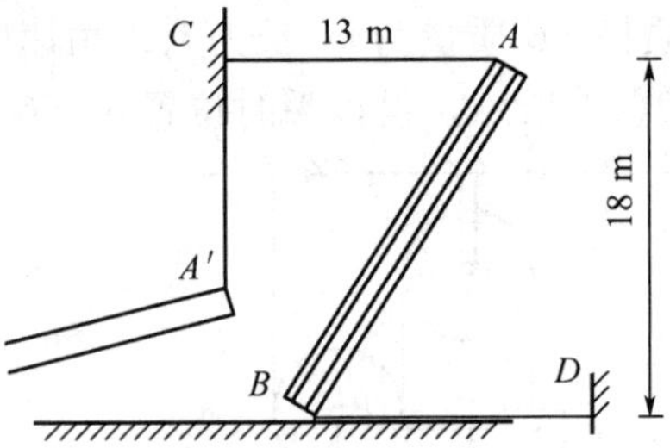

题 12.3(4) 图

(5) 滑轮半径 $r = 0.4$ m，质量 $m = 50$ kg，对中心轴 O 的回转半径 $\rho = 0.3$ m，用绳索和弹簧悬挂如图所示。弹簧常数 $k = 1.5$ kN/m。重物 A 质量 $M = 100$ kg，绳重不计。当弹簧伸长 0.1 m 时将系统从静止开始释放，求轮心 O 下降 $s = 0.05$ m 时的速度和加速度。

(6) 鼓轮 A 的总质量为 m_A，轮缘的半径为 R，轮轴的半径为 r，对中心水平轴的回转半径为 ρ_C。在轮轴上绕有细绳，并受与水平面成不变倾角 $\alpha = 30°$、大小等于 mg 的力 $\boldsymbol{P}$ 牵动。轮缘上绕有细绳，此绳水平伸出，跨过质量为 m_B、半径为 r 的匀质滑轮，而在绳端系有质量为 m 的重物 D。绳与轮间无相对滑动，且轮 A 在固定水平面上滚而不滑。已知 $m_B = m, m_A = 4m, R = 2r, \rho_c = \sqrt{3}r/\sqrt{2}$。求重物 D 的加速度 $\boldsymbol{a}_D$。

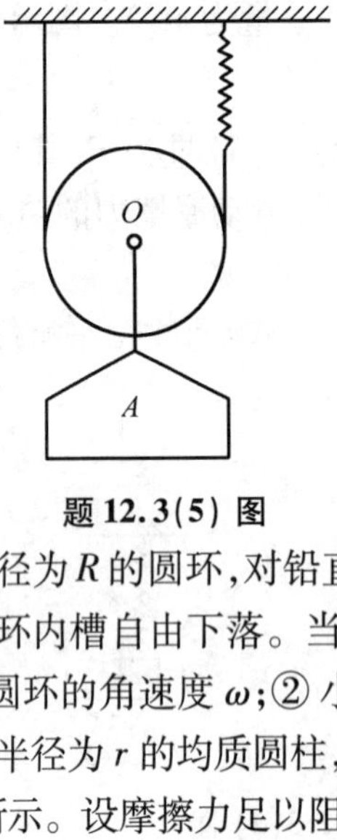

题 12.3(5) 图

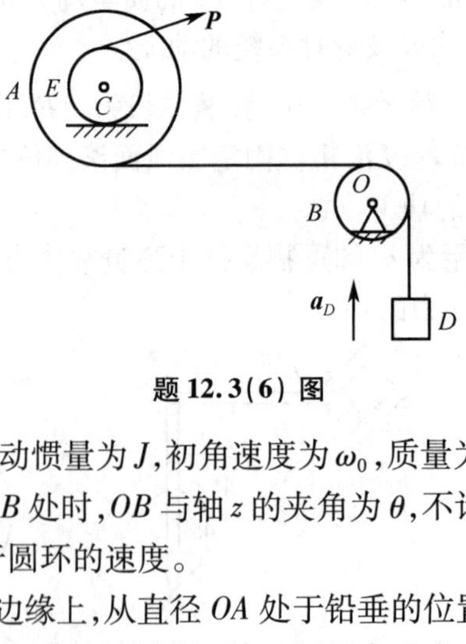

题 12.3(6) 图

(7) 半径为 R 的圆环，对铅直轴 z 的转动惯量为 J，初角速度为 ω_0，质量为 m 的小球自顶端 A 沿圆环内槽自由下落。当小球到达 B 处时，OB 与轴 z 的夹角为 θ，不计摩擦。试求该瞬时：① 圆环的角速度 ω；② 小球相对于圆环的速度。

(8) 一半径为 r 的均质圆柱，放在桌子边缘上，从直径 OA 处于铅垂的位置无初速开始运动，如图所示。设摩擦力足以阻止圆柱滑动，试求圆柱离开桌面时的角速度 ω 及角度 α。

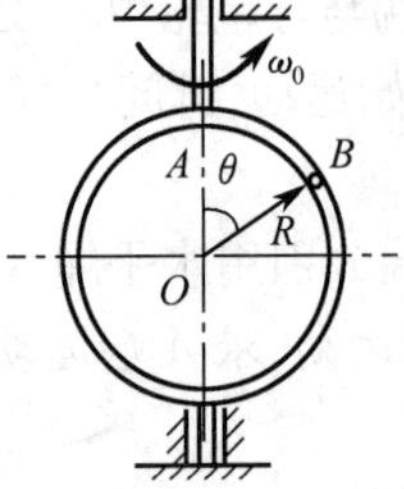

题 12.3(7) 图

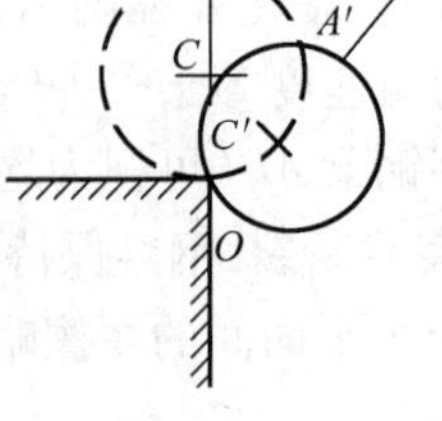

题 12.3(8) 图

（9）曲柄滑道导杆机构如图，在曲柄 OA 上作用一矩为 M 的常力偶。若初瞬时 $\theta = 0°$ 系统处于静止，试求曲柄转过一周时的角速度。（设曲柄长为 r，质量为 m_1，视为均质杆；滑道及导杆的质量为 m_2，滑块 A 质量不计。设滑道导杆与轨道间的摩擦力为常值 F，滑块与滑道之间的摩擦不计。）

（10）均质圆盘质量为180 N，半径 $r = 45$ cm；均质直杆 AB 的质量为120 N，长 $L = 60$ cm。设 ① 圆盘焊接在均质直杆 AB 上；② 圆盘与杆端 B 用光滑销钉铰接。开始时，AB 杆水平，系统的初速度为零。求 ①，② 两种情况下 AB 杆顺时针转过 90° 时的角速度 ω_{AB}。

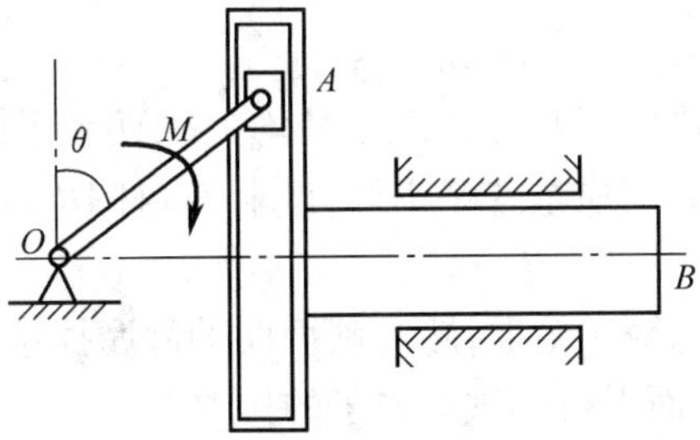

题 12.3(9) 图

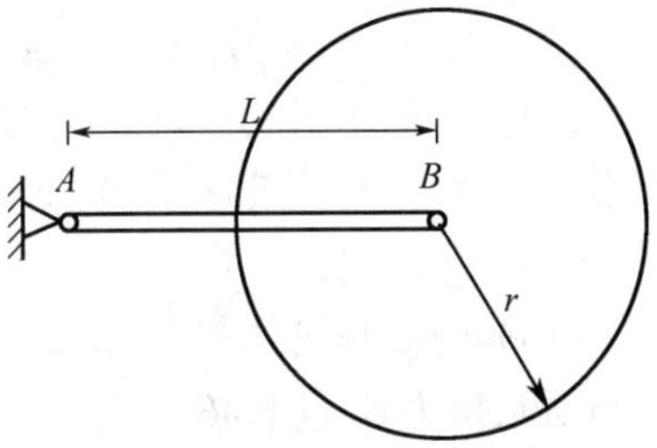

题 12.3(10) 图

（11）图示机构的轮与杆固结，已知：匀质轮重为 Q、半径为 r，匀质细杆重为 P_1、长为 L，物 C 重 P_2。当 AB 杆在水平位置时，系统处于平衡，若 B 处绳断，试求：① 杆到达铅直位置时杆的角速度、角加速度；② 支座 A 的反力（表示成角速度、角加速度的函数）。

（12）在图示系统中，已知：匀质细杆重为 P、长为 L，可绕一端 O 铰在铅直平面内转动。设将杆拉到铅直位置，从静止释放，试求杆转至水平位置时的角速度、角加速度及 O 处的反力。

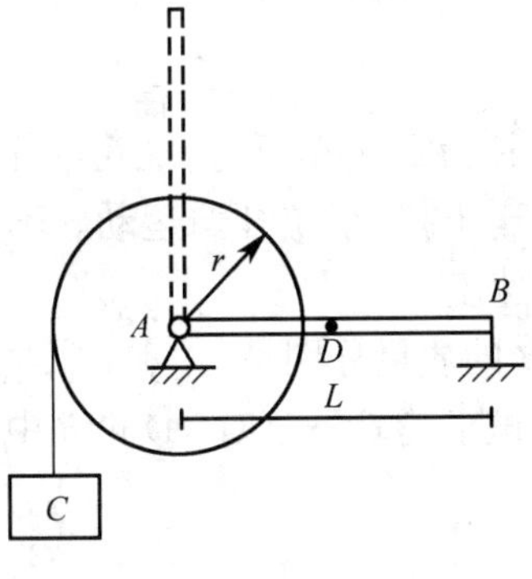

题 12.3(11) 图

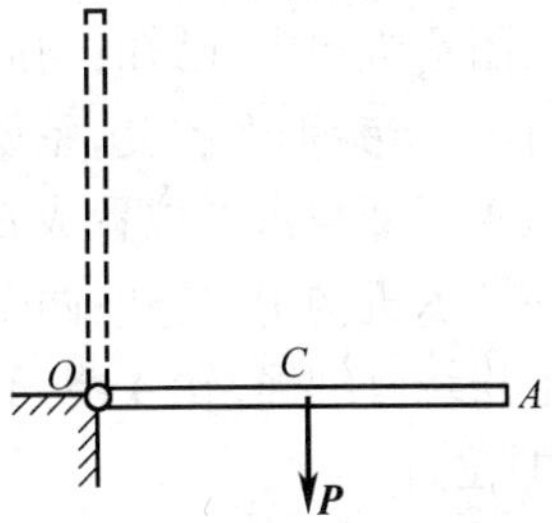

题 12.3(12) 图

（13）在图示机构中，已知：物块 M 重为 P，匀质滑轮 A 与匀质滚子 B 半径相等，质量均为 Q，斜面倾角为 β，弹簧刚性系数为 k，$P > Q \cdot \sin\beta$，滚子作纯滚动。开始时弹簧为原长，绳的倾斜段和弹簧与斜面平行。试求当物块下落 h 离时：① 物块 M 的加速度；② 轮 A 和滚子之间绳索的张力；③ 斜面对滚子的摩擦力。

（14）在图示机构中，已知：匀质细杆 AB 长 L、重为 Q，由铅直位置绕 A 端自由倒下。试求：①AB 杆的角速度和加速度（A 点没滑动前的）；② 假定 $\beta = 30°$ 时 A 端将开始滑动，此时杆与水平面之间的动摩擦系数 f。

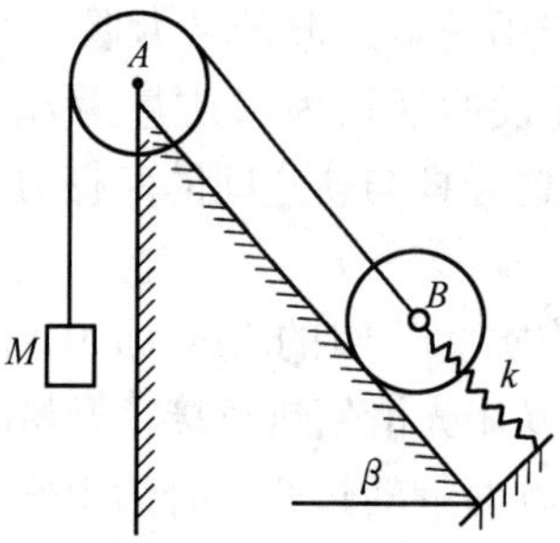

题 12.3(13) 图

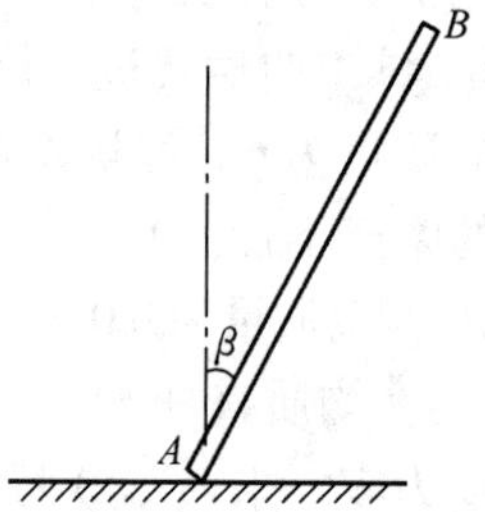

题 12.3(14) 图

(15) 在图示机构中,已知:匀质圆盘A和匀质圆环B均重P、半径均为R,两者用杆AB相连,若沿斜面均作纯滚动,斜面倾角为β。杆AB的质量忽略不计,试求:① 杆AB的加速度;② 杆AB的内力。

(16) 匀质圆轮如图,已知:重P、半径为R,绳绕在轮上,轮和斜面间的静摩擦系数为f_s,斜面倾角为β,且$\tan\beta > 2f$。绳的倾斜段与斜面平行。试求绳子的拉力F_T。

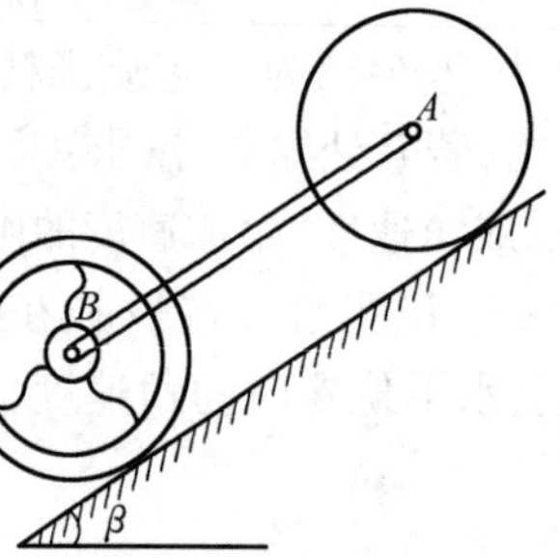

题 12.3(15) 图

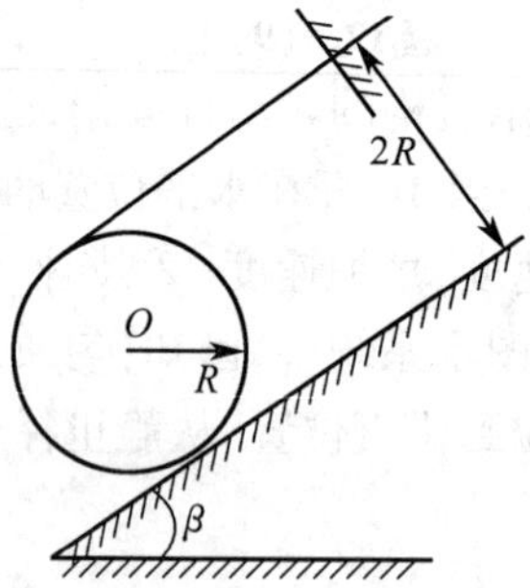

题 12.3(16) 图

(17) 在图示机构中,已知:匀质细杆重为P_1、长为L,平车重为P_2,可沿光滑水平面移动,开始时,杆位于铅垂面位置,系统处于静止,由于干扰,系统开始运动。不计滚子的大小和质量,试求当杆与水平位置成β角时,杆的角速度。

(18) 在图示机构中,已知:两个匀质轮A和B的质量分别是m_1和m_2,半径分别是r_1和r_2,两轮上均绕有细绳,轮A绕固定轴O转动。试求轮B下落时:① 轮B中心C的加速度;② 细绳的拉力。

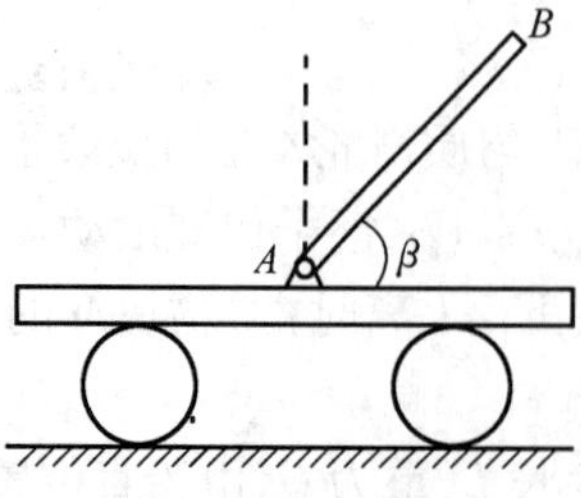

题 12.3(17) 图

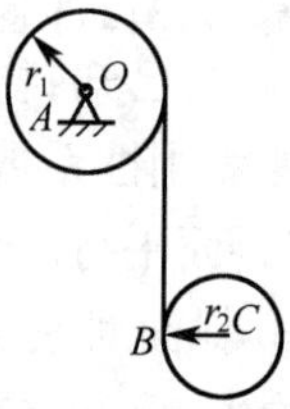

题 12.3(18) 图

第 13 章　达朗贝尔原理(动静法)

达朗贝尔原理提供了一个处理非自由质点系动力学问题的普遍方法。即用静力学中研究平衡问题的方法来研究动力学的问题,所以又称为动静法。

13.1　惯性力的概念

在动静法中,惯性力是一个重要的概念。由惯性定律知,当物体受到其他物体作用而引起其运动状态发生改变时,由于它具有惯性,力图保持其原有的运动状态。因此,对于施力物体有反作用力,这种反作用力称为惯性力。

例如:当人用手推动小车使其运动状态发生改变,如不计摩擦力,则小车所受的水平方向的力只有手的推力 $\boldsymbol{F}$,如小车的质量为 m,产生的加速度为 $\boldsymbol{a}$,则由牛顿第二定律可知:$\boldsymbol{F}=m\boldsymbol{a}$,同时,人手可感到压力 $\boldsymbol{F}'$,即小车的惯性力。由作用与反作用定律知:

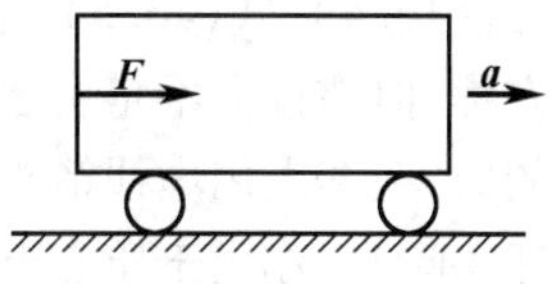

图 13.1

$$\boldsymbol{F}'=-\boldsymbol{F}=-m\boldsymbol{a}$$

又如:当人用手握住绳的一端,另一端系着小球使其在水平面内作匀速圆周运动时,质点在水平面内所受的真实的力只有绳的拉力 $\boldsymbol{F}$。如小球的质量为 m,速度为 $\boldsymbol{v}$,圆半径为 r,由牛顿第二定律知:$\boldsymbol{F}=m\boldsymbol{a}_n=m\dfrac{v^2}{r}\boldsymbol{n}$,即所谓向心力。小球由于惯性必然给绳以反作用力 $\boldsymbol{F}'$,即小球的惯性力。$\boldsymbol{F}'$ 与 $\boldsymbol{F}$ 大小相等方向相反,称为离心力,即 $\boldsymbol{F}'=-\boldsymbol{F}=-m\boldsymbol{a}_n$。人手感到有拉力就是这个力引起的。

综上所述,当质点受力作用而产生加速度时,质点由于惯性必然给施力物体以反作用力,即质点的惯性力。

质点惯性力的大小等于质点的质量与其加速度的乘积,方向与加速度的方向相反,它不作用于运动质点本身,而作用于周围的施力物体上。本书中惯性力统一用 $\boldsymbol{F}_\mathrm{I}$ 表示,即

$$\boldsymbol{F}_\mathrm{I}=-m\boldsymbol{a} \tag{13.1}$$

上式为矢量式,其在直角坐标轴上的投影式为

$$F_{\mathrm{I}x}=-ma_x=-m\frac{\mathrm{d}^2x}{\mathrm{d}t^2},\quad F_{\mathrm{I}y}=-ma_y=-m\frac{\mathrm{d}^2y}{\mathrm{d}t^2},\quad F_{\mathrm{I}z}=-ma_z=-m\frac{\mathrm{d}^2z}{\mathrm{d}t^2} \tag{13.2}$$

惯性力在自然坐标轴上的投影式为

$$F_{\mathrm{I}t}=-ma_t=-m\frac{\mathrm{d}v}{\mathrm{d}t}=-m\frac{\mathrm{d}^2s}{\mathrm{d}t^2},\quad F_{\mathrm{I}n}=-ma_n=-m\frac{v^2}{\rho},\quad F_{\mathrm{I}b}=-ma_b=0 \tag{13.3}$$

13.2　达朗贝尔原理

13.2.1　质点的达朗贝尔原理

设有一非自由质点 M 在约束允许的条件下发生运动。如质点的质量为 m，在主动力 $\boldsymbol{F}$ 及约束反力 $\boldsymbol{F}_N$ 作用下产生的加速度为 $\boldsymbol{a}$，根据牛顿第二定律有

$$\boldsymbol{F}_R = \boldsymbol{F} + \boldsymbol{F}_N = m\boldsymbol{a}$$

把它写成另一种形式

$$\boldsymbol{F} + \boldsymbol{F}_N + (-m\boldsymbol{a}) = 0 \tag{13.4}$$

引入质点的惯性力 $\boldsymbol{F}_I = -m\boldsymbol{a}$，则上式可写成

$$\boldsymbol{F} + \boldsymbol{F}_N + \boldsymbol{F}_I = 0 \tag{13.5}$$

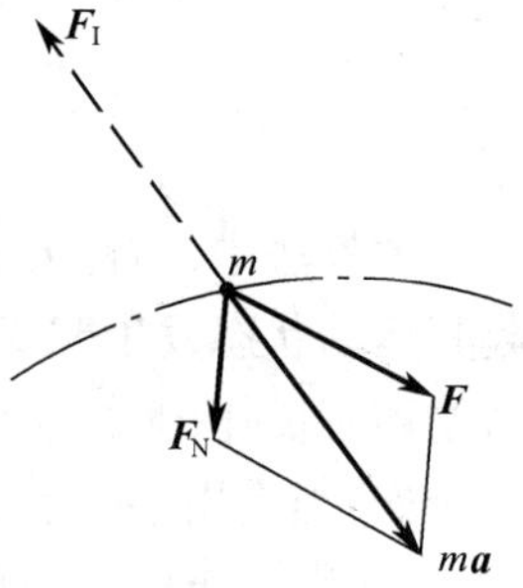

图 13.2

从数学形式上看，上面 3 个式子是一样的，但从力学角度看，式(13.4)、式(13.5) 与动力学基本方程不同，而是力的平衡方程，但惯性力不是实际作用于质点的力，只能当作一个虚拟的力，在图上用虚线箭头表示。这个方程表明，在质点运动的任一瞬时，作用于质点上的主动力、约束反力和虚拟的惯性力在形式上组成平衡力系，这就是质点的达朗贝尔原理。

应该强调指出，质点并非处于平衡状态，这样做的目的是将动力学问题转化为静力学问题求解。对质点系动力学问题，这一方法具有很多优越性，因此在工程中应用比较广泛。同时，达朗贝尔原理与虚位移原理构成了分析力学的基础。

13.2.2　质点系的达朗贝尔原理

设质点系内任一质点的质量为 m_i，加速度为 $\boldsymbol{a}_i$，作用在这质点上的外力为 $\boldsymbol{F}_i^{(e)}$，内力为 $\boldsymbol{F}_i^{(i)}$。如果对这质点假想地加上它的惯性力 $\boldsymbol{F}_{Ii} = -m_i\boldsymbol{a}_i$，则由质点的达朗贝尔原理可得 $\boldsymbol{F}_i^{(e)} + \boldsymbol{F}_i^{(i)} + \boldsymbol{F}_{Ii} = 0$。

如果质点系有 n 个质点，对每个质点都假想地加上各自的惯性力，则因作用于每个质点的力与惯性力形成平衡力系，所以作用于质点系的所有外力、内力与惯性力也组成平衡力系。由静力学知，任意力系的平衡条件是力系的主矢和对任意点的主矩分别等于零，即

$$\sum \boldsymbol{F}_i^{(e)} + \sum \boldsymbol{F}_i^{(i)} + \sum \boldsymbol{F}_{Ii} = 0$$

$$\sum \boldsymbol{M}_O(\boldsymbol{F}_i^{(e)}) + \sum \boldsymbol{M}_O(\boldsymbol{F}_i^{(i)}) + \sum \boldsymbol{M}_O(\boldsymbol{F}_{Ii}) = 0$$

因为质点系的内力总是成对出现的，并且彼此等值、反向，因此有

$$\sum \boldsymbol{F}_i^{(i)} = 0 \text{ 和 } \sum \boldsymbol{M}_O(\boldsymbol{F}_i^{(i)}) = 0$$

则

$$\begin{cases} \sum \boldsymbol{F}_i^{(e)} + \sum \boldsymbol{F}_{Ii} = 0 \\ \sum \boldsymbol{M}_O(\boldsymbol{F}_i^{(e)}) + \sum \boldsymbol{M}_O(\boldsymbol{F}_{Ii}) = 0 \end{cases} \tag{13.6}$$

即如果对质点系中每个质点都假想地加上各自的惯性力,则质点系的所有外力和所有质点的惯性力组成平衡力系,这就是质点系的达朗贝尔原理。

在应用质点系的达朗贝尔原理求解动力学的问题时,取投影形式的平衡方程。若取直角坐标系,则对于平面任意力系有

$$\begin{cases}\sum F_x^{(e)} + \sum F_{Ix} = 0\\ \sum F_y^{(e)} + \sum F_{Iy} = 0\\ \sum M_O(\boldsymbol{F}_i^{(e)}) + \sum M_O(\boldsymbol{F}_{Ii}) = 0\end{cases}$$

对于空间任意力系有

$$\begin{cases}\sum F_x^{(e)} + \sum F_{Ix} = 0, \sum F_y^{(e)} + \sum F_{Iy} = 0, \sum F_z^{(e)} + \sum F_{Iz} = 0\\ \sum M_x(\boldsymbol{F}_i^{(e)}) + \sum M_x(\boldsymbol{F}_{Ii}) = 0, \sum M_y(\boldsymbol{F}_i^{(e)}) + \sum M_y(\boldsymbol{F}_{Ii}) = 0, \sum M_z(\boldsymbol{F}_i^{(e)}) + \sum M_z(\boldsymbol{F}_{Ii}) = 0\end{cases}$$

上两式中 $F_x^{(e)}, F_y^{(e)}, F_z^{(e)}$ 与 F_{Ix}, F_{Iy}, F_{Iz} 分别表示外力和惯性力在直角坐标轴上的投影,$M_x(\boldsymbol{F}_i^{(e)})$ 和 $M_x(\boldsymbol{F}_{Ii})$ 分别表示外力和惯性力对于 x 轴的矩,其余符号的意义类似。

例 13.1　图 13.3 所示一圆锥摆,质量为 $m = 0.1$ kg 的小球系于长为 $l = 0.3$ m 的软绳下端,绳的另一端系在固定点 O,小球在水平面内做匀速圆周运动。如绳与铅垂线成角 $\theta = 60°$,求绳的拉力和小球的速度。

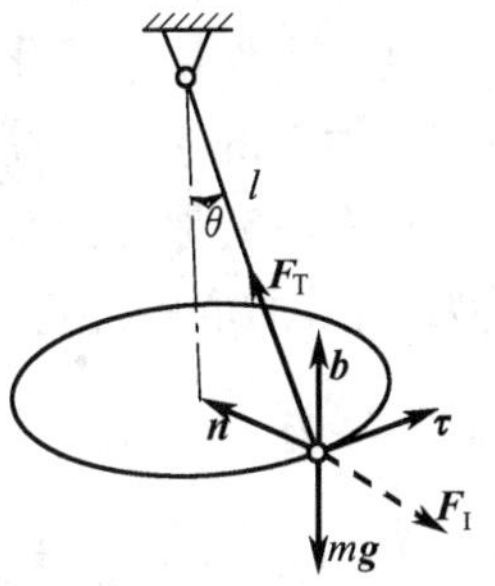

图 13.3

解　研究小球。受力分析:重力 $m\boldsymbol{g}$ 和绳拉力 $\boldsymbol{F}_T$。小球在水平面内做匀速圆周运动,在任一瞬时的加速度仅有法向分量,即 $\boldsymbol{a}_n = \dfrac{v^2}{l\sin\alpha}\boldsymbol{n}$,故惯性力大小为 $F_I = \dfrac{P}{g}\dfrac{v^2}{l\sin\alpha}$,方向与 $\boldsymbol{a}_n$ 相反。由动静法,作用于小球 M 上的力 $m\boldsymbol{g}, \boldsymbol{F}_T$ 和虚拟的惯性力 $\boldsymbol{F}_I$ 组成平衡力系。

取自然坐标系如图 13.3 所示,列动平衡方程

$$\begin{cases}\sum F_n = 0, F_T\sin\theta - m\dfrac{v^2}{l\sin\theta} = 0\\ \sum F_b = 0, F_T\cos\theta - mg = 0\end{cases}$$

解得 $F_T = 1.96$ N,$v = 2.1$ m/s。

例 13.2　杆 CD 长 $2l$,两端各装一重物,$P_1 = P_2 = P$,杆的中间与铅垂轴 AB 固结在一起,两者的夹角为 α,轴 AB 以匀角速度 ω 转动。轴承 A,B 间的距离为 h。不计杆与轴的质量,求轴承 A,B 的约束反力。

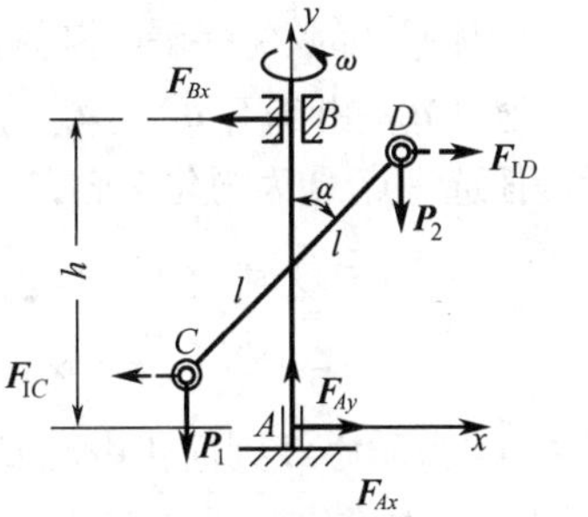

图 13.4

解　研究整体。在图示位置取坐标系 Axy。在两重物上各加一法向惯性力 $\boldsymbol{F}_{IC}, \boldsymbol{F}_{ID}$,其大小均为 $F_{IC} = F_{ID} = \dfrac{P}{g}(l\sin\alpha)\omega^2$,其方向如图 13.4 所示。由动静法,作用于系统上的重力 $\boldsymbol{P}_1, \boldsymbol{P}_2$ 及轴承 A,B 的约束反

力 $\boldsymbol{F}_{Ax}$,$\boldsymbol{F}_{Ay}$,$\boldsymbol{F}_{Bx}$ 和虚加的法向惯性力 $\boldsymbol{F}_{IC}$,$\boldsymbol{F}_{ID}$ 组成平衡力系。于是动平衡方程为

$$\sum F_x = 0,\quad F_{Ax} - F_{Bx} - F_{IC} + F_{ID} = 0$$

$$\sum F_y = 0,\quad F_{Ay} - 2P = 0$$

$$\sum M_A(\boldsymbol{F}) = 0,\quad F_{Bx}h - 2\left(\frac{P}{g}l\omega^2\sin\alpha\right)l\cos\alpha = 0$$

由此解得

$$F_{Ax} = F_{Bx} = \frac{Pl^2\omega^2}{gh}\sin 2\alpha,\quad F_{Ay} = 2P$$

13.3　刚体惯性力系的简化

应用达朗贝尔原理求解刚体动力学时,需要对刚体内每个质点加上它的惯性力,这些惯性力组成一惯性力系。如果用静力学中简化力系的方法将刚体的惯性力系加以简化,对于解题就方便得多。由静力学中力系的简化理论知道:任一力系向已知点简化的结果可得到一个作用于简化中心的力和一个力偶,它们由力系的主矢和对于简化中心的主矩决定。力系的主矢与简化中心的选择无关。

首先研究惯性力系的主矢。设刚体内任一点 M_i 的质量为 m_i,加速度为 $\boldsymbol{a}_i$,刚体的质量为 m,其质心的加速度为 $\boldsymbol{a}_C$,则惯性力系的主矢为

$$\boldsymbol{F}_{IR} = \sum \boldsymbol{F}_{Ii} = -\sum m_i\boldsymbol{a}_i = -m\boldsymbol{a}_C \tag{13.7}$$

(因为质心的坐标公式为 $\boldsymbol{r}_C = \dfrac{\sum m_i\boldsymbol{r}_i}{m}$,即 $m\boldsymbol{r}_C = \sum m_i\boldsymbol{r}_i$。将矢量式两边对时间 t 取二阶导数,则有:$m\boldsymbol{a}_C = \sum m_i\boldsymbol{a}_i$。)

上式表明:无论刚体做什么运动,惯性力系的主矢都等于刚体的质量与其质心加速度的乘积,方向与质心加速度的方向相反。

至于惯性力系的主矩,一般说来,由于刚体运动的形式不同而不同。现在仅就刚体的平动、绕定轴转动和平面运动这 3 种情况下惯性力系的简化结果说明如下。

13.3.1　刚体做平动

刚体平动时,每一瞬时刚体内任一质点 i 的加速度 $\boldsymbol{a}_i$ 与质心 C 的加速度 $\boldsymbol{a}_C$ 相同,有 $\boldsymbol{a}_i = \boldsymbol{a}_C$,刚体的惯性力系分布如图 13.5 所示。任选一点 O 为简化中心,主矩用 $\boldsymbol{M}_{IO}$ 表示,则

$$\boldsymbol{M}_{IO} = \sum \boldsymbol{r}_i \times \boldsymbol{F}_{Ii} = \sum \boldsymbol{r}_i \times (-m_i\boldsymbol{a}_i)$$
$$= -\left(\sum m_i\boldsymbol{r}_i\right) \times \boldsymbol{a}_C = -m\boldsymbol{r}_C \times \boldsymbol{a}_C$$

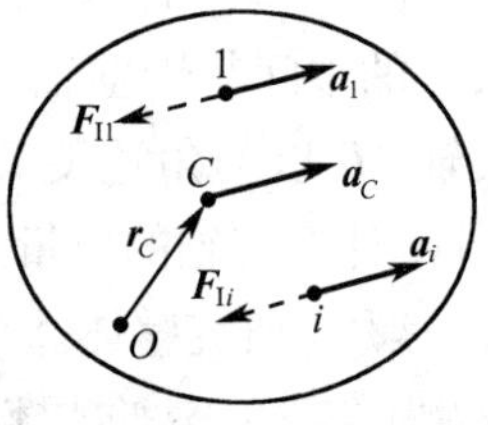

图 13.5

式中,$\boldsymbol{r}_C$ 为质心 C 到简化中心 O 的矢径,此主矩一般不为零。若选质心 C 为简化中心,主矩以 $\boldsymbol{M}_{IC}$ 表示,$\boldsymbol{r}_C = 0$,则

$$\boldsymbol{M}_{IC} = 0 \tag{13.8}$$

刚体平动时,惯性力对任意点 O 的主矩一般不为零,若选质心 C 为简化中心,其主矩为零,简化为一合力。因此有结论:平动刚体的惯性力系可以简化为通过质心的合力,其大小等于刚体的质量与质心加速度的乘积,合力的方向与质心加速度方向相反。

13.3.2　刚体做定轴转动

这里仅限于研究刚体具有垂直于转轴 z 的质量对称平面 N 的情况,这是工程实际中常见的一种重要情况。设任一平行于 z 轴的直线与刚体相交截得线段 $A_iA'_i$,显然此线段对称于平面 N。由图 13.6(a) 可见,刚体绕 z 轴转动时,线段 $A_iA'_i$ 始终与 z 轴平行,即该线段做平行移动。因此,位于此线段上的刚体各质点的惯性力可合成为一个力 $\boldsymbol{F}_{\mathrm{I}i}$,此力作用于线段上各质点的质心,即线段与对称平面 N 的交点。按(13.7) 式

$$\boldsymbol{F}_{\mathrm{I}i} = -m_i\boldsymbol{a}_i$$

这里 m_i 为 $A_iA'_i$ 上所有质点质量之和,$\boldsymbol{a}_i$ 为线段上任一点(例如 M_i 点) 的加速度。这样,就将整个刚体的惯性力系从空间力系转化为对称平面内的平面力系。再将该平面力系向对称平面的转动中心 O(即转轴与对称平面的交点 O) 简化,可得到一个力 $\boldsymbol{F}_{\mathrm{IR}}$ 和一个其矩为 $M_{\mathrm{I}O}$ 的力偶。

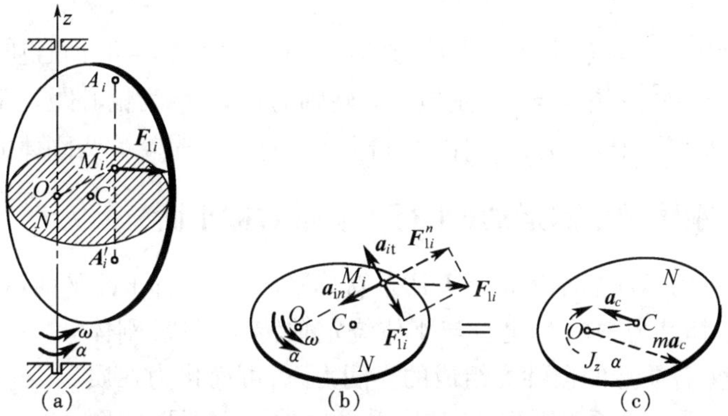

图 13.6

显然,力矢 $\boldsymbol{F}_{\mathrm{IR}}$ 可用(13.7) 式求得。而 $M_{\mathrm{I}O}$ 应等于惯性力系对点的主矩。设在某瞬时,刚体转动的角速度为 ω,角加速度为 α。记 M_i 点的转动半径为 r_i,则 M_i 点加速度的两个分量为:切向加速度 $a_{it} = r_i\alpha$,法向加速度 $a_{in} = r_i\omega^2$。惯性力 $\boldsymbol{F}_{\mathrm{I}i}$ 也可分解为相应的两个分量 $\boldsymbol{F}^{\tau}_{\mathrm{I}i}$ 和 $\boldsymbol{F}^{\mathrm{n}}_{\mathrm{I}i}$,如图 13.6(b) 所示,其大小分别为 $\boldsymbol{F}^{\tau}_{\mathrm{I}i} = m_ir_i\alpha, \boldsymbol{F}^{\mathrm{n}}_{\mathrm{I}i} = m_ir_i\omega^2$,方向如图 13.6(b) 所示。于是

$$M_{\mathrm{I}O} = \sum M_O(\boldsymbol{F}_{\mathrm{I}i}) = \sum M_O(\boldsymbol{F}^{\tau}_{\mathrm{I}i}) + \sum M_o(\boldsymbol{F}^{\mathrm{n}}_{\mathrm{I}i}) = -\sum (m_ir_i\alpha)r_i = -\left(\sum m_ir_i^2\right)\alpha$$

即

$$M_{\mathrm{I}O} = -J_z\alpha \tag{13.9}$$

式中 $J_z = \sum m_ir_i^2$ 为刚体对转轴 z 的转动惯量。上式的负号表示惯性力主矩的转向与角加速度相反。

把(13.7) 式与上式结合起来,可得结论:刚体定轴转动时,其惯性力系向转动中心简

化为一个力和一个力偶:这个力的大小等于刚体的质量与质心加速度的乘积,方向与质心加速度方向相反,作用线通过转动中心;这个力偶的矩等于刚体对转轴的转动惯量与角加速度的乘积,作用在垂直于转轴的对称平面内,转向与角加速度的转向相反。

得出上述结论有两个限制条件:(1) 刚体具有垂直于转轴 z 的质量对称平面;(2) 以转动中心(转轴 z 与质量对称平面的交点)为简化中心。若刚体没有垂直于转轴的质量对称平面,则可取转轴 z 上任一点 O 为简化中心,这时刚体惯性力系简化为作用于 O 点的一个力 $\boldsymbol{F}_{\mathrm{IR}}(=-m\boldsymbol{a}_C)$ 和一个力偶。不过,此力偶矩矢除了沿 z 轴的分量 $M_{\mathrm{I}z}(=-J_z\alpha)$ 以外,还有垂直于 z 轴的分量。

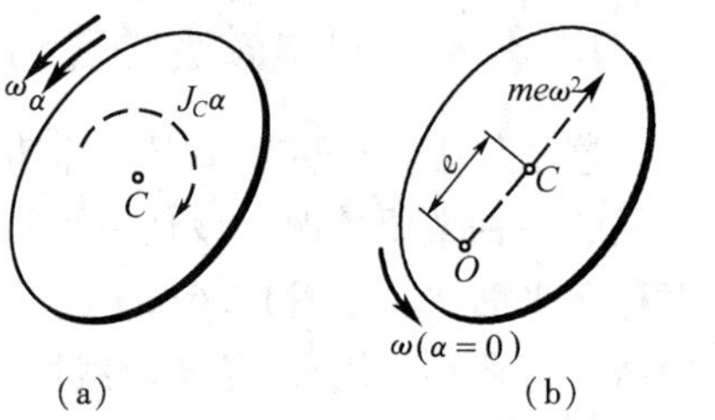

图 13.7

当定轴转动刚体的质量对称平面垂直于转轴 z 时,工程实际中常见如下两种特殊情况:

(1) 转轴通过刚体的质心(图 13.7(a)),这时 $a_C=0$,因而 $F_{\mathrm{IR}}=0$。于是,惯性力系简化为一力偶,其矩的大小等于对质心轴的转动惯量与角加速度的乘积,转向与角加速度相反。

(2) 刚体做匀速转动(图 13.7(b)),这时 $\alpha=0$,因而 $M_{\mathrm{I}O}=0$;而且质心 C 的加速度只有法向分量 $a_{Cn}=e\omega^2$,其中 $e=OC$ 是质心到转轴的距离,称为偏心距。于是,惯性力系简化成一个力,其大小等于 $me\omega^2$,方向由 O 指向 C。这力有时就称为刚体的离心惯性力。

13.3.3　刚体做平面运动(平行于质量对称平面)

工程中,做平面运动的刚体常常有质量对称平面,且平行于此平面运动。现在仅限于讨论这种情况下惯性力系的简化。与刚体绕定轴转动相似,刚体作平面运动,其上各质点的惯性力组成的空间力系,可简化为在质量对称平面内的平面力系。取质量对称平面内的平面图形如图 13.8 所示,由运动学知,平面图形的运动可分解为随基点的平动与绕基点的转动。现取质心 C 为基点,设质心的加速度为 $\boldsymbol{a}_C$,绕质心转动的角速度为 ω,角加速度为 α,与刚体绕定轴刚体相似,此时惯性力系向质心 C 简化的主矩为

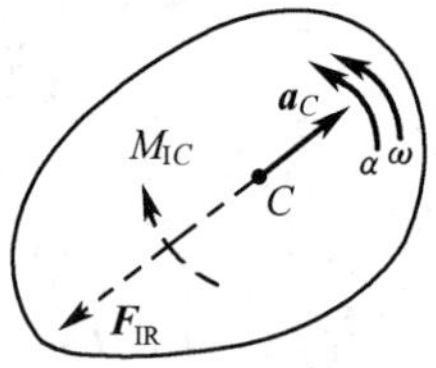

图 13.8

$$M_{\mathrm{I}C}=-J_C\alpha \tag{13.10}$$

式中,J_C 为刚体对通过质心且垂直于质量对称平面的轴的转动惯量。

于是得结论:有质量对称平面的刚体,平行于此平面运动时,刚体的惯性力系简化为在此平面内的一个力和一个力偶。这个力通过质心,其大小等于刚体的质量与质心加速度的乘积,其方向与质心加速度的方向相反,这个力偶的矩等于刚体对过质心且垂直于质量对称面的轴的转动惯量与角加速度的乘积,转向与角加速度相反。

由动静法知,具有质量对称平面的平面运动刚体可列 3 个动平衡方程,即

$$\begin{cases}\sum F_x = 0, & \sum F_x^{(e)} + F_{IRx} = 0 \\ \sum F_y = 0, & \sum F_y^{(e)} + F_{IRy} = 0 \\ \sum M_C(\boldsymbol{F}) = 0, & \sum M_C(\boldsymbol{F}_i^{(e)}) + M_{IC} = 0\end{cases}$$

若写成动力学方程为

$$m\frac{\mathrm{d}^2 x_C}{\mathrm{d}t^2} = \sum F_x^{(e)},\quad m\frac{\mathrm{d}^2 y_C}{\mathrm{d}t^2} = \sum F_y^{(e)},\quad J_C\frac{\mathrm{d}^2\varphi}{\mathrm{d}t^2} = \sum M_C(\boldsymbol{F}_i^{(e)})$$

这就是刚体的平面运动微分方程,式中 $\sum F_x^{(e)}$,$\sum F_y^{(e)}$ 和 $\sum M_C(\boldsymbol{F}_i^{(e)})$ 分别为作用于刚体上的外力在轴 x,y 上的投影和对于通过质心 C 垂直于对称平面的轴之矩。

例 13.3　重为 P 的货箱放在一平车上,货箱与平车间的摩擦系数为 f_S,尺寸如图 13.9 所示,欲使货箱在平车上不滑也不翻,平车的加速度 $\boldsymbol{a}$ 应为多少?

解　研究货箱。作用于货箱上的力有重力 $\boldsymbol{P}$,摩擦力 $\boldsymbol{F}_S$ 和法向反力 $\boldsymbol{F}_N$,由于货箱做平动,惯性力为 $F_{IR} = \frac{P}{g}a$,虚加于质心 C,方向与加速度 $\boldsymbol{a}$ 相反。

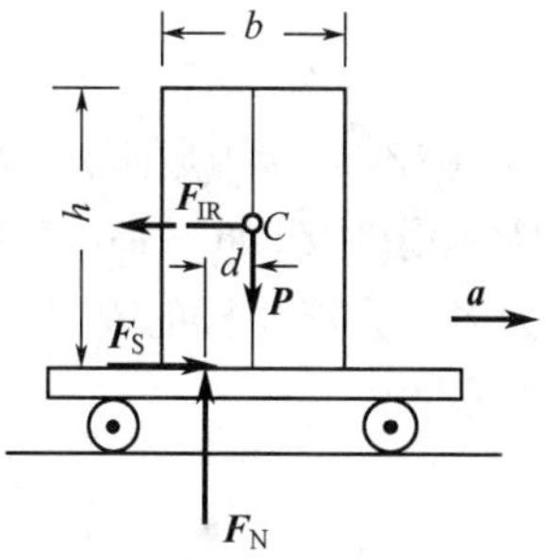

图 13.9

由动平衡方程

$$\begin{cases}\sum F_x = 0, & F_S - F_{IR} = 0 \\ \sum F_y = 0, & F_N - P = 0 \\ \sum M_C(\boldsymbol{F}) = 0, & F_S\frac{h}{2} - F_N d = 0\end{cases}$$

解得

$$F_S = F_{IR} = \frac{P}{g}a,\quad F_N = P,\quad d = \frac{ah}{2g}$$

货箱不滑的条件是 $F_S \leqslant f_S F_N$,即 $\frac{P}{g}a \leqslant f_S P$。

由此得 $a \leqslant f_S g$。

货箱不翻倒的条件是 $d \leqslant \frac{b}{2}$,即 $\frac{ah}{2g} \leqslant \frac{b}{2}$,得 $a \leqslant \frac{b}{h}g$。

例 13.4　如图 13.10 所示,电动机定子及其外壳总质量为 m_1,质心位于 O 处,转子的质量为 m_2,质心位于 C 处,偏心距 $OC = e$,图示平面为转子的质量对称平面。电动机用地脚螺钉固定于水平基础上,转轴 O 与水平基础间的距离为 h。运动开始时,转子质心 C 位于最低位置,转子以匀角速度 ω 转动。求基础与地脚螺钉给电动机总的约束力。

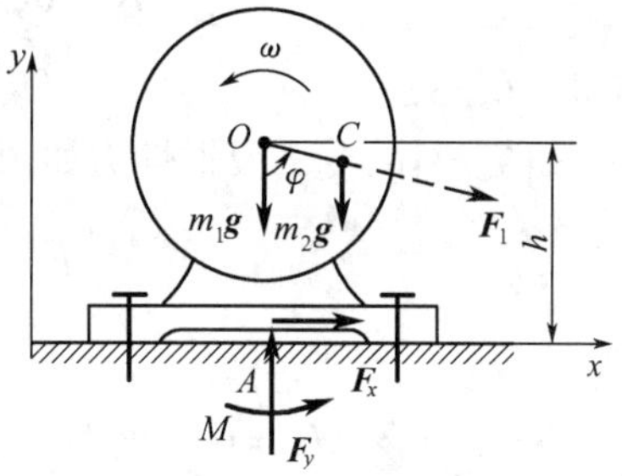

图 13.10

解　研究电动机整体。作用于其上的外力有重力 $m_1\boldsymbol{g}$ 与 $m_2\boldsymbol{g}$,基础与地脚螺钉给电动机的约束力向

点 A 简化,得一力偶 M 与二分力 $\boldsymbol{F}_x,\boldsymbol{F}_y$,定子与外壳无需加惯性力,对转子来说,由于角加速度 $\alpha=0$,无需加惯性力矩,而质心加速度为 $e\omega^2$,所以只需加惯性力 $\boldsymbol{F}_{\mathrm{I}}$,如图所示,其大小为 $F_{\mathrm{I}}=me\omega^2$。

根据质点系的达朗贝尔原理,此电动机上的外力与惯性力形成一个平衡力系。列平衡方程

$$\begin{cases}\sum F_x=0, & F_x+F_{\mathrm{I}}\sin\varphi=0\\ \sum F_y=0, & F_y-(m_1+m_2)g-F_{\mathrm{I}}\cos\varphi=0\\ \sum M_A=0, & M-m_2ge\sin\varphi-F_{\mathrm{I}}h\sin\varphi=0\end{cases}$$

因 $\varphi=\omega t$,解上述方程组,得

$$F_x=-m_2e\omega^2\sin\omega t$$
$$F_y=(m_1+m_2)g+m_2e\omega^2\cos\omega t$$
$$M=m_2ge\sin\omega t+m_2e\omega^2h\sin\omega t$$

例 13.5　均质圆盘质量为 m_1,半径为 R。均质细杆长 $l=2R$,质量为 m_2。杆端 A 与轮心为光滑铰接,如图 13.11 所示。如在 A 处加一水平拉力 $\boldsymbol{F}$,使轮沿水平面纯滚动。问:力 $\boldsymbol{F}$ 为多大方能使杆的 B 端刚好离开地面?为保证纯滚动,轮与地面间的静滑动摩擦系数应为多大?

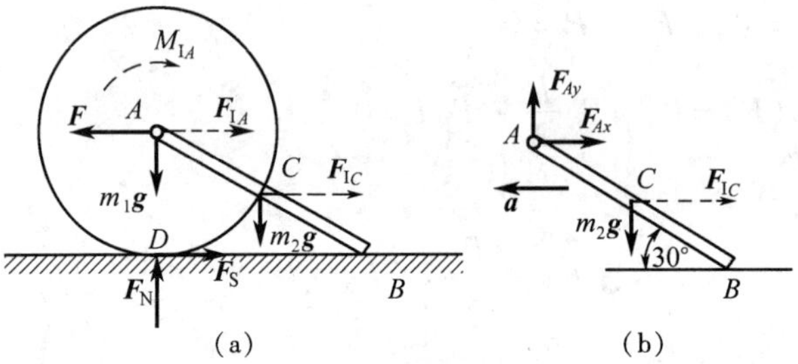

图 13.11

解　细杆刚好离开地面时仍为平移,则地面约束力为零,设其加速度为 $\boldsymbol{a}$,取杆为研究对象,受力及惯性力如图 13.11(b) 所示,其中 $F_{\mathrm{I}C}=m_2a$,按动静法列平衡方程

$$\sum M_A=0,\quad m_2aR\sin 30^\circ-m_2gR\cos 30^\circ=0$$

解得 $a=\sqrt{3}g$。

研究整体,受力及惯性力如图 13.11(a) 所示,其中

$$F_{\mathrm{I}A}=m_1a,\quad M_{\mathrm{I}A}=\frac{1}{2}m_1R^2\frac{a}{R}$$

由

$$\sum M_D=0,\quad FR-F_{\mathrm{I}A}R-M_{\mathrm{I}A}-F_{\mathrm{I}C}R\sin 30^\circ-m_2gR\cos 30^\circ=0$$

解得

$$F=\left(\frac{3}{2}m_1+m_2\right)\sqrt{3}g$$

由

$$\sum F_x = 0 \quad F - F_S - (m_1 + m_2)a = 0$$

解得

$$F_S = \frac{\sqrt{3}}{2}m_1 g$$

而

$$F_S \leqslant f_S F_N = f_S(m_1 + m_2)g$$

解得

$$f_S \geqslant \frac{F_S}{F_N} = \frac{\sqrt{3}m_1}{2(m_1 + m_2)}$$

13.4　刚体定轴转动时轴承的动约束力

做定轴转动的刚体,如果其重心不在转轴上,将引起轴承的附加动约束力。如刚体转速很高,附加动约束力可达到十分巨大的数值,造成各种严重的后果。下面通过例题来说明。

例 13.6　转子的质量 $m = 20$ kg,水平的转轴垂直于转子的对称面,转子的重心偏离转轴,偏心距 $e = 0.1$ mm,如图 13.12 所示。若转子做匀速转动,转速 $n = 12\ 000$ r/min,试求轴承 A,B 的动约束力。

解　应用动静法求解。以整个转子为研究对象。它受到的外力有重力 $\boldsymbol{P}$、轴承约束力 $\boldsymbol{F}_{NA},\boldsymbol{F}_{NB}$。再向转子的转动中心 O 虚加惯性力 $\boldsymbol{F}_{IR}$,其大小为 $\boldsymbol{F}_{IR} = me\omega^2$,则力 $\boldsymbol{P},\boldsymbol{F}_{NA},\boldsymbol{F}_{NB}$ 和 $\boldsymbol{F}_{IR}$ 形式上组成一平衡力系。为了讨论方便,将约束力分成两部分来计算:

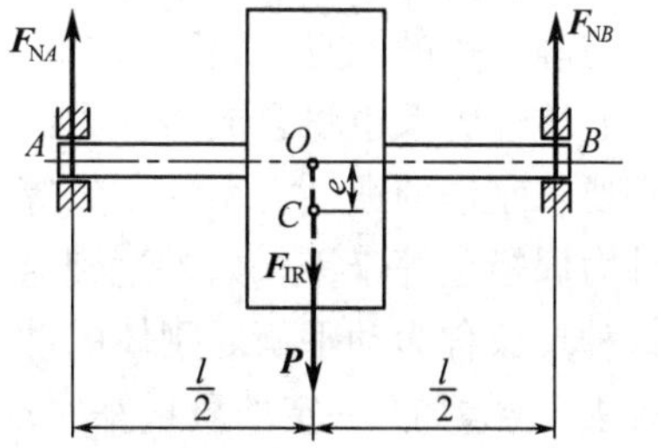

13.12 图

(1) 静约束力。本题中静载荷为重力 P,两轴承的静约束力为

$$F'_{NA} = F'_{NB} = \frac{P}{2} = \frac{(20 \times 9.806\ 7)\ \text{N}}{2} = 98.07\ \text{N}$$

静约束力 F'_{NA},F'_{NB} 的方向始终铅垂向上。

(2) 附加动约束力。惯性力 $\boldsymbol{F}_{IR}$ 所引起的轴承的附加动约束力分别记作 $\boldsymbol{F}''_{NA},\boldsymbol{F}''_{NB}$,显然有

$$F''_{NA} = F''_{NB} = \frac{1}{2}F_{IR} = \frac{1}{2}me\omega^2 = \frac{1}{2} \times 20\ \text{kg} \times \frac{0.1}{1\ 000}m \times \left(12\ 000 \times \frac{\pi}{30}\right)\ \text{s}^{-2} = 1\ 579\ \text{N}$$

与静约束力不同,附加动约束力 $\boldsymbol{F}''_{NA}$ 和 $\boldsymbol{F}''_{NB}$ 的方向随着惯性力 $\boldsymbol{F}_{IR}$ 的方向而变化,即随着转子转动。

把静约束力与附加动约束力合成,就得到动约束力。在一般的瞬时,$\boldsymbol{F}'_{NA}$ 与 $\boldsymbol{F}''_{NA}$($\boldsymbol{F}'_{NB}$ 与 $\boldsymbol{F}''_{NB}$)不一定共线,两者应采用矢量法合成。当附加动约束力转动到与静约束力同向

或反向的瞬时,动约束力取最大值或最小值,即

$$F_{NA\max} = F_{NB\max} = 1\ 579 + 98 = 1\ 677\ \text{N}$$

$$F_{NA\min} = F_{NB\min} = 1\ 579 - 98 = 1\ 481\ \text{N}$$

从以上分析可知,在高速转动时,由于离心惯性力与角速度的平方成正比,即使转子的偏心距很小,也会引起相当巨大的轴承附加动约束力。如在上例中,附加动约束力高达静约束力的16倍左右。附加动约束力将使轴承加速磨损发热,激起机器和基础的振动,造成许多不良后果,严重时甚至招致破坏。所以对于高速转动的转子,如何消除附加动约束力是个重要问题。为消除附加动约束力,首先应消除转动刚体的偏心现象。无偏心(即重心在转轴上)的刚体转动时,其惯性力主矢 $\boldsymbol{F}_{IR}=0$。无偏心的刚体,若仅受重力作用,则不论刚体转动到什么位置,它都能静止,这种情形称为静平衡。在设计高速转动的零部件时,应使其重心在转轴上。但是,即使如此,由于材料的不均匀性以及制造、装配等方面的误差,转动的零部件在实际工作时仍不可避免地会有一些偏心。这时可用试验法寻找重心所在转动半径的方位,然后在偏心一侧除去一些材料(减少质量)或在相对一侧添加一些材料(增加质量),使得偏心距降低到允许范围之内。

那么,静平衡的刚体在转动时是否不再引起附加动约束力了呢?还不一定。例如,如图13.13(a)所示,设想由两个质量相同的质点组成的刚体,两质点在通过转轴的同一平面内,且离开转轴的距离相等。这一刚体的重心 C 的确在转轴上,然而刚体做匀速转动时,虚加的两个离心惯性力的主矢虽然为零,主矩却不为零。这两个离心惯性力组成一个力偶,该力偶位于通过转轴的平面内,同样可引起附加动约束力。如图13.13(b)所示,则在每一质点上虚加的离心惯性力也合成为一力偶。参照图13.13(b)的情形,可以想到即使是静平衡的圆盘(如机器中的飞轮、齿轮),如果圆盘平面不是精确地垂直于转轴,则其离心惯性力系也将合成为一力偶。由此可见,为了消除附加动约束力,除了要求静平衡,即要求刚体的惯性力系的主矢等于零以外,还应要求惯性力系在通过转轴的平面内的惯性力偶矩也等于零。如果达到这个要求,则当刚体做匀速转动时,其惯性力系自相平衡,这种现象称为动平衡。刚体的动平衡可以通过在刚体内任意两个横截面中的适当位置上减去(或添加)一定的质量来实现,这需要在专门的动平衡机上进行。有关静平衡和动平衡的试验方法和进一步的内容,将在机械原理课程中叙述。

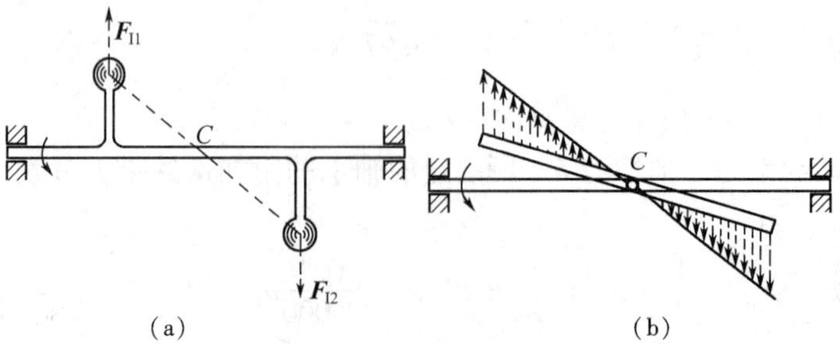

图13.13

习　　题

13.1　选择题

(1) 刚体做定轴转动时,附加动反力为零的必要与充分条件是(　　)。

(A) 刚体质心位于转动轴上

(B) 刚体有质量对称面,转动轴与对称面垂直

(C) 转动轴是中心惯性主轴

(2) 均质细杆 AB 长 L,重 P,与铅垂轴固结成角 $\alpha=30°$,并以匀角速度 ω 转动,则惯性力系的合力的大小等于(　　)。

(A) $\sqrt{3}L^2P\omega^2/8g$　　(B) $L^2P\omega^2/2g$

(C) $LP\omega^2/2g$　　(D) $LP\omega^2/4g$

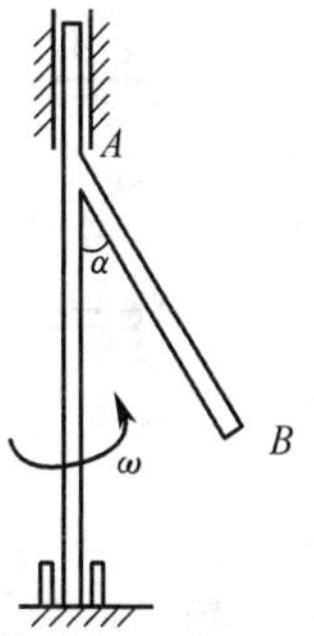

题 13.1(2) 图

(3) 物重 Q,用细绳 BA,CA 悬挂如图示,$\alpha=60°$,若将 BA 绳剪断,则该瞬时 CA 绳的张力为(　　)。

(A)0　　(B)0.5Q

(C)Q　　(D)2Q

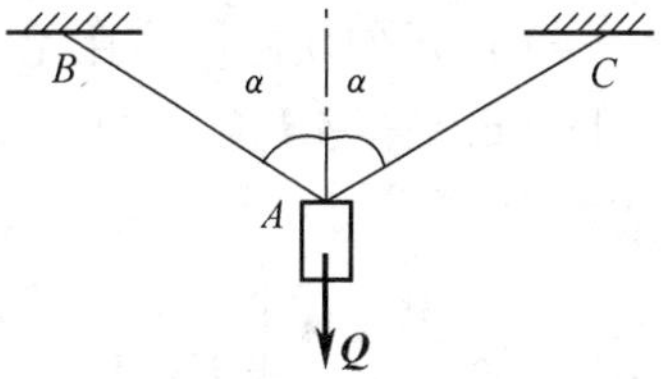

题 13.1(3) 图

13.2　填空题

(1) 一列火车在启动过程中,第________节车厢的挂钩受力最大。

(2) 已知曲柄 $OA//O_1B$,$OA=O_1B=r$。转动角速度和角加速度分别为 ω 和 α,如图所示。$ABDC$ 为一个弯杆,滑块 C 的质量为 m。此滑块惯性力的大小 $F_I=$________(惯性力的方向要求画在图中)。

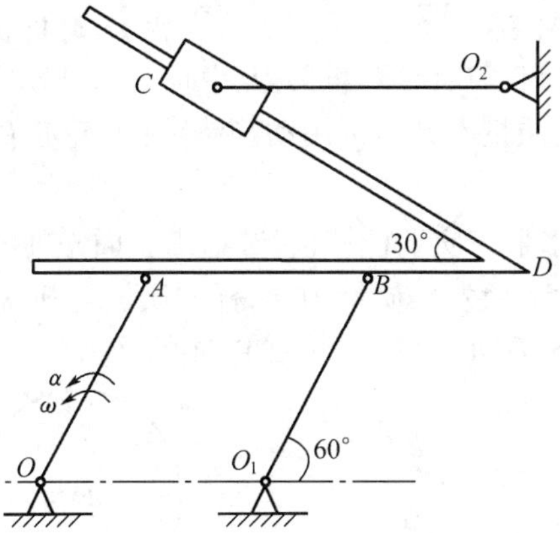

题 13.2(2) 图

13.3　计算题

(1) 图示两个匀质细杆放在光滑水平面上。已知:杆长均为 L,质心均为 C。试分别

求在垂直于杆的力作用下，杆 AB 的惯性力系，并画于图上。（简化结果）

（2）在图示系统中，已知：匀质轮的质量为 m、半径为 r，在半径 $R=4r$ 的固定圆弧面上做纯滚动。若在图示瞬时轮的角速度为 ω、角加速度为 α。试求此瞬时轮的惯性力系向 O 点简化的结果。

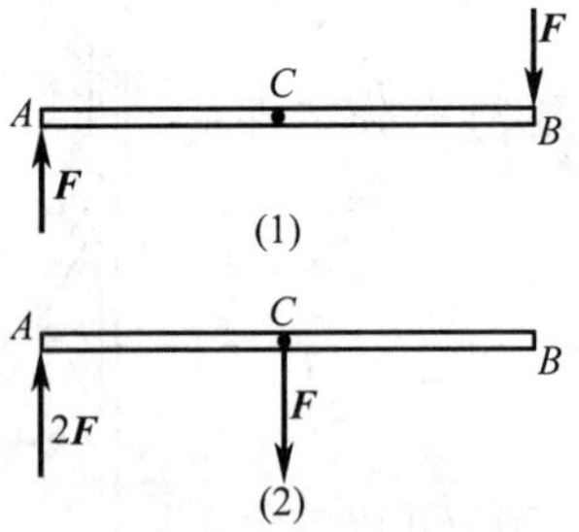

题 13.3(1) 图

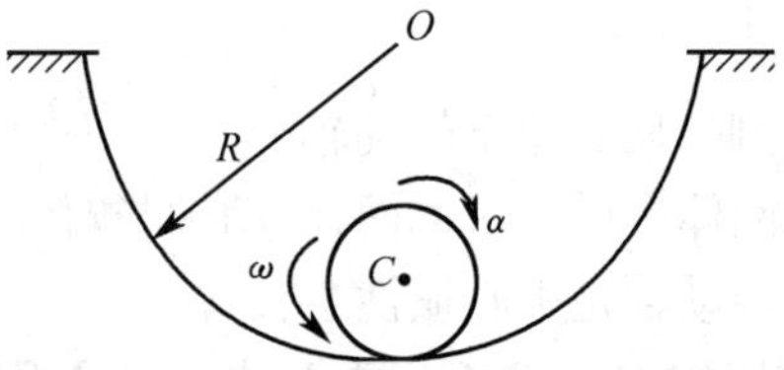

题 13.3(2) 图

（3）图示系统位于水平面，由匀质直角三角形板与两无重且平行的刚杆铰接而成。已知：板边长 $AB=AC=L$、质量为 m，杆长均为 L，以匀角速 ω 转动。试用动静法求图示 O_1AC 位于一直线时，两杆所受的力。

（4）图示匀质圆柱体在无重悬臂平板上做纯滚动。已知：圆柱半径 $R=10$ cm、质量 $m=18$ kg，平板 AB 长 $L=80$ cm，倾角 $\theta=60°$。试用动静法求圆柱体到达 B 端瞬时，平板 A 端的反力。

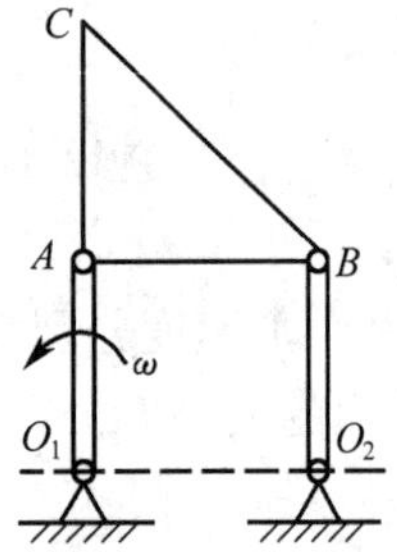

题 13.3(3) 图

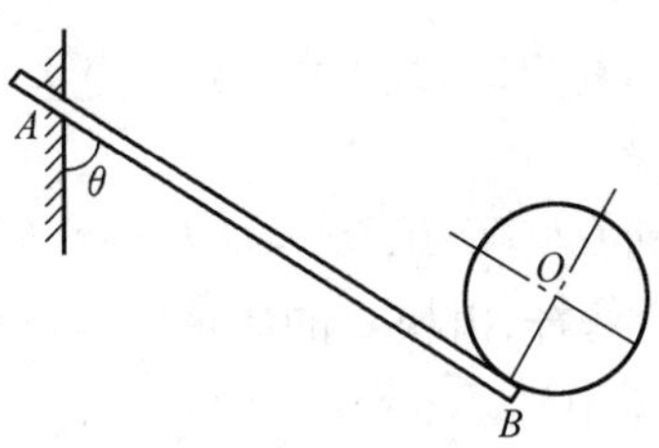

题 13.3(4) 图

（5）在图示系统中，已知：匀质轮 C 重为 Q、半径为 r，在水平面上做纯滚动，物块 A 重为 P，绳 CE 段水平，定滑轮质量不计。试用动静法求：① 轮心 C 的加速度；② 轮子与地面间的摩擦力。

（6）图示匀质圆盘与水平匀质细杆铰接，圆盘沿斜面做纯滚动，杆上 B 点沿斜面上一光滑轨道滑动。已知：圆盘半径为 r、质量为 m，杆的质量与圆盘相同，斜面倾角 $\theta=30°$。试用动静法求：① 斜面对 B、D 处的反力；② 铰链 A 的受力。

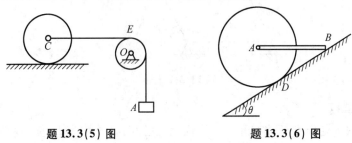

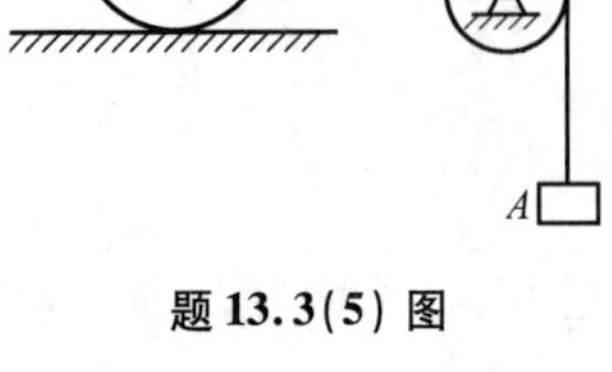

题 13.3(5) 图

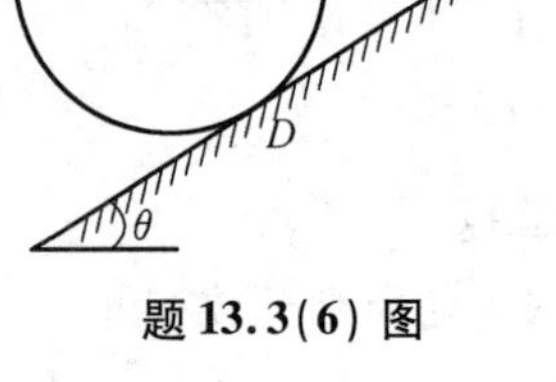

题 13.3(6) 图

(7) 图示系统由两匀质细杆铰接而成,位于铅垂面。已知:杆均重 $P = 10$ N,长均为 $L = 60$ cm,C 为 AB 杆的中点。试用动静法求当 OC 杆自水平位置无初速释放瞬时 O 处的约束力。

(8) 在题13.3(8)图中,匀质圆柱体重 $\boldsymbol{P}$,半径为 R,置于倾角为30°的粗糙斜面上,今在圆柱中心 C 系一与斜面相平行的细绳,绳绕过一重为 $\boldsymbol{P}/2$、半径为 $R/2$ 的滑轮,下端悬一个重为 $\boldsymbol{P}$ 的物体,使圆柱沿斜面滚而不滑,滚动摩擦可忽略不计,滑轮可视为匀质圆盘。试用动静法求该物体的加速度。

(9) 匀质细杆 AB 长为 l,重为 G,其两端悬于二平行绳上,使杆处于水平位置。如果突然剪断绳 BE,试用动静法求在此瞬时绳 AD 对杆 AB 的拉力。

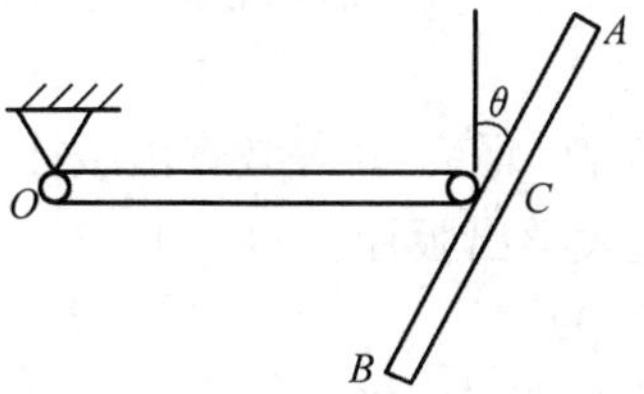

题 13.3(7) 图

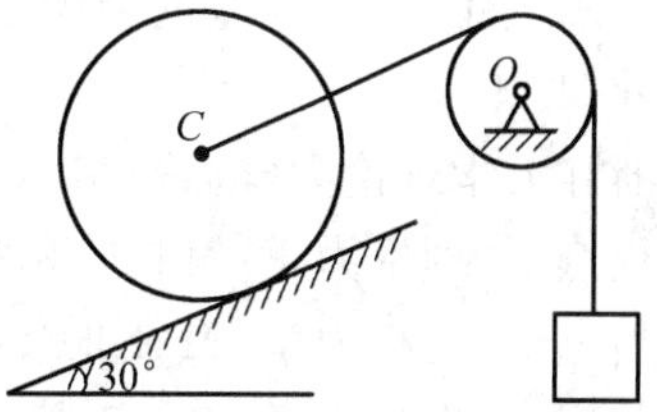

题 13.3(8) 图

(10) 如图所示,质量为 m_1 的物体 A 下落时,带动质量为 m_2 的均质圆盘 B 转动,不计支架和绳子的质量及轴上的摩擦,$BC = a$,盘 B 的半径为 R。试用动静法求固定端 C 的约束力。

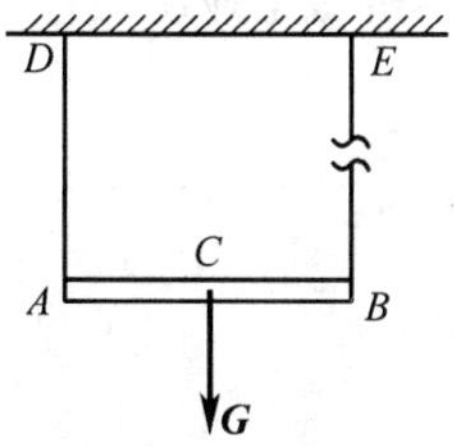

题 13.3(9) 图

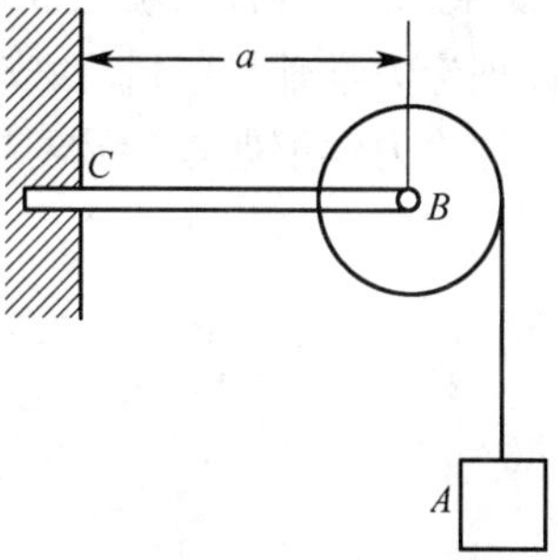

题 13.3(10) 图

参 考 文 献

[1] 哈尔滨工业大学理论力学教研室. 理论力学[M]. 5 版. 北京:高等教育出版社,1997.

[2] 哈尔滨工业大学理论力学教研室. 理论力学[M]. 6 版. 北京:高等教育出版社,2002.

[3] 哈尔滨工业大学理论力学教研室. 理论力学[M]. 7 版. 北京:高等教育出版社,2009.

[4] 浙江大学理论力学教研室. 理论力学[M]. 4 版. 北京:高等教育出版社,2009.

[5] 程燕平. 理论力学[M]. 哈尔滨:哈尔滨工业大学出版社,2008.

[6] 吕书清. 工程力学[M]. 北京:科学出版社,2009.

[7] 郝桐生. 理论力学[M]. 2 版. 北京:高等教育出版社,1982.

[8] 赵彤. 理论力学[M]. 哈尔滨:黑龙江科学技术出版社,1997.

[9] 重庆建筑大学. 理论力学[M]. 4 版. 北京:高等教育出版社,2006.

[10] 清华大学全国通用理论力学试题库软件研制组. 全国通用理论力学试题库[M]. 北京:高等教育出版社,1994.

[11] 仇原鹰. 理论力学辅导[M]. 西安:西安电子科技大学出版社,2002.

[12] 柳祖亭. 理论力学解题指导及习题[M]. 北京:机械工业出版社,2000.